U0158769

普通高等教育"十一五"规划教材

MSP430 系列单片机系统
工程设计与实践

谢 楷 赵 建 编著

机械工业出版社

本书以 MSP430 系列单片机(下面均用 MSP430 单片机)为例,介绍了超低功耗单片机系统软件设计、超低功耗外围电路设计、人机交互界面设计、嵌入式软件工程基础等基础知识和实践经验,使读者能够掌握超低功耗系统开发和设计所需的基本知识,并具有初步的软件结构规划能力。书中提供了全系列 MSP430 单片机的程序范例,并提供模块化程序库,可以让读者通过调用模块库内的函数,快速完成设计任务。掌握本书的内容,对于读者今后开发任何一款新的单片机都具有一定的帮助。

本书既可以作为本科生或研究生电子工程、测控技术与仪器、自动控制、机电一体化等专业的教学用书,也可以作为各类学生以及工程技术人员的工程类参考书。

本书配有免费电子课件,欢迎选用本书作教材的老师登录 www.cmpedu.com 注册后下载或索取。

图书在版编目(CIP)数据

MSP430 系列单片机系统工程设计与实践/谢楷,赵建编著. —北京:机械工业出版社,2009.7(2022.6 重印)

普通高等教育"十一五"规划教材

ISBN 978-7-111-27386-8

Ⅰ. M… Ⅱ. ①谢…②赵… Ⅲ. 单片微型计算机—系统设计—高等学校—教材 Ⅳ. TP368.1

中国版本图书馆 CIP 数据核字(2009)第 092657 号

机械工业出版社(北京市百万庄大街 22 号 邮政编码 100037)

责任编辑:贡克勤 版式设计:张世琴 责任校对:刘志文
封面设计:姚 毅 责任印制:单爱军

北京虎彩文化传播有限公司印刷

2022 年 6 月第 1 版第 7 次印刷

184mm×260mm · 20 印张 · 491 千字

标准书号:ISBN 978-7-111-27386-8

定价:55.00 元

电话服务　　　　　　　　　网络服务

客服电话:010-88361066　　机 工 官 网:www.cmpbook.com
　　　　　010-88379833　　机 工 官 博:weibo.com/cmp1952
　　　　　010-68326294　　金 书 网:www.golden-book.com
封底无防伪标均为盗版　　机工教育服务网:www.cmpedu.com

前　言

　　MSP430 系列单片机是 TI(Texas Instruments,美国德州仪器)公司近年来推出的一个优秀的 SOC 型混合微处理器产品系列，它不仅具有 16 位高效的微处理器系统，还具有丰富的、功能强大的外围电路资源，其中也包括了许多高性能的模拟电路资源。目前，在很多热门产品中都采用了 MSP430 系列的单片机，其可贵之处在于它除了具备很好的数字/模拟信号处理能力外，还具备了以极低功耗运行的特点，可被广泛应用于要求低功耗、高性能、便携式的设备上，即使在某些不需要低功耗的场合，它仍然可以作为一款高性能单片机使用。

　　MSP430 系列单片机电路资源性能优异，模拟与数字系统结合完美，系列全面、技术先进、应用面广，可用单芯片完成整个测控系统的设计，特别适合在电子工程、测控技术与仪器、自动控制、机电一体化等专业的课程与实践教学中推广应用。

　　2003 年我们向 TI 公司申请了部分 MSP430 系列的单片机芯片和开发设备，尝试将其应用在硕士研究生和高年级本科生的科技实践与毕业设计中。2005 年暑期全国大学生电子设计竞赛培训期间，笔者在校内首次开设了 MSP430 系列单片机应用技术讲座。虽然课时很少，且仅在小范围开展，但学生的反响强烈，表现出极大的兴趣。

　　2006 年我们和美国 TI 公司上海分公司与杭州利尔达科技有限公司共同建立了"MSP430系列单片机联合实验室"，把以 MSP430 系列单片机为代表的超低功耗单片机技术正式列入课程教学计划，组织和指导学生运用 MSP430 系列单片机技术参加各种大学生科技竞赛活动，并在全国大学生"挑战杯"课外学术科技作品竞赛中分别获得国家级特等奖、一等奖和二等奖各 1 项；在全国大学生电子设计竞赛中先后获得全国一等奖 3 项、二等奖 2 项。在此期间，我们所在的课题组利用 MSP430 系列单片机开发了数十种工业测控产品，积累了大量的设计文档、技术方案等资料，并且在教学和科研中总结了许多宝贵经验。

　　我们将这几年来积累的设计案例、课程讲稿、设计笔记、代码库、设计技巧等资料做了精选与汇总，并结合课程教学与科研实践的经验，编写了本书。内容上力求紧扣实际需要，紧跟技术发展，丰富实用，通俗易懂，而且结合了大量的工程实例，使读者能够在按照章节循序渐进的学习过程中学会从工程实际出发，体会产品设计过程中会遇到的各种问题，并培养出良好的编程习惯和设计风格。本书既可以作为本科生或研究生的课程教材，也可以作为各类学生以及工程技术人员的工程类参考书。

　　当然，既然本书是我们的经验总结，就难免会有差错，希望广大读者批评指正。最后，再次衷心感谢美国 TI 公司上海分公司和杭州利尔达科技有限公司多年来对我们的帮助和支持。

谢　楷、赵　建

目　　录

第1章　MSP430单片机入门基础

本章介绍MSP430单片机开发的步骤、开发软件使用方法、编程语言、编译环境的基本设置以及软件工程基础知识。还特别加入了代码风格、可移植性与软件管理方面的基本知识。国内教材、参考书对这方面内容介绍较少，而本书将这些内容放在第1章的目的在于让读者了解：养成良好的编程习惯和软件思想才是好的开端。

1.1　初识MSP430单片机

在开始学习MSP430单片机之前，先来做一个实验，直观地感受一下MSP430单片机的"超低功耗"称号。准备一个柠檬(橙子、苹果、猕猴桃等酸性水果均可)；找几个废锌锰干电池，拆下外壳的锌皮并剪开，压平；再准备3把铜钥匙(或铜币)。

将水果切成3份，在果肉两侧分别贴上锌皮和铜钥匙，构成原电池：铜是正极，锌皮是负极，水果的酸性成分构成电解质。实测每节水果电池电压约0.8V左右。3节水果电池串联达到2.4V即可为MSP430单片机系统供电，如图1.1.1所示。

图1.1.1　用水果电池供电的MSP430单片机系统

在MSP430单片机上运行一个电子表程序。只要水果不腐烂，能运行一个月以上，直到水果干枯。原电池只能提供极其微弱的电流(实测短路电流不到100μA)；而在上述MSP430单片机系统中，运行一个电子表程序的CPU工作耗电不到2μA，加上液晶耗电约3μA，总电流不超过5μA。对于一个水果电池来说，提供的电能绰绰有余。

再举个更直观的例子说明5μA耗电的概念：一节普通的CR2032纽扣电池，能够为这个MSP430单片机运行电子表程序提供5年的电力。

1.1.1　MSP430 单片机的应用前景

从实验中，读者已经了解了超低功耗系统的概念：能够以极低（一般微安级）的耗电运行的系统。在实际应用中，许多产品和系统都对功耗提出了越来越严酷的要求，从而为MSP430 单片机拓展了应用领域。

首当其冲的是便携式设备，随着便携式设备不断向小型化、轻量化、高精度、功能复杂化的发展方向，要求缩小电池体积、提高运算和处理能力、提高精度，与此同时还要求集成度不断提高，成本不断下降。MSP430 系列单片机不仅提供了强大的运算能力（16 位 CPU，目前最高能达到每秒 25 兆指令），而且能够以极低的功耗运行，并具有丰富的内部资源和各种模拟电路接口。这使得 MSP430 单片机不仅能够处理数字信号，还能够对模拟信号进行采集或处理。很多情况下，用 MSP430 单片机可以"单芯片"完成设计方案，这对提高产品集成度、提高生产效率、降低成本有着很大的帮助。

其次，超低功耗特性使得产品电池寿命终身化成为可能。一般的电子产品按 5～8 年寿命考虑，如果电池的预期寿命能达到 8～10 年，在产品整个生命周期内无需更换电池。这些产品可以将电池固化在内部，不需更换。例如某些野外安装的气象传感器，可以在无需更换电池的情况下，连续记录数年的气象数据直到寿命终结。

第三，利用 MSP430 单片机的超低功耗特性，让一些新的微弱能源为单片机系统供电成为可能。例如太阳能电池、信号线窃电、电缆附近磁场、温差能量、射频辐射、人体运动的动能等。这种利用天然能源，无需额外供电的系统也是超低功耗系统的应用发展方向之一。例如日本最近研制的一种尿液检测卡片，滴入尿液的同时，就利用尿液本身作为电解质发电，驱动超低功耗测量系统完成对尿液的分析。

第四，MSP430 系列单片机内部集成的各种模拟设备性能优异，如 ADC 最高可达 16 位，DAC 可以达 12 位，在各种高精度测量、控制领域都可以发挥作用。而且 CPU 与模拟设备的结合，使得校准、调试都变得非常简单。

第五，MSP430 单片机属于工业级芯片，能够在 -40～85℃ 的宽温度范围内工作，并且带有 PWM 发生器等控制输出。适合用于各类工业控制、工业测量、电机驱动、变频器、逆变器等。

第六，MSP430 单片机带有丰富的通信端口，如增强型 UART、I2C、SPI、USI 等，新推出的 5 系列还带有对射频通信及 ZigBee 无线网络的接口。可以被广泛用在各种协议转换器、数据转发器、中继、智能传感器等设备中。

最后，即使在某些不需要超低功耗的场合，让 MSP430 单片机全速运行，作为普通的单片机使用，仍然具有强大的运算能力。相比同价位的单片机系统，优势仍然十分明显。

1.1.2　MSP430 单片机的特点

MSP430 单片机最显著的特点是能够超低功耗运行。除了超低功耗特性以外，MSP430单片机还具有许多其他特点。这里先做个简单概括，在后续的章节中，读者对这些特点将会有深入的体会。

首先，MSP430 单片机引入了"时钟系统"的概念。将 CPU、外围功能模块、休眠唤醒机制三者所需的时钟独立，而且可以通过软件设置时钟分频、倍频系数，为不同速度的设备提供不同速度的时钟，并且可以随时将某些暂时不工作模块的时钟关闭。这种独特的时钟系统还可以实现系统不同深度的休眠，让整个系统以间歇工作方式最大限度地节约电力。

其次，MSP430 单片机内核是 16 位 RISC 处理器，单指令周期，其运算能力和速度都具有一定的优势。某些内部带有硬件乘法器的型号，在处理能力上在更胜一筹，结合 DMA 控制器甚至能完成某些 DSP 的运算功能。CPU 在 1.8 ~ 3.6V 宽电压范围内都可以工作，延长了电池的使用时间。

第三，MSP430 单片机采用模块化结构，每一种模块（内部资源）都具有独立而完整的结构，在不同型号的单片机中，同一种模块的使用方法和寄存器都是相同的。这为学习和开发 MSP430 单片机提供了便利。同一家族中不同型号的单片机，实际上就是不同功能模块的组合。此外，TI 公司每年都会新推出新系列、新型号的单片机，以及新的模块。模块化结构的另一优点是可以单独开启或关闭某些模块，只激活需要使用的模块，以节省电力。

第四，MSP430 单片机采用冯·诺依曼结构。寄存器以及数据段（RAM 区）与代码段（Flash 区）统一编址。如果将代码搬移到 RAM 区，同样可以运行，并且每一款 MSP430 单片机都集成有 Flash 控制器，通过它可以对 Flash 区进行擦写操作。这种存储机制可以很方便地实现在线升级甚至远程升级功能。例如可以在开发时写一段升级代码，将升级所需的代码复制到 RAM 区，再擦除整个代码区，然后运行 RAM 区的升级代码，最后将新版本的固件烧写到 Flash 内，就实现了固件更新。

第五，TI 公司具有雄厚的模拟技术实力。在 MSP430 单片机家族中，丰富的、性能卓越的模拟设备是一大特色。利用 MSP430 单片机，可以单芯片完成模拟信号的产生、变换、放大、采样、处理等任务。这对缩小产品体积、降低成本有着重要的意义。

第六，MSP430 单片机是一个不断更新、不断发展壮大的家族。每年都会有新的型号发布，不断会有新的系列推出，而且陆续推出的各种新型号单片机性能越来越强、功耗越来越低、性价比也不断提高。

在本书大部的范例以及附录的电路图中，用到的单片机型号是 MSP430FE425。现以该单片机为例，来直观了解一下 MSP430 单片机丰富的资源和强大功能：

- 16 位 RISC 指令集处理器，速度可达八百万条指令/秒。
- 512B RAM（数据）+ 16KB Flash 存储器（代码）。
- 2 段 128B 的 Info Flash，可作掉电存储器使用。
- 内置 Flash 控制器，所有程序未用 Flash 均可作数据存储用。
- 内置时钟管理单元（FLL +），可软件设置 CPU 时钟倍频。
- 3 个独立的 16 位高精度 ADC。
- 内置可编程增益放大器（1 ~ 32 倍）。
- 内置温度传感器。
- 内置 1.2V 基准源和输出缓冲器。
- 内置 128 段 LCD 驱动器，可直接驱动段码式液晶板。
- 1 个增强型 UART 串口，自带波特率发生器，支持 7/8 位数据、支持奇偶校验、支持 9 位地址模式、带自动数据帧判别功能、可配置成 SPI 模式…
- 内置看门狗，也可配置成定时器使用。
- Basic Timer 定时器，方便产生 $1/2^n$ s 定时。

- 16 位 TA 定时器,带 3 路捕获和 2 路 PWM 发生器。
- 自带 BOR 检测电路,能自动躲避上电瞬间的毛刺并产生可靠的复位信号。
- 14 个双向 I/O 口,每个 I/O 口均可作为中断源。
- 自带仿真调试功能和调试接口,支持两个断点。
- 内置电能计量模块,可无需 CPU 干预的情况下自动完成交流电压、电流有效值、功率、有功电能等测量和计量工作(和 ADC 不能同时用)。

　　从上面的资源列表中可看到,MSP430 系列单片机不仅仅是一个微处理器系统,还包含模拟电路、模数/数模转换、显示接口等丰富的外设。这种将一个完整系统所需的所有设备集成在一块芯片上的体系结构被称为"片上系统"(System On Chip,SOC)。

　　参考 IT 公司的选型表,可以发现不同的单片机型号实际上就是不同的模块组合。当然,模块越多、容量越大的单片机价格越高。在单片机选型的时候,可根据实际项目的需要,选择最合适的型号。即使有些资源浪费不用,成本也比自己用分立芯片搭建系统要低得多!

　　MSP430 系列单片机详细的型号列表、资源列表和参考价格可以查阅每年的《MSP430 单片机选型手册》(登录 TI 官方网站 www.ti.com 下载)。

1.1.3　MSP430 单片机最小系统

　　在传统的微处理器系统中,要让系统运行,至少要提供电源、时钟和复位信号,而在 MSP430 单片机中,内部就带有复位电路(BOR)、片内数控时钟源(DCO),因此只需外加电源即可构成可运行的最小系统,见图 1.1.2a。对于某些早期没有 BOR 模块的单片机(主要是 11x、12x、13x、14x 系列),还必须提供复位逻辑电路,典型的方法是利用 IMP809-T 之类的复位/电源检测芯片提供复位信号,见图 1.1.2b。

　　如果在不含 BOR 模块的 MSP430 单片机系统中,也按照 1.1.2a 接线,省去复位芯片,则每次断电后必须等到电源电压降到接近 0V 才能再次上电,否则复位将是不可靠的。因为电源系统中的滤波电容难免有残压,如果电源开关快速断开-接通,将可能使系统进入错乱状态。

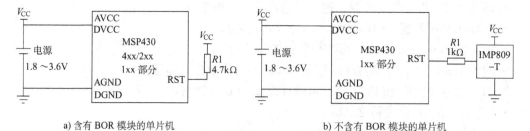

a) 含有 BOR 模块的单片机　　　　　　　　　　b) 不含有 BOR 模块的单片机

图 1.1.2　MSP430 单片机最小系统

　　在上述最小系统中,使用的是内部的数控振荡器(Digit Controlled Oscillator,DCO),大部分 MSP430 单片机在复位后 DCO 输出频率被默认设定在 800kHz ~ 1MHz,可以为系统提供时钟源,并且随时可以通过软件改变 DCO 的振荡频率。但内部 DCO 的误差很大(20%),且受温度影响严重。只适合为 CPU 运算提供时钟,或在对时间误差要求极其宽松的场合。对于需要较为精确定时的场合,如波特率产生、日历计时、精确定时、时间测量等应用中,必须提供外部晶体作为时钟源。MSP430 单片机通常使用 32.768kHz 的手表晶振作为外部时钟。

这个低频振荡一般向内部低速设备提供时钟，并作为定时唤醒 CPU 用，仅在 CPU 需要运算时才使用 DCO 提供的高速(但不准确的)时钟。

如果系统中不仅需要高速时钟，还要求高速时钟是准确的，就要使用高频晶振(大于 1MHz 的晶振称为高频晶振)。高频晶振有两种接法：第一种是直接替代 32.768kHz 晶振，并在软件中将晶体振荡器部分配置为高速模式(详见 2.3 节)；第二种是接在高速晶振专用的管脚上。采用第一种方法时，由于没有低速时钟，系统将无法低功耗休眠，采用第二种方法可以保留 32.768kHz 低速时钟，但并不是所有型号的单片机都带有高速晶振专用管脚(仅在 x3x 以上系列才有)。注意，无论高速晶振接在何处，都要自备 20~30pF 的匹配电容。各种晶振的接法见图 1.1.3。

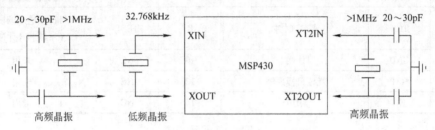

图 1.1.3　MSP430 单片机的外部时钟接法

这里特别要说明一下 MSP430F4xx 系列单片机内部带有锁频环电路，可以精确地对 32.768kHz 时钟进行倍频，无需高频晶振也能获得准确的高频时钟。另外，2xx 系列的部分单片机带有 VLO(Very Low Oscillator)模块，可以在内部产生低频振荡，在不需要精确定时的应用中可以省略外部 32.768kHz 低频晶振，进一步降低成本。

最后，在单片机系统中还需要有调试接口，才能下载或调试程序代码。目前，MSP430 单片机有 3 种接口可供选用：JTAG 调试接口、SBW 调试接口和 BSL 接口。

JTAG 调试接口是成本最低的程序下载、仿真、调试的接口。全系列的 MSP430 单片机都具有 JTAG 接口。它需要 5~6 根线(4 根信号线,1 根复位线,早期单片机还需要 1 根 TEST 线)与计算机连接，可以实现代码的下载、仿真以及烧断保密熔丝的操作。

SBW 接口的功能与 JTAG 功能一样，但只需两根线(1 根信号线,1 根复位线)即可完成 JTAG 接口所有的功能。SBW(Spy-Bi-Wire，双面间谍)这一有趣的名称因此得名。目前只有 2xx 系列和 5xx 系列的单片机带有 SBW 接口。

通过 JTAG 或者 SBW 接口不仅能够下载和调试程序，还能够在调试完毕后通过一定的指令烧断保密熔丝，使调试接口自毁。自毁后 JTAG 或 SBW 接口将失效，再也无法通过它读取内部代码，避免代码被他人读取或复制，从而保护知识产权。

对于烧断了熔丝的单片机，只能通过 BSL(Bootstrap Loader，引导加载)接口来更新代码。除了最低端的几款型号之外(F11x、F201x)，全系列的 MSP430 单片机都带有 BSL 接口。BSL 接口一般利用芯片上两根 IO 口(大多是 P1.1 和 P2.2,具体参见相应芯片的文档)与计算机串口相连，可以对程序代码进行擦除、更新和校验。其中校验过程需要读取程序代码，为避免代码被非法读取，在读取之前必须和中断向量表核对，全部核对正确后才能读取代码区的内容。由于非法读取者不可能事先知道中断向量表的内容(各中断入口位置)，从而使得只有代码所有者才能读取代码进行校验。

在设计阶段和原理样机阶段，要对程序不断进行编写、修改、仿真和调试工作，只需要

JTAG 或 SBW 接口，不进行烧熔丝操作。一旦产品定型，在发布和量产阶段，不再需要调试程序，只需要烧写代码，并且一定要烧毁熔丝，要留 BSL 接口。为稳妥起见，如果电路板面积足够，仍然建议将 JTAG(或 SBW)调试接口和 BSL 接口都留出。

JTAG 调试接口标准要求采用双排 14 针连接器，各管脚定义如表 1.1.1 所示。

表 1.1.1　JTAG 调试接口管脚定义

管脚	定义	功　能	管脚	定义	功　能
1	TDO	JTAG 数据出	2	VCCO	电源输出至目标板
3	TDI	JTAG 数据入	4	VCCI	目标板对 JTAG 供电
5	TMS	JTAG 模式选择	6	CLK	对目标板提供时钟
7	TCK	JTAG 时钟	8	TEST	目标板进入调试模式（早期芯片才使用）
9	GND	地线	10	NC	未用
11	RST	复位目标系统	12	NC	未用
13	NC	未用	14	NC	未用

其中 TDI、TDO、TMS、TCK 这 4 根信号线要与单片机上对应功能的管脚连接，RST 信号要与单片机的复位管脚连接。早期的 11x 和 12xx 系列单片机还需要将 TSET 信号与芯片的 TSET 管脚相连。注意单片机如果采用外部复位电路，外部复位电路的输出要串联一只 1kΩ 电阻再与单片机复位管脚连接，以避免 JTAG 给出的复位信号与复位芯片给出的复位信号互相冲突(见图 1.1.2b)。

在开发过程的前期，第一步通常可以只焊接最小系统相关的元件，先将单片机运行起来，再逐步焊接和调试各种外围模块。

1.2　MSP430 单片机开发软件入门

国内普及的 MSP430 开发软件种类不多，主要有 IAR 公司的 Embedded Workbench for MSP430(以下简称 EW430)和 AQ430 两大类。目前 IAR 的用户居多，本书所有的例程也以 IAR EW430 作为开发环境。IAR EW430 软件提供了工程管理、程序编辑、代码下载、调试等所有功能，还提供了一个针对 430 处理器的编译器(ICC430 编译器)。整个开发过程所需的全部功能由一套软件全部提供，这类软件被称为"集成开发环境"，简称 IDE(Integrated Develop Environment)。而且 IAR Embedded Workbench 系列开发软件涵盖了目前大部分主流的 8/16/32 位处理器系统，软件界面和操作方法保持不变。只要学会其中一种，就可以很顺利地过渡到另一种新处理器的开发工作(如 IAR Embedded Workbench for ARM 等)。

读者可以登陆 IAR 的官方网站(www.iar.com)下载各种开发工具的试用版，一般都提供两种试用版本：4KB 限制版和 1 个月限制版。前者可以永久免费使用，但编译生成的机器码不允许超出 4KB，否则不予编译。后者无代码大小限制，但只能试用 1 个月。

IAR EW430 安装运行后界面见图 1.2.1，和大部分的开发工具一样，它也采用了 VC 风格的界面。位于主窗体左侧的是工程管理窗，负责工程内文件的添、删除、管理、浏览等功能。右侧是编辑窗，在该窗口内编写程序。

图 1.2.1 IAR EW430 编辑界面

位于主窗口下方的是信息窗。编译过程的相关信息、最终代码大小、RAM 开销情况、程序错误提示等内容会显示在该窗口内。另外软件界面中还有一些实用的小工具，如搜索和替换工具、书签工具、函数快捷浏览器等。

在 IAR 的软件中，不支持对单个 C 语言文件进行编译。所有的程序都必须在建立工程后才能编译。考虑到一个设计中可能包含多个 CPU 或多个版本的程序，EW430 中还引入了工作空间（Workspace）的概念。每个 Workspace 对应着一个设计，每个设计中允许添加若干个工程（Project），每个工程对应一个完整的程序。工程之下，才是若干个源文件。所以即使只写一个文件，也要先建立工作空间和工程。

参照下面的步骤，我们开始尝试为 MSP430 单片机写第一个程序：

1）在 File 菜单里面选择 File-> New-> Workspace，建立一个空工作空间。

2）在 Project 菜单里面选择 Project-> Create New Project，在当前空间建立一个新工程。新建过程中，首先会弹出语言选择窗，选择该工程的编程语言。EW430 支持 430 汇编、C 语言和 C++ 三种编程语言。本书的程序均采用 C 语言编写。选择 C-> main，将自动生成 main. c 并添加进工程。如果不需要自动生成第一个文件，可以选择 empty project，以后自行新建并添加文件。下一步将提示选择工程路径并输入工程名（例如 first. ewp）。并且最好新建一个文件夹，将工程保存在文件夹内以方便管理。

3）在 File 菜单里选择 File-> Save Workspace，提示选择路径并输入文件名（例如 first. eww），保存当前工作空间。

4）在工程管理窗内会看到新建的名为 first 的工程，若在第 2 步选择了"C-> main"，则在工程内已经包含了 main. c，双击文件，在编辑窗打开后即可编辑。若在第 2 步选择了

"empty project"，则需新建一个文件，保存成 xxx.c 文件，在工程名上右键-> Add files 手动添加该文件进入工程。

5）配置工程属性。在工程管理器内工程名上点击右键-> Options... 弹出一个属性配置菜单(见图 1.2.2)。该菜单中有大量的可设置选项，用于配置工程。在后面将随着程序的深入逐步介绍部分配置选项的用法。这里大部分采用默认设置，只用改动两个选项：首先要指定 CPU 型号，不同处理器的 Flash 存储空间不同，这关系到生成代码的定位。在 General Options 项内选择 Device-> MSP430x4xxFamily-> MSP430FE425。其次是设置仿真调试器驱动，在 Debugger 项内的 Setup 页 Driver 框内选择 FET Debugger。

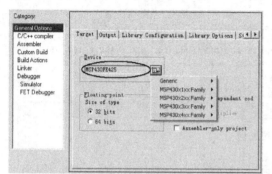 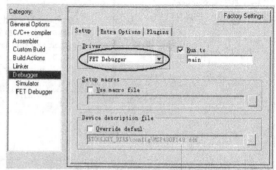

图 1.2.2　配置工程属性

若读者没有目标板，可以使用默认设置(Debugger 设为 Simulator)，即软件仿真模式，可以模拟运行代码，能调试纯软件的程序，如某些数据处理算法。但不能从实际硬件上反映出运行结果。

6）连接 FET-Debugger，见图 1.2.3。"FET"的含义是"Flash 仿真工具"(Flash Emulation Tools)。在 MSP430 单片机内部，自带了下载程序的接口(JTAG 接口)。通过单片机的 4 根专用管脚与 PC 的并口(打印机接口)相连即可向单片机下载程序。除了下载程序外，通过该接口还能查看和更改 CPU 的各种寄存器与 RAM 内容、能够暂停 CPU 运行，从而能够实现仿真和调试功能。MSP430 单片机需要 3V 逻辑电平，PC 并口是 5V 逻辑电平，FET Debugger 实际上是一个电平转换器，在 PC 并口和 MSP430 单片机的 JTAG 接口之间起了数据桥梁作用。由于每次调试都要写单片机的 Flash 代码存储器，调试完毕单片机就可脱机工作，"Flash 仿真工具"因此得名。除此之外，FET Debugger 还能从计算机并口上窃取 10mA 左右的电流，提供给目标系统用。在大部分应用中，足够 MSP430 单片机系统使用，在调试过程中不需自备电源为目标板供电。

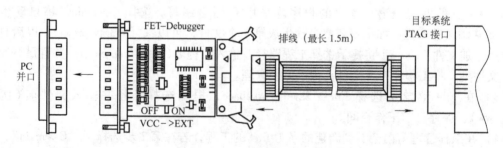

图 1.2.3　FET-Debugger 的连接

7）在编辑窗口输入第一个 MSP430 单片机程序：

```
/* 该程序让 P2.0 口上的 LED 闪烁 */
#include "msp430x42x.h"    /* 430 单片机寄存器头文件 */
void main(void)                      //主程序
{
  int i;
  WDTCTL = WDTPW + WDTHOLD；    //停止看门狗
  FLL_CTL0 |= XCAP18PF；            //设置晶振匹配电容 18pF 左右
  P2DIR |= 0x01；                     //P2.0 设为输出
  while(1)                            //永远循环,单片机程序不能结束
  {
    for(i = 0;i < 20000;i++);       //延迟
    P2OUT^ = 0x01；                 //P2.0 取反(闪烁)
  }
}
```

8）在 Project 菜单点击 Rebuild All，开始编译。随后信息窗将提示编译结果：

```
70 bytes of CODE memory
80 bytes of DATA memory  (+4 absolute)
2 bytes of CONST memory
Total number of errors：0
Total number of warnings：0
```

上述信息说明，代码编译后，生成的机器码占用了 70B Flash ROM 空间，80B 的 RAM。没有错误也没有警告。若提示出错，则根据错误提示在编辑窗修改程序后重新编译。

编译通过之后，开始在目标板上运行程序。首先要将编译生成的机器码下载到单片机的片内 Flash 存储器中。点击位于主界面上的"开始调试"按钮，弹出如图 1.2.4 所示的下载进程框。

若遇到"找不到设备"的提示，应检查目标板电源是否正常、是否有其他程序占用了并口、在 BIOS 里将并口设为 ECP 方式、连接线是否有断线或短路？若遇到"数据写入错误"的提示，多半是电源电压不足 2.7V 造成的。Flash 存储器写入时要求电源电压在 2.7V 以上。若计算机没有并口，可以使用 USB 仿真机，但价格比并口 FET-Debugger 高。

图 1.2.4　下载进程框

下载过程结束后，EW430 软件自动进入调试(Debug)状态，界面也会随之改变(见图 1.2.5)。

点击"🔧"按钮全速执行，P2.0 口的 LED 开始闪烁。第一个程序运行成功！

然而实际中，几乎不会有一次成功的程序。编译过程中只能检查出程序中的语法错误，

图 1.2.5　EW430 调试界面

不能检查出功能错误、逻辑错误、表达式写错、下标溢出等人为错误。因此在 EW430 进入调试界面后，主要功能不再是编写程序，而是检查和排除各种错误。

调试界面中提供了许多强大的调试工具，供调试、控制和跟踪程序流程：

全速执行(Go)：按该按钮后，程序全速执行。

暂停程序(Break)：只要程序处于运行状态，按该按钮可以强制暂停程序。

程序复位(Reset)：按该按钮可以将程序复位，并暂停在第一句。

单步执行(Step Over)：每按一次该按钮，程序执行一条语句后暂停。如果遇到函数，则执行完该函数后暂停。

跟踪执行(Step In)：每按一次该按钮，程序执行一条语句后暂停。如果遇到函数，则跳入该函数后暂停在第一句。

跳出函数(Step Out)：若当前程序处于某函数，按该按钮后，执行到函数返回前最后一条语句处自动暂停。

运行至光标处(Run To)：点击该按钮后，程序全速运行，直到运行到光标所在语句自动暂停。

断点(Toggle Break Point)：断点是一种常用调试手段，类似于陷阱。点击该按钮后，光标所在行会变红，提示该行已被设置成一个断点(Break Point)。程序无论因为何种原因(单步、全速)运行到该行，都会自动被暂停。再按一次断点按钮，可取消该断点。

重新下载(Make & Download)：在发现错误之后，可以直接在编辑窗口修改源代码，然后点击该按钮，重新编译并自动下载。

结束调试(Stop Debug)：按该按钮退出调试模式，回到编辑模式。

除了调试程序流程之外，程序员在排错过程中还会需要查看各种变量和寄存器的值，以确定程序运行中间结果是否正确。在 EW430 调试状态下，View 菜单里面提供了功能丰富的查看功能(见图 1.2.6)：

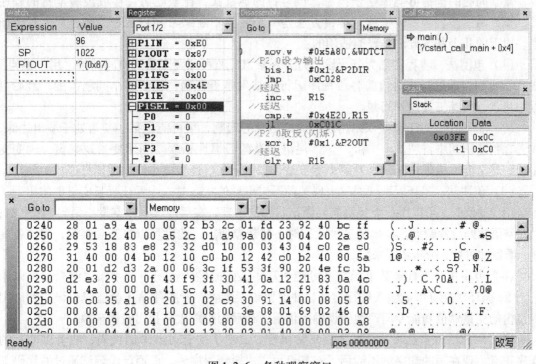

图 1.2.6　各种观察窗口

1) 在线查看变量。只要程序处于暂停状态，将鼠标停在源代码任何一个变量上 2s 不动，就会自动显示该变量的值。这是一种简便快捷的查看方法，但每次只能查看一个变量，并且不能更改变量值。

2) 通过菜单 View->Watch 打开观察窗。这是最常用的功能之一。在 Expression 栏内输入变量名或表达式，在 Value 栏可以看到变量或表达式的值。通过观察窗可以同时察看多个变量的值，且通过在 Value 栏键入数据，能够更改变量值。用鼠标右键还可切换数据的显示格式(如十进制、二进制、字符等)。

3) 通过菜单 View->Register 打开寄存器窗。可以查看单片机内部各个模块的控制寄存器。MSP430 单片机内部的寄存器较多，寄存器窗内已经按照模块将其分类，以方便察看。类似于观察窗，只要是可写的寄存器，都可以通过直接输入新数值来改变寄存器值。

4) 通过菜单 View->Disassembly 打开反汇编窗。它将 C 语言生成的机器码重新翻译回汇编语言，供有经验的程序员调试用。一条 C 语句可能对应一条以上的汇编语言，在打开反汇编窗后，单步执行和跟踪执行每次执行一条汇编语句而不再是一条 C 语句。

5) 通过菜单 View->Call Stack 打开调用关系窗。可查看程序执行到当前位置所经历的函数路径。

6) 通过菜单 View->Stack 打开堆栈窗。可以看到当前堆栈空间使用情况。

7）通过菜单 View-> Memory 打开内存窗。可以看到内存中数据存放情况。MSP430 单片机属于冯·诺伊曼结构，数据空间和程序空间统一编址。所以在内存窗也可查看 Flash 内代码或数据情况。

通过对上述调试、查看功能的综合运用，能够组合出强大的排错能力。对于初学者来说，复杂问题的排错可能像瞎子摸象，没有目的地乱找，比较吃力。换成经验丰富的程序员，也许两三步就能发现错误。排错方法是一个需要不断练习和积累经验的过程。对于新手，以下的几个基本方法是普遍适用的：

（1）包围法　将程序划为若干段，打开观察窗，监视可疑变量或中间结果，用"断点"或"运行到光标处"工具检验各段程序运行的结果是否正确，逐步缩小问题范围，最后可以用单步、跟踪工具找到问题。

（2）极限法　对于某些偶尔出现或周期出现的问题，很可能是某些变量处于溢出边缘，或者在判断语句中将" >= "和" > "混淆之类的习惯性错误。利用变量观察窗，改变变量值，尽可能取极限情况，试验每个函数是否工作正常，逐步缩小错误范围最终找到问题。

（3）陷阱法　当怀疑系统偶尔出现某种不应出现的状态时，或者怀疑某变量偶尔出现了不应出现的值时，可以用一个 if 语句判断该状态的出现，在后面跟一条空操作语句_ NOP( )；并在空语句处设置断点。在出现这种状态时，被断点捕捉，此后可以打开观察窗，察看各变量，看哪些可疑，分析错误来源。

（4）穷举法　当怀疑某个函数有可能在某些特殊的输入情况下产生错误结果，可以用一个 for 循环对所有可能输入进行尝试，并设置错误陷阱，看哪些输入会造成错误，然后用观察窗的变量赋值功能专门产生错误输入情况，最后用跟踪工具找出错误来源。

（5）对比法　自己写的程序无法正常执行，恰巧手头有可参考的代码；或者以前写的程序正常，现在写的却突然不能用了；甚至写了一段新程序后，前面已经调试通过的代码却突然失灵。遇到类似情况可以分别运行两个程序，通过 Register 窗口或 Watch 窗查看并记录下相关寄存器和变量的值，二者对比，找到设置错误的变量或寄存器，再跟踪出错原因，最终排除错误。

下面通过一个实例来示范排错的过程。下面这段代码"突然失灵"：

```
#include "msp430x42x. h"    / * 430 单片机寄存器头文件 * /
void main( void)                //主程序
{
 int i;
 WDTCTL = WDTPW + WDTHOLD;    //停止看门狗
 FLL _ CTL0 |= XCAP18PF;      //设置晶振匹配电容 18pF 左右
 P2DIR |=0x01;                //P2. 0 设为输出
 while(1)                      //永远循环,单片机程序不能结束
 {
  for( i = 0 ;i < 20000 ;i ++ )   //延迟
  P2OUT^ = 0x01;               //P2. 0 取反(闪烁)
 }
}
```

运行上述程序，本应闪烁的 LED 却一直亮。下面开始排查错误：

1）在 for 循环处执行"运行到光标处"。用 Register 窗查看 P2DIR 寄存器 = 0x01，赋值正确。

2）在"P2DIR |= 0x01；"处设断点，全速运行，程序没有停止，说明看门狗没有复位程序。

3）暂停，在"P2OUT^ = 0x01；"处设断点，全速运行，会停下来，再运行几次，发现到每运行一次，LED 都会交替亮、灭一次。证明硬件正常。

4）为什么单步运行 LED 正常闪烁，全速运行 LED 却不会闪烁？上面已经将问题缩小包围至 for 循环那一句，单步跟踪一下，发现 for 语句只执行 1 次循环就执行"P2OUT^ = 0x01；"而不是预计的 20000 次。用 Watch 窗察看 i 变量，发现每次 LED 取反之后都执行 i ++，而不是循环 20000 次完毕后才执行"P2OUT^ = 0x01；"。

至此，发现了问题："for(i = 0 ; i < 20000 ; i ++)"这句末遗漏了分号"；"，C 语言将下一行的程序连在 for 循环之后，相当于"for(i = 0 ; i < 20000 ; i ++) P2OUT^ = 0x01；"造成闪烁速度极快，使人眼根本看不到闪烁。

1.3 MSP430 单片机 C 语言基础

MSP430 单片机的 CPU 属于 RISC（精简指令集）型处理器，只有 27 条正交汇编指令。在 CPU 系统中，增加指令意味着增加电路，最后导致硅片面积增加，限制速度提升。RISC 结构处理器设计思想之一就是只要用若干指令组合能完成的功能，决不增加一条专用指令。例如计算两个数相乘：（其中 $\ll$ 是二进制左移符号）

$$12 \times 45 = 12 \times (32 + 8 + 4 + 1) = 12 \times (1 \ll 5 + 1 \ll 3 + 1 \ll 2 + 1)$$
$$= 12 \ll 5 + 12 \ll 3 + 12 \ll 2 + 12$$

这说明乘法能够用加法和移位运算组合实现，RISC 处理器的指令集中就会省去乘法指令。在保证功能的情况下，减少了电路、降低硅片面积，RISC 处理器不仅价格低廉，而且速度快。但这也意味着用汇编语言写程序是非常困难的，因为即使简单的功能也可能需要很多条指令才能完成。RISC 处理器基本上是为高级语言所设计的，因为正交指令系统很大程度上降低了编译器的设计难度，利于产生高效紧凑的代码。事实上，目前 MSP430 单片机的 C 编译器的表现非常优秀，如果没有几年的手工汇编经验，很难写出比 C 编译器更高效的代码。初学者也完全可以在不深入了解汇编指令系统的情况下直接开始 C 语言开发。

如图 1.3.1 所示，大部分处理器的 C 语言，都是在标准 C 语言（ANSI-C）上增加对相应处理器的特殊操作而构成的。此外，C 语言写的源程序属于文本文件，不能直接被目标 CPU

图 1.3.1 C 语言、编译器和机器码之间的关系

运行，需要经过编译器才能生成机器码。同一份 C 语言源程序，经过不同的编译器编译和链接之后，就能生成不同处理器的机器码。

如果在编程过程中注意尽量消除不同 CPU 硬件上的差异，或者将硬件差异集中到某个很小的局部，整个程序通过很简单的修改就能编译成另一 CPU 的机器码，在其他处理器上运行，这就是所谓的"代码移植"，是嵌入式软件设计最重要的思想之一。如果读者在一开始就树立可移植性的概念，养成好的编程习惯，则对减少重复劳动、加快开发速度有很大帮助。

MSP430 单片机的 C 语言（以下简称 C430）语法和标准 C 语言差异很小，读者可以参考任何一本 C 语言教材，在此不再赘述。下面仅列出 MSP430 单片机 C 语言和标准 C 语言的差异，以及和 CPU 相关的特殊语句。

1.3.1 变量

在 C 语言的国际标准中，对各变量字节数没有做严格限定，不同的编译器可能会略有差别。C430 中还增加了 8B 的 long long int 型变量，能够对十进制 20 位整数进行运算。下面列出常见变量类型，见表 1.3.1。

表 1.3.1 C430 中变量类型

变 量 类 型	字 节 数	值 域	备 注
char	1	$-128 \sim +128$ 或 $0 \sim 255$	Compile Option 选项设置 char 变量值域
unsigned char		$0 \sim 255$	
int	2	$-32768 \sim 32767$	
unsigned int		$0 \sim 65535$	
long	4	$-21474836478 \sim 2147483647$	
unsigned long		$0 \sim 4294967295$	
long long	8	-9223372036854775808 ~ 9223372036854775807	
unsigned long long		$0 \sim 18446744073709551615$	
float	4	$-1.175494351 \times 10^{-38}$ $\sim 3.402823466 \times 10^{+38}$	
double	4 或 8	$2.2250738585072014 \times 10^{-308}$ $\sim 1.7976931348623158 \times 10^{+308}$	General Option 选项设置浮点指针长度

为了和某些其他处理器的软件开发人员编程习惯兼容，EW430 允许改变某些变量的特性。在工程名上右键打开 Option 菜单，在 General Option 项可以设置浮点指针长度，这决定了 double 变量的字节数，默认是 32bit，即 4B（和 8051 等 8 位处理器兼容）。在 Compile Option 里可以设置 char 是否等效为 unsigned char（为了和某些早期的 C 语言兼容）。建议读者可以将浮点指针设为 64 位，char 等效为 signed char。

在变量定义表达式中增加某些关键字可以给变量赋予某些特殊性质：

const：定义常量。在 C430 语言中，const 关键字定义的常量实际上被放在了 ROM 中。

可以用 const 关键字定义常数数组(如系数表、显示段码表等)。

static：相当于本地全局变量，只能在函数内使用，可以避免全局变量混乱。

volatile：定义"挥发性"变量。编译器将认为该变量的值会随时改变，对该变量的任何操作都不会被优化过程删除。

no _ init 或 __ no _ init：定义无需初始化的变量。C 语言 main 函数开始运行之前，都会将所有 RAM 清零(全部变量都清零)。若某变量被定义为无需初始化，在初始化过程中不会被清零。

例如：

```
const unsigned char Table[7] = {1,2,3,4,5,6,7};   //在 ROM 中定义一个表格
static int a;        //定义一个 int 型静态变量 a
volatile int b;      //定义 int 型变量 b,不要被编译器优化
__ no _ init int c;  //定义 int 型变量 c,程序开始不对它初始化
```

1.3.2　数学运算

C430 的数学运算符与标准 C 语言完全一致。在此了解一下 MSP430 单片机的数据运算特点和编程原则，对于初学者仍然是很有帮助的。

1) 尽可能避免浮点运算。浮点数数值范围大，不易溢出，精度较高。对于习惯写 PC 程序的设计者来说，遇到数值计算会优先考虑浮点数。但对于单片机，浮点数的运算速度很慢，RAM 开销也大；在低功耗应用中 CPU 运算时间直接关系到平均功耗。对于单片机以及嵌入式软件开发人员，在编程初期就要养成尽量避免使用浮点数的习惯。

2) 防止定点数溢出。定点数运算首先要防止数据溢出。例如：

```
long int x;
int a;
x = a * 1000;
```

虽然 x 是 long 型变量，但 a 和常数 1000 都是 int 型，相乘结果仍然是 int 型。在 a > 65 的情况下，结果就会溢出。程序应该修改为：

```
x = a * (long)1000;   或 x = (long)a * 1000;
```

若遇到多个变量相乘，更需要细心检查。建议在测试每一段软件的时候，都要取边界条件做极限测试。

3) 小数的处理。遇到需要保留小数的运算，可以采用浮点数，但是软件开销较大。用定点数也可以处理小数。原理就是先扩大，再运算。例如，需要计算温度并保留 1 位小数，假设温度计算公式是：Deg _ C = ADC * 1.32/1.25 − 273。

为了让小数 1.32 能被定点运算，先扩大 100 倍变成 132，当然，除数 1.25 也要随之扩大 100 倍，公式变为：Deg _ C = (long)ADC * 132/125 − 273。

这样的运算结果只能保留到整数，为了让结果保留 1 位小数，需要人为将所有数值都扩大 10 倍，得到最终计算公式 Deg _ C = (long)ADC * 1320/125 − 2730。假设温度应该是 23.4℃，上述公式的运算结果将是 234。在显示的时候，将小数点添加在倒数第 2 位上，即

可显示 23.4。用定点数处理小数，如需要保留 N 位小数，就要将数值扩大 10^N 倍。注意防止溢出，且要记住每个数值被扩大的倍数，以便显示程序能确定小数点位置。另外在程序中，数学运算公式应添加注释，方便阅读和理解。

4）尽量减少乘除法。MSP430 单片机的 CPU 没有乘法、除法指令，乘除操作会被编译器转换成移位和加法来实现。如果乘除的数值刚好是 2 的幂，可以用移位直接替代乘除法，运算速度会提高很多。例如对 16 次采样数据求平均：

```
for( i = 0;i < 16;i ++ ) Sum += ADC _ Value[ i ];     //求和
Aver = Sum/16;          //这一句的运算较慢
```

对于除以 16 写成如下形式，运行速度会提高很多：

```
Aver = Sum >> 4;        //除以 16
```

若将编译器优化级别设置得比较高，在遇到乘除 2^N 数值时，编译器会自动用移位替代除法（编译器很聪明），从而加快执行速度。如果乘除法较多，CPU 速度不够的情况下，可以选用带有硬件乘法器的单片机。只要在 option 选项内所选择的型号带有硬件乘法器，编译器会自动使用硬件乘法器来完成乘除法运算。

1.3.3 位操作

位操作指令大部分存在于早期速度不高的 CISC 处理器上（以 8051 为代表），以提高执行效率，弥补 CPU 运算速度的不足。目前几乎所有的 RISC 型处理器都取消了位操作指令，MSP430 单片机也不例外。在 MSP430 的 C 语言中，也不支持位变量，因为位操作完全可以由变量与掩模位（mask bits）之间的逻辑操作来实现。

例如将 P2.0 置高、将 P2.1 置低、将 P2.2 取反，可以写成：

```
P2OUT  |= 0x01;        //P2.0 置高
P2OUT & = ~0x02;       //P2.1 置低
P2OUT ^= 0x04;         //P2.2 取反
```

在寄存器头文件中，已经将 BIT0 ~ BIT7 定义成 0x01 ~ 0x80，上述程序也可以写成：

```
P2OUT  |= BIT0;        //P2.0 置高
P2OUT & = ~BIT1;       //P2.1 置低
P2OUT ^= BIT2;         //P2.2 取反
```

对于多位可以同时操作，例如将 P1.1、P1.2、P1.3、P1.4 全部置高/低可以写成：

```
P1OUT  |= BIT1 + BIT2 + BIT3 + BIT4;       //P1.1/2/3/4 全置高
P1OUT & = ~( BIT1 + BIT2 + BIT3 + BIT4);   //P1.1/2/3/4 全置低   注意加括号!
```

实际上，这条语句相当于

```
P1OUT  |= 0x1e;        //P1.1/2/3/4 全置高
```

对于读操作，也可以通过寄存器与掩模位之间的"与"操作来实现。例如有通过 P1.5、P1.6 口控制位于 P2.0 口的 LED。下面代码示范读取 P1.5 和 1.6 的值：

```
char Key;
if((P1IN & BIT5) ==0)        P2OUT |= BIT0;        //若 P1.5 为低,则 P2.0 口的 LED 亮
if(P1IN & BIT5)              P2OUT |= BIT0;        //若 P1.5 为高,则 P2.0 口的 LED 亮
if(P1IN & (BIT5 + BIT6))      P2OUT |= BIT0;        //若 P1.5 和 P1.6 任一为高,则点亮 LED
if((P1IN & (BIT5 + BIT6))     != (BIT5 + BIT6))   P2OUT |= BIT0;
                                                  //若 P1.5 和 P1.6 任一为低,则点亮 LED
if(P1IN & BIT5)    Key = 1;
else               Key = 0;                       //读取 P1.5 状态赋给变量 Key
```

另外还有一种流行的位操作写法,用(1 ≪ x)来替代 BITx 宏定义:

```
P2OUT |= (1 ≪ 0);        //P2.0 置高
P2OUT &= ~(1 ≪ 1);       //P2.1 置低
P2OUT ^= (1 ≪ 2);        //P2.2 取反
if((P1IN & (1 ≪ 5)) ==0)  P2OUT |= (1 ≪ 0);   //若 P1.5 为低,则 P2.0 口的 LED 亮
```

这种写法的好处是使用纯粹的 C 语言表达式实现,不依赖于 MSP430 的头文件中 BITx 的宏定义,无需改动即可移植到任何其他单片机上,但可读性较差。

1.3.4　寄存器操作

MSP430 单片机内部各模块的配置、操作全部通过寄存器进行。MSP430 单片机内部有数百个寄存器、近千个控制位。通过这些寄存器可以配置各个模块的工作方式、状态、连接关系等参数。第 2 章将逐个模块讲解寄存器功能配置。这里仅从 C 语言语法上讨论寄存器的设置方法。

在 MSP430 单片机中,寄存器实际上是位于 RAM 低端的一些存储单元。对于初学者来说,可以先不考虑寄存器的绝对地址,只要在文件开头包含相应的头文件,即可像操作变量一样操作寄存器。本书的范例使用的单片机型号是 MSP430FE425,在每个 C 文件开头都包含了"MSP430x42x.h"头文件。头文件内的寄存器和标志位名称与《User Guide》内列出的名称完全一致。

寄存器读写操作中会遇到大量的位操作。例如需要允许串口收发中断,查《User Guide》找到串口收、发中断控制位名称分别是 URXIE0 和 UTXIE0,位于 IE1 寄存器的最高 2 位,需要将这两位置高。参考位操作方法,写成:

```
IE1 |= BIT6 + BIT7;    //URXIE0 和 UTXIE0 置高,打开串口收发中断
```

这种写法不能直观看到被设置的标志位名称,为了解决这个问题,在头文件中已经将各个标志位都作了宏定义。打开 MSP430x42x.h 文件,能找到如下的宏定义:

```
#define URXIE0                (0x40)
#define UTXIE0                (0x80)
```

所以,可以把程序改写成更容易读的形式:

```
IE1 |= URXIE0 + UTXIE0;    //URXIE0 和 UTXIE0 置高,打开串口收发中断
```

读者今后在读程序的过程中，会大量见到这种写法。

但这种写法也有致命缺点：C 语言的语法检查不能检测出赋值错误。假设读者在编程时将寄存器和控制位张冠李戴：

```
IE2  |= URXIE0 + UTXIE0;        //寄存器错误,这两标志位不属于 IE2 寄存器
P1OUT |= URXIE0 + UTXIE0;       //寄存器错误,实际将 P1.6/7 置高
```

URXIE0 和 UTXIE0 两个控制位在 IE1 寄存器内，却将它赋给了 IE2 寄存器，或者故意制造更离谱一些的错误，赋给 P1 口。这下情况下，编译器仍会为是合法语句，不会报错。

为了避免上述问题，EW430 提供了另一类头文件，叫做 IO 头文件。它将各个寄存器都做成了结构体，可以模仿出传统的位变量操作语法。上例中，如果头文件替换成"io430x42x . h"，就可以用下面的语句来赋值：

```
#include "io430x42x. h"           /* 替换掉"msp430x42x. h"*/
P2OUT _ bit. P2OUT _0 =1;          //P2.0 置高
P2OUT _ bit. P2OUT _1 =0;          //P2.1 置低
P2OUT _ bit. P2OUT _2 ^=1;         //P2.2 取反
IE1 _ bit. URXIE0 = 1;             //IE1 的 URXIE0 位置 1
IE1 _ bit. UTXIE0 = 1;             //IE1 的 UTXIE0 位置 1
```

用这个头文件，编译器可以检测出赋值错误。假设代码写成：

```
IE2 _ bit. URXIE0 =1;              //寄存器错误,URXIE0 标志位不属于 IE2 寄存器
```

编译器会发现 IE2 _ bit. URXIE0 未定义，从而报错。

如果读者以前已经习惯于 8051 单片机之类的有位操作的单片机系统，可以使用 IO 头文件，若读者已经习惯了 RISC 处理器，可使用普通头文件。实际上使用 IO 头文件更加安全，但目前厂商提供的参考范例程序全部使用普通头文件，更易阅读。

在每个头文件中，不仅包括了寄存器的定义、标志位的定义，还包括了一些组合宏定义。例如在 BTCTL 寄存器的下方会看到这样的宏定义：

```
#define BT _ ADLY _ 16      (BTDIV)                   /* 16ms      */
#define BT _ ADLY _ 32      (BTDIV + BTIP0)           /* 32ms      */
#define BT _ ADLY _ 64      (BTDIV + BTIP1)           /* 64ms      */
#define BT _ ADLY _ 125     (BTDIV + BTIP1 + BTIP0)   /* 125ms     */
  ⋮
```

EW430 的头文件中，已经将一些常用的寄存器值的组合做成了宏定义，一般都会有详细的注释来说明这些组合的含义。例如可以直接使用下面语句：

```
BTCTL = BT _ ADLY _ 125;           //BT 定时器设为 1/8s(125ms)中断一次
```

读者在编写 MSP430 单片机寄存器操作相关程序的时候，要习惯性的搜索一下头文件，看看头文件内有没有提供现成的组合宏定义，减少工作量，降低出错可能。

另外要注意，用"|="来赋值的特点之一是不会影响该寄存器内其他的标志位，但一定要保证被赋值的若干标志位在赋值之前一定要为 0，否则可能会导致错误的结果。例如下

面的语句本意是利用 3 个 I/O 口来控制一个循环流水灯，但是赋值语句(2)执行后并不改变 PIOUT 的 BIT1 位，将会导致之后 3 个灯全亮，且永远不会熄灭：

```
while(1)
{
  P1OUT |= BIT1 + BIT2;                    //P1.1 和 P1.2 输出高电平(1)
  Delay(1000);                             //延迟 1s
  P1OUT |= BIT2 + BIT3;                    //P1.2 和 P1.3 输出高电平(2)
  Delay(1000);                             //延迟 1s
  P1OUT |= BIT3 + BIT1;                    //P1.3 和 P1.1 输出高电平(3)
  Delay(1000);                             //延迟 1s
}
```

正确的程序是在每句赋值前增加将 3bit 全部清零的语句：

```
while(1)
{
  P1OUT &= ~(BIT1 + BIT2 + BIT3);          //清除 I/O 输出 3 个比特
  P1OUT |= BIT1 + BIT2;                    //P1.1 和 P1.2 输出高电平(1)
  Delay(1000);                             //延迟 1s
  P1OUT &= ~(BIT1 + BIT2 + BIT3);          //清除 I/O 输出 3 个比特
  P1OUT |= BIT2 + BIT3;                    //P1.2 和 P1.3 输出高电平(2)
  Delay(1000);                             //延迟 1s
  P1OUT &= ~(BIT1 + BIT2 + BIT3);          //清除 I/O 输出 3 个比特
  P1OUT |= BIT3 + BIT1;                    //P1.3 和 P1.1 输出高电平(3)
  Delay(1000);                             //延迟 1s
}
```

大部分控制寄存器在上电复位过程中都会被自动清零。它们在初始化的时候可以用 " |= " 号赋值。但在以后需要更改设置时再用 " |= " 赋值，就会出现问题，特别是使用快捷宏定义时更容易出错。例如设置 PWM 控制器的输出模式时，需要设置 3 个控制位 OUTMODE0/1/2。在头文件中提供了 OUTMODE_0 ~ OUTMODE_7 的快捷宏定义可以使用，分别对应 3 个控制位的 8 种组合。假设先利用快捷宏定义将通道一的输出模式设为模式 3，一段时间后后，再将其改为模式 6：

```
TACCTL1 |= OUTMODE_3;                      //通道 1 设为输出模式 3
...                                        //运行一段时间
TACCTL1 |= OUTMODE_6;                      //通道 1 改为输出模式 6(出错)
```

实际上，上面的程序等价于：

```
TACCTL1 |= OUTMODE0 + OUTMODE1;            //3 = BIT0 + BIT1
...                                        //运行一段时间
TACCTL1 |= OUTMODE1 + OUTMODE2;            //6 = BIT1 + BIT2
```

最后的结果是 OUTMODE0、1、2 三个控制位都被置 1，因此实际上设为了模式 7 而不是模式 6。所以，在使用"|="符更改设置时，必须先将原有设置位清零：

```
TACCTL1 |= OUTMODE_3;          //通道 1 设为输出模式 3
…                              //运行一段时间
TACCTL1 &= ~ OUTMODE_7;        //清除 3 个比特的原有设置
TACCTL1 |= OUTMODE_6;          //通道 1 改为输出模式 6(正确)
```

类似的情况还出现在上电未被初始化的寄存器，如 BTCTL 寄存器，第一次若用"|="赋值也可能出错，且具有一定的随机性，例如经常因为 BTHOLD 位上电为 1 导致 LCD 无法显示。这种情况可以先清零再赋值，也可用等号赋值来避免上述问题。

用等号赋值时也要注意，它会改变寄存器内的其他标志位，所以必须一次对所有控制位全部赋值。

1.3.5 中断

下一章将会了解到 MSP430 单片机的低功耗主要靠 CPU 进入休眠状态来实现，能够将 CPU 从休眠状态唤醒的条件只有发生中断或复位。因此低功耗和中断之间的关系密不可分。MSP430 单片机所有的大部分功能模块均能够在不需 CPU 干预的情况下独立工作，且都能引发中断。MSP430 单片机软件的基本结构之一就是先向某模块发出指令(如 ADC 开始转换)，然后 CPU 休眠，等待模块操作完毕产生中断唤醒 CPU 继续下面的任务，从而将 CPU 运行时间降到最少。

MSP430 单片机具有中断向量表，位于 ROM 最高段 512B 中(0xFE00 ~ 0xFFFF)，事先需要将中断服务程序入口地址装入中断向量表内。中断发生后，如果当前该中断被允许，CPU 会自动将当前程序地址和 CPU 状态寄存器 SR 压入堆栈，然后跳转到中断服务程序入口。中断服务程序内可能会改变的寄存器都要通过软件压入堆栈，之后才能开始执行中断服务程序。退出中断前需要通过软件从堆栈恢复寄存器值，最后 CPU 自动恢复 SR 寄存器，跳转到中断发生前的地址继续执行。有趣的是，MSP430 单片机的 SR 寄存器保存着低功耗休眠标志位。假设中断发生前是休眠的，中断返回后 CPU 将仍然是休眠状态。如果希望唤醒 CPU，则需要通过一些软件手段在退出中断前修改堆栈内 SR 的值。

事实上，在 EW430 中，上述所有复杂的操作过程都可以交给 C 编译器来完成，程序员只需要专注于编写中断服务程序。定义中断服务程序的方法非常很简单，例如：

```
#pragma vector = BASICTIMER_VECTOR     //BasicTimer 中断向量
__ interrupt void BT_ISR(void)         //声明一个中断服务程序，名为 BT_ISR()
{
    ……                                //在这里写中断服务程序
}
```

在中断函数前加 __ interrupt 关键字(注意有 2 个_)，告诉编译器这个函数是中断程序，编译器会自动处理中断向量表、保护现场、压栈出栈等细节问题。然后在函数前一行写"#pragma vector = XXXX_VECTOR"指明中断源，决定该函数为哪个中断服务。可以简单的理解为只要 XXXX 中断发生，就会立即执行该函数。

因为不同型号 MSP430 单片机含有的模块种类不一样，中断资源也不同。具体可以参考头文件中 Interrupt Vectors 段的定义。以 msp430x42x 单片机头文件的定义为例：

```
/****************************************************
 *  Interrupt Vectors( offset from 0xFFE0)   中断向量( 从 0xFFE0 开始)
 ****************************************************/

#define BASICTIMER _ VECTOR          (0 * 2u)   / * 0xFFE0 基础定时器中断向量 * /
#define PORT2 _ VECTOR               (1 * 2u)   / * 0xFFE2 P2 口中断向量 * /
#define PORT1 _ VECTOR               (4 * 2u)   / * 0xFFE8 P1 口中断向量向量 * /
#define TIMERA1 _ VECTOR             (5 * 2u)   / * 0xFFEA TA 定时器 CCR1/2 中断向量 * /
#define TIMERA0 _ VECTOR             (6 * 2u)   / * 0xFFEC TA 定时器 CCR0 中断向量 * /
#define USART0TX _ VECTOR            (8 * 2u)   / * 0xFFF0 串口发完一字节中断向量 * /
#define USART0RX _ VECTOR            (9 * 2u)   / * 0xFFF2 串口收到一字节中断向量 * /
#define WDT _ VECTOR                 (10 * 2u)  / * 0xFFF4 看门狗定时器溢出中断向量 * /
#define SD16 _ VECTOR                (12 * 2u)  / * 0xFFF8 ADC 中断向量 * /
#define NMI _ VECTOR                 (14 * 2u)  / * 0xFFFC NMI 中断向量 * /
#define RESET _ VECTOR               (15 * 2u)  / * 0xFFFE 复位入口向量 * /
```

上述宏定义声明了 MSP430x42x 系列单片机的中断源。例如需要写一个名为 ADC _ ISR 的中断服务程序，为 ADC 中断服务，用于读取转换结果。从上面查到 ADC 的中断向量已经定义为 SD16 _ VECTOR，该中断函数可以写为：

```
#pragma vector = SD16 _ VECTOR       //16 位 ADC 中断源
__ interrupt void ADC _ ISR( void )   //声明一个中断服务程序,名为 ADC _ ISR( )
{
  ……                                 //在这里写读取 ADC 结果的代码
}
```

前文已经分析过，假设中断发生前 CPU 是休眠的，中断返回后 CPU 将仍然是休眠状态。这非常适合编写事件触发结构的程序(全部执行都由中断完成，见 3.3 节)。如果希望唤醒 CPU，需在退出中断前修改堆栈内 SR 的值，清除掉休眠标志。在 EW430 中，针对这一特殊操作提供了一个修改堆栈内 SR 的函数：__ low _ power _ mode _ off _ on _ exit( )；只要在退出中断之前调用该函数，能够修改被压入堆栈的 SR，从而在退出时唤醒 CPU。

```
#pragma vector = BASICTIMER _ VECTOR        //BasicTimer 中断源
__ interrupt void BT _ ISR( void )           //声明一个中断服务程序,名为 BT _ ISR( )
{
  ……                                        //在这里写中断服务程序
  __ low _ power _ mode _ off _ on _ exit( );  //退出中断时唤醒 CPU。注意开头两个'_'
}
```

MSP430 单片机中断源的数量很多，比如 P1、P2 口每个 I/O 都能产生中断，3 个 ADC 采样结束以及遇到错误都会产生中断，为了便于管理，MSP430 的中断管理机制把同类的中断合并成一个总中断源，具体的中断需要由软件判断中断标志位来确定。例如，P1 口的任何一个 I/O 中断发生时, 程序都会执行 P1 口中断服务程序, 在 P1 口中断服务程序中, 再根据 P1IFG 标志位来判断具体是哪一根 I/O 发生了中断。下例示范 P1.5、P1.6 口发生的中断执行不同功能。

```
#pragma vector = PORT1 _ VECTOR        //P1 口中断源
__ interrupt void P1 _ ISR( void )      //声明一个中断服务程序,名为 P1 _ ISR( )
{
   if( P1IFG & BIT5 )                   //判断 P1 中断标志第 5 位(P1.5)
   {
      ……                               //在这里写 P1.5 中断服务程序
   }
   if( P1IFG & BIT6 )                   //判断 P1 中断标志第 6 位(P1.6)
   {
      ……                               //在这里写 P1.6 中断服务程序
   }
   P1IFG = 0;                           //清除 P1 所有中断标志位
}
```

1.3.6 内部函数

标准 C 语言具有普遍适用性, 但每种 CPU 都有其独特之处, 很可能对某 CPU 来说一个简单操作, 用标准 C 语言表达出来却很复杂。比如前文中修改 SR 寄存器的例子, 因为 C 不能直接操作堆栈, 只能用指针操作来进行, 效率较低。为了解决类似问题, 编译器一般会提供一些针对目标 CPU 的特殊函数, 以及经汇编高度优化的常用函数。这些函数被称为内部函数(Intrinsic Functions)。上面的 __ low _ power _ mode _ off _ on _ exit( );就是 ICC430 编译器提供的一个内部函数。

常用的一些内部函数有:

```
__ low _ power _ mode _ 0( );       或 LPM0;               //进入低功耗模式 0
__ low _ power _ mode _ 1( );       或 LPM1;               //进入低功耗模式 1
__ low _ power _ mode _ 2( );       或 LPM2;               //进入低功耗模式 2
__ low _ power _ mode _ 3( );       或 LPM3;               //进入低功耗模式 3
__ low _ power _ mode _ off _ on _ exit( );                //退出时唤醒 CPU
__ delay _ cycles( long int cycles );                      //靠 CPU 空操作延迟 cycle 个时钟周期
__ enable _ interrupt( );           或 _ EINT( );          //打开总中断开关
__ disable _ interrupt( );          或 _ DINT( );          //关闭总中断开关
__ no _ operation( );               或 _ NOP( );           //空操作
__ swap _ bytes( x );               或 _ SWAP _ BYTES( x );//高低字节交换,返回整形值
__ bcd _ add _ short( unsigned int, unsigned int );        //整形 bcd 加法,返回整型
__ bcd _ add _ long( unsigned long, unsigned long );       //长整形 bcd 加法,返回长整型
__ bcd _ add _ long _ long( unsigned long long, unsigned long long );
                                                           //长长整形 bcd 加法,返回 long long 型
```

还有一些较少使用的内部函数, 请参考 "intrinsic. h" 和 "in430. h" 头文件。这两个文

件是默认包含在工程内的，程序中不用包含任何头文件，可以直接使用内部函数。

1.3.7　库函数

除了编译器提供针对 CPU 独有的函数之外，C 语言作为一种通用平台，自身也会提供一些实用的函数。C 语言国际标准规定了每种 C 编译器都必须提供格式化输入/输出、字符串操作、数据转换、数学运算等标准函数。这些函数以库文件形式提供。和内部函数相反，这些函数都是与硬件完全无关的，换句话说，不管任何处理器的编译器，都会提供库函数。EW430 提供了 100 个库函数，其中包括读者已经很熟悉的 printf/scanf 函数、数学运算函数、字符串函数等。库函数里面提供的函数都是非常经典的，且经过高度优化。如果熟练掌握大部分库函数，能节省很多开发时间。这 100 个库函数的详细使用方法、需要包含的头文件可参阅《IAR C LIBRAR FUNCTIONS Reference Guide》。这篇文档位于 IAR EW430 安装目录 \430\doc\clib. pdf。

部分库函数需要简单移植后才能使用，比如 scanf 和 printf 函数，本身只负责格式化输入/输出功能，具体从何种设备上获取字符，字符输出到何种设备上，需要由用户提供输入/输出函数决定。第 4 章将有一个范例说明如何利用 printf/scanf 函数实现简单的人机对话。

1.4　文件管理

受到简短的 C 语言入门程序范例的影响，初学者往往将所有的代码都写在一个 C 文件中。这是一种非常坏的习惯。当程序逐渐变长，只要超过 5 个屏幕长度，会发现编辑、查找和调试都将变得非常困难。而且这种代码很难用在别的项目中，除非仔细地理顺函数关系，然后寻找并复制每一段函数。

合理的方法是将一个大程序划分为若干个小的 C 文件。在单片机程序中，最常用的划分方法是按照功能模块划分（严格地说是按照对象划分），将每个功能模块做成独立的 C 文件。例如一个项目中会用到 BT 定时器、16 位 AD 转换器、LCD 显示、键盘，可以划分为 4 个文件：BasicTimer. C、ADC16. C、LCD. C、Key. C。属于每个功能模块的函数写在相应的文件中，然后在相应头文件中声明对外引申的函数与全局变量。

做好文件划分和管理之后，每个文件都不会很长，如果需要修改或调试某个函数，打开相应模块的 C 文件，很容易找到。打开相应的头文件还可查看函数列表。这些代码还能被重复使用。假设另一项目也用到 LCD 显示器，只要把 LCD. C 和 LCD. h 文件复制并添加到新工程内即可调用各种 LCD 显示函数，避免了重复劳动。

这里用一个简单的例子说明 C 文件与头文件的关系：

假设编写一个数据处理功能模块 DataProcess. C，包含两个功能函数：数据求和与数据求平均值。新建 DataProcess. C 并添加进工程，为两个功能写代码：

```
int Sum(int a,int b,int c)          //3 个数据求和函数
{
    int y;
    y = a + b + c;
    return(y);
```

```
}
float Average(int a,int b,int c)          //3 个数据求均值函数
{
  float y;
  y = a + b + c;
  return(y/3);
}
```

假设在 main. c 文件内的某函数需要调用 DataProcess. C 内的两个函数，需要在 main. c 开头用 extern 关键字声明外部函数，告诉编译器这两个函数位于其他文件。

```
extern int Sum(int a,int b,int c);          //声明 Sum()是外部函数
extern float Average(int a,int b,int c);    //声明 Average()是外部函数
```

为了避免重复劳动，可以建立 DataProcess. h 头文件，将上述两句写入头文件内。在 main. c 文件开头处包含 "DataProcess. h"，相当于作了函数声明。

仿照上面的方法，在编写程序时，为每个功能模块都写一个 C 文件和一个同名的头文件。在 C 文件内写代码；将对外引申函数声明集中写在头文件内。若在 File_A 文件中需要调用 File_B 文件内的函数，只需在 File_A 文件的开头添加 #include "File_B. h" 即可。在 EW430 的工程管理器中，还提供了文件夹功能。当文件数目增多的时候，可以通过建立文件夹来分类管理文件。在工程名上右键-> Add-> Group 新建文件夹，然后用鼠标拖动文件放入文件夹。将头文件和源文件分别放在 Header 和 Source 文件夹是一种常用的文件夹管理方法，使文件列表长度减少了一半(见图 1.4.1b)。当文件继续增多时，可以按照功能层次或类别来建立文件夹，还可建立子文件夹，将文件归类管理(见图 1.4.1c)。

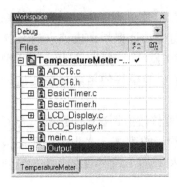

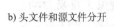
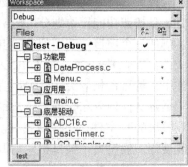

a) 未经整理的文件   b) 头文件和源文件分开   c) 按功能层次管理

图 1.4.1   用文件夹功能管理文件

对于全局变量，也可以通过头文件中的 extern 声明对外引用。例如对于各个 C 文件中都会用到的系统级的全局变量，可以全部单独放到一个 global. c 文件中：

```
int BattVoltage;              //电池电压测量值存放变量
unsigned int SystemStatus;    //系统状态存放变量
int Temperature;              //温度测量结果存放变量
```

然后再写一个 global. h 文件,将这些全局变量对外引申:

```
extern int BattVoltage;              //声明电池电压测量值存放变量是外部变量
extern unsigned int SystemStatus;    //声明系统状态存放变量是外部变量
extern int Temperature;              //声明温度测量结果存放变量是外部变量
```

之后在任何 C 文件中,如果需要调用这些全局变量,只需在文件开头处包含 global. h 头文件即可。这种方法的好处是只要包含 global. h,就可以访问所有的全局变量,但有可能会破坏程序的结构性与模块的独立性。例如多个文件中会用到上例中的 BattVoltage 变量,这几个文件都必须通过 global. c 来访问该变量,所以这多个文件之间有了额外的关联,在以后其他工程中重复使用时不能独立出来,必须重写 global. c。

第二种方法是:全局变量隶属于哪个模块,就写在哪个 C 文件中,然后在相应的头文件中用 extern 声明对外引用。例如 OverflowFlag 全局变量是前例中数据加法处理模块中的全局变量,用于指示加法运算曾经出现过溢出。这个全局变量应该隶属于 Dataprocess. c。在 Dataprocess. c 中写函数体,并声明 OverflowFlag 全局变量:

```
unsigned char OverflowFlag;          //加法溢出标志全局变量
int Sum(int a,int b,int c)           //3 个数据求和函数
{
 long int y;
 y = a + b + c;
 if(y > 65535)OverflowFlag = 1;      //如果加法结果大于65535,则置溢出标志
 return(y);
}
```

然后在 Dataprocess. h 中声明求和函数与全局标志变量:

```
extern unsigned char OverflowFlag;   //声明加法溢出标志全局变量是外部变量
extern int Sum(int a,int b,int c);   //声明 Sum()是外部函数
```

这种方法的好处是结构清晰,以后重复使用这个模块时,只需包含该模块的头文件,则不仅包含了功能函数的声明,还包含了相关的全局变量。但对于一些隶属关系含糊的变量,特别是各个文件都会用到的系统级变量,例如系统状态、电池不足告警标志等,不好将其归类,即使强行归属于某个模块,很可能因为难以记忆该变量属于哪个头文件而给下次重复使用带来困难,所以工程中一般将这两种方法结合起来。对于隶属关系明确的全局变量,一般写在相应模块的 C 文件中。对于系统级或各个模块都需要访问的全局变量,一般全部写到公共文件 global. c 中。

第三种方法是使用函数来访问全局变量。上例中可以通过编写 GetOverflowFlag() 函数来读取溢出标志全局变量;通过 ClrOverflowFlag() 函数来清除溢出标志:

```
unsigned char OverflowFlag;          //加法溢出标志全局变量
int Sum(int a,int b,int c)           //3 个数据求和函数
{
 long int y;
 y = a + b + c;
```

```
    if( y > 65535 ) OverflowFlag = 1 ;              //如果加法结果大于 65535,则置溢出标志
    return( y ) ;
}
char GetOverflowFlag( )                             //访问 OverflowFlag 标志
{
    return( OverflowFlag ) ;
}
void ClrOverflowFlag( )                             //清除 OverflowFlag 标志
{
    OverflowFlag = 0 ;
}
```

然后在 Dataprocess. h 中声明这些函数:

```
extern int Sum( int a,int b,int c) ;               //声明 Sum( )是外部函数
extern char GetOverflowFlag( ) ;                   //声明访问 OverflowFlag 标志的外部函数
extern void ClrOverflowFlag( ) ;                   //声明清除 OverflowFlag 标志的外部函数
```

这种方法可以让全局变量仅存在于每个功能模块的内部,不对外显露。该方法的结构性与安全性最好,但代码执行效率较低,对于频繁访问操作来说,步骤繁琐。

文件划分和管理不仅方便了阅读和调试,还可以为每个文件独立设置属性,如优化级别等参数,这些设置都保存在工程文件中。目前流行的开发工具都具有工程管理器,已经不再像早期 Turbo-C 那样支持独立 C 文件的编译。所以,建议初学者在开始就要养成文件管理的习惯,即使对于简单的程序,也要按模块划分和管理文件,对以后提高工作效率有很大帮助。在编写程序的时候,也要注意所写的函数尽量能被重复使用。

通过各种项目积累下来的一些通用文件,可以作为程序库使用。在一个对开发团队中,长期积累下来的各种程序库是一笔宝贵的财富。一个优秀的程序库,应该屏蔽掉底层所有复杂的特征,对外呈现简洁的接口;并且具有通用性和可移植性。

1.5　代码优化

在编译过程中,同一段 C 语言代码可以有不同的编译结果。某些编译结果速度特别快,但可能占用 ROM 比较多,某些编译结果可能占用 ROM 少,但可能执行速度慢。例如对于同一条 C 语言语句:

```
unsigned char Array[ ] = {1,2,3,4,5,6,7,8,9,10,11,12,13,14,15} ;
```

若在编译过程中,用 15 条 MOV 指令来实现赋值,则运行速度最快,但代码较长。若结合循环指令来实现,代码能够明显变短,但运行速度相对会变慢。

为了让程序员能够对编译过程有所控制,编译器留有一个优化选项,让程序员选择编译生成代码的优化倾向以及优化程度。在工程管理器内工程名上右键打开 Option 菜单,C/C++ Compiler 项选择 Optimization 页,可以看到如图 1.5.1 所示的优化菜单。

用户可以指定优化倾向速度(Speed 选项)或者代码大小(Size 选项)。若选择优化速度,

编译器在生成机器码时会尽量让代码速度执行的更快，以提高执行性能。若选择优化代码大小，则编译器在生成机器码时会尽量让代码长度更短，以便在同样容量的存储器内装入更多代码，降低成本。

右侧的选择框用于指定优化级别，有高（High）、中（Medium）、低（Low）、无（None）4挡优化级别。优化级别越高，机器码生成得越紧凑。但优化级别较高时，编译器在保证运

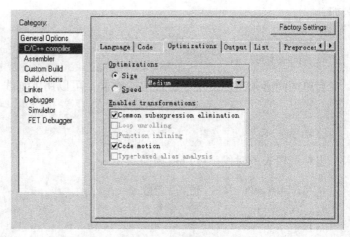

图 1.5.1　优化选项菜单

行结果正确的前提下会"自作主张"地修改代码。比如会删除部分没有用到的代码、将程序中若干处都频繁出现的相同语句合并、移动代码位置、将次数较少的 for 循环展开等。优化级别越高，编译器对代码进行的修改就越多。在下方"Enabled transformations"提示框里会告知当前优化级别下，编译器会对代码进行哪些修改。

优化级别越高，能生成越小、越快、越紧凑的代码，但调试越困难。优化级别较高时，可能会出现某些语句根本不执行的情况（被优化器删除或挪动了），或者发现某些运算的中间结果完全是错误的（中间过程被编译器省略，或者与其他运算合并了），从而给测试和排错工作带来很大困难。建议在程序调试完毕之前，先用低级优化或关闭优化功能。程序发布前再选择高优化级别。

若读者在调试过程中，即使将优化级别设成"无"，仍然有部分变量被优化过程改变，可尝试在定义变量时加 volatile 关键字。

1.6　风格

程序不仅要被计算机读，还要给程序员读。一个风格清爽而严谨的程序更容易被读懂，更容易被修改和排错。良好的编程风格和正确的习惯还有助于保持思维清晰，写出正确无误的代码。特别是一个开发团队共同工作时，保持一致的编程风格尤其重要。

目前单片机开发人员对编程风格问题重视度还不够。事实上，每个初学者在项目初期都会因为不良编程习惯浪费大量时间，因此若能在开始写程序时就重视编程风格问题，对顺利渡过提高阶段有很大帮助。因篇幅所限，本节仅浅述编程风格中几个最基本原则。

1.6.1　变量命名规则

变量名尽量使用具有说明性的名称，避免使用 a、b、c、x、y、z 等无意义字符。使用范围大的变量，如全局变量，更应该有一个说明性的名称。变量名尽量使用名词，长度控制在 1～4 个单词最佳。若名称包含多个单词，每个单词首字母大写以便区分单词，

例如：

```
int InputVoltage;      //输入电压
int Temperature;       //温度
```

当单词间必须出现空格才好理解的时候，可以用下划线'_'替代空格：

```
int Degree _ C;        //℃
int Degree _ F;        //℉
```

当单词较长的时候，可以适当简写：

```
int NumOfInputChr;     //输入字符数
int InputChrCnt;       //输入字符数
int Deg _ F;           //℉
```

一旦约定以某种方式简写，以后必须保持风格统一。

若多个模块都可能出现某个变量，可以按"模块名_变量名"的方式命名：

```
char ADC _ Status;         //ADC 的状态
char BT _ IntervalFlag;    //BasicTimer 定时到达标志
int  UART1 _ RxCharCnt;    //串口 1 收到的字符总数
```

对于约定俗成的变量，如用变量 i、j 作为循环变量，p、q 作为指针，s、t 表示字符串等，不要改动。这里采用更长的变量名反而不符合习惯。

1.6.2 函数命名规则

和变量一样，函数名称也应具有说明性。函数名应使用动词或具有动作性的名字，后面可以跟名词说明操作对象。按照"模块名_功能名"的方式命名：

```
unsigned int ADC16 _ Sample();        //16 位 ADC 采样
char         LCD _ Init();            //LCD 初始化
char         RTC _ GetVal();          //获取实时钟的数据
void         PWM _ SetPeriod();       //设置 PWM 周期
void         PWM _ SetDuty();         //设置 PWM 占空比
void         Flash _ WriteChar();     //向 Flash 写入一字节数据
char         UART _ GetChar();        //从串口读取一字节数据
char         Key _ GetKey();          //从键盘读取一次按键
char         TouchPad _ GetKey();     //从触摸板读取一次按键
```

每个单词首字母大写，便于阅读，专有名词或缩略词（ADC/LCD 等）全部大写。遇到太长的单词也可以在不影响阅读的情况下适当简写，例如用 Tx 替代单词 Transmit，Rx 替代单词 Receive，Num 替代单词 Number，Cnt 替换 Count，数字 2 替代单词 To 等（同音）。和变量一样，一旦约定某种简写方式，以后必须保持风格统一。对于所有模块都通用的函数，如求均值函数，可以不写模块名。

对于返回值是布尔类型值的函数（真或假），名称应清楚反映返回值情况，例如编写某函数检查串口发送缓冲区是否填满：

```
char UART _ CheckTxBuff( );        //不恰当的函数名
char UART _ IsTxBuffFull( );        //意义明确的函数名
```

第一个函数字面意思是"检查发送缓冲区",若返回真(通常用返回"1"表示)表示什么意思不明确。

第二个函数字面意思是"发送缓冲区满了么?",若返回真,有明确的意思:满了。

1. 6. 3　表达式

表达式应该尽量自然、简洁、无歧义。写代码的时候,要杜绝各类"技巧"。因目标是要写最清晰的代码,而不是最巧妙的代码。下面两个表达式所表达的条件是等价的,第一个逻辑拐了个弯,难以理解,写成第二种表达方式就清晰许多。

```
if( !( RxCharNum < 20) || ( !( RxCharNum >= 16) )    //晦涩的表达式
if( ( RxCharNum >= 20) || ( RxCharNum < 16) )    //清晰的表达式
```

再看下面的表达式想要干什么?

```
SubKey = SubKey >> ( Bits-( Bits/8) * 8) ;        //难懂的表达式
```

最内层表达式把 Bits 除以 8 再乘以 8,实际上相当于把最低 3 位清零。再从 Bits 原值减去这个结果,实际上相当于取 Bits 的最低 3 位。最后用这 3 位确定 SubKey 的移位次数。实际上与下面简洁的表达式等价:

```
SubKey = SubKey >> ( Bits & 0x07) ;        //清晰的表达式
SubKey >> = ( Bits & 0x07) ;        //清晰的表达式
SubKey >> = ( Bits%8) ;        //清晰的表达式
```

一个好的表达式应该能够用英语朗读出来。可以作为检验表达式好坏的依据。例如:

```
if( UART _ IsTxBuffFull( ) )    UART _ ClearTxBuff( ) ;
else                UART _ PutChar( 0x55) ;
```

上面的表达式可以被朗读出来:"如果串口发送缓冲区满了,就清空发送缓冲区,否则从串口发送字符 0x55",可读性很好。

表达式不仅要清晰,还要消除歧义。若初学者对 i ++ 和 ++i 顺序比较含糊,完全可以将表达式拆开避免歧义。若对运算符优先级问题没有把握,可以用括号消除可能出现的歧义。

1. 6. 4　风格一致性

对于书写格式,向来争议很大,例如括号配对就有两种流行的写法:

```
for ( i = 0 ; i < 100 ; i ++ ) {
    for( j = 0 ; j < 200 ; j ++ ) {        //括号配对风格 1
    ...
    }
}
```

```
while( a == b ) {
    if( c == d ) {                          // 括号配对风格1
    ...
    }
    else {
    ...
    }
}
```

另一种写法是：

```
for ( i = 0 ; i < 100 ; i ++ )
{                                           // 括号配对风格2
    for( j = 0 ; j < 200 ; j ++ )
    {
    ...
    }
}
while( a == b )
{
    if( c == d )
    {                                       // 括号配对风格2
    ...
    }
    else
    {
    ...
    }
}
```

除了书写风格，命名方法也有很多种标准，且经常可以看到哪种格式更好的讨论。事实上，最好的格式、最好的命名方法是和惯用风格保持一致。如果加入一个开发团队，团队目前所使用的风格就是最好的格式；如果改写别人写的程序，保持原程序的风格就是最好的风格。总之，程序的一致性比本人的习惯更重要。如果初学者还没有形成自己的风格，可以参考官方提供的范例程序，或者与平台供应商的代码保持风格一致。

1.6.5 注释

注释是帮助程序读者的一种手段，但是如果注释只是代码的重复，将会变得毫无意义。若注释与代码矛盾，反倒会帮倒忙。最好的注释是简洁明了的点明程序的突出特征，或者阐明思路，或者提供宏观的功能解释，或者指出特殊之处，以帮助别人理解程序。比较同一段代码的两种注释方法：

```
for( i = 6 ; i > DOT ; i-- )                // 从第6位(最高位)到小数点之间依次递减
{
```

```
    if( DispBuff[i] ==0) DispBuff[i] =' ';      //如果该位数值是0,则替换成空格
    else break;                                 //如果不是,则跳出循环
}
```

另一种注释方法

```
for(i = 6;i > DOT;i--)                          //对全部6位显示数据进行判断
{
    if( DispBuff[i] ==0) DispBuff[i] =' ';      //消隐显示数据小数点前的无效0
    else break;
}
```

第1种注释每行都有注释,但读者仍然不明白这段程序功能或目的是什么。因为每个注释无非是代码的解释和重复。第2种注释虽然更短,但简明扼要的说明了这个for循环的功能,帮助读者理解程序。写注释的时候要从读程序的思路来考虑而不要以设计者的角度思考。

对于每个函数,特别是底层函数,都要注释。在函数前面注释该函数的名称、参数、参数值域、返回值、设计思路、功能、注意事项等。如果参与团队开发,还应写若干典型应用范例,供他人参考。商业化的代码中,注释比程序代码更长的情况很常见。下面给出显示库程序LCD. C文件中的一个函数为例:

```
/********************************************************************
*  名      称:LCD _ InsertChar( )
*  功      能:在LCD最右端插入一个字符
*  入口参数:ch   :插入的字符   可显示字母请参考LCD _ Display. h中的宏定义
*  出口参数:无
*  说      明:调用该函数后,LCD所有已显示字符左移一位,新的字符插入在最右端一位
             该函数可以实现滚屏动画效果,或用于在数据后面显示单位
*  范      例:LCD _ DisplayDecimal(1234,1);
             LCD _ InsertChar(PP);
             LCD _ InsertChar(FF);   显示结果:123.4PF
********************************************************************/
void LCD _ InsertChar( char ch)
{ char i;
  char * pLCD = ( char * )&LCDM1;                //取LCD控制器显存地址
  for(i = 6;i >=1;i--) pLCD[i] = pLCD[i-1];      //已显示内容全部左移1位
  pLCD[0] = LCD _ Tab[ch];                       //新字符显示在屏幕最右侧
}
```

在代码维护、调试与排错时,若修改代码,要养成立即修改注释的习惯,否则很容易出现代码与注释不一致的情况,很可能造成难以排查的错误,严重影响工作效率。

1.6.6　宏定义

数值没有任何能表达自身含义的可读性,因此对于程序中出现的数值,它们应该有自己

的名字。一般可以用宏定义来实现，并且用宏定义来计算常数之间的关系。在寄存器操作章节中，已经看到头文件中对寄存器地址、标志位等都作了宏定义，用宏对寄存器赋值后，程序立刻有了可读性。类似的，可以用宏定义来对常数数值赋予可读性。例如：

```
#define TXBUFF _ SIZE       (128)                        /* 发送缓冲大小 */
#define LCM _ ROW          (64)                         /* 点阵液晶行数 */
#define LCM _ CLUMN        (128)                        /* 点阵液晶列数 */
#define LCM _ BUF _ SIZE   (LCD _ CLUMN * LCD _ ROW/8)  /* 点阵液晶缓冲区大小 */
```

将常数值用宏定义之后写出来的代码可读性增强了：

```
unsigned char TxBuff[TXBUFF _ SIZE];                      //定义发送缓冲区
char IsTxBuffFull( )
{
    if( NumOfTxChars > = TXBUFF _ SIZE) return(1);        //缓冲区是否满?
    else                            return(0);
}
```

在上例中，一旦需要改变缓冲区大小，只需要修改宏定义即可。宏定义属于字符型替代，因此在使用宏定义的时候要注意防止产生歧义。例如数据全部加括号，以免和程序前后文构成意料之外的运算优先级。宏定义后的注释使用/ * * /而不要用//，以免某些版本的编译器在代码中将宏定义连同注释全部替换造成错误。

使用宏定义还要防止定点计算溢出，例如：

```
#define VOLT _ RATE  (1000)                          /* 比例系数 */
...
int Voltage;
int InputValue;
...
Voltage = InputValue * VOLT _ RATE;                   //可能溢出
```

若将宏定义做如下修改即可避免溢出问题：

```
#define VOLT _ RATE  ((long)1000)                     /* 比例系数,强整成 long */
```

宏定义还有许多用途，比如增加程序可移植性，进行软件版本管理等。

1.7　可移植性

虽然本书的主题是 MSP430 单片机与超低功耗系统设计，但作为今后的嵌入式软件的设计者，读者编写的每个程序都可能会移植到不同的硬件环境或者其他的处理器平台上运行。了解一些移植性的概念和基本知识对今后的开发很有帮助。

例如 LCD 的显示程序可能会被移植到数码管上实现，串口通信程序可能会被移植到8051 系列或 ARM 系列的单片机上运行等。若读者写出的代码移植性强，则这个工作将会是愉快而有趣的，否则将是重写大部分代码的枯燥重复劳动。

前文已经引出了移植性的概念，如果在编程过程中注意尽量消除不同处理器硬件上或语法上的差异，或者将差异集中到某个很小的局部，这个程序通过很简单的修改就能编译成另一 CPU 的机器码，在其他处理器上运行。考虑到读者大部分是初学者，所接触的单片机不多，这里通过 MSP430 单片机和 8051 系列单片机作对比，举几个简单的例子帮助读者培养移植性的概念。

1.7.1　消除 CPU 差异

若希望自己写的程序在不同处理器上运行，首先需要了解这些处理器的不同之处。其中包括硬件的不同以及特殊语法的差异。例如 MSP430 单片机没有位操作，8051 单片机有，若两者之间的程序需要相互移植，首先需要消灭这个差异。下面示范用宏定义来消除 I/O 口位操作的差异：

```
#include "MSP430X42X. h"            /* 430 单片机 */
#define LED _ ON    P2OUT |= BIT0   /* LED 亮 */
#define LED _ OFF   P2OUT & = ~ BIT0  /* LED 灭 */
```

以后的程序中，所有控制 LED 的语句均通过这两个宏定义进行，不要再直接操作硬件。一旦需要将这段程序移植到 8051 单片机上，只需修改宏定义：

```
#include "reg51. h"               /* 51 单片机 */
sbit LED = P2^0;                  /* 定义 I/O 口,(51I/O 口低电平才能驱动 LED) */
#define LED _ ON    LED = 0       /* LED 亮 */
#define LED _ OFF   LED = 1       /* LED 灭 */
```

此后整个程序中所有 LED 的控制都无需修改。读者应该养成使用 I/O 口之前先定义的习惯。

1.7.2　消除硬件差异

即使同一款单片机，在不同项目中硬件接法仍可能导致程序不通用。以 LCD 或数码管显示为例，假设连接 LCD 或数码管的 I/O 口顺序发生改变，结果将是显示数据与实际段码的关系发生改变。这意味着要重写显示段码表。而且很不幸，出于布线方便的考虑，LCD 或数码管的八段连接关系经常被随意调。硬件设计人员大多会这么做：因为显示表的调整可以交给软件处理，布线过程怎么方便怎么连。

仔细分析上述问题会发现，字形与实际亮的笔划之间的关系是永远不变的，例如需要显示 '1'，永远是右侧两段亮(b 段和 c 段)。真正改变的只是各个段在显示数据字节中的比特位。鉴于这一点，可以利用宏定义自动生成段码表：

```
// -------------------------------------------------------------------------
/*        宏定义,数码管 a-g 各段对应的比特,更换硬件只用改动以下 8 行      */
// -------------------------------------------------------------------------
#define d      0x01      // AAAAA
#define g      0x02      // F     B
#define b      0x04      // F     B
```

```
#define a          0x08                    //GGGGG
#define DP         0x10                    //E       C
#define e          0x20                    //E       C
#define f          0x40                    //DDDDD        DP
#define c          0x80
// ---------------------------------------------------------------------------------------
//                      用宏定义自动生成段码表,请勿修改
// ---------------------------------------------------------------------------------------
const char LCD _ Tab[ ] =                  //LCD 段码表,放在 ROM 中
{
  a + b + c + d + e + f,                   //Displays "0"
  b + c,                                   //Displays "1"
  a + b + d + e + g,                       //Displays "2"
  a + b + c + d + g,                       //Displays "3"
  b + c + f + g,                           //Displays "4"
  a + c + d + f + g,                       //Displays "5"
  a + c + d + e + f + g,                   //Displays "6"
  a + b + c,                               //Displays "7"
  a + b + c + d + e + f + g,               //Displays "8"
  a + b + c + d + f + g,                   //Displays "9"
};
#undef a                                   //清除宏定义,以免和变量名冲突
#undef b
#undef c
#undef d
#undef e
#undef f
#undef g
```

宏定义将 a、b、c、d、e、f、g 七段分别定义为 0x01 ~ 0x80,分别对应各段的比特位。因为显示数字与 a ~ g 七段之间的关系永远不会改变,所以可以用加法运算自动生成段码表。例如显示数字 7 要亮 a、b、c 三段,段码表中数字 7 的字形就是 a + b + c。具体 a、b、c 三段对应的 I/O 口所在比特位是多少,交给宏定义去修改。所以只需改动 a ~ g 的比特位定义即可应付各种硬件改动。

除了宏定义之外,函数也经常被用来作为消除硬件差异的手段。比如在写 Motor _ ON( ) 和 Motor _ OFF( ) 两个函数来控制电动机的起停。某直流电动机控制系统中可能只是简单的 I/O 口赋高低电平值就能实现控制;在步进电动机控制系统中需要控制步进发生定时器的起停;而另一大功率交流系统中需要通过串口发送指令控制变频器缓慢增减转速。无论电动机控制方法如何变化,只需要修改这两个函数,而整个上层软件保持不变。

1.7.3 软件层次划分

一个完整的软件,往往需要众多功能部件的配合。这将导致大量的函数,以及复杂的

函数间调用关系。对于初学者来说，写一个完成设计要求的程序也许并不困难，但是整理清楚函数之间的关系可能就是一件复杂的事情。如果从开始写程序就能了解函数分层的思想，可以将函数间的联系复杂性降到最低。调用关系的简单化在某种程度上意味着可移植性与代码可重复使用性的提高。下面以菜单和人机界面程序作为范例说明一些基本概念。

菜单和界面可以看作是单片机和操作者沟通的一种手段，实现菜单至少要用到输入和输出设备。在本书第 4 章的例子中，段码液晶（LCD）是最常用的输出设备，用于显示数据和提示符。小键盘是最常用的输入设备。菜单肯定要操作底层的设备，但如果在菜单内直接读写硬件，程序将会变得冗长且复杂。做个直观的比喻：从菜单到底层硬件之间有很长的"距离"，如果直接跨越这么大的距离，将会很困难，如果把这个距离划分成几个小台阶，则每一步都走很轻松。

图 1.7.1 示范了一种典型的层次划分结构。将人机界面软件模块划分成 4 个层次：应用层函数、功能层函数（模块程序库）、硬件隔离层、硬件驱动层。软件分层最为核心的思想是每一层的函数只能调用下一层的函数，决不允许跨层调用。例如菜单需要显示某些内容，它只能调用 LCD 功能层的 6 个函数组合来实现，决不允许操作显示缓冲区，更不允许操作显示设备的硬件。

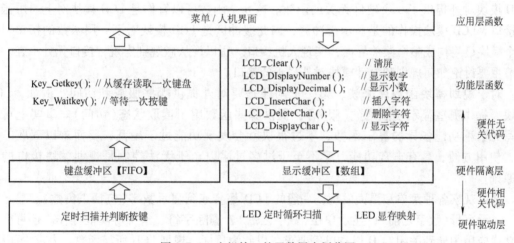

图 1.7.1　人机接口的函数层次划分图

同样的，LCD 功能层的 6 个函数，只能操作显示缓冲区，决不能操作硬件。硬件驱动层的函数只负责将显示缓冲区映射到显示设备上，而不管显示缓冲区数据是如何得来的。对于每一层来说，都杜绝了其前后层函数之间的调用。可以做个形象的比喻：软件的每一层都是"不透明的"，它遮挡了其前后两层，仅有相邻的层之间是"可见的"。

软件分层之后，条理会变得非常清晰。比如编写 LCD _ DisplayNumber(int Num) 函数的时候，仅需要考虑怎样将传入的 int 型参数 Num，转换成显示缓冲区内的 LCD 段码值。编写时可以集中精力解决完成该功能所涉及的细节问题，比如负数显示、无效 0 消隐等，不必考虑硬件如何工作、如何被菜单调用等无关问题。

软件分层之后带来的另一好处就是可移植性的提高。每一层都可以被替换，只要保证函数接口一致即可。假设读者在另一个设计中需要将 LCD 替换成动态扫描的数码管，只需要将显示缓冲区内容写入 LCD 的函数删除，替换成定时中断扫描数码管程序。中断内循环扫描程序只负责将显示缓冲区的数据映射到数码管上，程序就被移植到了数码管显示的硬件平台中，且整个上层建筑完全不需做任何改变(详见 3.1.3 节,例 3.1.4)。

软件分层还能够将大型软件任务分块，团队作业。由项目总管负责划分软件层次和结构，将不同层次的函数功能要求、接口规范等标准发给若干程序员，每个程序员只用负责自己的函数功能与接口正确，最后就能组合成一个大软件。

这里最值得一提的是"硬件隔离层"。硬件隔离层也被称为"硬件抽象层"(Hardware Abstract Layer,HAL)。一般用宏定义、缓冲区、函数封装等手段，将硬件特征消灭。在硬件隔离层之上，所有的函数都不允许直接操作硬件，不允许体现出任何硬件特征。有了硬件隔离层，之上的任何函数都是硬件无关的，因此任何硬件上的改动都不会影响到整个庞大的上层软件。作为一个嵌入式软件程序员，面对一个新的平台(新的处理器或者新的硬件)，首要任务就是隔离硬件。

1.7.4　接口

接口(Interface)是一个很宽泛的概念。可以广义的理解为两个部件之间的连接。对于每一个函数来说，传入的参数就是输入接口，返回值是输出接口。对于上面软件分层的例子，LCD 模块对外提供了 6 个硬件无关的函数。这 6 个函数可以看作是 LCD 模块对上一层函数的接口。LCD 模块操作的是显示缓冲区，因此缓冲区是 LCD 模块对下一层函数的接口。若干个模块最终构成整个菜单界面，实现人机接口。所以说从微观到宏观，接口无处不在。这一节主要讨论如何规划和设计模块对外呈现的接口。

对于规划模块函数库来说，第一个问题是要对外提供哪些服务和访问？例如，LCD 模块要提供哪些显示功能函数(服务)，提供哪些函数用于读取状态(访问)。事实上可以编写无数种功能各异的显示函数，不过很快就会发现功能过于凌乱，反而难以驾驭。因此，使用方便，具有丰富功能，又不至于过多过滥以至于无法控制是规划模块接口的首要原则。

通过观察各种菜单和界面发现，一般的 LCD 都会遇到显示数字(包括正负数)、显示小数、显示字母(数字之前)、显示单位(数字之后)、删除字符、清屏等功能操作。还可能在低功耗应用中遇到关闭 LCD 以省电等要求。以此为目标，规划 LCD 所需函数，力求少而精。最后规划为如下 9 个函数，其中 6 个硬件无关的函数位于功能层，3 个硬件有关的函数位于硬件驱动层。

```
void LCD_Init();                                  //初始化 LCD (硬件有关)
void LCD_ON();                                    //开启 LCD   (硬件有关)
void LCD_OFF();                                   //关闭 LCD   (硬件有关)
void LCD_DisplayDecimal(int Number,char DOT);     //显示小数,小数点后留 DOT 位
void LCD_DisplayNumber(int Number);               //显示整数 Number
void LCD_DisplayChar    (char ch,char Location);  //在指定位置显示字符
void LCD_InsertChar(char ch);   //从 LCD 右侧插入一个字符,可用于显示单位或做动画
void LCD_DeleteChar(char ch);   //从 LCD 右侧删除一个字符,可用于删除操作或做动画
void LCD_Clear();               //清屏
```

　　这份 LCD 函数清单所具有的功能可以满足大部分菜单和显示要求，但对于同时显示两个数字、某一位闪烁等功能仍然不能实现。读者可以尝试自行编写这些函数。

　　同样的，模块对下层的接口也要简洁。以一个实时钟的例子说明模块对下层接口的设计。实时钟（Real Time Clock，RTC）在系统中的功能是提供当前年、月、日、时、分、秒等时间和日历信息，即使设备关机后仍然不停走时。在传统的设计中需要专用芯片来实现（DS1302/DS12887 等）。而在大部分 MSP430 单片机系统中，一节电池能工作好几年，几乎可以不考虑关机和断电问题，所以 RTC 以可以由软件来实现。运行所需的 CPU 开销折合成功耗约 2μA。

　　实时钟对上层的接口很明确：设置时间信息和读取时间信息两个函数。下层接口就不怎么明显了，在最底层，RTC 需要走时，一般都在定时中断内让时钟每秒递增实现走时。如果直接占用一个定时器，在 1s 一次的中断内写程序当然能完成设计（新手大部分会这么做）。但这就带了移植性问题：不同的系统中可能会用不同的定时器来驱动 RTC，或者需要和某些其他模块复用一个定时器，定时器的定时周期也可能不一样。或者移植到别的处理器上之后，定时器用法完全不一样。这些问题很繁琐，但如果仔细思考，能将差异归类为 3 种：定时器不同，定时周期不同，定时器用法不同（另一处理器）。再深入一些，会发现一个重要的结论：这些差异正是硬件隔离层要解决的问题，把 RTC 走时部分的程序做成一个函数就能充当硬件隔离层。

　　编写一个与硬件无关的 RTC _ Tick( ) 函数，专门负责走时工作。这就解决了定时器用法不同和定时器不同两个问题。无论更换处理器，还是更换 RTC 走时的定时器，只需要在对应的定时中断内调用 RTC _ Tick( ) 函数即可。

```
void RTC _ Tick( int DivSec)
{ char Days;
  DSEC ++;        //DSEC、YEAR、MONTH、DATE、HOUR、MINUTE、SECOND 都是全局变量
  DISABLE _ INT;   //关闭中断以免运算到一半时被其他中断内的函数读取时间
  if( DSEC    >= DivSec)   {SECOND ++ ;DSEC = 0;}        //1s 一次
  if( SECOND >=60)         {MINUTE ++ ;SECOND = 0;}      //60s 一次
  if( MINUTE >=60)         {HOUR ++ ;MINUTE = 0;}        //60min 一次
  if( HOUR   >=24)         {DATE ++ ;HOUR = 0;}          //24h 一次
  if( MONTH ==2)                                         //处理闰年 2 月份问题
  {
   if( YEAR%4 ==0)      Days = 29;                       //逢 4 年不闰 2 月
    else                Days = 28;
  }
  else              Days = MONTH _ Table[ MONTH-1];      //正常月份,查表得到当月天数
  if( DATE  >Days)  {MONTH ++ ;DATE = 1;}                //一个月一次
  if( MONTH >12)    {YEAR ++ ;MONTH = 1;}                //一年一次
  if( YEAR >= 100)  {YEAR = 0;}                          //100 年一次
  RESTORE _ INT; //恢复中断   (关闭和恢复中断都是宏定义,不同处理器的语句不一样)
}
```

　　还剩下最后一个问题：不同应用中可能定时周期不一样。系统中可能无法专门为 RTC

专门提供一个定时器，可能要和某些定时中断复用，应该设计一种方法让 RTC _ Tick 函数知道这个定时器的中断频率，才能让 1s 走得准确。最简单的办法是将定时中断频率通过参数（DivSec）传进函数。例如需要在 5ms 定时中断内走时，则调用 RTC _ Tick(200)，在 1/32s 定时中断内走时，则调用 RTC _ Tick(32)。至此，RTC 所有的函数都变成了硬件无关代码，并给出了一个简洁的接口应付各种硬件变化，这是一个令人愉快结果。

1.7.5　屏蔽

　　在物理学中，"屏蔽"一词的意思是不让干扰电波进出某个区域。软件中借用了"屏蔽"这个概念，指的是不让软件中某个区域的细节（或者说差异）暴露出来干扰编程者的思路。一段优秀的程序，能对所描述的对象高度抽象，让后续编程者看不到繁琐而复杂实现的细节。

　　先看一个例子。把手机比作一个软件模块：任何两款手机都不同，但用户拿到一款新手机后，无需学习，在键盘上输入电话号码再按拨号键就能打电话。因为不同款手机的拨号操作都是一样的，手机的软件屏蔽了拨号功能具体实现的细节，如果追究细节，CDMA 和 GSM 手机的拨号过程之间是差异巨大的。类似的思想，如果在编写软件的时候，注意屏蔽细节，保留共性，对可移植性的提高帮助很大。

　　下面用串口设置函数为例简单说明这一概念。先思考串口需要设置的参数有哪些共性？哪些是编程者应该看到的，哪些是不应该看到的？通过对比 8051、MSP430、ARM、PC（VB、VC）等不同硬件和不同编程软件之间的区别，人们会发现：串口硬件结构千差万别，寄存器操作方法、波特率的产生原理各不相同，但这些差别最终都是为了改变 4 个参数：波特率、校验方式、数据位位数、停止位位数。

　　把相同的部分抽象出来，作为参数传入 UART _ Init() 函数。例如，需要将串口设置为波特率 2400bit/s，无校验，8 位数据，1 位停止位，希望只需简单的调用：

```
UART _ Init(2400,'n',8,1);    //设成 2400bit/s,无校验,8 位数据,1 位停止位
```

　　该函数对外应该屏蔽实现过程中所有的细节。包括寄存器设置、时钟选择、波特率计算等等复杂的过程，全部都应在 UART _ Init() 函数内完成。只保留具有工程意义的参数作为简洁的对外接口。遵照这个思路，写出 MSP430F42x 系列单片机的串口设置函数供参考：

```
/ ******************************************************************
* 名      称:UART _ Init()
* 功      能:初始化串口。设置其工作模式及波特率
* 入口参数:Baud          波特率          (300 ~ 115200)
            Parity        奇偶校验位('n'= 无校验  'p'= 偶校验  'o'= 奇校验)
            DatsBits      数据位位数      (7 或 8)
            StopBits      停止位位数      (1 或 2)
* 出口参数:返回值为 1 时表示初化成功,返回 0 表示参数出错,设置失败
* 范      例:UART _ Init(9600,'n',8,1) //设成 9600bit/s,无校验,8 位数据,1 位停止位
            UART _ Init(2400,'p',7,2) //设成 2400bit/s,偶校验,7 位数据,2 位停止位

  ****************************************************************** /
```

```
char UART _ Init( long int Baud, char Parity, char DataBits, char StopBits)
{
    unsigned long int BRCLK;          //波特率发生器时钟频率
    int FreqMul, FLLDx, BRDIV, BRMOD;  //倍频系数、DCO 倍频、波特率分频系数、分频尾数
    int i;
    char const ModTable[8] = {0x00,0x08,0x88,0x2A,0x55,0x6B,0xdd,0xef};
            //分频尾数所对应的调制系数(将 0~7 个"1"均匀分布在一个字节的 8bit 中)
    //------------------------设置波特率发生器时钟源,并计算波特率时钟频率------------------------
    UTCTL0 & =~ ( SSEL0 + SSEL1);      //清除之前的时钟设置
    if( Baud < = 4800)
    {
      UTCTL0 | = SSEL0;                //低于 4800bit/s 的波特率,用 ACLK,降低功耗
      BRCLK = F _ ACLK;                //获得波特率发生器时钟频率 = ACLK
    }
    else
    {
      UTCTL0 | = SSEL1;                //高于 4800bit/s 的波特率,用 SMCLK,保证速度
      FreqMul = ( SCFQCTL&0x7F) + 1;   //获得倍频系数
      FLLDx = ( ( SCFI0&0xC0) >> 6) + 1; //获得 DCO 倍频系数(DCOPLUS 所带来的额外倍频)
      BRCLK = F _ ACLK * FreqMul;      //计算波特率发生器时钟频率 = ACLK * 倍频系数
      if( FLL _ CTL0&DCOPLUS) BRCLK * = FLLDx;  //若开启了 DCOPLUS,还要计算额外倍频
    }
    //----------------------------------设置波特率----------------------------------
    if( ( Baud < 300) || ( Baud > 115200))  return(0);  //波特率范围 300 ~115200bit/s
    BRDIV = BRCLK/Baud;                      //计算波特率分频系数(整数部分)
    BRMOD = ( ( BRCLK * 8)/Baud)%8;          //计算波特率分频尾数(除不尽的余数)
    UBR00 = BRDIV%256;
    UBR10 = BRDIV/256;                       //整数部分系数
    UMCTL0 = ModTable[ BRMOD];               //余数部分系数作小数分频
    //----------------------------------设置校验位----------------------------------
    switch( Parity)
    {
    case 'n':case 'N': U0CTL& = ~ PENA;      break;       //无校验
    case 'p':case 'P': U0CTL | = PENA + PEV;break;        //偶校验
    case 'o':case 'O': U0CTL | = PENA;U0CTL& = ~ PEV;break;  //奇校验
    default:return(0);                                    //参数错误
    }
    //----------------------------------设置数据位----------------------------------
    switch( DataBits)
    {
    case 7:case '7': U0CTL& = ~ CHAR;break;   //7 位数据
    case 8:case '8': U0CTL | = CHAR;break;    //8 位数据
```

```
default:return(0);                          //参数错误
  }
//-----------------------------设置停止位-----------------------------
switch(StopBits)
  {
  case 1:case '1': U0CTL& = ~SPB;break;       //1 位停止位
  case 2:case '2': U0CTL |= SPB;break;        //2 位停止位
  default:return(0);                          //参数错误
  }
//-----------------------------其他设置-----------------------------
P2SEL  |= 0x30;                             //P2.4,5 设为串口收发管脚
ME1  |= UTXE0 + URXE0;                      //打开 TXD/RXD 部分电路的供电
UCTL0 & = ~ SWRST;                          //复位串口硬件
IE1  |= URXIE0 + UTXIE0;                    //允许 RX/TX 中断
_ EINT( );                                  //总中断允许
for(i = 0;i < 4000;i ++ );                  //略延迟,等待波特率分频稳定
return(1);                                  //设置成功
}
```

读者暂时不用去细读这段程序。事实上，调用 UART _ Init(2400,'n',8,1)时，上面"复杂"的函数和下面 10 行"简洁"的程序是等价的：

```
P2SEL  |= 0x30;                //P2.4,5 设为串口收发管脚
ME1  |= UTXE0 + URXE0;         //打开 TXD/RXD 部分电路
UCTL0  |= CHAR;                //8-bit character
UTCTL0 |= SSEL0;              //串口时钟源 = ACLK(32.768kHz)
UBR00 = 0x0D;                  //分频系数 = 32768/2400 = 13.65 = 13 + 5/8
UBR10 = 0x00;                  //
UMCTL0 = 0x6B;                 //分频尾数 = 5/8(5 个 1 均匀分布在一字节内)
UCTL0 & = ~ SWRST;            //复位串口硬件
IE1  |= URXIE0 + UTXIE0;       //允许 RX/TX 中断
_ EINT( );                     //总中断允许
```

比较上面两个串口设置程序，前者程序复杂，但是接口简单。后者程序简单，却没有接口可言：将串口硬件中繁琐而复杂的细节完全甩给了程序员自己。初学者往往会写出"简洁"的版本，代价是每一次开发都要重复劳动，重新规划时钟、计算波特率、设置寄存器、重新查阅寄存器表，更致命的是没法移植到别的应用中去。

相反，写出接口简洁的程序，代价是会占用更多的 ROM 空间、编程时要考虑到所有的情况、需要仔细研究所有相关寄存器的用法、花费更多的时间精力。但换来的是今后的永久"免维护"：在下一个设计中，可以直接重复使用这段代码。

对于像串口这类模式繁多、寄存器关系复杂的硬件设备，移植问题是繁琐而丑陋的，因为涉及到很多硬件寄存器。而且不同的处理器，机理各不相同。8051 用定时器 T1 溢出产生

波特率，而 MSP430 用系统时钟小数分频器来产生，PC 和大部分 ARM 系统用 16C550 兼容的控制器来产生……。解决的办法是为每一种处理器写串口设置函数时保证接口形式完全一致。利用函数来屏蔽实现细节的差别。

关于移植性的实际问题还有许多，限于篇幅只能讨论到此，深入的知识需要读者在多接触一些其他处理器后才能有所体会。如果读者能够写出移植性很强的代码，只要学会 1～2 种单片机，则相当于会用其他任何一款单片机(或处理器)。

1.8　版本管理

如果读者曾经或正在从事产品软件设计开发工作，每年会写数十甚至上百份不同的程序。特别对于嵌入式开发程序员来说，每个应用都是特殊的，更导致软件版本繁多。加上不同的客户可能会要求在产品上增加或删除某些功能，或者系列化产品中功能差异，都会导致类似功能的不同软件版本。当这些类似的软件不断增多，管理就成了很头疼的问题。

例如：用户反映在 A 版本产品中发现一个 bug，经技术部门分析是软件问题，bug 报告被提交到程序设计人员手中，分析后发现是一个并不严重的小问题。但随后的问题远比 bug 更可怕：版本 BCDEFG…的软件都存在同样的 bug，于是要对所有版本的软件都进行 bug 排查，然后每个版本都要再进行功能测试以确定问题都被消除，并且需要修改 bug 后，在不同版本中彻底检查是否会引起新的问题。想象一下，这项工作有趣吗？

如果程序员不希望自己被卷入类似的无穷无尽的代码维护工作中，首先应该尽量减少软件版本。下面以一个产品为例，示范如何通过版本管理减少软件副本数量。

某公司设计一款手持测温仪，一个系列共有 5 种产品 ABCDE。从 A 到 E，功能逐渐增多，价格也依次递增。该测温仪总共有 4 家大客户：甲、乙、丙、丁。每家客户面对的购买群体略有差异，对 5 种产品的操作习惯略有不同。比如对于报警功能，客户甲要求上下限报警，而客户乙要求双上限报警；丙的应用场合比较特殊，不允许噪声，要求去掉按键声音；丁要求在 -20℃ 低温使用，不能用液晶，只能用数码管。这样 4×5 组合将有 20 种不同的软件。

读者也许会发现，尽管整个系列产品需要 20 种不同的软件，但这些软件大部分是相同的。事实上，可以通过条件编译来管理并统一这 20 个软件。

新建一个 Config.h 文件，添加进工程，并在每个 C 文件开头都包含 Config.h 文件。通过 Config.h 来配置软件的差异。下面摘抄 Config.h 文件的一部分：

```
//-------------------------------------------------------------------------------------
//                               功能配置文件
//-------------------------------------------------------------------------------------
#define ON          1
#define OFF         0
#define NONE        0
#define LEV _ 2     1
#define HI _ LO     2
#define MAX         1
#define AVE         2
#define NORM        0
```

```
#define AVE              1
#define LCD              1
#define LED              0
//----------------------------------------------------------------------------------------------------
//                                              以下内容供生产部门修改
//----------------------------------------------------------------------------------------------------
#define MINORCUT        OFF     / * 是否打开小值切除功能                                        * /
#define RS485           ON      / * 是否打开 RS-485 通信功能                                    * /
#define DAC             ON      / * 是否打开变送功能                                            * /
#define STORAGE         OFF     / * 是否打开数据存储功能                                        * /
#define ALARM _ MODE    NONE    / * 报警模式 NONE = 无报警 LEV _ 2 = 双限 HI _ LO = 高低限 * /
#define OFFSET          ON      / * 是否打开偏移补偿功能                                        * /
#define KEYTONE         ON      / * 是否开启按键音                                              * /
#define PRINTER         ON      / * 是否打开打印机功能                                          * /
#define DATETIME        ON      / * 是否打开日历功能                                            * /
#define SAMPMODE        AVE     / * 采样模式 NORM = 正常  AVE = 平均滤波   MAX = 峰值保持 * /
#define SCREEN          LCD     / * 显示屏驱动 LED = 数码管   LCD = 液晶                       * /
```

在软件中，用条件编译宏来删除或添加某几段程序，从而改变软件实际功能。以按键音为例：

```
char Key _ GetKey( )                    //读键盘函数
{  char Key;
   Key = Key _ ReadFIFO( );             //从键盘缓冲区读一个按键
#if( KEYTONE == ON )                    / * -----KEYTONE 功能打开,才编译下面一句------ * /
   If( Key! = NOKEY) BEEP(30);          //如果是有效按键,则蜂鸣器响 30ms
#endif                                  / * ------------------------------------------------ * /
   retuen( Key);                        //返回键值
}
```

如果 Config. h 里面配置了"#define KEYTONE ON"，才会编译蜂鸣器鸣响的程序，如果配置"#define KEYTONE OFF"，则不编译蜂鸣器鸣响程序。客户丙的需求得以满足，且不增加软件副本。类似的方法，程序员可以将 20 种软件全部统一到一个工程文件中，一旦发现 bug，修改一处相当于 20 个软件的 bug 全部得到修改。在此还要提醒读者：在第一版程序发布之后的任何修改，都要做好日志记录，以备今后查阅。

借用前面"接口"的概念，Config. h 文件为源程序和生产部之间提供了一个接口。假设生产部门需要临时生产一批功能组合比较特殊的产品，不必再转达研发部门，可以直接修改配置文件，即可编译生成所需的代码。Config. h 文件屏蔽了源程序的复杂性和细节，将研发人员才能进行的复杂的程序修改工作，通过简洁的接口，简化成生产工人也能操作的形式。

本 章 小 结

本章涵盖了从 MSP430 单片机入门到软件管理方面的知识，跨度比较大。后半部分内容看似与 MSP430 单片机关系不大，但是在动手写程序之前如果对程序风格、移植性、软件管理等概念有所了解的话，能避免走很多弯路。许多初学者对单片机的学习和研究都过分沉湎于硬件，而忽视了单片机也是一款处理器，其灵魂仍然是软件。软件工程学的知识对单片机开发依然能起指导作用。

书中的范例大部分来自作者在研发工作中的经验总结，确切地说，应该是来自无数次失败的教训。如果工程开始的时候，能够注意移植性，下一个项目程序就不用重写全部代码；如果注意风格和注释，3 年前写的程序就不会看得一头雾水；如果注意版本管理，就不会被一个小 bug 弄得焦头烂额……

每次碰壁，笔者都会想，如果项目开始之初有人能够提醒一下该多好。所以，本书将这部分内容放在了第 1 章，也是希望读者能尽量少走弯路。

习　题

1. 在某 MSP430 系统上，P1.3、P1.1、P1.4 口分别接了红色、绿色、蓝色 3 只 LED，均为高电平点亮。编写一个程序，让三色 LED 依次点亮，间隔时间约 1s。要求编译无错误无警告，下载到 MAGIC-430 学习板中实际运行。

2. 编写 6 段小程序，让 CPU 分别工作于活动状态、LPM0、LPM1、LPM2、LPM3、LPM4 状态，分别测量系统功耗。

3. 编写一个程序库，包括数组求和、求均值、排序、找最大数、最小数几个函数，要求独立写成一个文件，并编写头文件。

4. 为上述程序库每个函数写注释。

5. 将范例中的串口设置函数移植到 51 单片机上（或读者熟悉的任何一款处理器），保持接口一致。

第 2 章　MSP430 单片机的内部资源

通过第 1 章的学习，读者掌握了 MSP430 单片机开发软件的使用方法、软件设计原则和基本规范。本章将对 MSP430 单片机内部的各个模块逐个进行讲解和分析，并用工程实例示范各个模块的应用。

学习单片机的最好途径是实践。建议读者对于书上的每个范例自己动手实践，并尝试用自己的想法写出类似的功能，或尝试实现自己的新想法。为了便于学习，读者可购买一块试验板，或参考本书附录的电路图自制。本书的范例选取了一款资源和功能相对丰富的 MSP430FE425（或 F425）单片机，涵盖了大部分的常用资源，同时保持了较低的价格。

在开始学习或使用一款 MSP430 单片机（这里以 MSP430F42x 为例）之前，读者应该事先准备好和这款单片机相关的 4 份文档资料：

首先是芯片数据手册《MSP430F42x Datasheet》（以下简称 Datasheet 或数据手册），数据手册里给出了该款单片机详细资料，包括管脚排列、总体框图、存储器组织结构、内部模块简介、电气参数指标。

其次是 MSP430F4xx 系列单片机的模块使用指南《MSP430F4xx User Guide》（以下简称 User Guide 或用户指南），这份文档给出了每个功能模块的详细结构图、寄存器列表、控制字列表、寄存器与控制字的功能等详细内容，这是最主要的参考文档。

第三是官方提供的程序范例 Code Example for MSP430x4xx。它由数十个短小的程序组成，用最简单语句示范每个模块的不同用法，是重要的软件参考资料。

最后是 MSP430x42x. h 头文件，位于 IAREW430 安装目录\430\inc\目录下。头文件也是一份重要参考资料，因为头文件里面有大量的快捷组合宏定义可供使用，在编程时能减少劳动量，避免出错。建议读者先对头文件做好备份，以免文件在阅读过程中因误操作被修改。

2.1　MSP430 单片机选型

MSP430 单片机家族型号繁多，TI 公司用 3 或 4 位数字表示型号，其中第一位数字表示大系列。目前有 4 个大系列：带有液晶驱动器的 MSP430F4xx 系列单片机、不带液晶驱动器的 MSP430F1xx 系列单片机、16MIPS 高速 MSP430F2xx 系列单片机、一次性写入（OTP）型低价 MSP430C 系列单片机。在每个大系列中，又分若干子系列。单片机型号中的第二位数字表示子系列号，一般子系列号越大，所包含的功能模块越多。最后 1 或 2 位数字表示存储容量，数字越大表示 RAM 和 ROM 容量越大。

MSP430 家族中还有针对热门应用而设计的一系列专用单片机。如 MSP430FW4xx 系列水表专用单片机、MSP430FG4xx 系列医疗仪器专用单片机、MSP430FE4xx 系列电能计量专用单片机等。这些专用单片机都是在同型号的通用单片机上增加专用模块而构成的。例如 FW4xx 系列在 F4xx 系列上增加了 SCAN-IF 无磁流量检测模块；FG4xx 系列在 F4xx 系列上增加了可编程差动放大器；FE4xx 系列在 F4xx 系列上增加了 E-Meter 电能计量模块。针对市场不断涌现的新产品，TI 公司今后仍会不断推出专用单片机。有趣的是，某些专用单片机反而比同系列的通用单片机价位还低。例如近年来，国内数字式电表大量采用 MSP430FE42x 系列电能计量专用单片机，市场供求规律导致 FE42x 的实际价格比 F42x 还要低。

读者今后在设计中若用到 MSP430 单片机，第一步应该进行选型工作。选择功能模块最接近项目需求的系列，然后根据程序复杂程度估算存储器和 RAM 空间，决定最终选用的型号。

2.2 I/O 口

I/O 口是处理器系统对外沟通的最基本部件，从基本的键盘、LED 到复杂的外设芯片等，都是通过 I/O 口的输入、输出操作来进行读取或控制的。

在 MSP430 系列中，不同单片机的 I/O 口数量不同。体积最小的 MSP430F20xx 系列只有 10 个 I/O，适合在超小型设备中应用；功能最丰富的 MSP430FG46xx 系列多达 80 个 I/O 口，足够应付外部设备繁多的复杂应用。在 MSP430FE425 单片机中，共有 14 个 I/O 口，属于 I/O 口较少的系列。在需要大量管脚的设备中，如 LCD、多通道模拟量输入等都有专用管脚，不占用 I/O 口，因此在大部分设计中 I/O 数量还是够用的。

2.2.1 I/O 口寄存器

和大部分单片机类似，MSP430 单片机也将 8 个 I/O 口编为一组。例如 P1.0 ~ P1.7 都属于 P1 口。每组 I/O 口都有 4 个控制寄存器，其中 P1 和 P2 口还额外具有 3 个中断寄存器。

I/O 口寄存器列表见表 2.1.1。

表 2.1.1 I/O 口寄存器列表

寄存器名	寄存器功能	读写类型	复位初始值
PxIN	Px 口输入寄存器	只读	无
PxOUT	Px 口输出寄存器	可读可写	保持不变
PxDIR	Px 口方向寄存器	可读可写	0(全部输入)
PxSEL	Px 口第二功能选择	可读可写	0(全部为 I/O 口)
PxIE	Px 口中断允许	可读可写	0(全部不允许中断)
PxIES	Px 口中断沿选择	可读可写	保持不变
PxIFG	Px 口中断标志位	可读可写	0(全部未发生中断)

这是本书第一次出现寄存器列表，有必要说明一下 MSP430 单片机的寄存器以及标志位全部是大写的。若出现的小写的 "x"，表示该设备不止一个，因此寄存器也不止一个。为了缩短列表长度，不用全部列出，用字母 x 表示序号。例如对于表中的 PxOUT，当 x 取 1、2、3 时，就变成了 P1OUT、P2OUT、P3OUT。

■ PxDIR 寄存器用于设置每一位 I/O 口方向：0 = 输入　1 = 输出

MSP430 单片机的 I/O 口是双向 I/O 口，在使用 I/O 口时首先要用方向选择寄存器来设置每个 I/O 口的方向。

例 2.2.1 在 MSP430 单片机系统中，P1.5、P1.6、P1.7 接有按键，P1.1、P1.3、P1.4 接有 LED，将 P1.5、P1.6、P1.7 的方向设为输入，P1.1、P1.3、P1.4 的方向设为输出：

```
P1DIR |= BIT1 + BIT3 + BIT4;              //P1.1、P1.3、P1.4 设为输出
P1DIR & = ~(BIT5 + BIT6 + BIT7);          //P1.5、P1.6、P1.7 设为输入(可省略)
```

PxDIR 寄存器在复位过程中会被清 0，没有被设置的 I/O 口方向均为输入状态，所以第二句也可以省略。注意未用的 I/O 口线应当设为输出，以降低漏电流。

对于所有已经设成输出状态的 I/O 口，可以通过 PxOUT 寄存器设置其输出电平；对于所有已经被设成输入状态的 I/O 口，可以通过 PxIN 寄存器读回其输入电平。

例 2.2.2 在 P1.5 口接有一按键，按下为低电平。要求判断：若该按键处于按下状态（低电平），则从 P1.1 口输出高电平点亮 LED。

```
if((P1IN & BIT5) ==0)  P1OUT |= BIT1;     //若 P1.5 为低电平，则 P1.1 输出高电平
```

■ PxSEL 寄存器用于设置每一位 I/O 的功能：0 = 普通 I/O 口 1 = 第二功能

在 MSP430 单片机中，很多内部功能模块也需要和外界进行数据交流，为了不增加芯片管脚数量，大部分都和 I/O 口复用管脚。导致 MSP430 单片机大多数 I/O 管脚都具有第二功能。通过寄存器 PxSEL 可以指定某些 I/O 管脚作为第二功能使用。例如从 DataSheet 的管脚排布图中查到 MSP430x42x 系列单片机的 P2.4、P2.5 口和串口的 TXD、RXD 公用管脚。若需要将这两个管脚配置为串口收发脚，则须将 P2SEL 的 4、5 位置高：

```
P2SEL |= BIT4 + BIT5;                     //P2.4,5 设为串口收发管脚
```

2.2.2 I/O 口中断

在 MSP430 所有的单片机中，P1 口、P2 口总共 16 个 I/O 口均能作引发中断。在 MSP430x42x 系列中，14 个 I/O 都属于 P1 或 P2 口，因此每个 I/O 都能作为中断源使用。通过下列两个寄存器配置 I/O 口作为中断使用：

■ PxIE 寄存器用于设置每一位 I/O 的中断允许：   0 = 不允许   1 = 允许
■ PxIES 寄存器用于选择每一位 I/O 的中断触发沿：   0 = 上升沿   1 = 下降沿

在使用 I/O 口中断之前，需要先将 I/O 口设为输入状态，并允许该位 I/O 的中断，再通过 PxIES 寄存器选择触发方式为上升沿触发或者下降沿触发。

例 2.2.3 将 P1.5、P1.6、P1.7 口设为中断源，下降沿触发：

```
P1DIR & = ~(BIT5 + BIT6 + BIT7);          //P1.5、P1.6、P1.7 设为输入(可省略)
P1IES |= BIT5 + BIT6 + BIT7;              //P1.5、P1.6、P1.7 设为下降沿中断
P1IE |= BIT5 + BIT6 + BIT7;               //允许 P1.5、P1.6、P1.7 中断
_EINT();                                  //总中断允许
```

■ PxIFG 寄存器是 I/O 中断标志寄存器：0 = 中断条件不成立 1 = 中断条件曾经成立过

无论中断是否被允许，也不论是否正在执行中断服务程序，只要对应 I/O 满足了中断条件（例如一个下降沿的到来），PxIFG 中的相应位都会立即置 1 并保持，只能通过软件人工清

除。这种机制的目的在于最大可能的保证不会漏掉每一次中断。在 MSP430 系列单片机中，P1 口的 8 个中断和 P2 口 8 个中断各公用了一个中断入口，因此该寄存器另一重要作用在于中断服务程序中用于判断哪一位 I/O 产生了中断。

例 2.2.4　在 MSP430 单片机系统中，P1.5、P1.6、P1.7 发生中断后执行不同的代码：

```
#pragma vector = PORT1 _ VECTOR          //P1 口中断源
__ interrupt void P1 _ ISR( void)        //声明一个中断服务程序,名为 P1 _ ISR( )
{
  if( P1IFG & BIT5)                       //判断 P1 中断标志第 5 位( P1.5)
   {
    ……                                   //在这里写 P1.5 中断处理程序
   }
  if( P1IFG & BIT6)                       //判断 P1 中断标志第 6 位( P1.6)
   {
    ……                                   //在这里写 P1.6 中断处理程序
   }
  if( P1IFG & BIT7)                       //判断 P1 中断标志第 7 位( P1.7)
   {
    ……                                   //在这里写 P1.7 中断处理程序
   }
  P1IFG = 0;                              //清除 P1 所有中断标志位
}
```

注意，在退出中断前一定要人工清除中断标志，否则该中断会不停被执行。类似的原理，即使 I/O 口没有出现中断条件，人工向写 PxIFG 寄存器相应位写"1"，也会引发中断。更改中断沿选择寄存器也相当于跳变，也会引发中断。所以更改 PxIES 寄存器应该在关闭中断后进行，并在打开中断之前及时清除中断标志。

MSP430 单片机大量的 I/O 中断非常适合做键盘输入用，但要注意键盘的触电存在机械结构，在闭合或松开的过程中，机械结构的碰撞和反弹会造成信号上数毫秒的"毛刺"（见图 2.2.1）。为了防止毛刺造成多次按键的假象，可以在中断中延迟 10 ~ 20ms，避开毛刺后再做处理。以图 2.2.2 中 3 个按键调整 Speed 变量值为例：

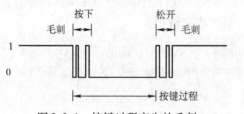

图 2.2.1　按键过程产生的毛刺

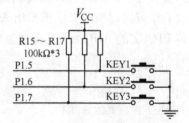

图 2.2.2　用 I/O 口作键盘输入

例 2.2.5　在 MSP430 单片机系统中，P1.5、P1.6、P1.7 口各接有一只按键（见图 2.2.2）。要求按 KEY1 键时速度变量值增加，按 KEY2 键时速度降低，按 KEY3 键时速度变为 0。

```
#pragma vector = PORT1 _ VECTOR
__ interrupt void PORT1 _ ISR( void)              //P1 口中断服务程序
{ unsigned int i;
  unsigned char PushKey;
  PushKey = P1IFG &( BIT5 + BIT6 + BIT7);         //读取 P1IFG 的 5、6、7 位(哪个键被按下)
  for( i = 0; i < 1000; i ++ ){};                 //略延迟后再做判断
  if(( P1IN & PushKey) == PushKey)                //如果按键变高了(松开),则判为毛刺
    { //上句逻辑上需注意:按键低电平表示按下,而 P1IFG 高电平表示中断发生(键按下)
    P1IFG = 0; return;                            //认为按键无效,不作处理直接退出
    }
  if( PushKey & BIT5)                             //若 P1.5 所在按键被按下
    {
      Speed ++ ;                                  //执行 P1.5 按键的功能
    }
  if( PushKey & BIT6)                             //若 P1.6 所在按键被按下
    {
      Speed-- ;                                   //执行 P1.6 按键的功能
    }
  if( PushKey & BIT7)                             //若 P1.7 所在按键被按下
    {
      Speed = 0;                                  //执行 P1.7 按键的功能
    }
  P1IFG = 0;                                       //退出中断前清除 I/O 口中断标志
  return;                                          //退出中断程序
}
```

2.2.3 "线与"逻辑

MSP430 单片机的 I/O 口是 CMOS 型,特点是当 I/O 处于输入状态时,呈高阻态;当 I/O 处于输出状态时,高低电平都具有较强输出能力。若输出高电平的 I/O 口和输出低电平的 I/O 口直接连接,则会因短路造成损坏,不像 8051 的 I/O 那样能实现"线与"功能。但可以通过 I/O 方向切换的方法模拟出来。以 P1.0 口为例,硬件上加一个上拉电阻至 V_{CC},软件中先将 P1OUT 的 BIT0 置 0,再通过软件切换方向来改变输出:

```
#define IO _ H   P1DIR & = ~ BIT0    /* IO 输出高,实际将方向切成输入,利用上拉电阻输出弱 1 */
#define IO _ L   P1DIR |= BIT0       /* IO 输出低,实际将方向切成输出,利用 IO 口输出强 0 */
#define IO _ R   ( PIIN & BIT0)      /* IO 读,将 PIN 寄存器中 P1.0 值读回 */
```

用这种方法模拟出来的 I/O 操作中,高电平不是由 I/O 直接输出的,而是通过上拉电阻拉高的,因此高电平输出电流很弱;而低电平由 I/O 直接输出,驱动能力较强。当高电平遇到低电平的时候,会被拉低。当若干 I/O 连在一起的时候,只要有 1 根输出 0,整体就为 0,总输出相当于各 I/O 相与。"线与"逻辑在 I^2C 总线、多机通信中都有重要用途。

2.2.4 电平冲突

例 2.2.6 电平冲突的问题经常发生在数据输入和双向数据交换的应用中，要特别注意。例如下面一些代码都很可能是单片机的毁灭者：

```
//                                    !! 请勿运行以下代码!!
//---------------------------按键电平冲突---------------------------
P1DIR |= BIT5 + BIT6 + BIT7;      //P1.5、P1.6、P1.7 对地接有按键,IO 方向设错
P1OUT |= BIT5 + BIT6 + BIT7;      //IO 输出高,按下后对地短路,很可能烧坏 IO 口


//---------------------------双向总线电平冲突---------------------------
LCM _ CS _ L;                     //将某点阵液晶的片选线 CS 拉低(选中)
P1DIR = 0xFF;                     //P1 作为数据口,设为输出
P1 _ OUT = WrData;                //P1 输出 1 字节数据
LCM _ WR _ L;                     //将该点阵液晶的写线 WR 拉低(写数据)
LCM _ WR _ H;                     //将该点阵液晶的写线 WR 置高(写数据完成)
...

LCM _ RD _ L;                     //将该点阵液晶的写线 RD 拉低(读数据)/* 液晶立即返回数据 */
P1DIR = 0x00;                     //P1 作为数据口,设为输入./* 这里设断点,单片机立即损坏! */

RdData = P1 _ IN;                 //将数据读回存于 RdData 变量
LCM _ RD _ H;                     //将该点阵液晶的写线 RD 拉低(读数据完成)
LCM _ CS _ H;                     //将某点阵液晶的片选线 CS 置高(释放)
```

例 2.2.6 中按键电平冲突的例子示范了 I/O 方向设置错误造成的后果：如果某 I/O 本应该是输入，而且输入源较强，则很可能因为方向错误设置成输出，与外部信号冲突而永久损坏。虽然 MSP430 单片机的 I/O 口都具有一定的短路保护能力，但若多个 I/O 同时出现超载，或长时间超载仍会导致损坏，或性能不稳定。

例 2.2.6 中双向总线的程序摘录自某点阵液晶模块底层时序程序中的一部分，该程序一直运行正常，但某次调试中单步运行过一遍之后，发现单片机被损坏。仔细检查后发现问题：程序中先向液晶写入数据，P1 已经被设为输出模式；而接下来程序读液晶数据时，执行 LCM _ RD _ L 后，液晶已经输出数据，P1 口置为输入状态晚于液晶输出数据一句，造成 1 条指令的时间差。在这瞬间单片机和液晶模块的 I/O 全部是输出状态，若 0 遇到 1 则相当于短路。全速运行时的时间极短不足以损坏 I/O 口，在单步过程中一旦程序停在这一句，大电流长时间流过这两个设备的 I/O 口，就造成了损坏。解决的办法是将这两句顺序调换。实际应用中有很多双向数据传输的接口设计，一定要注意设备之间数据方向切换配合的问题。在样机设计阶段最保险的方法是在双向 I/O 上串联 300Ω 左右电阻。

2.2.5 兼容性

为了电池供电应用，MSP430 单片机工作电压较低(1.8～3.6V)。大部分应用中取 3V 左右，因此单片机的 I/O 逻辑电平就属于 3V 逻辑。且 MSP430 单片机任何一个管脚输入电压不能超过 $V_{cc}+0.3V$，不能低于 $-0.3V$，否则将启动内部泄放电路。泄放电路最大只能吸收

2mA 电流，超过可能会损坏 I/O 口。在 MSP430 单片机的 I/O 口和 5V 逻辑器件连接时，必须考虑电平转换问题。分几种情况分别讨论：

（1）5V 逻辑器件输出至 MSP430 单片机   这是最简单的一种情况，将 5V 逻辑通过 10kΩ 和 20kΩ 电阻分压后即转换成 3V 逻辑（见图 2.2.3a）。若 5V 逻辑属于弱上拉型（例如和 8051 通信），也可直接连接，利用 MSP430 单片机内部泄放电路将电压钳至 3V。当然，最可靠的方法是使用 74LVC 系列缓冲器，如 74LVC244/245 等，它可以 3V 供电，并具有 5V 的输入承受能力。

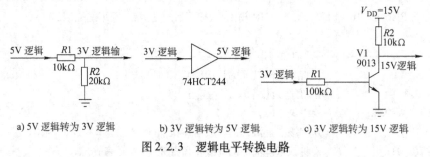

a) 5V 逻辑转为 3V 逻辑   b) 3V 逻辑转为 5V 逻辑   c) 3V 逻辑转为 15V 逻辑

图 2.2.3   逻辑电平转换电路

（2）MSP430 单片机输出至 5V 逻辑器件输入   这种情况首先要看接收器件的高电平门限，一般接收芯片或设备的手册都会给出（V_{IH} 值）。某些器件具有 2.5V 以下门限（如大部分液晶控制器）则可直接连接无需额外电路。若接收方门限较高，可在两者之间加一片 74HCT244 缓冲器（5V 供电）。74HCT 器件具有 2.2V 固定逻辑门限，在 5V 电源时能够识别 3V 逻辑输入（见图 2.2.3b）。

（3）双向数据传输   双向数据传输中，不仅要转换电平，还需要切换方向。最好选用电平转换专用芯片（如 74LVC4245）实现。如果对方高电平门限在 2.5V 以下，图 2.2.3a 的方案也能实现，因为 5V 到 3V 被分压衰减，3V 到 5V 没有被衰减。

（4）驱动 5V 以上的逻辑   利用漏级开路的门电路（如 74HC07/06 等）可以实现逻辑电平的变化，输出端的上拉电阻所接的电压就决定了输出逻辑电平。简单的电路中也可以用晶体管反相器实现，例如图 2.2.3c 实现了 15V 逻辑电平输出（但逻辑相反）。

无论选用何种转换方案，在 MSP430 系统中出现 3V 和 5V 混合逻辑都是不值得推荐的。这不仅破坏了 MSP430 系统简洁的设计原则，还额外增加了功耗、增加了电源管理的难度。在 MSP430 系统设计时，应该尽量全部选用 3V 逻辑的芯片。

和所有的 CMOS 电路一样，MSP430 单片机的 I/O 口在输入状态时也呈高阻态。若悬空，则等效于天线，会因附近电场而随机地感应出中间电平（0V 和 V_{CC} 之间的电压）。MSP430 单片机 I/O 口内部带有施密特触发器和总线保持器，悬空或输入中间电平不会造成错误或损坏，但会因为输入级 CMOS 门的截止不良额外增加数微安的耗电。所以在超低功耗应用中，每个输入 I/O 口都应该有确定电平（0V 或 V_{CC}），对于未用的 I/O，可以接地或设为输出状态，以保证电平确定。

MSP430 单片机的 I/O 属于静电敏感电路，尽量不要用手触摸。业余条件下，接触芯片前可以先触摸接地金属（暖气管、水管等），将静电电荷释放。

2.2.6   电容感应式触控

近年来电容感应式触控键被广泛地用于替代传统机械式按键。比如在电磁炉、微波炉等生活家电上隔着玻璃可以操作的按钮，以及近年来 iPod 等音乐播放器上的触摸操作面板都是电容感应式触控键的应用。比起传统机械式按键，不仅成本降低，还具有优良的防水、防尘性能，更重要的是这种操作方式不存在机械结构，寿命几乎无限。

在 MSP430 单片机中，每个 I/O 口都可以作为电容感应式触控输入使用。电容感应式触控键的结构见图 2.2.4a，在一个 I/O 口末端接一块金属板（一般是直接做在 PCB 上的一个铜皮块），并在 I/O 口接一个上拉电阻。金属板藏在绝缘的玻璃或塑料面板后面。

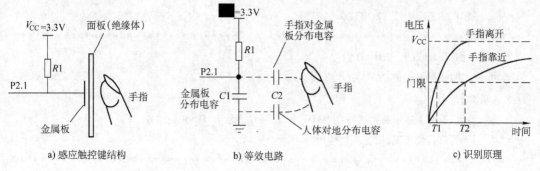

a) 感应触控键结构　　　　b) 等效电路　　　　c) 识别原理

图 2.2.4　电容感应式触控按键的结构与原理

图 2.2.4b 是这种结构的等效电路。金属板和系统地之间存在着非常小的分布电容（数皮法）。人体相当于一个大面积的导体，当手指靠近这块金属板时，人体和金属板之间构成分布电容，人体与系统地之间也构成分布电容。总的效果是增加了金属板对地之间的分布电容量。人体所带来的电容增量往往是固有分布电容的数倍（$10 \sim 50\text{pF}$），只要探测到电容量的增加，即可认为"键"被按下。

粗略测电容量最简单的方法是测量电容的充电时间：首先将 I/O 口置低，将电容上的电荷完全泄放。然后再将 I/O 置为输入方式，此时电容上依然保持 0V，读回的是低电平。此后 V_{CC} 将通过 $R1$ 给分布电容不断充电，I/O 低电平时间的长短就能直观反映电容量的大小。如图 2.2.4c 所示，当探测到充电过程时间变长，则判定手指靠近按键。

$R1$ 的取值根据分布电容的大小和绝缘板厚度而定，一般取 $1 \sim 10\text{M}\Omega$ 之间。若相邻两个 I/O 口轮流输出高电平，为另一键提供上拉电阻所需的 V_{CC}，则两个触控键之间可以共用一个电阻，见图 2.2.5。

若将多个触控键可以排列成一定的形状，不仅可以判别手指位置，还可以计算出手指的运动方向、速度等信息，从而完成某些复杂的操作功能。图 2.2.6 示例了两种最常见的触控键排布方式。圆形排列方式在 iPod 等播放器中最常见，通过手指在圆形触控板上弧线滑动，可进行调整音量等操作。直线形排列可以用于翻页、拖拽进度条、调整数值大小等操作。

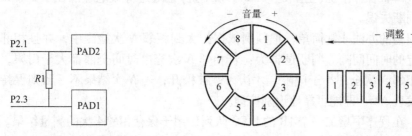

图 2.2.5　两个触控键公用电阻　　　　图 2.2.6　常见触控键排列方式

例 2.2.7 按照图 2.2.5 的电路,为触控键编写读取按键状态的代码:

```
#define PAD1 _ OUT _ L P2DIR │ = BIT3;P2OUT& = ~ BIT3      /* 将 PAD1 置为低电平的宏定义 */
#define PAD2 _ OUT _ H P2DIR │ = BIT1;P2OUT │ = BIT1       /* 将 PAD2 置为高电平的宏定义 */
#define PAD1 _ DIR _ IN P2DIR& = ~ BIT3                     /* 将 PAD1 设为输入状态的宏定义 */
#define PAD1 _ IN(P2IN&BIT3)                                /* 读回 PAD1 电平的宏定义 */
#define LED _ RED _ ON P1OUT │ = BIT3                       /* 红灯亮的宏定义 */
#define LED _ RED _ OFF P1OUT& = ~ BIT3                     /* 红灯灭的宏定义 */
/ ***********************************************************
* 名       称:TouchPad _ GetPad1()
* 功       能:读回触控键 PAD1 的状态
* 入口参数:无
* 出口参数:返回 1 表示有手指按在 PAD1 上,返回 0 表示 PAD1 未被触摸
* 说       明:可靠性不高,请勿直接使用
  *********************************************************** /
    char TouchPad _ GetPad1(void)
    {  int Count;
       PAD2 _ OUT _ H;                          //PAD2 置高(对充电电阻提供 Vcc)
       PAD1 _ OUT _ L;                          //PAD1 置低
       _ NOP();                                 //略等待,将电荷泄放完
       Count = 0;                               //时间计数值清零
       PAD1 _ DIR _ IN;                         //PAD1 置为输入状态
       while(PAD1 _ IN ==0){Count ++ ;}         //在 PAD1 为低的过程中计数值增加
       _ NOP();//调试时可以在这句设断点,查看计数值 Count。
       if(Count >=30)return(1);                 //如果低电平时间大于门限时间,则返回 1
       else           return(0);                //否则返回 0
    }
```

在主循环中调用上面的函数,并用返回值控制 LED 的亮灭:

```
if(TouchPad _ GetPad1() ==1)   LED _ RED _ ON;     //如果 PAD1 按下,红灯亮
else                           LED _ RED _ OFF;
```

实验会发现虽然可以识别出手指触摸,但是手指在靠近触摸板的过程中 LED 是闪烁的,说明存在一个识别不可靠的区域。这是因为人体在等效为一个大面积导体的同时,还起到了天线的效果。人体将各种干扰(主要是 50Hz 工频干扰)也通过等效电容加在了 I/O 口上,造成一定概率的判断失误。

解决误判问题的办法非常简单,把判别依据扩大到相邻 N 次检测中,并且相邻的测量之间需要有一定的时间间隔。判断逻辑为:若相邻 N 次充电时间全部都大于门限,则认为键被按下;若相邻 N 次全部小于门限,才认为键被松开;若 N 次结果不一致则保持上次判定结果。实验发现 $N \geq 4$ 即能可靠地识别按键。

照此思路,在程序中增加一个 4B 的 FIFO 队列,用于保存相邻 4 次的测量结果。将上述函数改名 TouchPad _ ScanPad1(),放在定时中断内执行,判别结果保存在全局变量内。而原

TouchPad _ GetPad1( )函数只负责读取判别结果,就保持了和上例程序兼容。

例 2.2.8　在上例中,增加判据次数,以提高按键识别的可靠性。

```
#define PAD1 _ OUT _ L P2DIR | = BIT3 ;P2OUT& = ~ BIT3       /* 将 PAD1 置为低电平的宏定义 */
#define PAD2 _ OUT _ H P2DIR | = BIT1 ;P2OUT | = BIT1        /* 将 PAD2 置为高电平的宏定义 */
#define PAD1 _ DIR _ IN P2DIR& = ~ BIT3                      /* 将 PAD1 设为输入状态的宏定义 */
#define PAD1 _ IN ( P2IN&BIT3 )                              /* 读回 PAD1 电平的宏定义 */
#define PAD1 _ THRESHOLD      30                             /* PAD1 时间门限值,可能需调整 */
unsigned char PAD1 _ BUFF[4];                    //记录 PAD1 相邻 4 次充电时间的队列
unsigned char PAD1 _ REG = 0;                    //记录 PAD1 状态
/ ***********************************************************
* 名      称:TouchPad _ ScanPad1( )
* 功      能:定时扫描触控键 PAD1 的状态
* 入口参数:无
* 出口参数:无,结果保存在全局变量 PAD1 _ REG 内
* 说      明:在 1/32 ~ 1/256s 定时中断内调用该函数
  *********************************************************** /
void TouchPad _ ScanPad1 ( void )
{
    int i,Count;
    _ BIC _ SR( SCG0 ) ;   //清除 SR 寄存器的 SCG0 控制位,恢复 DC 发生器,得到准确的 MCLK
    PAD2 _ OUT _ H;                       //PAD2 置高( 对充电电阻提供 Vcc )
    PAD1 _ OUT _ L;                       //PAD1 置低
    _ NOP( );                            //略等待,将电荷泄放完
    Count = 0;                           //充电时间计数值清零
    PAD1 _ DIR _ IN;                     //PAD1 置为输入状态
    while( PAD1 _ IN ==0){Count ++ ;}    //在 PAD1 为低的过程中计数值增加
    PAD1 _ BUFF[0] = PAD1 _ BUFF[1];
    PAD1 _ BUFF[1] = PAD1 _ BUFF[2];     //模拟 FIFO,前 3 次计数值依次移位
    PAD1 _ BUFF[2] = PAD1 _ BUFF[3];
    PAD1 _ BUFF[3] = Count;              //本次低电平时间计数值进入 FIFO
    for( i=0;i<4;i++ )
      {
       if( PAD1 _ BUFF[i] < PAD1 _ THRESHOLD)   break;  //任意一次小于门限则跳出循环
      }                                           //若提前跳出循环,i 将小于 4
    if(i==4)PAD1 _ REG =1;          //i 等于 4 说明 4 次全部大于门限,认为键按下
    for( i=0;i<4;i++ )
      {
       if( PAD1 _ BUFF[i] >= PAD1 _ THRESHOLD)break;   //任意一次大于门限则跳出循环
      }                                           //若提前跳出循环,i 将小于 4
       if(i==4)PAD1 _ REG = 0;      //i 等于 4 说明 4 次全部小于门限,认为键松开
```

```
   }
/ *********************************************************************
 * 名      称:TouchPad _ GetPad1()
 * 功      能:读回 PAD1 触摸板的状态
 * 入口参数:无
 * 出口参数:返回 1 表示有手指按在 PAD1 上,返回 0 表示 PAD1 未被触摸
 * 说      明:可靠性较高
 ********************************************************************* /
char TouchPad _ GetPad1(void)
   {
     return(PAD1 _ REG);
   }
```

仿照该例,读者可以尝试自行编写触控键 PAD2 的读取函数。

2.3　时钟系统与低功耗模式

如果读者曾学习过其他种类的单片机,一定都了解"系统时钟"的概念,它指的是供 CPU 以及内部设备的时钟节拍。而在 MSP430 单片机中,引入了"时钟系统"的概念。两词顺序颠倒含义却相差甚远:在 MSP430 单片机中,通过时钟系统不仅可以切换时钟源,通过软件随时更改 CPU 运行速度,为不同的外设产生不同频率的时钟,还可以在必要时关闭或降低某些设备的时钟以降低功耗。

时钟系统是 MSP430 单片机中最为关键的部件。通过时钟系统可以在功耗和性能之间寻求最佳的平衡点,为单芯片系统与超低功耗系统设计提供了灵活的实现手段。

2.3.1　时钟系统结构与原理

在 MSP430 单片机中,通过时钟系统的配置最终产生 3 种时钟:

MCLK:主时钟(Master Clock)。MCLK 是专为 CPU 运行提供的时钟。MCLK 配置得越高,CPU 执行速度就越快。MCLK 一般都设在 1MHz 以上以发挥 CPU 性能;一旦关闭 MCLK,CPU 也随之停止工作。CPU 是系统中耗电较大的部件之一,但大部分应用中都只有少数时间需要 CPU 运算。因此在超低功耗系统中都通过间歇开启 MCLK(唤醒 CPU)的方式来降低功耗。

SMCLK:子系统时钟(Subsystem Master Clock),也称辅助时钟。单片机内部某些设备需要高速时钟(如定时器、ADC 等),SMCLK 为这些需要高速工作的设备提供时钟源,并且 SMCLK 是独立于 MCLK 的:当关闭主时钟 MCLK 让 CPU 停止工作时,子系统时钟 SMCLK 仍然可以开启,从而让外设继续工作。

ACLK:活动时钟(Active Clock)。ACLK 一般是由 32. 768kHz 晶体直接产生的低频时钟,在单片机运行过程中一般不关闭,用于产生节拍时基,或和定时器配合间歇唤醒 CPU。时钟系统中对 3 种时钟不同程度的关闭,实际上就是不同的休眠模式。关闭的时钟越多,休眠越深。当全部的时钟,包括活动时钟 ACLK 也被关闭的时候,功耗降到最低(0. 1μA)。

　　在 MSP430 单片机大部分的内部设备中，都能选择时钟源并对上述时钟再分频，因此应用极其灵活。

　　MSP43F42x/41x 系列单片机的时钟系统见图 2.3.1。对于第一次见到此系统的初学者，可能会感到无从下手。实际上，这是一种简化了的数字电路，结构非常的清晰。为了便于读者理解模块结构框图，先简单介绍图中各种标记的含义。

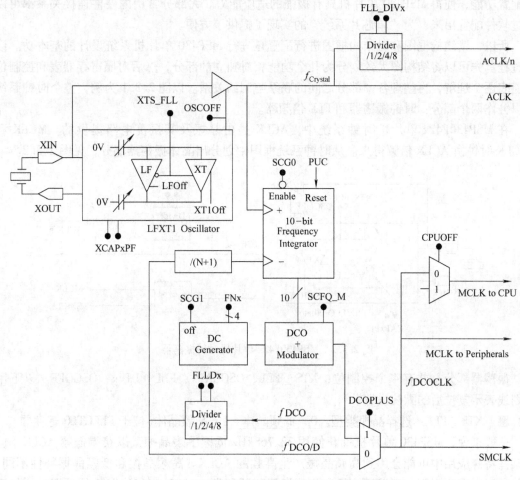

图 2.3.1　MSP430F42x/41x 系列单片机时钟系统

　　图中的每个框表示了一个部件，每个黑点表示了一个控制位。若黑点引出线直接和某部件相连，说明该控制位"1"有效。若黑点直线末端带圆圈与某部件连接，说明该位"0"有效。

　　对于紧靠在一起的多个同名控制位，表示这些控制位的组合。用后面的字母 x 表示下标，高位在先。例如 FLL_DIVx 下面有两个黑点，说明有两个控制位 FLL_DIV1 和 FLL_DIV0，框内写着功能 Divider(分频)1/2/4/8 说明当 FLL_DIV1 和 FLL_DIV0 分别为 00、01、10、11 时，分频系数为 1、2、4、8。当出现多于 3 个控制位的组合时，用总线表示。例如 FNx 虽然只有 1 个黑点，但是下面的连接线上面写着"\4"，说明这是 4 位总线，FNx 代表 4 个控制位(FN3、FN2、FN1、FN0)，共有 16 种组合。

梯形框表示多路选择器(MUX),它负责从多个输入通道中选择一个作为输出。通道选择关系由侧面的控制位来决定。

从结构框图中可以看出:只要通过软件配置各控制位,就可以改变硬件部件的连接关系、更改某些设置、开启或关闭某些部件、控制某些信号的路径和通断等。这在其他功能模块中也会大量出现,甚至在某些模块中能通过软件直接设置模拟电路的参数。这些灵活的硬件配置功能,使得 MSP430 单片机具有极强的适应能力。大部分常用的硬件连接关系都可以通过软件配置出来,为"单芯片系统"的实现了提供了方便。

所以,读结构框图和对结构框图进行配置是进行 MSP430 单片机系统设计的基本功。读图过程首先可以将结构图大致划分为几个功能相对独立的部分,然后对照寄存器表和控制位功能表逐个理解,再整理各个部分之间的联系与制约关系。以图 2.3.1 为例,整个时钟系统可以分作两个部分:时钟振荡器和 FLL 倍频器。

在 MSP430F42x 单片机时钟系统中,ACLK 是由晶振及其振荡电路提供的。MCLK 和 SMCLK 时钟由 ACLK 倍频得来。从时钟系统框图中划分出晶体振荡器部分,见图 2.3.2。

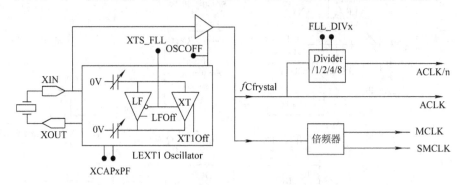

图 2.3.2　MSP430F42x 单片机时钟振荡器

振荡器部分总共有 4 个控制位:XTS_FLL、OSCCAPx、FLL_DIVx、OSCOFF。以下用下划线表示复位后的默认设置。

■ XTS_FLL:选择晶振类型。0 = 低频晶体　1 = 高频晶体(位于 FLLCTL0 寄存器)

一般来说,MSP430 单片机推荐使用 32.768kHz 低频手表晶振,以获得低频 ACLK。但是某些特殊应用中可能会用到高频晶振产生高频的 ACLK。高频晶振和低频晶振特性不同,振荡电路也有所区别,可以用该标志位选择振荡器种类。对于 450kHz 以下的晶振,该位置 0;对于 450kHz 以上晶振,该位置 1。

■ OSCCAPx:设置晶体匹配电容(每只管脚)。(位于 FLLCTL0 寄存器)

00 ≈ 1pF	01 ≈ 6pF	10 ≈ 8pF	11 ≈ 10pF	(每只管脚)
快捷宏定义: XCAP0PF	XCAP10PF	XCAP14PF	XCAP18PF	(总和)
或:OSCCAP_0	OSCCAP_1	OSCCAP_2	OSCCAP_3	

一般的晶体振荡器电路在晶振两端都要对地外接两只匹配电容,与晶振的标称负载电容相等的时候,才能得到稳定、准确的振荡频率。MSP430 单片机内部集成了这两只电容,而且还能通过软件设置这两电容的大小,以匹配不同的晶振。对于最常见的手表低频晶振(32kHz),标称负载电容 12.5pF(每只管脚)左右,应选则 10pF 选项(快捷宏定义中的容量是按两只管脚总和计算的),加上电路板上的分布电容刚好 12pF 左右。在高频晶振应用中,

一般要求晶振外接两只 20 ~ 30pF 的匹配电容。它超出了单片机内部所能提供的最大电容量，因此仍要外接电容。

■ FLL_DIVx：设置 ACLK 输出分频系数。（位于 FLLCTL1 寄存器）、

          00 = 无分频   01 = 2 分频   10 = 4 分频   11 = 8 分频

    快捷宏定义：FLL_DIV_1   FLL_DIV_2   FLL_DIV_4   FLL_DIV_8

ACLK 除了提供系统活动用之外，还可以从 P1.5 管脚输出，供其他外围设备使用。输出频率的分频系数可以通过该控制位设置。

■ OSCOFF：关闭低频时钟振荡器（位于 SR 寄存器）、

          0 = 正常工作（开启）   1 = 关闭

关闭时钟振荡器后，系统中 ACLK 也随之停止。一般在进入最深的休眠模式（LPM4）前才关闭 ACLK，之后系统功耗降到最低。但因所有时钟都关闭，处理器内部没有任何模块可以唤醒 CPU，只能通过外部的 I/O 中断或复位唤醒。

例 2.3.1 MSP430F42x 单片机外部接有 32.768kHz 晶振，为其配置时钟：

```
FLL_CTL0 & = ~ XTS_FLL;           //设置振荡器类型为低频（可省略）
FLL_CTL0  | =XCAP18PF;            //设置晶振匹配电容18pF 左右
```

例 2.3.2 MSP430F42x 单片机外部接有 1MHz 晶振，并要从 P1.5 输出 250kHz 时钟给某外部逻辑电路使用：

```
FLL_CTL0  | = XTS_FLL;            //设置振荡器类型为高频
FLL_CTL0  | = XCAP0PF;            //设置内部晶振匹配电容 0pF（电容需外接）
FLL_CTL1  | = FLL_DIV_4;          //设置对外输出 4 分频
P1DIR  | = BIT5;                  //P1.5 设为输出
P1SEL  | = BIT5;                  //P1.5 设为第二功能管脚（ACLK）
```

在 4xx 系列单片机中，引入了锁频环倍频环路（FLL），对 ACLK 进行倍频产生高频时钟。因 ACLK 来源于晶振，准确度很高，倍频后依然能得到准确的频率。可以供给定时器、波特率发生器等需要高频精确时钟的设备使用。

数字倍频环是一种非常巧妙的电路。它最核心的部件是数控振荡器和一个频率积分器（实际上是一个加减计数器）。对于频率积分器，每个 ACLK 脉冲将计数值加 1；数控振荡器的输出频率（f_{DCO}）经过（$N+1$）分频后的每个脉冲将计数减 1。计数器的累计结果又输出给数控振荡器，改变振荡器频率 f_{DCO}，构成反馈环。

ACLK 和（$N+1$）分频后的 f_{DCO} 对计数器进行"拉锯战"：若（$N+1$）分频后的 f_{DCO} 比 ACLK 频率略低，则对于计数器来说加法比减法频率高，计数结果不断增大。计数结果又控制数控振荡器使 f_{DCO} 增大，最终让（$N+1$）分频后的 f_{DCO} "追上" ACLK 的频率。反之，若（$N+1$）分频后的 f_{DCO} 比 ACLK 频率略高，则对于计数器来说加法比减法频率低，计数结果不断减小。计数结果又控制数控振荡器使 f_{DCO} 减小，最终让（$N+1$）分频后的 f_{DCO} "落回" ACLK 的频率。

整个环路构成积分式负反馈。从控制理论角度分析，积分环节相当于无限直流增益，整个控制环路属于无静差系统。负反馈的最终结果是 $f_{DCO}/(N+1) = ACLK$，即 $f_{DCO} =$

$(N+1) \times$ ACLK，从而实现了倍频。这种方法用纯数字实现，和一般 CPU 内的 PLL（锁相环）倍频电路相比，功耗低得多。但这种倍频方法存在一个缺点：虽然在宏观上 fDCO = $(N+1) \times$ ACLK，但在微观上看，频率是在微小的范围内不断变化。调整间隔时间约 $31 \mu s$ $(1/f$ACLK$)$，而且稳定需要一定时间，因此对于时钟瞬时稳定度要求很高的场合，仍应该使用高频晶振。

不过，这种频率的轻微"抖动"在某些场合是有利的。例如对于通过电磁兼容测试是有帮助的。因为时钟的能量谱由一个尖峰扩散到附近一个区域内。在总面积（能量）不变的情况下，主峰矮了许多。这对通过 EMI（电磁发射）测试是非常有利的。这种时钟源被称为"扩谱时钟"。

图 2.3.3 是从图 2.3.1 中划分出来的倍频器部分电路。共有 8 个控制位：

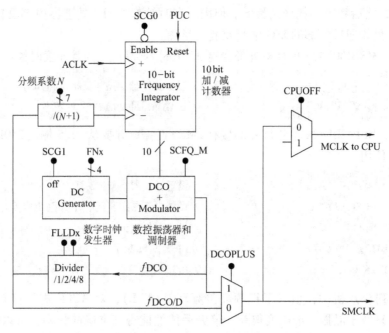

图 2.3.3 MSP430F42x/41x 单片机时钟倍频器结构

■ N：环路分频系数。（位于 SCFQCTL 寄存器低 7 位）

倍频系数 = $N+1$ （复位后 $N=31$，即 32 倍频）

快捷宏定义：SCFQ_64K   SCFQ_128K   SCFQ_256K   SCFQ_512K

SCFQ_1M   SCFQ_2M   SCFQ_4M

■ DCOPLUS：DCO 额外分频允许（位于 FLL_CTL0 寄存器）

0 = 禁止额外的分频   1 = 允许额外分频

当 DCOPLUS 为 1 时，下面 FLLDx 的设置才有效。

■ FLLDx：DCO 额外分频系数（位于 SCFI0 寄存器）。

00 = 无分频   01 = 2 分频   10 = 4 分频   11 = 8 分频

快捷宏定义：FLL_DIV_1   FLL_DIV_2   FLL_DIV_4   FLL_DIV_8

对于整个倍频环路来说，上述 3 个控制位决定了反馈环路的总分频系数。因为输出频率除以分频系数等于 ACLK 频率，折算到输出就成了 ACLK 倍频系数。

通过系数 N 可以实现 $2 \sim 128$ 倍频，再加上 FLLDx 的系数，最大能实现 1024 倍频。复位后的默认值 $N = 31$、DCOPLUS $= 0$，相当于对 ACLK 进行 32 倍频。对于 32.768kHz 晶振，MCLK 和 SMCLK 均为 32×32.768kHz $= 1.048$MHz，在一般应用中可以无需更改。

■ FNx：数字时钟发生器频率范围设置。（位于 SCFI0 寄存器）

$0000 = 0.65 \sim 6$MHz　　　0001　　$1.3 \sim 12.1$MHz　　001x　$2 \sim 17.9$MHz

01xx　　$2.8 \sim 26.6$MHz　　1xxx　　$4.2 \sim 46$MHz

快捷宏定义：FN _ 2　　　FN _ 3　　　FN _ 4　　　FN _ 8

从上面对 FLL 电路的分析可知，倍频环路是一个积分累加式的调整过程。从开始工作到输出稳定频率需要一定的时间。如果数控频率发生器的中心频率（初始频率）恰好就在输出频率附近，调节过程就会很快。若偏离较远，则需要等待积分器将误差累计到足够程度才能将频率调整准确，过程耗时较长。数字时钟发生器通过 FNx 控制位提供 5 种振荡器频率范围供选择，根据输出频率来选择最合适的频率范围，使调节过程最快。一般来说复位默认值适合 1MHz 左右频率，快捷宏定义 FN _ x 适合产生 xMHz 附近时钟频率。

■ SCQF _ M：调制禁止。0 = 调制允许　　　1 = 调制禁止（位于 SCFQCTL 寄存器）

在数控振荡器中，产生的频率值是离散的，且分辨率较低。为了增加所产生频率的分辨率，采用了 32 周期调制的方法。让输出频率在相邻两个频率值中切换，通过调整二者时间比例在宏观上相当于够微调频率。这个过程由 FLL 倍频环路自动完成，用户无需干预。但可以通过将 SCQF _ M 置 1 来禁止调制功能。禁止调制后的输出频率稳定，但有误差。

■ SCG0：FLL 禁止。0 = FLL 开启　　　1 = FLL 禁止（位于 SR 寄存器）

该位置 1 后，将禁止倍频环中的频率积分器（计数器），此后 FLL 的输出频率将不再被自动调整。低功耗模式中使用。

■ SCG1：时钟发生器禁止。0 = 时钟发生器禁止开启　　　1 = 禁止（位于 SR 寄存器）

该位置 1 后，将禁止时钟发生器。低功耗模式中使用。

■ CPUOFF：CPU 停止。0 = CPU 工作　　　1 = CPU 停止（位于 SR 寄存器）

该位置 1 后，将关闭 MCLK，相当于停止 CPU 的工作，但不影响整个时钟系统的工作，也不关闭 SMCLK。低功耗模式中使用。

例 2.3.3　MSP430F42x 单片机外部接有 32.768kHz 手表晶振，CPU 需要 2MHz 左右时钟频率：

FLL _ CTL0 & = ~ XTS _ FLL；	//设置振荡器类型为低频(可省略)
FLL _ CTL0 ｜= XCAP18PF；	//设置晶振匹配电容 18pF 左右
SCFQCTL = SCFQ _ 2M；	//倍频至 2MHz(64 倍频，2.09MHz)
SCFI0 ｜= FN _ 2；	//DCO 中心频率 2MHz 左右(1.3 ~ 12.1MHz)

例 2.3.4　MSP430F42x 单片机外部接有 32.768kHz 手表晶振，CPU 需要 2.752MHz 时钟频率。2.752MHz 是 32.768kHz 的 84 倍。因此分频系数 $N = 84 - 1 = 83$。

FLL _ CTL0 & = ~ XTS _ FLL；	//设置振荡器类型为低频(可省略)
FLL _ CTL0 ｜= XCAP18PF；	//设置晶振匹配电容 18pF 左右
SCFQCTL = 83；	//倍频至 2.752MHz(84 倍频)
SCFI0 ｜= FN _ 3；	//DCO 中心频率 3MHz 左右(2 ~ 17.9MHz)

例 2.3.5   MSP430F42x 单片机外部接有 32.768kHz 手表晶振，CPU 需要 6.554MHz 时钟频率。6.554MHz 是 32.768kHz 的 200 倍。通过分频系数 N 最大只能实现 128 倍频，需要开启 DCOPLUS 利用 FLLDx 再额外倍频。$200 = 2 \times 100$，可以将 N 设为 99，FLLDx 设为 2 倍频：

FLL _ CTL0 & = ~ XTS _ FLL;	//设置振荡器类型为低频(可省略)
FLL _ CTL0 ∣= XCAP18PF;	//设置晶振匹配电容 18pF 左右
SCFQCTL = 99;	//先 100 倍频
FLL _ CTL0 ∣= DCOPLUS;	//开启额外的倍频
SCFI0 ∣= FLLD _ 2 + FN4;	//额外 2 倍频,DCO 中心频率 4MHz

上面的例子示范了通过倍频器灵活地配置 CPU 工作频率。倍频器使得 MSP430F4xx 系列单片机在不同应用中都能够使用低成本的手表晶振，而且可以通过倍频器随时改变 CPU 主频和外设工作频率。使用倍频器的时候需注意，MSP430 单片机时钟频率存在上限，而倍频器可以产生超过上限频率的时钟，此时单片机功能将不稳定，甚至停止工作。

MSP430 单片机的时钟频率上限与电源电压有关。对于 1 系列和 4 系列单片机来说，3.6V 电源时最大允许 8MHz 时钟频率，当电源电压下降，最高工作频率也随之下降。电源电压和最高工作频率的关系可参考图 2.3.4。

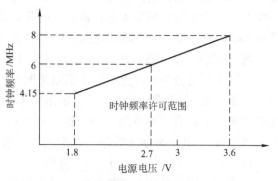

图 2.3.4   MSP430F4xx/1xx 单片机时最高钟频率与电源电压关系

例如某款产品使用两节 5 号电池，正常工作约 3V。考虑到电池寿命耗尽时电压降落到 2.5V，最高时钟不超过 5MHz 是安全稳定的。若考虑到用户可能将 1.2V 的充电电池装入产品，正常工作电压仅 2.4V，电量耗尽时仅 2V，时钟取频率 4MHz 以下才是安全的。

2.3.2   低功耗模式

超低功耗是 MSP430 单片机的一大特色。MSP430 系列单片机具有 5 种不同深度的低功耗休眠模式。在空闲时，通过不同程度的休眠，将内部各个模块尽可能地被关闭，从而降低功耗。关闭模块最简单的途径是关闭时钟，因此低功耗模式的管理是通过时钟系统来完成的。共有 4 个控制位参与：CPUOFF、SCG0、SCG1、OSCOFF。各控制位的功能在时钟系统中已经介绍过。通过这 4 个位的不同组合，构成了 5 种低功耗休眠模式(见表 2.3.1)。

表 2.3.1   MSP430F42x 单片机低功耗模式

部件/控制位 模式	CPU 处理器 CPUOFF	FLL 倍频环 SCG0	数字时钟 发生器 SCG1	晶体 振荡器 OSCOFF	基本功耗 (3V 供电, 32kHz 晶振)
Active(活动模式)	0(开启)	0(开启)	0(开启)	0(开启)	400μA/MHz
LPM0(低功耗模式 0)	1(关闭)	0(开启)	0(开启)	0(开启)	100μA
LPM1(低功耗模式 1)	1(关闭)	1(关闭)	0(开启)	0(开启)	50μA

（续）

模式 \ 部件/控制位	CPU 处理器	FLL 倍频环	数字时钟 发生器	晶体 振荡器	基本功耗 (3V 供电, 32kHz 晶振)
	CPUOFF	SCG0	SCG1	OSCOFF	
LPM2（低功耗模式 2）	1（关闭）	0（开启）	1（关闭）	0（开启）	7μA
LPM3（低功耗模式 3）	1（关闭）	1（关闭）	1（关闭）	0（开启）	1μA
LPM4（低功耗模式 4）	1（关闭）	1（关闭）	1（关闭）	1（关闭）	0.1μA

从表中可以看出规律：随着休眠深度依次加深，时钟系统中被关闭的部件数目依次增加，而功耗也依次降低。各个模式的特点与用法简单归纳如下：

活动模式：正常工作状态，全部时钟均开启。功耗正比与 CPU 时钟速度（MCLK 频率）。对于 MSP430F4xx 系列，比例系数是 400μA/MHz。虽然 CPU 速度越慢时功耗越低，但对于相同运算量的代码，速度降低一半，执行时间会加倍，总耗电量不变。因此通过降低 CPU 频率并不能有效地降低实际功耗。相反将 CPU 时钟设为较高频率，通过提高 CPU 速度节省运算时间，让 CPU 与其他模块更长时间处于休眠状态，反而有利于降低总功耗。

低功耗模式 0：在低功耗模式 0 下，时钟系统仍然全部正常工作，只有 MCLK 的输出被禁止。结果是只关闭 CPU。此时 SMCLK 和 ACLK 仍然有效，且 SMCLK 与 ACLK 之间的倍频关系仍然成立。选择了这两时钟作为时钟源的其他模块会继续工作。CPU 被关闭后，程序将停止不再继续执行，直到被中断唤醒，或单片机被复位。因此在进入任何一个低功耗模式之前都必须设置好唤醒 CPU 的中断条件、打开中断允许位、等待被唤醒。否则程序将永远停止。

低功耗模式 1：在低功耗模式 1 下，不仅 MCLK 的输出被禁止，DC 发生器（数字时钟）也被关闭。结果是 CPU 被关闭、ACLK 仍然有效、SMCLK 仍然输出但频率和 ACLK 之间的倍频关系不再成立，SMCLK 只能作为一个粗略的高频时钟使用。对于某些应用中不需要准确时钟频率的模块，仍可继续使用 SMCLK 作为时钟。

低功耗模式 2：在低功耗模式 2 下，MCLK 的输出被禁止、倍频环路被关闭、SMCLK 被关闭，仅打开数字时钟发生器和 ACLK。该模式一般不常用，因为禁止 SMCLK 后打开数字时钟发生器已无意义。建议用更低功耗的 LPM3 来替代。与 LMP3 不同之处是 SCG0 依然打开，唤醒延迟比 LPM3 短，且唤醒后 SMCLK 时钟是准确的。

低功耗模式 3：在低功耗模式 3 下，整个时钟系统中除了低频晶振的振荡器保持活动之外，其余全部被关闭。因此 MCLK、SMCLK 都被停止，仅留 ACLK 保持活动。只有选择 ACLK 作为时钟源的设备会继续工作。该模式下功耗仅 1μA，且活动的 ACLK 可以用于驱动液晶或驱动定时器产生中断周期性地唤醒 CPU，是最常用的低功耗模式。

低功耗模式 4：在低功耗模式 4 下，整个时钟系统全部关闭，MCLK、SMCLK、ACLK 全部被禁止。单片机内部的所有模块都将停止活动。功耗也降到最低（0.1μA）。这种状态下单片机内部模块不可能再唤醒 CPU，只能依靠外部中断（如 I/O 口中断）唤醒 CPU 继续执行程序，或者通过复位来唤醒 CPU 重新执行程序。对于电池来说，0.1μA 电流甚至小于电池自放电电流，所以该模式下功耗可以忽略不计。因此可以通过进入低功耗模式 4 实现关机功能。

当系统暂时空闲时，应尽可能进入低功耗模式。而且要根据系统中可以被关闭的模块和时钟决定低进入何种功耗模式，使休眠最深且仍能被唤醒(见表 2.3.2)。

表 2.3.2　MSP430F42x 单片机低功耗模式与时钟的关系

时钟 / 模式	MCLK (CPU 用)	SMCLK (高速设备用)	ACLK (低速设备用)
Active(活动模式)	开启	开启，频率准确	开启
LPM0(低功耗模式 0)	关闭	开启，频率准确	开启
LPM1(低功耗模式 1)	关闭	开启，频率不准确	开启
LPM2(低功耗模式 2)	关闭	关闭	开启
LPM3(低功耗模式 3)	关闭	关闭	开启
LPM4(低功耗模式 4)	关闭	关闭	关闭

低功耗模式的唤醒：无论处于何种低功耗模式，只要有中断发生都会响应中断。进入中断前 CPU 会自动将存有 4 个低功耗控制位的 SR 寄存器压入堆栈，并自动清除 SCG1、OS-COFF、CPUOFF 这 3 个控制位，但不清除 SCG0 控制位。在 LMP1、LPM3、LPM4 模式下 SCG0 是置位的，唤醒进入中断服务程序后，SCG0 仍然置位，DC 发生器仍被关闭。因此从上述 3 个模式唤醒后 MCLK 和 SMCLK 都是不准确的。若中断服务程序需要准确的 CPU 时钟，例如 2.2.7 节触控应用中计算电容充电周期需要很准确的时钟，则需在中断内人工清除 SCG0 标志位：

_ BIC _ SR(SCG0);　　　　　　　　//清除 SR 寄存器的 SCG0 控制位,恢复时钟准确性

低功耗模式的退出：当中断服务程序执行完毕时，CPU 会自动地从堆栈中恢复 SR 寄存器。在 SR 存放了低功耗模式控制位，退出中断服务程序后仍然保持原模式不变。这非常适合在中断内处理完全部任务，一旦执行完中断返回后立即休眠，等待下一个中断任务。

若希望中断结束后恢复到正常的活动模式，可以在中断结束前修改堆栈内 SR 值：

__ low _ power _ mode _ off _ on _ exit();　　//退出中断时唤醒 CPU。注意开头两个'_'

这种方式非常适合替代流程中的等待过程。例如需要等待 A 事件发生后再执行 B 任务，可以设置好 A 事件的中断条件后休眠，等待被唤醒后继续执行 B 任务。等待的过程中系统是休眠的，节省了功耗。

与低功耗模式相关的内部函数：MSP430 的 C 语言编译器(ICC430)为低功耗模式的设置与控制提供了以下的内部函数：

```
__ low _ power _ mode _ 0();或 LPM0;      //进入低功耗模式 0
__ low _ power _ mode _ 1();或 LPM1;      //进入低功耗模式 1
__ low _ power _ mode _ 2();或 LPM2;      //进入低功耗模式 2
__ low _ power _ mode _ 3();或 LPM3;      //进入低功耗模式 3
LPM0 _ EXIT();                          //退出中断时清除 LPM0 相关控制位
LPM1 _ EXIT();                          //退出中断时清除 LPM1 相关控制位
LPM2 _ EXIT();                          //退出中断时清除 LPM2 相关控制位
```

```
LPM3 _ EXIT();                          //退出中断时清除 LPM3 相关控制位
LPM4 _ EXIT();                          //退出中断时清除 LPM4 相关控制位
__ low _ power _ mode _ off _ on _ exit();   //退出时唤醒 CPU
__ bic _ SR _ register();  或_ BIC _ SR();   //将 SR 寄存器的某些位清零
__ bis _ SR _ register();  或_ BIS _ SR();   //将 SR 寄存器的某些位置位
```

2.3.3　低功耗模式的应用

（1）间歇工作　实际的系统中，很多设备都不必一直连续工作，让大部分设备间歇工作，并尽可能延长工作时间间隔、减少活动时间、加深休眠深度。这是超低功耗系统设计最重要的方法。

例 2.3.6　在 MSP430 单片机组成的系统中，ACLK = 32.768kHz，CPU 速度 1MHz。假设 P1.5 接有按键（按下为低电平）、P2.0 输出至 LED。要实现当按键被按下时 LED 亮，按键松开后 LED 灭。若 CPU 一直读取 I/O 并处理，耗电很大（活动模式 400μA）：

```
#include "msp430x42x. h"              /* 单片机寄存器头文件 */
void main( void )                    //主程序
{
   WDTCTL = WDTPW + WDTHOLD;          //停止看门狗
   FLL _ CTL0  | = XCAP18PF;          //设置晶振匹配电容 18pF 左右
   P2DIR  | = BIT0;                   //P2.0 设为输出,其余 I/O 默认输入
   while(1)                           //主循环
     {
      if(( P1IN & BIT5) ==0)  P2OUT  | = BIT0;    //若键被按下,点亮 LED
      else                    P2OUT & = ~ BIT0;   //若键松开,关闭 LED
     }
}
```

考虑到键盘是个慢速的设备，每 10ms 对 I/O 口扫描一次速度已经足够。在 10ms 间隔期间让 CPU 以及大部分设备休眠将节省大部分功耗。可以利用定时器产生中断，周期性地唤醒 CPU，并尽量选择 ACLK 作为定时器的时钟，在进入低功耗模式 3 后仍能保持活动。按照该方法将程序修改成间歇工作形式：

```
#include "msp430x42x. h"              /* 单片机寄存器头文件 */
void main( void )                    //主程序
{
   WDTCTL = WDTPW + WDTHOLD;          //停止看门狗
   FLL _ CTL0  | = XCAP18PF;          //设置晶振匹配电容 18pF 左右
   P1DIR  | = BIT0 + BIT1 + BIT2 + BIT3 + BIT4;
   P2DIR  | = BIT0 + BIT1 + BIT2 + BIT3;    //悬空不用的 IO 口要置为输出
   P1OUT = 0;                         //否则不确定电平会造成 IO 耗电
   P2OUT = 0;
   BTCTL = BT _ ADLY _ 8;    //BasicTimer 时钟选为 ACLK,设为 1/128s(约 8ms)中断一次
```

```
    IE2  |= BTIE;                          //允许 BasicTimer 中断
    _ EINT( );                             //允许总中断
    LPM3;                                  //进入低功耗模式3,等待被唤醒
    //------程序永远不会执行到这里----------------------------------------
}


#pragma vector = BASICTIMER _ VECTOR
__ interrupt void BT _ ISR( void )      //1/128s 一次中断(由 BasicTimer 所产生)
{
    if( ( P1IN & BIT5 ) == 0 )   P2OUT |= BIT0;      //若键被按下,点亮 LED
    else                         P2OUT & = ~ BIT0;   //若键松开,关闭 LED
                                                     //退出中断后仍保持原休眠状态
}
```

改为间歇工作后,功耗由 $400\mu A$ 降至 $5\mu A$,且功能不变。上面的程序全部在中断内完成。也可通过休眠与唤醒机制来控制程序流程,写成下面的形式:

```
#include " msp430x42x. h "
void main( void )
{
    WDTCTL = WDTPW + WDTHOLD;
    FLL _ CTL0  |=   XCAP18PF;              //设置晶振匹配电容 18pF 左右
    P1DIR  |= BIT0 + BIT1 + BIT2 + BIT3 + BIT4;
    P2DIR  |= BIT0 + BIT1 + BIT2 + BIT3;    //悬空不用的 IO 口要置为输出
    P1OUT = 0;                              //否则不确定电平会造成 IO 耗电
    P2OUT = 0;
    BTCTL = BT _ ADLY _ 8;      //BasicTimer 时钟选为 ACLK,设为 1/128s(约 8ms)中断一次
    IE2  |= BTIE;                           //允许 BasicTimer 中断
    _ EINT( );                             //总中断允许
    while( 1 )                             //主循环
      {
          LPM3;       //休眠,仅留 ACLK,等待被唤醒。以下代码将每 1/128s 执行一次
          if( ( P1IN & BIT5 ) == 0 )    P2OUT |= BIT0;    //若键被按下,点亮 LED
          else                          P2OUT & = ~ BIT0; //若键松开,关闭 LED
      }
}


#pragma vector = BASICTIMER _ VECTOR
__ interrupt void BT _ ISR( void )      //1/128s 一次中断(由 BasicTimer 所产生)
{
    __ low _ power _ mode _ off _ on _ exit( );       //退出中断时唤醒 CPU
}
```

(2) 替代程序流程中的等待过程   MSP430 单片机中,几乎所有的设备都能产生中断,

目的在于让 CPU 无需查询也能等待设备。方法是用休眠替代查询等待，设备在发生状态变化时将会主动唤醒 CPU 进行后续的处理。

　　例 2.3.7　从串口发送一字节数据。串口发送过程一般是先写入发送寄存器后等待发送完毕，然后才能发送下一字节：

```
void UART _ PutChar( char Chr)
{
    TXBUF0 = Chr;                         //写入发送寄存器
    while ( (IFG1 & UTXIFG0) ==0);        //等待数据发完
}
```

　　串口速度较慢，远低于 CPU 速度。例如以 2400bit/s 波特率发送 1 字节需要 4ms 时间；而以 1MHz 时钟执行 TXBUF0 = Chr 赋值的过程却只需要 1μs 时间。在等待数据发完的过程要浪费 4000 个 CPU 周期用于查询。若将等待过程替换成休眠，则可节省大量的 CPU 耗电。假设使用 ACLK 作为串口模块的时钟，进入低功耗模式 3 后串口仍工作，而 CPU 及大部分时钟系统已经停止，由串口发送完毕中断唤醒继续执行：

```
void UART _ PutChar( char Chr)
{
    TXBUF0 = Chr;                         //写入发送寄存器
    LPM3;                                 //休眠,程序停止。等待数据发完中断唤醒
}

#pragma vector = UART0TX _ VECTOR
__ interrupt void UART _ TX (void)
{
    __ low _ power _ mode _ off _ on _ exit( );   //退出中断时唤醒 CPU
}
```

　　当系统中只开启串口发送中断时，上面两个的程序功能完全等价，后者功耗更低。但在系统中开启了多个中断时，任何中断都可以唤醒休眠模式，有可能出现串口未发送完毕时发生了其他中断唤醒 CPU 继续执行下一次发送。这是不希望发生的。解决的办法是设置一个全局变量标志位，用于识别中断源以决定唤醒后是否继续执行。

```
char UART _ TxFlag;                       //定义一个全局变量作为标志
void UART _ PutChar( char Chr)            //发送 1 字节数据的函数
{
    TXBUF0 = Chr;                         //将数据写入发送寄存器
    UART _ TxFlag = 0;                    //清除全局变量标志位
    while( UART _ TxFlag ==0)   LPM3;     //只有串口发送中断唤醒 CPU 才能继续执行
}

#pragma vector = UART0TX _ VECTOR         //串口发送完毕中断入口
__ interrupt void UART _ TX (void)        //中断服务程序声明
{
```

```
    UART _ TxFlag = 1 ;                      //全局变量标志位置1,供唤醒后识别用
    __ low _ power _ mode _ off _ on _ exit( ) ;    //退出中断时唤醒 CPU
}
```

当程序休眠在 while(UART _ TxFlag ==0) LPM3;时，任何中断都可以将 CPU 唤醒。但只有串口发送完毕中断会将 UART _ TxFlag 置1。在 while 循环中检查到 UART _ TxFlag 为1才会退出 while 循环继续执行后面的代码，否则会重新回到 LPM3 模式继续休眠。

（3）作为电源开关 在所有的休眠模式中，LPM4 的功耗是最低的，仅 0.1μA。进入 LPM4 后单片机内部所有的部件都不再活动，仅保持 RAM 内数据和 I/O 口状态不变。利用 LPM4 可以在不切断电源的情况下实现"软件关机"。

LPM4 休眠时，仅有外部中断和复位操作能唤醒休眠模式。其中复位键会使程序重新运行，所以用复位键也能作为单键电源开关使用。利用单片机的复位操作不会改变 RAM 内的数据的特点，在程序开始时对一个变量取反，再根据该变量值决定执行程序（开机）或是进入 LPM4（关机）。注意 C 语言的初始化程序在 main 函数执行之前会对所有 RAM 清零，为了保证电源标志变量能够不被清除，定义时需要加 __ no _ init 关键字。

例2.3.8 设计一个闪烁警告灯，工作时每秒亮两次，每次亮 125ms。用复位键作为电源开关。

```
#include " msp430x42x. h "
char TimeCount = 0 ;                      //闪烁计时变量
__ no _ init char PWR _ Flag ;             //电源标志,复位后不清零
void main( void)
{
  WDTCTL = WDTPW + WDTHOLD ;
  P1DIR  | = BIT0 + BIT1 + BIT2 + BIT3 + BIT4 ;
  P2DIR  | = BIT0 + BIT1 + BIT2 + BIT3 ;     //悬空不用的 IO 口要置为输出
  P1OUT = 0 ;                             //否则不确定电平会造成 IO 耗电
  P2OUT = 0 ;
  BTCTL = BT _ ADLY _ 125 ;    //BasicTimer 时钟选为 ACLK,设为 125ms 中断一次
  IE2  | = BTIE ;                         //允许 BasicTimer 中断
  _ EINT( ) ;                             //总中断允许
  if( PWR _ Flag ==0)     PWR _ Flag = 1 ;   //电源标志每次复位后取反
  else                   PWR _ Flag = 0 ;
  if( PWR _ Flag ==0)     LPM4 ;           //电源标志为 0 时关机,不再执行
//----------------电源标志为 1 时才执行主循环----------------------------------
  while(1)                                //主循环
  {
    LPM3 ;      //休眠,仅留 ACLK,等待被 BasicTimer 唤醒,以下代码将每1/8s 执行一次
    TimeCount ++ ;                        //计数
    if( TimeCount >=4)   TimeCount = 0 ;   //产生 0~3 计数(0.5s)
    if( TimeCount ==0)   P2OUT  | = BIT0 ;  //亮 125ms
    else                P2OUT & = ~ BIT0 ;  //灭 375ms
```

```
    }
}

#pragma vector = BASICTIMER _ VECTOR          //BasicTimer 定时器中断
__ interrupt void BT _ ISR( void)
{
    __ low _ power _ mode _ off _ on _ exit( );     //退出中断时唤醒 CPU
}
```

低功耗模式的引入，使得程序的思路和实现方法会发生一些变化。第 3 章将详细讨论超低功耗软件的整体结构和常用编程方法。

2.4　Basic Timer 基础定时器

在低功耗模式的应用中，已经看到用间歇工作方式能够有效地降低功耗。实现间歇工作需要一个定时器用于定时唤醒。同时会发现，实际上只需要很粗略的定时就能实现该功能。类似的，在键盘扫描、查询等应用中也会出现只需要粗略定时功能的情况。

MSP430F4xx 单片机内部专门提供了一个产生周期节拍的定时器，叫做基础定时器(Basic Timer)。它能在无需 CPU 干预的情况下产生 2^N 个时钟周期的定时中断，供间歇唤醒系统用。当 Basic Timer 时钟选择为 32.768kHz 时，定时周期恰好 $1/2^N$ s，可以为 RTC 走时或秒表等计时程序提供精确时基。

与此同时，Basic Timer 定时器还为 LCD 的刷新提供时钟。通过 Basic Timer 的设置可以改变 LCD 的刷新频率。

2.4.1　Basic Timer 结构与原理

从结构图上看，Basic Timer 定时器更像是一个二进制分频器。该分频器由两级分频器级联而成，每级 256 分频。第一级分频器(BTCNT1) 的时钟只能是 ACLK，它的输出为 LCD 刷新提供时钟。而第二级分频器的时钟源可以时 ACLK、SMCLK 或是 ACLK 经过第一级 256 分频后的输出(级联)。从第二级分频过程中可以选择输出抽头作为中断源，从而通过改变分频系数来改变中断间隔时间。两级分频器级联后最多构成 65536 分频(2^{16} 分频)，采用 32.768kHz 时钟时，最长定时周期 2s。

Basic Timer 定时器总共有 5 个控制位：BTDIV、BTHOLD、BTSSEL、BTFREQx、BTIPx。都位于 BTCTL 寄存器。特别注意，该寄存器在复位后保持不变，没有默认值，因此上电后一定要对该寄存器进行设置。

■　BTDIV：预分频选择　0 = 无预分频　1 = 256 分频(位于 BTCTL 寄存器)

当 BTDIV = 0 时，第二级分频器 BTCNT2 的时钟源直接来自于 ACLK 或 SMCLK。当 BTDIV = 1 时，第二级分频器的时钟源来自于 256 分频后的 ACLK。在一般情况，ACLK = 32.768kHz 时，如果开启了预分频，能产生长达 2s 的定时中断。

■　BTSSEL：时钟源选择　0 = ACLK　1 = SMCLK(位于 BTCTL 寄存器)

当 BTDIV = 1 时，该位无效，时钟选为 ACLK/256。

快捷宏定义　BT _ *f*CLK2 _ ACLK　BT _ *f*CLK2 _ MCLK　BT _ *f*CLK2 _ ACLK _ DIV256

从图 2.4.1 中可以看出，第二级分频器的输出决定了中断频率。而第二级分频器的时钟源是由 BTDIV 和 BTSSEL 两位共同决定的。考虑到选择 SMCLK 作为时钟源的目的是得到高频中断，而开启 BTDIV 分频的目的是得到低频中断，两者不会同时被选择。所以开启 BTDIV 后无论 BTSSEL 位高低，一律选 256 分频后的 ACLK 作为第二级时钟。

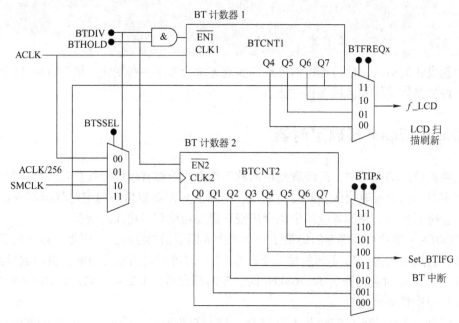

图 2.4.1　MSP430F4xx 单片机 Basic Timer 结构图

■　BTHOLD：Basic Timer 停止　0 = 正常运行　1 = 停止运行（位于 BTCTL 寄存器）

当 BTHOLD 控制位置 1 后，Basic Timer 将暂停运行，不再产生中断，计数器值将保持不变。可以将该标志位作为 Basic Timer 的启停开关使用。

注意第一级计数器的使能端由 BTDIV 与 BTHOLD 相与后控制。若 BTDIV = 1（两级分频级联）时，BTHOLD 置 1 将两个计数器都停止，LCD 的刷新也随之停止。当 BTDIV = 0 时，BTHOLD 置 1 只会暂停 BTCNT2，定时中断的发生被停止，但 LCD 的刷新仍然保持工作。因此在使用了 LCD 的应用中，若不希望暂停 Basic Timer 影响 LCD 显示，BTDIV 必须为 0。

在不使用 Basic Timer 的应用中，可以利用该控制位将 Basic Timer 关闭以节省电能。或者在只用 LCD 而不用定时中断的应用中，只关闭第二级，也能节省部分功耗。

■　BTIPx：Basic Timer 中断频率选择（位于 BTCTL 寄存器）

000 = *f*CLK2/2　　001 = *f*CLK2/4　　010 = *f*CLK2/8　　011 = *f*CLK2/16

100 = *f*CLK2/32　101 = *f*CLK2/64　110 = *f*CLK2/128　111 = *f*CLK2/256

快捷宏定义：BT _ *f*CLK2 _ DIV2　　BT _ *f*CLK2 _ DIV4　　BT _ *f*CLK2 _ DIV8

　　BT _ *f*CLK2 _ DIV16　　BT _ *f*CLK2 _ DIV32　　BT _ *f*CLK2 _ DIV64

　　BT _ *f*CLK2 _ DIV128　　　　　　　　BT _ *f*CLK2 _ DIV256

或：　BT _ ADLY _ 0 _ 064（0.064ms）　　BT _ ADLY _ 0 _ 125（0.125ms）

　　BT _ ADLY _ 0 _ 25（0.25ms）　　BT _ ADLY _ 0 _ 5（1/2048s）

BT _ ADLY _ 1(1/1024s)	BT _ ADLY _ 2(1/512s)
BT _ ADLY _ 4 (1/256s)	BT _ ADLY _ 8(1/128s)
BT _ ADLY _ 16(1/64s)	BT _ ADLY _ 32(1/32s)
BT _ ADLY _ 64(1/16s)	BT _ ADLY _ 125(1/8s)
BT _ ADLY _ 250(1/4s)	BT _ ADLY _ 500(1/2s)
BT _ ADLY _ 1000(1s)	BT _ ADLY _ 2000(2s)

通过该控制位中 3bit 组合，选择分频器 2 的 8 个抽头之一作为中断源。配合 BTDIV 共可产生 16 种中断频率。

■　BTFREQx：设置 Basic Timer 为 LCD 提供的刷新频率（位于 BTCTL 寄存器）

$00 = f\text{ACLK}/32$　　$01 = f\text{ACLK}/64$　　$10 = f\text{ACLK}/128$　　$11 = f\text{ACLK}/256$

快捷宏定义：

　　BT _ fLCD _ DIV32　　BT _ fLCD _ DIV64　　BT _ fLCD _ DIV128　　BT _ fLCD _ DIV256

或：　　BT _ fLCD _ 1K　　　　BT _ fLCD _ 512　　　　BT _ fLCD _ 256　　　　BT _ fLCD _ 128

■　BTCNT1 寄存器：保存着第一级计数器的计数值（8 位）

■　BTCNT2 寄存器：保存着第二级计数器的计数值（8 位）

通过读取上述两个寄存器，可以获得当前两级计数器的计数值；通过对上述两个寄存器的写操作，可以对 Bssic Timer 进行赋初值、清零等操作。为了防止读写操作和计数递增过程同时操作寄存器造成错误，一般通过 BTHOLD 控制位将计数停止后再读写上述两个寄存器。

通过对 BTCNT 寄存器的读写，可以将 BasicTimer 作为通用的定时器使用，产生高分辨率、精确的定时。但实际一般不这样使用。因为随意更改 BTCNT 的值会造成 LCD 刷新率的改变，而且用 TA 定时器产生精确定时比用 BasicTimer 定时器灵活的多。Basic Timer 定时器一般只用于简单的周期性定时，不需要操作 BTCNT 寄存器。当然，在定时器资源不够用的情况下，用 BasicTimer 产生精确定时也是可行的。

例 2.4.1　在某 MSP430 单片机系统中，ACLK 时钟频率为 32.768kHz。用 Basic Timer 定时器产生周期为 1/4s 的定时中断，同时为 LCD 提供 512Hz 的刷新时钟。

1/4s 的周期较长，从 32768Hz 分频到 4Hz 需要 8192 分频，大于 256 分频。使用一级分频器不够，需要 2 级级联使用。先对 ACLK 进行 256 分频后再进行 32 分频。LCD 时钟从 32768 分频到 512Hz 需要 64 分频。可以利用快捷宏定义对 BTCTL 寄存器进行设置：

```
BTCTL = BT _ fCLK2 _ ACLK _ DIV256 + BT _ fCLK2 _ DIV32 + BT _ fLCD _ DIV64；
//     第二级时钟为 ACLK/256     第二级分频系数为 32     LCD 分频系数为 64
```

也可以更简单地写成：

```
BTCTL = BT _ ADLY _ 250 + BT _ fLCD _ 512；
//     时钟 = ACLK,中断周期 250ms,LCD 刷新频率 512Hz
```

例 2.4.2　在某 MSP430 单片机系统中，ACLK 时钟频率为 32.768kHz。用 Basic Timer 定时器产生周期为 1/1024s 的定时中断，同时为 LCD 提供 256Hz 的刷新时钟。

1/1024s 周期较短，从 32768Hz 分频到 1024Hz 需要 32 分频，小于 256 分频。使用一级分频器足够。LCD 时钟从 32768 分频到 256Hz 需要 128 分频。

BTCTL = BT _ fCLK2 _ ACLK + BT _ fCLK2 _ DIV32 + BT _ fLCD _ DIV128;
//   第二级时钟为 ACLK   第二级分频系数为 32   LCD 分频系数为 128

也可以更简单地写成:

BTCTL = BT _ ADLY _ 1 + BT _ fLCD _ 256;
//   时钟 = ACLK,中断周期约 1ms,LCD 刷新频率 256Hz

2.4.2 Basic Timer 中断

在 Basic Timer 第二级分频器的 8 个输出抽头中,被选中的抽头每次由 0 到 1 的跳变(计数进位)会产生中断标志。若 BasicTimer 中断被允许,则会引发中断。相关标志位有:

■ BTIE:Basic Timer 中断允许位   0 = 禁止   1 = 允许(位于 IE2 寄存器)

该控制位决定是否允许 Basic Timer 中断。当不需要使用 Basic Timer 中断时,关闭该控制位。但注意关闭 Basic Timer 中断并不停止 Basic Timer 的运行。若不使用 Basic Timer 应该将 BTHOLD 位置 1,以节省电能。

■ BTIFG:Basic Timer 中断标志位   0 = 无中断发生   1 = 中断发生(位于 IFG2 寄存器)

每次计数器溢出,都会将 BTIFG 自动置 1。此时若总中断和 BTIE 被允许,则会引发中断。Basic Timer 独占了一个中断源,在中断内无需再判断标志位。因此发生中断后 BTIFG 会被硬件自动清除。

例 2.4.3   在某 MSP430 单片机系统中,ACLK 时钟频率为 32.768kHz。用 Basic Timer 定时器让 P2.0 口上的 LED 每秒闪烁一次,同时为 LCD 提供 256Hz 的刷新时钟。

```
void main( void )
{
    WDTCTL = WDTPW + WDTHOLD;                    //停止看门狗
    FLL _ CTL0 |= XCAP18PF;                       //设置晶振匹配电容 18pF 左右
    P2DIR |= BIT0;                                //P2.0 口设为输出
    BTCTL = BT _ ADLY _ 500 + BT _ fLCD _ 256;   //中断周期 500ms,LCD 刷新频率 256Hz
    IE2 |= BTIE;                                  //允许 BasicTimer 中断
    _ EINT( );                                    //允许总中断
    while(1)
    {
        ……                                       //主程序
    }
}


#pragma vector = BASICTIMER _ VECTOR             //BasicTimer 定时器中断(1/2s)
__ interrupt void BT _ ISR( void)                //声明一个中断服务程序,名为 BT _ ISR( )
{
    P2OUT ^= BIT0;                               //P2.0 取反
}
```

2.4.3　Basic Timer 的应用

（1）周期性唤醒 CPU　当 MSP430 单片机系统进入低功耗模式后，周期性地将其唤醒，查询是否有需要处理的事件，这种方法叫做定时查询。在例 2.3.6 中已经看到定时查询法在应对慢速设备时，能够显著地降低功耗。定时查询是最基本也是最常用的低功耗程序结构之一。

Basic Timer 非常适合做周期唤醒 CPU 的定时器。一般都选择 ACLK 作为时钟源，在功耗仅有 1μA 的 LPM3 模式下 Basic Timer 仍能保持活动。且 ACLK 频率较低，16 位计数器能产生长达 2s 的定时周期。

例 2.4.4　利用 BasicTimer 周期性地唤醒 CPU，让主程序周期性地被执行。

```
char    BT _ Flag = 0;
/ *******************************************************************
* 名       称:Cpu _ SleepWaitBT( )
* 功       能:CPU 休眠,等待 BT 中断唤醒
* 入口参数:无
* 出口参数:无
* 说       明:需要设置 BasicTimer 定时器,并开启中断。该函数极省电
 ****************************************************************** /
  void Cpu _ SleepWaitBT( )
   {
    BT _ Flag = 0;
    while( BT _ Flag = = 0)    LPM3;        //只有 BT 中断才能唤醒 CPU
   }
/ *******************************************************************
* 名       称:BT _ ISR( )
* 功       能:BasitTimer 中断,定时唤醒 CPU
 ****************************************************************** /
#pragma vector = BASICTIMER _ VECTOR
__ interrupt void BT _ ISR( void)     //1/Div _ Sec 秒一次中断( 由 BasicTimer 所产生)
 {
    BT _ Flag = 1;
/ * -------------------------------------------------------------------
    在这里写定时中断服务程序,如扫描键盘等。
    ------------------------------------------------------------------- * /
    __ low _ power _ mode _ off _ on _ exit( );         //唤醒 CPU
  }
```

之后，主循环可以利用 CPU _ SleepWaitBT 函数休眠，被周期性唤醒去执行代码。

```
while( 1)
  {
    Cpu _ SleepWaitBT( ); //CPU 休眠,等待被 BasicTimer 唤醒,以下代码每隔 BT 周期执行一次
```

```
    ⋯            //后续的程序被周期性执行
    ⋯
    }
```

（2）产生延时　利用 BasicTimer 可以设计超低功耗的延迟函数。在函数内对 BasicTimer 中断次数进行计数，当计数次数达到设定值后才退出。CPU 在等待期间低功耗休眠。

例 2.4.5　编写延时程序，要求延时期间 CPU 休眠，以降低功耗。

```
/ ********************************************************************
 * 名    称:Cpu _ SleepDelay( )
 * 功    能:靠 CPU 休眠实现延迟
 * 入口参数:BT _ Time:BasicTimer 中断次数
 * 出口参数:无
 * 说    明:需要设置 BasicTimer 定时器,并开启中断。该延迟函数极省电
 ******************************************************************** /
void Cpu _ SleepDelay( int BT _ Time )
{
  for( ;BT _ Time > 0;BT _ Time--)
  {
  BT _ Flag = 0;
  while( BT _ Flag == 0)    LPM3;       //只有 BT 中断才能唤醒 CPU
  }
}
```

（3）RTC 计时　BasicTimer 的结构就是一个二进制计数器，而作为时钟源的低频晶振一般都是 32.768kHz（2^{15}Hz），经过分频后恰好能产生（$1/2^N$）s 的定时节拍。因为不存在定时器重装初值等软件操作，即使中断被某些原因延迟，仍不影响计时精度。例如用 BasicTimer 产生 1s 定时中断，在定时中断内调用第 1 章 1.7 节中的 RTC _ Tick( )函数，将得到一个准确的软件实时钟。

使用 BasicTimer 中断作为计时节拍时，走时误差只取决于晶振频率的误差。一般晶振的误差都在 $\pm 20 \times 10^{-6}$ 以内，且与环境温度有关。20×10^{-6} 误差折合到计时大约一个月误差 1min。在某些计时精度要求更高的场合，可以选用更高精度和稳定度的晶振。也可以关闭内部负载电容，使用外部负载电容，并在外部负载电容上并联一个 5pF 左右的微调电容。通过调整该电容改变谐振工作点，从而实现对晶振频率的微调。

（4）获得更高分辨率　BasicTimer 的结构使得它适合产生（$1/2^N$）s 的定时中断。如果对 BTCNT 进行读写，也能够产生周期为非 2 整数幂的定时中断。

例 2.4.6　在某 MSP430 单片机系统中，ACLK 时钟频率为 32.768kHz。用 BasicTimer 定时器产生 0.75s 的定时中断。

```
BTCTL = BT _ ADLY _ 1000 + BTHOLD;        //先将中断周期设为 1000ms,并暂停
BTCNT1 = 0;
BTCNT2 = 32;                              //预置初值 32 (128 的 1/4),扣除 0.25s
BTCTL  & = ~ BTHOLD;                      //恢复 BasicTimer 的运行
```

```
    ……
#pragma vector = BASICTIMER _ VECTOR         //BasicTimer 定时器中断(1s)
__ interrupt void BT _ ISR( void)            //声明一个中断服务程序,名为 BT _ ISR( )
{
    BTCTL = BT _ ADLY _ 1000 + BTHOLD;       //先将中断周期1000ms,并暂停
    BTCNT1 = 0;
    BTCNT2 = 32;                             //重置初值 32 (128 的 1/4),扣除 0. 25s
    BTCTL　& = ~ BTHOLD;                      //恢复 BasicTimer 的运行
}
```

BasicTimer 无法直接产生 0. 75s 周期, 最接近的周期是 0. 5s 或 1s。但可以通过修改 BTCNT 寄存器的计数值, 从 1s 定时中扣除 0. 25s 从而得到 0. 75s 定时。从 2. 4. 1 的结构图中看出, 当 BasicTimer 取 1s 周期时(Q6 抽头), BTCNT2 每隔 128 周期中断一次。如果在每次中断内扣除 1/4 周期, 即赋初值 32, 定时周期就变成了 0. 75s。如果对 BTCNT1 也进行类似的修改, 还能获得更高的分辨率。

一般不推荐这种使用 BasicTimer 的方法, 仅在定时器资源不够用的情况下才使用这种方式。因为修改 BasicTimer 计数值可能会导致 LCD 工作不正常, 并且需要依靠软件值初值, 对中断响应延迟非常敏感。从 LPM3 唤醒延迟较长(6μs 左右)且具有一定的不确定性, 会导致计时不准确。

一般来说, BasicTimer 按照整个系统所需的最小节拍周期工作, 需要更长的周期可以用软件模拟的方法实现, 而不推荐直接修改 BTCNT。例如 BasicTimer 可以产生 0. 25s 中断, 而 0. 75s 是 0. 25s 的 3 倍, 通过一个全局变量累加 3 次即可得到 0. 75s 时基。

例 2. 4. 7　在某 430 单片机系统中, ACLK 时钟频率为 32. 768kHz。用 BasicTimer 定时器为 0. 25s、0. 5s、0. 75s、1. 5s 共 4 个定时服务程序提供时钟节拍。

```
unsigned char Timer3 = 0;     //计时用全局变量
unsigned char Timer2 = 0;     //计时用全局变量
unsigned char Timer6 = 0;     //计时用全局变量
    ……
BTCTL = BT _ ADLY _ 250;     //将中断周期设为 250ms
    ……
#pragma vector = BASICTIMER _ VECTOR         //BasicTimer 定时器中断(1/4s)
__ interrupt void BT _ ISR( void)            //声明一个中断服务程序,名为 BT _ ISR( )
{
    ……                                      //这部分程序每 0. 25s 执行一次
    Timer3 ++ ;                              //0. 25s 累加一次
    if( Timer3 >= 3)    Timer3 = 0;          //每累加 3 次清零
    if( Timer3 == 0)
    {
        ……                                  //这部分程序每 0. 75s 执行一次
    }
    Timer2 ++ ;                              //0. 25s 累加一次
```

```
if(Timer2 >=2)    Timer2 =0;              //每累加 2 次清零
if(Timer2 ==0)
  {
    ……                                    //这部分程序每 0.5s 执行一次
  }
Timer6 ++;                                 //0.25s 累加一次
if(Timer6 >=2)    Timer6 =0;              //每累加 6 次清零
if(Timer6 ==0)
  {
    ……                                    //这部分程序每 1.5s 执行一次
  }
}
```

2.5　LCD 控制器

液晶(LCD)是最常用的低功耗显示设备。在 MSP430F4xx 系列单片机中，内部集成了 LCD 控制器，能够直接驱动段码液晶。LCD 控制器会产生 LCD 驱动所需的交流波形，并自动完成 LCD 的扫描与刷新。对用户呈现简单的显示缓冲区接口。程序中只需要写 LCD 显存对应的缓冲区，即可直接改变 LCD 显示内容。

2.5.1　LCD 的工作原理

LCD 通过改变透射率来实现显示，因其本身不发光，所以功耗极低。段码式液晶剖面示意图的结构见图 2.5.1，主要由偏振光片、玻璃板、透明电极、液晶和反光板构成。

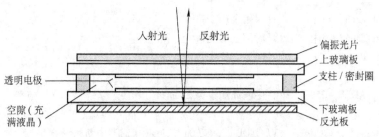

图 2.5.1　LCD 剖面示意图

在两个透明玻璃板上镀有一层极薄的导电膜构成一对透明电极，两电极之间的空隙内充满了液晶。上玻璃板顶部贴有一层偏振光片，下玻璃板底部贴有一层反光板。

当环境光入射 LCD 时，首先穿过偏振光片。偏振光片是一种特殊的光学元件，它只允许偏振方向相同的光线完全透射。入射光的偏振方向与偏振光片固有的偏振方向夹角越接近 90°，透射率越低。环境光一般都是无偏振方向的，或者说各个方向的偏振光都有。当环境光投射过偏振光片之后，只留下一个方向的偏振光，其余的光线被滤除。

在透明电极不加电压的情况下，液晶所在空隙无电场，液晶分子呈自由状态，对光线没有偏转作用。入射光直接射到反光板后原路返回，又经过偏振光片。由于偏振方向一致，能完全透射出。所以从外界看这个区域是透明的。

当透明电极两端加电压时，液晶所在空隙形成电场，液晶分子受电场影响有规律地排列起来，液晶分子特殊的排列形状对光线有偏转作用。入射光经过液晶被偏转后，被反光板反射，沿原路返回，又被液晶进一步偏转。最后经过偏振光片时，由于偏振方向不一致，不能完全透射。从外界看来，这个区域因为射出光线弱于入射光线，所以看起来变黑了。

改变透明电极之间的电压，将改变电场强度，从而引起光线偏转角的改变。最终的效果是透射率改变。驱动电压越高，偏转角越大，透射率越低，看起来就越黑。因此通过改变电极驱动电压可以调节对比度。这也是当电池快耗尽时 LCD 会看起来发灰的原因。

当液晶长时间处于单方向电场时，很快会老化，导致寿命急剧下降。所以 LCD 的驱动电压都必须是交流波形。根据驱动电压的不同，分为 1/2BIAS、1/3BIAS 等方式。大部分液晶会采用扫描方式驱动以减少驱动所需管脚数目。根据扫描方式的不同，又分为静态、2-MUX、4-MUX 等方式。在目前的标准 LCD 片中，静态扫描方式和 4-MUX-1/3BIAS 方式最常见。

2.5.2　LCD 与 MSP430 单片机的连接

MSP430F4xx 系列单片机的 LCD 控制器支持静态、2-MUX、3-MUX、4-MUX 这 4 种驱动方式，不同方式下硬件连接关系略有不同，其中静态方式与 4-MUX 方式最常用，3-MUX 方式极罕见，本书略。单片机与 LCD 相关的管脚分为以下 3 组：

1）COM0 ~ COM3：公共端，与 LCD 的 COM 端相连。

2）S0 ~ S31：段驱动，与 LCD 的 SP 端相连。不同型号的单片机段驱动管脚数量可能不同。

3）R03、R13、R23、R33：由外部分压电阻提供 LCD 驱动波形所需偏压 V1 ~ V5。

静态驱动方式 LCD 的连接：静态方式下，每一位数字需要 8 根段驱动管脚。如图 2.5.2 所示，数字 1 由 S0 ~ S7 驱动、数字 2 由 S8 ~ S15 驱动。静态 LCD 只有 1 根公共 COM 端，与单片机的 COM0 相连。

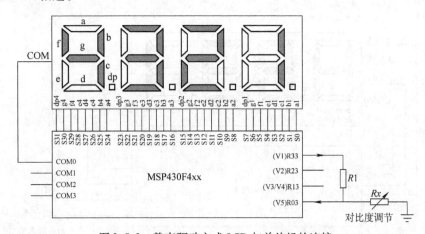

图 2.5.2　静态驱动方式 LCD 与单片机的连接

偏压管脚 V1 和 V5 之间的电压差决定了对比度。MSP430 单片机中 R33 管脚输出 V1 电压，通过 $R1$ 和 Rx 分压得到 V5。通过调整电阻 Rx 改变 $R1$ 两端的电压(V1 ~ V5)即可调节对比度。一般 $R1$ 取数兆欧，Rx 取数百千欧。若不需要调节对比度，将 $R1$ 去掉，R03 管脚直接接地。

2-MUX 驱动方式 LCD 的连接：2-MUX 驱动方式的液晶，每两段笔划并联在一起共用一根管脚。如图 2.5.3 所示，a 段和 f 段、b 段和 dp 段、c 段和 d 段、e 段和 g 段各公用一根管脚，驱动每一位数字需要 4 根段驱动管脚（数字 1 由 S0 ~ S3 驱动、数字 2 由 S4 ~ S7 驱动，依此类推）。2-MUX 方式 LCD 有 2 根公共端 COM0、COM1，与单片机的 COM0、COM1 相连。

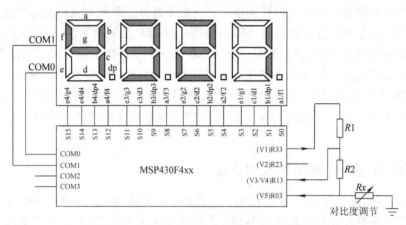

图 2.5.3　2-MUX 驱动方式 LCD 与单片机的连接

除了 V1 和 V5 之外，2-MUX 方式的驱动波形需要中间电压 V3，一般由两只等值的电阻 $R1$、$R2$ 串联分压得到。Rx 同样能改变 V1 与 V5 之间的电压差而调节对比度。$R1$、$R2$ 一般取数百千欧 ~ 1MΩ，Rx 取数百千欧左右。若不需要对比度调节可以将 R03 管脚接地。

4-MUX 驱动方式 LCD 的连接：4-MUX 驱动方式的液晶，每 4 段笔划并联在一起共用一根管脚。如图 2.5.4 所示，a、b、c、dp 这 4 段共用了一根管脚，d、e、f、g 公用了一根管脚，驱动每一位数字只需要 2 根段驱动管脚（数字 1 由 S0 与 S1 驱动、数字 2 由 S2 与 S3 驱动，依此类推）。4-MUX 方式 LCD 有 4 根公共端 COM0 ~ COM3，分别与单片机的 COM0 ~ COM3 相连。

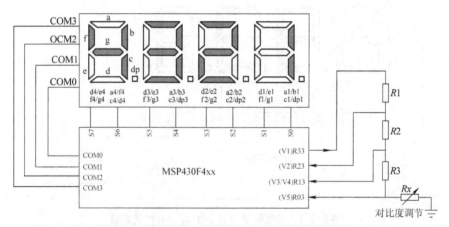

图 2.5.4　4-MUX 驱动方式 LCD 与单片机的连接

除了 V1 和 V5 之外，4-MUX 方式的驱动波形需要两个中间电压 V2 和 V4，一般由 3 只

等值的电阻 $R1$、$R2$、$R3$ 串联分压得到。Rx 同样能改变 V1 与 V5 之间的电压差而调节对比度。$R1 \sim R3$ 一般取数百千欧 ~ 1MΩ，Rx 取数百千欧左右。若不需要对比度调节可以将 $R03$ 管脚接地。

不同厂家的 LCD，各个 COM 端和 SP 端所公用的笔划可能有所不同；或者布线时调整 COM0 ~ COM3 的连接关系，都不会影响 LCD 的正常显示，只会导致的显存一字节中各 bit 与实际的笔划段对应关系发生变化。利用第 1 章 1.7 节的宏定义法可以很容易的通过软件调整对应关系。

2.5.3　LCD 控制器的结构与原理

LCD 控制器内部结构见图 2.5.5。虽然 LCD 控制时序比较复杂，但 MSP430 单片机内部的 LCD 控制器能通过硬件自动地产生 LCD 驱动所需的全部时序。只需要操作 LCD 控制寄存器即可选择液晶选择驱动模式。一旦 LCD 驱动模式被选定，产生时序的过程是全自动的，无需软件干预。对软件来说，只需要写显示缓存区即可直接控制 LCD 各段笔划的亮灭。

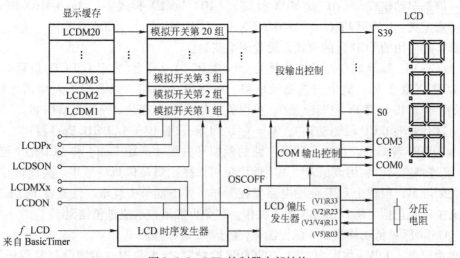

图 2.5.5　LCD 控制器内部结构

虽然图 2.5.5 所示的 LCD 控制器内部结构比较复杂，但大部分都是无需干预的时序逻辑产生电路。用户需要操作的只有简单的 4 个控制位，都位于 LCDCTL 寄存器：

■ LCDPx：管脚功能选择（位于 LCDCTL 寄存器）

000：所有 Sx 管脚均作为 I/O 口

001：S0 ~ S15 管脚作为 LCD 的段驱动，其余作 I/O

010：S0 ~ S19 管脚作为 LCD 的段驱动，其余作 I/O

011：S0 ~ S23 管脚作为 LCD 的段驱动，其余作 I/O

100：S0 ~ S27 管脚作为 LCD 的段驱动，其余作 I/O

101：S0 ~ S31 管脚作为 LCD 的段驱动，其余作 I/O

110：S0 ~ S35 管脚作为 LCD 的段驱动，其余作 I/O

111：S0 ~ S39 全部管脚作为 LCD 的段驱动

快捷宏定义：

LCDSG0：所有 Sx 管脚均作为 I/O 口

LCDSG0 _ 1：S0 ~ S15 管脚作为 LCD 的段驱动，其余作 I/O

LCDSG0 _ 2：S0 ~ S19 管脚作为 LCD 的段驱动，其余作 I/O

LCDSG0 _ 3：S0 ~ S23 管脚作为 LCD 的段驱动，其余作 I/O

LCDSG0 _ 4：S0 ~ S27 管脚作为 LCD 的段驱动，其余作 I/O

LCDSG0 _ 5：S0 ~ S31 管脚作为 LCD 的段驱动，其余作 I/O

LCDSG0 _ 6：S0 ~ S35 管脚作为 LCD 的段驱动，其余作 I/O

LCDSG0 _ 7：S0 ~ S39 全部管脚作为 LCD 的段驱动

LCD 占用了单片机大量管脚，在某些单片机中(如 F41x 系列)，LCD 段驱动管脚 I/O 口复用了同一批管脚。和在某些不需要使用 LCD 的应用场合，可以将这些段驱动管脚设为普通 I/O 口使用。或者在 LCD 位数较少的场合，可以将剩余的段驱动管脚作为 I/O 使用。若在某些段驱动管脚和 I/O 口未复用的单片机上(如 F42X 系列)，该控制位将不起作用。

■ LCDMXx：LCD 驱动模式选择(位于 LCDCTL 寄存器)

00：静态驱动模式   01：2-MUX 模式   10：3-MUX 模式   11：4-MUX 模式

快捷宏定义：LCDSTATIC   LCD2MUX   LCD3MUX   LCD4MUX

根据实际使用的 LCD 屏的模式，设置该组控制位。

■ LCDON：LCD 驱动器模块总开关   0 = 关闭   1 = 开启(位于 LCDCTL 寄存器)

当 LCDON 置 1 后，整个扫描驱动电路、时序发生电路、以及偏压发生器才被开启，LCD 开始工作。将 LCDON 控制位置 0，可以关闭整个 LCD 模块，从而节省电能。

■ LCDSON：LCD 段驱动开关   0 = 关闭   1 = 开启(位于 LCDCTL 寄存器)

当 LCDSON 置 1 后，控制段驱动电路的模拟开关组才开始工作。将 LCDSON 控制位置 0，整个屏幕将空白。利用该标志位周期性取反可以做出屏幕闪烁的效果。关闭该控制位虽然也能关闭屏幕，但整个 LCD 驱动电路仍在工作，并不能节省耗电。注意在 LCDMXx 的快捷宏定义中已经包括了将 LCDSON 置 1 操作，避免再加该位造成进位错误。

■ OSCOFF：低功耗模式 4 的控制位(位于 SR 寄存器)

当单片机进入 LPM4 休眠模式时，OSCOFF 会被置 1。它同时也控制着 LCD 偏压发生器，结果是一旦单片机进入 LPM4 休眠模式，LCD 模块的偏压发生器也被关闭。在 OSCOFF 置 1 后整个单片机内部没有任何活动时钟，LCD 时序及扫描过程也随之停止，加上 LCD 偏压被关闭，相当于自动关闭整个 LCD 模块。

例 2.5.1   某 MSP430 单片机系统，接有 4 位数字的静态 LCD，为其配置 LCD 控制器。

```
LCDCTL = LCDSG0 _ 5 + LCDSTATIC + LCDON；    //S0-S31 作为段驱动,静态模式,打开 LCD
```

静态模式下，每位数字需要 8 个段驱动脚，4 位数总共需 32 根，因此 S0 ~ S31 要作为 LCD 段输出使用。利用快捷宏定义 LCDS0 _ 5 来设置。

例 2.5.2   某 MSP430 单片机系统，接有 6 位数字的 4-MUX 模式 LCD，为其配置 LCD 控制器。

```
LCDCTL = LCDSG0 _ 1 + LCD4MUX + LCDON；    //S0-S15 作为段驱动,4-MUX 模式,打开 LCD
```

本例中，4-MUX 模式下每位数字需要两根段驱动脚，6 位数总共需 12 根。但 LCD 段驱动控制位的最少的配置是 16 根，即 S0 ~ S15 要作为 LCD 段输出使用。利用快捷宏定义

LCDS0 _ 1 进行设置。

例 2.5.3　让 LCD 显示器的显示内容每秒闪烁 2 次,可以在 1/4s 定时中断内调用:

> LCDCTL ^ = LCDSON;　　//定时将 LCD 段驱动开关取反,造成定时闪烁效果

液晶属于绝缘体,靠电场而非电流来改变显示状态,理论上没有耗电。但 LCD 在结构上相当于一个电容器(两个电极中间是绝缘的液晶),交流电加在电容两极仍会有充放电电流。扫描频率越高,电容充放电越频繁,耗电越大。扫描频率太低,肉眼会看见 LCD 闪烁。LCD 的整个扫描时序的时钟来自 BasicTimer 的第一级输出。通过 BasicTimer 的设置可以改变 LCD 的扫描刷新频率。实际应用中可以通过实验调整,取人眼看不到闪烁时的最低频率。一般 LCD 控制器加上 LCD 屏电容造成的耗电在 $3 \sim 5\mu A$ 左右,屏幕增大、显示位数增多都会导致耗电的增加。

液晶的另一个耗电之处在于偏压电阻。LCD 驱动波形需要 $V_{CC}/3$ 或 $V_{CC}/2$ 等中间电压,用电阻分压的方法最容易得到,但分压电阻本身会带来额外的耗电。为了降低该电阻的功耗,一般将阻值尽可能取大一些。但因为液晶极板之间存在电容,当电阻太大时,一个扫描周期内不能将电容充满,造成电场强度不够,显示模糊。所以一般 LCD 面积越大,偏压电阻就要越小。通常偏压电阻总阻值取 $3M\Omega$ 左右,在一般小型屏幕上使用已经足够。3V 供电时,额外增加约 $1\mu A$ 功耗,尚可接受。

LCD 面积(尺寸的平方)和电容量成正比,在驱动特大号的 LCD 屏幕时,可能会出现偏压电阻需要降到数十千欧的情况,这时偏压电阻上的电流将高达上百微安,不能被忽略了。遇到这种情况可以仍使用高阻值电阻做偏置分压,用超低功耗运放(如 TLV27L4)构成的跟随器,将偏置电压变成低阻抗源后再输入 LCD 控制器,见图 2.5.6。这时运放自身会增加约 $30\mu A$ 左右的耗电,但省了百余微安的偏置电阻电流,总体上功耗仍然被降低了。

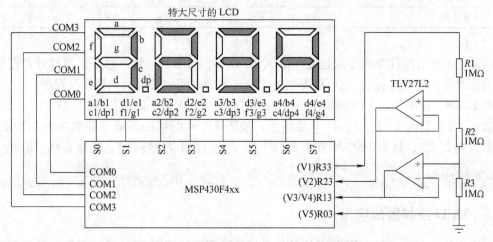

图 2.5.6　用运放为特大尺寸 LCD 提供偏压

2.5.4　LCD 的显示缓存

MSP430 单片机的 LCD 控制器提供了最多 20 字节的显存(不同型号数量不一样,MSP430F42x 系列带有 16 字节显存)用于控制 LCD 显示内容。在不同的驱动模式以及不同的

硬件连接情况下，都会导致显存字节中各比特与 LCD 笔划之间的对用关系发生变化。

本节以 MSP430F42x 系列的 4-MUX 方式为例，说明显示缓存与显示笔划之间对应关系。在 4-MUX 方式下，显存中每个字节对应一个数字，每个比特对应一段笔划。用下面的程序可以直接确定显示缓存中各比特位与显示段码之间的关系：

```
LCDM1 = 0x01;                    //第 1 位数字中只点亮 BIT0 所对应的段
LCDM2 = 0x02;                    //第 2 位数字中只点亮 BIT1 所对应的段
LCDM3 = 0x04;                    //第 3 位数字中只点亮 BIT2 所对应的段
LCDM4 = 0x08;                    //第 4 位数字中只点亮 BIT3 所对应的段
LCDM5 = 0x10;                    //第 5 位数字中只点亮 BIT4 所对应的段
LCDM6 = 0x20;                    //第 6 位数字中只点亮 BIT5 所对应的段
LCDM7 = 0x40;                    //第 7 位数字中只点亮 BIT6 所对应的段
LCDM8 = 0x80;                    //第 8 位数字中只点亮 BIT7 所对应的段
```

例 2.5.4 在 4-MUX 方式的 LCD 中，有 8 位显示数字，分别受 LCDM1 ~ LCDM8 的控制。上述程序在某带有 LCD 的单片机系统上的运行结果是：

第 1 位数字中亮了 d 段，   第 2 位数字中亮了 g 段，
第 3 位数字中亮了 b 段，   第 4 位数字中亮了 a 段，
第 5 位数字中亮了 dp 段，   第 6 位数字中亮了 e 段，
第 7 位数字中亮了 f 段，   第 8 位数字中亮了 c 段。

根据上述结果直接可以写出系统的显示缓存区各比特与显示段码笔划的对应关系（见表 2.5.1）。

表 2.5.1 系统的显示缓存区各比特与显示段码笔划的对应关系

LCDMx 中各比特位	D7	D6	D5	D4	D3	D2	D1	D0
显示段	c	f	e	dp	a	b	g	d

实际上，还有更简单的办法是在 EW430 的 Debug 状态下，暂停程序，再打开寄存器窗口，直接改写 LCDMx 的值，就可以得到各比特与笔划之间的关系，无需编写程序。

例 2.5.5 让图 2.5.5 中的 4-MUX 驱动模式的 LCD 显示器第三位上显示数字"3"。

数字"3"是由 a、b、c、d、g 段组成。按图 2.5.4 的接法，第三位数字由 LCDM3 控制。参照表 2.5.1，将 LCDM3 字节中 a、b、c、d、g 段相应比特置 1，其余置 0，得到：

```
LCDM3 = 0x5e;               //a = 1    b = 1    c = 1    d = 1    g = 1
```

2.5.5 LCD 控制器的应用

对于编程者来说，对 LCD 的一切显示操作最终都通过读写 LCD 显示缓存区来完成。一般情况下，段码 LCD 只适合显示数值和部分字母。本节简单介绍常见的显示程序及其基本思路。本节中所有范例都针对 4-MUX 方式的 LCD，并假设显示缓存区各比特位与显示段码的关系同表 2.5.1。如果读者希望用于其他 LCD，可以自行移植。

（1）数字的显示 为了显示数字，首先需要一张显示段码表。显示段码表实际上是 ROM 中的一个数组。数组中每个元素都是一个数字的字形。而且实际对应的数字恰好是该

元素的下标。例如定义一个 LCD＿Tab[ ]数组，数组中下标为 0 的元素存放着数字"0"的字形，数组中下标为 1 的元素存放着数字"1"的字形，依次类推。

　　例 2.5.6　根据表 2.5.1，利用宏定义的方法，自动生成段码表。

```
// -------------------------------------------------------------------------------
/            * 宏定义,数码管 a~g 各段对应的比特,更换硬件只用改动以下 8 行 * /
// -------------------------------------------------------------------------------
#define d       0x01                        // AAAAA
#define g       0x02                        // F      B
#define b       0x04                        // F      B
#define a       0x08                        // GGGGG
#define DP      0x10    // 小数点的定义       // E      C
#define e       0x20                        // E      C
#define f       0x40                        // DDDDD      DP
#define c       0x80
#define NEG     0x02                        // 负号的宏定义,同 g 段
// -------------------------------------------------------------------------------
/                    * 用宏定义自动生成段码表,请勿修改 * /
// -------------------------------------------------------------------------------
const char LCD _ Tab[ ] =                   // LCD 段码表,放在 ROM 中
{
  a + b + c + d + e + f,                    // Displays "0"
  b + c,                                    // Displays "1"
  a + b + d + e + g,                        // Displays "2"
  a + b + c + d + g,                        // Displays "3"
  b + c + f + g,                            // Displays "4"
  a + c + d + f + g,                        // Displays "5"
  a + c + d + e + f + g,                    // Displays "6"
  a + b + c,                                // Displays "7"
  a + b + c + d + e + f + g,                // Displays "8"
  a + b + c + d + f + g,                    // Displays "9"
};
#undef a                                    // 清除宏定义,以免和变量名冲突
#undef b
#undef c
#undef d
#undef e
#undef f
#undef g
```

若需要显示数字"5"，查找显示表中下标为 5 的元素即可：

```
LCDM1 = LCD _ Tab[5];                       // 在第一位显示"5"
```

显示缓存 LCDMx 在 RAM 中是连续的，LCDM1 处于最低位。如果用一个指针指向 LCDM1 的地址，就可以通过指针或下标来操作显示缓存中任意单元的内容。例 2.5.7 中就是用 pLCD 指向 LCDM1 的地址，然后把 pLCD 当作数组操作，实际上就是操作 LCDM1 之后的显存单元。

例 2.5.7 编写在任意位置显示数字的函数：

```
/***********************************************************************
* 名      称:LCD _ DisplayDigit( )
* 功      能:在 LCD 上任意位置显示一个数字
* 入口参数:Digit:      待显示数字      (0 ~ 9)
          Location:  显示位置         从左至右对应 76543210
* 出口参数:无
* 说      明:调用该函数不影响 LCD 其他位的显示
* 范      例:    LCD _ DisplayDigit(3,0);  //在第一位(右侧最低位)显示 3
                LCD _ DisplayDigit(2,1);  //在第二位显示 2
                LCD _ DisplayDigit(1,2);  //在第三位显示 1  --- >显示结果:123
***********************************************************************/
  void LCD _ DisplayDigit( char Digit,char Location)
  {  char DigitSeg;                  //存放字形笔划的变量
     char *pLCD;                     //存放 LCD 显存指针的变量
     DigitSeg = LCD _ Tab[ Digit];   //得到待显示数字的字形笔划
     pLCD = (char * )&LCDM1;         //获得 LCDM1 的地址
     pLCD[ Location] = DigitSeg;     //在 LCDM1 之后 Location 个单元显示出数字
  }
```

（2）显示数值　为了显示数值，首先要将数值拆分成独立的数字，然后再将数字逐位显示出来。对于十进制数，拆分数字最简单的方式是不断除 10 并取余数。例如需要将 1234 拆分成 1、2、3、4，第一步可以对 10 取余，得到 4；然后将 1234 除 10 取整，得到 123，再将 123 对 10 取余，得到 3……。依次类推可以得到所有的数字。

例 2.5.8 编写在 LCD 上显示正整数的函数：

```
/***********************************************************************
* 名      称:LCD _ DisplayNumber( )
* 功      能:在 LCD 上显示一个正整数
* 入口参数:Number:      待显示数字(0 ~ 65535)
* 出口参数:无
***********************************************************************/
  void LCD _ DisplayNumber( unsigned int Number)
  {
    char DispBuff[5];                    //存放数字拆分结果的数组
    char i;                              //循环变量
    for( i =0;i < 5;i ++ )               //65535 最多 5 位数
```

```
      {
          DispBuff[i] = Number%10;                    //拆分数字,取余操作
          Number/ = 10;                               //拆分数字,除10操作
      }
   for(i = 0;i < 5;i ++ )                             //65535 最多5位数
      {
          LCD _ DisplayDigit(DispBuff[i],i);          //依次显示拆分后的各位数字
      }
}
```

该函数能够显示 0 ~ 65535 的数字。但对于有效数字前 0 没有作消隐。假设显示数字是 123,最终显示结果将是 00123。为了显示美观并符合数学习惯,一般都要将第一位有效数字之前的 0 消隐。消隐无效零的过程可以从拆分后数字的最高位开始向低位搜索,遇到 0 则用某个特殊标志替换掉,直到第一位有效数字为止。由于显示段码表最多只有 10 个元素,取 255 作为消隐特殊标志不会影响正常的数据。在显示数字的过程中,若遇到消隐标志则显示空白,否则显示正常的数字,实现了消隐功能。

例 2.5.9　编写带有无效零消隐的显示正整数函数:

```
/ ********************************************************************
*  名      称:LCD _ DisplayNumber( )
*  功      能:在 LCD 上显示一个正整数,并消隐有效数字前的"0"
*  入口参数:Number:          待显示数字     (0 ~ 65535)
*  出口参数:无
*  ******************************************************************* /
   void LCD _ DisplayNumber( unsigned int Number)
    {
       char *pLCD;                                  //存放 LCD 显存指针的变量
       char DispBuff[5];                            //存放数字拆分结果的数组
       char i;                                      //循环变量
       pLCD = ( char * )&LCDM1;                     //获得 LCDM1 的地址
       for(i = 0;i < 5;i ++ )                       //65535 最多5位数
        {
           DispBuff[i] = Number%10;                 //拆分数字,取余操作
           Number/ = 10;                            //拆分数字,除10操作
        }
       for(i = 4;i > 0;i--)                         //从最高位开始消隐无效0
        {
           if( DispBuff[i] ==0)   DispBuff[i] =255; //从最高位开始,将0替换成消隐符
           else                 break;              //直到第一个有效数字为止,停止替换
        }
       for(i = 0;i < 5;i ++ )                       //依次显示拆分并消隐0后的各位数字
```

```
          if( DispBuff[ i] ==255)    pLCD[ i] =0;              //若被消隐,则清除该位(各段均为0)
          else LCD _ DisplayDigit(DispBuff[ i] ,i) ;           //否则依次显示拆分后的各位数字
      }
  }
```

（3）显示小数 小数显示程序要解决小数点位置问题。在第 1 章 1.3 节介绍了最常用的小数表示方法是将数字扩大 10^N 倍,然后显示的时候再人为地添加小数点,使小数点后还有 N 位数。

例 2.5.10 编写显示小数的函数:

```
/ *******************************************************************
* 名      称:LCD _ DisplayDecimal( )
* 功      能:在 LCD 上显示一个带有小数点的整数
* 入口参数:Number:显示数值(0 ~65535)
            DOT   :小数点位数(0 ~4)
* 出口参数:无
* 说      明:不支持纯小数
* 范      例:LCD _ DisplayDecimal(12345 ,2) ;显示结果:123.45(2 位小数)
* ****************************************************************** /
void LCD _ DisplayDecimal( unsigned int Number,char DOT)
{
    char * pLCD = ( char * ) &LCDM1;        //获取 LCDM1 的地址
    LCD _ DisplayNumber(Number) ;           //显示整数
    pLCD[ DOT]  | =DP;                       //添加小数点。(DP 是段码表中小数点位的宏定义)
}
```

以第 1 章 1.3.2 节带有小数的温度计算为例,为了保留 1 位小数的精度,计算时将温度结果 Deg _ C 的数值人为地扩大了 10 倍。例如变量 Deg _ C 的值为 234。在显示的时候需要人为添加 1 位小数,通过调用 LCD _ DisplayDecimal(Deg _ C,1) ,程序中将小数点添在了十位上,显示结果就成了 23.4。

需要注意的是,对于纯小数,在消隐无效零的时候,只能消隐到小数点前一位为止。上述程序在显示 0.012 时将显示出 ".12",不符合习惯。可以在消隐过程中添加对小数点位置的判断语句完成。

（4）显示负数 对于负数,可以取绝对值变成正数,在显示时可以直接调用显示正数的函数。负数在显示形式上比正数只多一个负号。如果传入数据是负数,可以在最高位之前人为地添加负号,完成负数的显示。

例 2.5.11 编写能显示正数和负数以及小数的函数:

```
/ *******************************************************************
* 名      称:LCD _ DisplayDecimal( )
* 功      能:在 LCD 上显示一个带有小数点的整数,支持负数
* 入口参数:Number:显示数值( -32768 ~32767)
            DOT   :小数点位数(0 ~4)
```

```
 * 出口参数:无
 * 范    例:  LCD _ DisplayDecimal(12345,2);显示结果:123.45(2 位小数)
              LCD _ DisplayDecimal( -12345,2);显示结果: -123.45(2 位小数)
 **********************************************************************/
void LCD _ DisplayDecimal(int Number,char DOT)
{
    char *pLCD = (char * )&LCDM1;              //获取 LCDM1 的地址
    char Negative =0;
    if( Number <0)                            //判断待显示数据是否为负数
      {
        Number = -Number;                     //如果负数则取反变成正数
        Negative =1;                          //并置标志
      }
    LCD _ DisplayNumber(Number);              //显示正整数
    pLCD[DOT] |= DP;                          //添加小数点。(DP 是段码表中小数点位的宏定义)
    if(Negative)   pLCD[5] = NEG;             //如果是负数,在最高位前添加负号(NEG 是宏定义)
    else           pLCD[5] =0;                //如果是正数,清除负号位
}
```

(5) 显示浮点数　浮点数的运算不需要对阶,一般无需考虑溢出,所以使用非常方便。但是浮点数的显示相对困难一些,因为拆分数字和确定小数点位都比较复杂。一般来说有 3 种方法:一是根据浮点数的二进制表示方法,从二进制数据上解析并获得小数点、数值等信息。这种方法效率高,但是很可能因不同的编译器浮点数表示方法不一样,造成不兼容;第二种方法是将浮点数转换成定点数后再拆分数字,效率较低但不存在兼容性问题;第三种方法是利用 C 语言提供的库函数来进行数据到字符的转换,简单快捷但效率最低。从第 3 章会看到 printf 函数对这类数值格式化输出问题的强大处理能力。本节先以第二种方法为例予以介绍。

例 2.5.12　编写能显示浮点数的显示函数:

```
/*********************************************************************
 * 名      称:LCD _ DisplayFloat( )
 * 功      能:在 LCD 上显示一个浮点数,并能指定保留小数位数
 * 入口参数:Number:显示数值(浮点数)
            DOT   :保留小数点位数(0 ~4)
 * 出口参数:无
 * 范      例:LCD _ DisplayFloat(12.345,2);显示结果:12.34(2 位小数)
            LCD _ DisplayFloat(12.34,3);显示结果:12.340(3 位小数)
 *********************************************************************/
void LCD _ DisplayFloat(float Number,char DOT)
{  int i;
   for(i =0;i < DOT;i ++ ) Number * =10;         //人为的扩大 10exp(DOT)倍
   LCD _ DisplayDecimal(Number,DOT);            //作为定点小数显示
}
```

（6）英文字母的显示　对于段码式液晶来说，受到笔划和字形的限制，只能显示出部分的字母。字母与数字一样，也是各段的组合。可以在段码表 LCD _ Tab[ ] 中 0 ~ 9 的后面继续添加英文字母字形的定义：

```
const char LCD _ Tab[ ] =
{
  a + b + c + d + e + f,                  //Displays "0"
  b + c,                                  //Displays "1"
  a + b + d + e + g,                      //Displays "2"
  a + b + c + d + g,                      //Displays "3"
  b + c + f + g,                          //Displays "4"
  a + c + d + f + g,                      //Displays "5"
  a + c + d + e + f + g,                  //Displays "6"
  a + b + c,                              //Displays "7"
  a + b + c + d + e + f + g,              //Displays "8"
  a + b + c + d + f + g,                  //Displays "9"    //0~9数字
  a + b + c + e + f + g,                  //Displays "A"
  c + d + e + f + g,                      //Displays "B"
  a + d + e + f,                          //Displays "C"
  b + c + d + e + g,                      //Displays "D"
  a + d + e + f + g,                      //Displays "E"
  a + e + f + g,                          //Displays "F"    //部分英文字母
}
```

之后可以用显示数字相同的方法来显示字母。

例 2. 5. 13　调用显示数字的函数显示字母：

```
LCD _ DisplayDigit(10,0);    //在第一位(右侧最低位)显示表中第 10 个元素（"A"）
LCD _ DisplayDigit(11,1);    //在第二位显示显示表中第 11 个元素（"B"）
LCD _ DisplayDigit(12,2);    //在第三位显示显示表中第 12 个元素（"C"）→"CBA"
```

最终在 LCD 上的显示结果是 "CBA"。这种用大于 10 的数字表示字母的方法不直观。为了使用更加方便，可以用宏定义对字母进行定义，用便于记忆的符号来表示字母在段码表中的位置。最容易记忆的方法是用相应的英文字母，但是单个英文字母容易和变量重名，如 i，s，p，t 等。若将字母重复一遍，重名概率就小了：

```
#define AA 10
#define BB 11
#define CC 12
#define DD 13
#define EE 14
#define FF 15
```

当然，读者也可以根据自己的习惯，用其他方法来表示。借助宏定义，上例显示 ABC 的程序可以更加直观地写成：

LCD _ DisplayDigit(AA，0) ;　//在第一位(右侧最低位)显示表中第 10 个元素("A")
LCD _ DisplayDigit(BB，1) ;　//在第二位显示显示表中第 11 个元素("B")
LCD _ DisplayDigit(CC，2) ;　//在第三位显示显示表中第 12 个元素("C")→"CBA"

在段码液晶上只有 7 段笔划，无法显示所以的英文字母。图 2.5.10 给出了段码式显示设备上所能显示的所有英文字母。其中某些英文字母已经严重变形(如 K、M、W 等)、某些字母和数字重复(S、Z、O)。应注意尽量避免使用这些难以辨认或有歧义的字符。读者可以根据图 2.5.7 中的字母字形，写出完整的段码表。

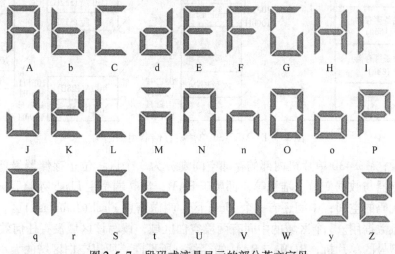

图 2.5.7　段码式液晶显示的部分英文字母

本节中给出的显示程序范例仅用于说明原理和设计思路，有很多细节问题没有考虑。比如数据溢出、小数点在最后一位时不应该被显示出来、纯小数的显示与零消隐程序的冲突、负号位置应该随显示数值位数而浮动、超过 65535 的数值显示、如何在数字后面显示单位等。读者可以在此基础上继续将显示程序予以完善。

2.6　存储器与 Flash 控制器

一般来说，在单片机中 Flash 存储器用于存放代码，属于只读型存储器。但在全系列 MSP430 单片机上，可以通过内置的 Flash 控制器，擦除或改写内部任何一段 Flash 的内容。此外，MSP430 单片机内部还专门留有一段 Flash 区域(InfoFlash)用于存放需要掉电后永久保存的数据。利用 Flash 控制器，可以实现较大容量的数据记录、用户设置参数在掉电后的保存、在线更新程序等功能。

2.6.1　MSP430 单片机的存储器组织结构

因为操作 Flash 存储器需要涉及存储器的物理地址，所以在使用之前，需要先了解 MSP430 单片机的存储器组织结构。MSP430 单片机的存储器组织结构采用冯诺依曼结构，RAM 和 ROM 都统一编址在同一寻址空间内，没有代码空间和数据空间之分。实际上 MSP430 单片机具有 20 位地址总线，总寻址空间能够达到 1MB，但只在某些高端的型号上

（如 FG461x 系列）才突破 64KB。其余绝大部分的型号都具有如图 2.6.1 所示的 64KB 存储器空间组织结构。

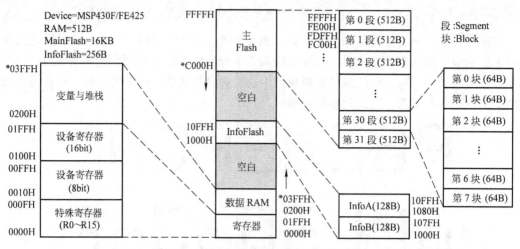

图 2.6.1 MSP430 单片机存储器组织结构

总的来看，MSP430 单片机内部的存储空间划分为 3 个区：位于存储器最低端的是数据区，包括寄存器与数据变量、堆栈等，都属于 RAM；最高端是主 Flash 存储器称主 Flash 区，是存放程序代码的空间；中间还有一个 Flash 区，叫做信息 Flash（InfoFlash）区，可以用作掉电后保存少量数据用。3 个区域的中间有两段空白区域，读写该区域没有任何效果。MSP430 家族中不同型号的单片机，ROM 与 RAM 的容量有所不同，所以空白区域的大小也不同。

（1）数据区　最低 16 个存储单元是寄存器区，对应着 R0 ~ R15 共 16 个寄存器。其中 R0 ~ R3 作为特殊寄存器：R0 是 PC（程序指针）、R1 是 SP（堆栈指针）、R2 是 SR 寄存器、R3 是常数发生器。R4 ~ R15 是通用寄存器。MSP430 单片机中不再有累加器的概念，因为汇编指令中的源和目的数可以是任何一个寄存器。所以任何一个寄存器都可以做累加器，不再有累加器瓶颈问题。事实上，C 语言编译器已经帮我们屏蔽掉了 CPU 的细节和特征，关于汇编的指令、寄存器操作、寻址、跳转、调用、加减运算等操作对于 C 语言开发者来说是不可见的，编译器会自动选择最合适的指令来完成。当然，对于需要发挥 CPU 极限性能的设计来说，最后还是要通过汇编来优化和调整。

从第 17 单元（0010H）到第 255 单元（00FF）共 240B，以及从 0100H ~ 01FFH 单元共 256B，是各种内部功能模块的寄存器。其中 8 位的寄存器位于 0100 以下的空间，16 位的位于 0100H 以上的空间。MSP430 单片机家族中不同的型号内部资源虽然不同，但即使在不同型号单片机上，同一模块的各种寄存器所占据的地址是相同的。这种模块化的结构使得 MSP430 家族在不断壮大的同时保持着很好的兼容性。对于 C 语言来说，内部设备的各种寄存器的地址在单片机头文件中已经被宏定义。对开发者来说只需要知道寄存器名称即可像变量一样使用。

从 0200H 开始是 RAM 区。不同型号的单片机 RAM 大小有所不同，其 RAM 区的结束地址也不同。例如 MSP430F425 具有 512B 的 RAM，则从 0200H ~ 03FF 都是 RAM 区，以上的地址为空白区。看到的空白区末尾是 0FFF，目前 MSP430 系列单片机的 RAM 最大不超过 4KB（将来通过多个阵列会扩展到 128KB）。对于 C 语言编译器来说，会自动将各种变量、中间结果、堆栈存放在 RAM 区域。对程序员来说无需关心细节，编译结束后在信息窗提示的编译结果会给出 RAM 使用量的大小，只要不超过 RAM 区实际容量并稍留余量给堆栈用即可。

（2）主 Flash 区　关于 Flash 存储器，先介绍一些基础知识。首先，Flash 的结构决定了写操作只能将存储单元中的各比特位从 1 改写成 0，不能将 0 改写成 1。所以 Flash 中每个单元可以一次性写入数据，数据一旦写入，在擦除前不能被再次改写。若两次写入同一单元，该单元的内容将是两次写入数据相与的结果，造成错误。Flash 可以被擦除，擦除后所有单元的比特位都恢复为 1，但擦除操作只能针对整个段进行。所以在改写某单元之前，必须先擦除整个段。而为了保留该段中其他的数据，擦除前需要备份整个段，导致单字节改写等随机存储操作效率很低。Flash 存储器较适合做大批量连续数据存储，而且一般控制器都会提供连续写功能以提高速度。

在 Flash 中，将每次能擦除的最小区块单位成为"段"（Segment），将每次能连续写入的最大区块单位称为"块"（Block）。

主 Flash 一般用于存放程序代码，通过 FET-Debugger 调试的时候，程序就是被下载到主 Flash 空间内。主 Flash 从最高地址向下排列，每个段的大小为 512B。例如 MSP430F425 单片机有 16KB 的程序空间，主 Flash 区将有 32 个段（图 2.6.1 中的第 0 段 ~ 第 31 段），它们占用着 C000H ~ FFFFH 存储单元，C000H 地址以下是空白区。不同单片机的 ROM 空间大小不同，主 Flash 的起始地址会有所不同。空白区起始地址为 1100H，MSP430 系列单片机中最大的 ROM 空间是 59.75KB（将来通过多个存储阵列会扩展到 1MB）。

在主 Flash 中，第 0 段（FE00 ~ FFFF）比较特殊，因为它存有中断向量表。从第 0 段的最高地址向下，每 2B 存放着一个设备的中断向量（中断程序入口地址）。中断向量的具体数目因单片机而异。只有复位向量（位于 FFFE ~ FFFF）、不可屏蔽中断向量（位于 FFFC ~ FFFD）、看门狗中断向量（位于 FFF4 ~ FFF5）是固定不变的，其余与单片机型号有关。实际上每个单片机的头文件中都对中断向量做了宏定义，编程者无需关心其物理地址。MSP430 将复位也作为一个中断来处理，复位向量指向了程序起始入口。MSP430 单片机程序都从低地址向高地址存放，因此复位向量一般指向主 Flash 的起始地址。例如 MSP430F425 单片机中，复位向量（FFFE ~ FFFF 单元）应被写为 C000H。中断向量表的操作是编译器自动完成的，所以在编译之前一定要指定芯片型号，若芯片型号不对，编译出来的代码可能会被安排在空白区，导致无法执行。

（3）信息 Flash 区　上面已经分析过，即使对于单字节改写操作，也需要备份该字节所处的整个 Flash 段。所以 Flash 段越大，改写操作的速度越慢。若将段分得很小，段数就会增加，将其依次擦除所需时间会变长。主 Flash 一般用于存放代码，只在下载代码过程需要连续写 Flash 操作，所以分段较大。如果程序中需要改写主 Flash 段的数据，需要较大 RAM 空间用于保存整个段的其余数据，且会很慢。

为了提高单字节改写的效率，MSP430 单片机中专门开辟了两个较小的段：InfoA 段（1000H ~ 107FH）和 InfoB 段（1080 ~ 10FFH）。每个段只有 128B。特别适合保存菜单设置参数等少量需要掉电保存的数据。改写数据时，即使在擦除前备份全部内容也只需要 128B 的 RAM 空间，大部分单片机都能提供。

除了每段的字节数比主 Flash 少之外，InfoFlash 与主 Flash 没有任何区别。换句话说，主 Flash 也能用于保存数据，且容量比 InfoFlash 大得多。但它与程序公用，要注意数据一定不能占用程序的空间。并且第 0 段是不能用与保存数据的，因为它存有中断向量表，一旦擦除程序就无法工作。

例如，对于 MSP430F425 单片机的程序，编译结果提示程序占用 4KB 空间，则主 Flash 还剩下 12KB 空间可以作数据存储用。扣除中断向量表所在的第 0 段，第 1 段 ~ 第 23 段都可以存放数据。

2.6.2   Flash 控制器结构与原理

Flash 存储器的读操作与 RAM 相同，但擦除操作与写操作都需要比较复杂的时序，还需要专门的编程电压发生器的配合，所以无法像 RAM 一样直接写。在 MSP430 单片机内，集成有 Flash 控制器，能够产生 Flash 写操作所需的时序以及编程电压，从而为用户提供一定的读、写、擦除 Flash 的手段。

Flash 控制器的结构见图 2.6.2，由 Flsah 时钟发生器产生 Flash 读写操作所需的时钟；编程电压发生器产生 Flash 写、擦除操作所需的较高电压；Flash 逻辑控制单元负责产生编程、擦除等操作时序，并通过总线将数据写入 Flash 或擦除 Flash。用户只需通过 3 个寄存器（FCTL1 ~ FCTL3）即可对 Flsah 进行设置、写、擦除等操作。其中 FCTL1 是 Flash 操作指令寄存器，FCTL2 用于设置 Flash 模块的时钟，FCTL3 寄存器里包含了 Flash 状态、紧急退出处理等标志位。

在对 Flash 进行写或擦除操作之前，必须先设置 Flash 控制器的时钟源。对于 MSP430F4xx 系列单片机来说，在 Flash 的操作时，其时钟频率范围必须在 257 ~ 476kHz 之间，不同的单片机型号可能略有不同，但大致都在 250 ~ 470kHz 之间。

Flash 存储单元的物理结构是一个栅极悬浮的 MOS 管，靠栅极与基底之间构成的电容上的电荷来实现记忆。在室温环境下，充入浮栅电容的电荷能保持约 100 年时间，但每次充放电（写-擦除）都会降低电容介质的绝缘性从而减少 Flash 的寿命。MSP430 单片机的 Flash 存储器理论上有 10 万次的擦写寿命。

若 Flash 时钟频率过高，将导致写入时序过短，注入 Flash

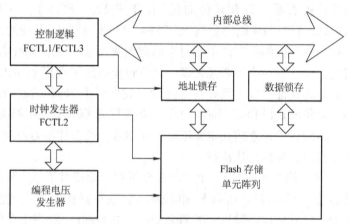

图 2.6.2   Flash 控制器的结构

浮栅的电荷不足，可能导致写入失败，或者电荷维持时间达不到 100 年。若 Flash 时钟频率过低，对浮栅电容充电时间过长，会减少擦写寿命。

所以，在操作 Flash 存储器之前，都要设置正确的时钟频率。Flash 的时钟频率由 FCTL2 寄存器设置，其结构见图 2.6.3。选择一个时钟源并进行 1 ~ 64 分频得到符合 Flash 控制器所需频率范围的时钟。

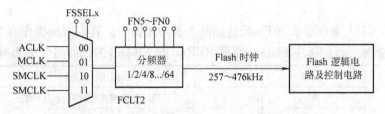

图 2.6.3 Flash 控制器内部时钟发生器结构

■ FSSELx：Flash 控制器时钟源选择（位于 FCTL2 寄存器）

00 = ACLK　01 = MCLK　10 = SMCLK　11 = SMCLK

快捷宏定义：FSSEL _ 0　FSSEL _ 1　FSSEL _ 2　FSSEL _ 3

■ FNx：分频系数（位于 FCTL2 寄存器）

分频系数 = FN5 × 32 + FN4 × 16 + FN3 × 8 + FN2 × 4 + FN1 × 2 + FN0 × 1 + 1

■ FWKEYx：密码位　必须设为 0xA5，其余标志位才能写入 FCTL2 寄存器

快捷宏定义：FWKEY(0xA5)　FRKEY(0x96)

Flash 的擦除、写入等操作均属于不可恢复性操作，一旦误操作将永远丢失数据，甚至将程序本身毁坏。为了防止万一程序错乱（被干扰导致死机、误动作等非正常情况）时误操作 Flash 存储器，与 Flash 相关的 3 个寄存器都采用了密码核对机制。FCTL1 ~ FCTL3 都是 16 位寄存器，所有的控制位都位于低 8 位，高 8 位用于核对密码。当高 8 位被写入 0xA5 时，低 8 位才能被更改。否则将认为程序非正常执行，会立即产生复位信号，将单片机复位。注意若读取密码所在的高 8 位，读回值将是 0x96 而非 0xA5。

例 2.6.1 某 MSP430 单片机系统，ACLK = 32.768kHz，MCLK = SMCLK = 1.048MHz。为 Flash 控制器设置时钟。

Flash 控制器要求 250 ~ 470kHz 范围内的时钟源，显然 ACLK 过低，不能满足要求。而 MCLK 和 SMCLK 高于时钟范围，通过合适的分频系数可以得到符合要求范围的时钟。当对 MCLK 或 SMCLK 进行 3 分频后，能得到 349kHz 的 Flash 时钟，恰好处于最佳频率。

```
FCTL2 = FWKEY + FSSEL _ 2 + FN1;            //SMCLK/3 = 349kHz
```

例 2.6.2 某 MSP430 单片机系统，ACLK = 32.768kHz，MCLK = SMCLK = 7.62MHz。为 Flash 控制器设置时钟。

对 MCLK 或 SMCLK 进行 22 分频后，能得到 346kHz 的 Flash 时钟，处于最佳频率。22 = 16 + 4 + 1 + 1，应将 FN4、FN2、FN1 置 1。

```
FCTL2 = FWKEY + FSSEL _ 2 + FN4 + FN2 + FN1;     //SMCLK/22 = 346kHz
```

对 Flash 的工作模式设定通过 FCTL1 寄存器进行，相关的控制位有：

■ BLKWRT："批量写"控制位　1 = 按块批量写入　0 = 正常写入（位于 FCTL1 寄存器）

■ WRT："写"控制位　1 = Flash 进入"写"状态　0 = 退出写状态（位于 FCTL1 寄存器）

■ MERAS："批量擦除"控制位　1 = 全部擦除　0 = 单段擦除（位于 FCTL1 寄存器）

■ ERASE："擦除"控制位　1 = 进入擦除状态　0 = 退出擦除状态（位于 FCTL1 寄

存器）

可以看出 FCTL1 寄存器负责 Flash 的擦除以及写入操作。其中擦除操作有 3 种模式：单段擦除、全部擦除、仅擦除主 Flash。通过 MERAS 与 ERASE 两位的组合来选择：

MERAS	ERASE	擦 除 模 式
0	0	退出擦除模式（复位后默认状态）
0	1	单段擦除
1	0	全部擦除主 Flash 区，保留 Info 区内容
1	1	全部擦除所有 Flash 内容

由于程序本身驻留在主 Flash 区，在全部擦除模式下执行擦除操作将会删除程序自身。除了在线升级程序等应用以外，全部擦除模式很少被使用。单段擦除模式是较常用的擦除方法。

MSP430 单片机的 Flash 控制器也提供了两种写入方式：正常写入和批量写入。在正常写入模式下，每次只能写入一字节（Byte，8bit）或一个字（Word，16bit）。每次写入过程都要等待 Flash 存储单元的电荷注入完毕才能进行下一次写操作，正常写模式下连续写入数据速度较慢。控制器还提供批量写入功能，以解决连续写入数据时的效率问题。在批量写入模式下，写入以块（64B）为单位，每次必须写入 64B 的整倍数。为了在写入前暂存这些数据块，需要一定的 RAM 开销。

BLKWRT	WRT	写 入 模 式
X	0	退出写模式（复位后默认状态）
0	1	正常写模式
1	1	批量写模式

为了保证 Flash 存储器的安全，除了 FCTLx 寄存器写入需要固定的密码之外，Flash 存储区本身还具有锁定控制位，当锁定位开启时，Flash 处于只读状态，不响应任何擦除或写入操作。锁定位以及其他一些状态标志位都处于 FCTL3 寄存器，其中常用的有：

■ LOCK：锁定位　1 = Flash 被锁定　0 = Flash 解除锁定（位于 FCTL3 寄存器）

■ BUSY：忙标志位　1 = Flash 正在执行当前操作，不允许再向 Flash 发出操作命令
　　　　　　　　　0 = Flash 空闲，向 Flash 发出操作命令（位于 FCTL3 寄存器）

■ WAIT：写入等待标志位　0 = Flash 正在被写入，不允许再向 Flash 发出写操作指令
　　　　　　　　　　　　1 = Flash 上一次写操作已完成，允许写操作（位于 FCTL3 寄存器）

每次对 Flash 执行擦写操作之前，都要先清除锁定标志位（LOCK）再执行操作，指令发出后，要等待忙标志消失后才能执行下一次操作。所有操作完成之后，要将锁定标志位恢复为 1，将 Flash 设为只读状态，以保证数据的安全。

当通过 FCTL1 将 Flash 的写模式开启并清除 FCTL3 内的锁定标志位之后，写 Flash 的操作类似于写 RAM。向 Flash 存储单元写入数据即可自动开启编程逻辑控制器、编程电压发生器等，它们会在 Flash 控制器的协调下自动完成向 Flash 内写入数据的过程。和 RAM 不同的是 Flash 写入速度较慢，需要判断 BUSY 标志位结束后才能进行下一次操作。

例 2.6.3　某 MSP430 单片机系统,向 Flash 存储器的 InfoA 段内的 1082H 单元写入数据 0x30(假设 Flash 时钟已经设置好)。

```
unsigned char * Ptr = (unsigned char * )0x1082;  //定义字节型指针,指向 0x1082 单元
FCTL1 = FWKEY + WRT;          //Flash 进入正常写状态
FCTL3 = FWKEY;                //清除 Flash 的锁定位
_ DINT( );                   //Flash 操作期间不允许中断,否则将导致不可预计的错误
* Ptr = 0x30;                //向 0x1082 单元写入数据
while(FCTL3 & BUSY);         //等待操作完成
_ EINT( );
FCTL1 = FWKEY;               //Flash 退出写状态
FCTL3 = FWKEY + LOCK;        //恢复 Flash 的锁定位,保护数据
```

上例比较适合写入少量数据,若需要向 Flash 内写入大量数据,应尽量使用批量写入模式,以提高效率。正常模式下每次写完一个数据,都会关闭编程电压发生器,在下次写操作前需要重新开启并等待电压稳定,而在批量写入模式下编程电压发生器将一直保持开启,省去了等待编程电压建立并稳定所需的时间,所以批量写入模式效率较高。批量写入模式下每字节写完后用 WAIT 标志判忙,每块结束后再用 BUSY 判忙。但批量写入过程中,不允许再对 Flash 读写,甚至程序的执行(读取存于 Flash 中的程序指令)也会破坏 Flash,所以批量往 Flash 写入数据的程序代码必须放在 RAM 中执行。这需要一段程序将批量写入的相关函数先复制到 RAM 内,再从 RAM 内执行写入函数。

例 2.6.4　在某 MSP430 单片机系统上,利用批量写入模式将数组 Array[128]内全部数据写入 InfoA 段。InfoA 段的大小是 128B,包含了两个块(64B 为一块),用批量写入模式需要分两次写入。写入之前先要将 Flash _ BlockWrite( )函数复制到 RAM 内。

```
#include "msp430x42x. h"
unsigned char Array[128];        //待写入的数组
unsigned char RamCode[80];       //临时存放块写函数的 RAM 空间
/ *************************************************************
* 名      称:Flash _ BlockWrite( )
* 功      能:向 Flash 内写入一个块(64B)
* 入口参数: * P _ Blk:数据块目标指针(指向 Flash)
           * P _ Dat:数据源指针(指向数据)
* 出口参数:无
* 说      明:该函数不能被直接调用,需要先整体复制到 RAM 中,再从 RAM 中执
            行该函数
************************************************************* /
void Flash _ BlockWrite( unsigned char * P _ Blk,unsigned char * P _ Dat)
{
  int i;
  for( i = 0;i < 64;i ++ )             //每个块 64B
    {
```

```
        FCTL1 = FWKEY + WRT + BLKWRT;        //Flash 进入批量写状态
        * ( P _ Blk ++ ) = * ( P _ Dat ++ );        //依次写入数据
        while( ( FCTL3 & WAIT ) == 0 );        //等待字节写操作完成
    }
    FCTL1 = FWKEY;                    //Flash 退出批量写状态
    while( FCTL3 & BUSY );            //等待块写操作完成
}
/ ****************************************************************
* 名      称:主函数
* 功      能:演示 Flash 的块操作
  **************************************************************** /
void main( void )
{
    int i;
    unsigned char * CodePtr = ( unsigned char * )( Flash _ BlockWrite );
                    //指向 Flash _ BlockWrite( )函数入口的字节型指针
    void( * Flash _ BlockWrite _ RAM )( unsigned char * , unsigned char * );
                                      //指向 RAM 中的函数的指针
    Flash _ BlockWrite _ RAM = ( void( * )( unsigned char * , unsigned char * ) )RamCode;
                                      //RAM 函数指针指向临时存放代码的数组
    WDTCTL = WDTPW + WDTHOLD;        //停止看门狗
    FLL _ CTL0 │ = XCAP18PF;          //配置晶振负载电容
    FCTL2 = FWKEY + FSSEL _ 2 + FN1;  //MCLK/3 = 349kHz
    for( i = 0 ; i < 128 ; i ++ ) Array[ i ] = i;  //为示意,随意产生一些数据
    FCTL3 = FWKEY;                    //清除 Flash 的锁定位
    _ DINT( );        //Flash 操作期间不允许中断,否则将导致不可预计的错误
    for( i = 0 ; i < 80 ; i ++ ) RamCode[ i ] = CodePtr[ i ]; //将块写函数复制到 RAM 内
    Flash _ BlockWrite _ RAM( ( unsigned char * )0x1080 , Array );
                                      //调用 RAM 中的块写函数,写一个块
    Flash _ BlockWrite _ RAM( ( unsigned char * )( 0x1080 , Array + 64 ); //再写第二个块
    _ EINT( );
    FCTL1 = FWKEY;                    //Flash 退出写状态
    FCTL3 = FWKEY + LOCK;             //恢复 Flash 的锁定位,保护数据
    _ NOP( );            //在这里设断点,View-> Memory 窗查看 0x1080 ~ 10FF 内容
    while( 1 );
}
```

当通过 FCTL1 将 Flash 设为段擦除模式并清除 FCTL3 内的锁定标志位之后,只需要向某个段内的任何存储单元写数据 0,即可执行擦除操作。擦除操作时同样需要判断 BUSY 标志位结束后才能进行下一次操作。

例 2. 6. 5 在某 MSP430 单片机系统上,编写一段擦除 Flash 存储器的 InfoA 段的程序

（假设 Flash 已经设置好）。

```
unsigned char * Ptr = (unsigned char * )0x1080;  //定义字节型指针,指向 InfoA 段
FCTL1 = FWKEY + ERASE;          //Flash 进入单段擦除状态
FCTL3 = FWKEY;                  //清除 Flash 的锁定位
_ DINT();                       //Flash 操作期间不允许中断,否则将导致不可预计的错误
 * Ptr = 0;                     //发出擦除指令的方法:向被擦除段内任意单元写 0
while(FCTL3 & BUSY);            //等待操作完成
_ EINT();
FCTL1 = FWKEY;                  //Flash 退出擦除状态
FCTL3 = FWKEY + LOCK;           //恢复 Flash 的锁定位,保护数据
```

除了擦除与写入过程以外，任何情况下都可以读 Flash 内容。在 MSP430F1xx/4xx 系列单片机中读取 Flash 的速度与读取 RAM 速度相同(Flash 的读取速度上限约 10MHz,RAM 的读写速度上限能达到 100MHz, MSP430F1xx/4xx 系列单片机最大 8MHz 主频,体现不出速度差异)。MSP430 单片机采用冯诺依曼结构，读取 Flash 的方法与读取 RAM 内数据的方法完全相同。

例 2.6.6　某 MSP430 单片机系统，读取 Flash 存储器的 InfoA 段内的 1082H 单元内容，存于变量 Val 内。

```
unsigned char * Ptr = (unsigned char * )0x1082;  //定义字节型指针,指向 0x1082 单元
unsigned char Val;

Val = * Ptr;                    //读取 0x1082 单元的内容
```

例 2.6.7　某 MSP430 单片机系统，读取 Flash 存储器的 InfoA 段内的全部内容，存于数组 Array[128]内。

```
unsigned char * Ptr = (unsigned char * )0x1080;  //定义字节型指针指向 InfoA 起始单元
unsigned char Array[128];            //128B 数组
int i;
for(i = 0;i < 128;i ++ )             //循环 128 次(InfoA 段共 128B)
  {
    Array[i] = Ptr[i];               //依次读取 InfoA 的内容
  }
```

在 FCTL3 寄存器内还有一些不常用的控制位与标志位：

■　EMEX：紧急退出控制位　1 = 紧急退出　0 = 正常状态(位于 FCTL3 寄存器)

在 Flash 写或擦除过程中，将该标志位置 1，会立即终止 Flash 的操作，FCTL1 寄存器的控制字将被清零(Flash 恢复为正常状态)。但当前所执行的操作是未完成的，操作的结果将是不可预知的。比如在系统检测到掉电时，只有数毫秒的时间电力可供继续工作，需要紧急停止 Flash 操作，去执行更加紧急的结果保存任务时，可以使用该控制位使正在写或正在擦除 Flash 的操作立即终止。

■　ACCIFG：非法访问标志　1 = Flash 曾被非法访问过　0 = 访问合法(位于 FCTL3 寄存器)

若通过 Flash 控制器操作了不存在的 Flash 空间(如空白区、RAM 区),将会引起该标志位置位。若 ACCVIE 中断允许控制位为 1,将会引发 NMI 中断。该标志位需要软件清除。

■ ACCVIE:非法访问中断允许   1 = 允许 Flash 非法访问中断(位于 IE1 寄存器)

0 = 不允许 Flash 非法访问中断

利用 ACCIFG 引起的 NMI 中断可以捕获某些不可预期的错误,从而进行相应的紧急处理。例如某数据采集、记录系统的软件中不断向 Flash 区写数据,而软件设计上没有考虑存储区的边界问题,一旦数据存满后溢出,将访问到非 Flash 区域。这种状况下利用非法访问中断可以捕获到错误,进行某些紧急处理(如删除数据、复位单片机等)。

■ KEYV:密码错误标志   1 = 曾经发生过 FCTLx 密码错误(位于 FCTL3 寄存器)

0 = 未发生过 FCTLx 密码错误

前文已述,为了 Flash 的安全,在写 FCTLx 寄存器时都要核对高 8 位的密码(固定值 0xA5)。一旦密码不对,将立即引起系统复位,同时会将该标志位置 1。在程序开始时若检测该标志位为 1,则可判定系统复位的原因是曾将错误地操作了 FCTLx 寄存器,可以进行某些必要的紧急处理(例如检验 Flash 内数据校验和是否正确,删除错误的数据,询问用户如何处理等操作)。

2.6.3 Flash 控制器的应用

Flash 存储器的优点是掉电后数据不会丢失,且 MSP430 单片机可以通过程序来擦写 Flash,因此可以利用 Flash 来保存数据。通过擦除、写、读 3 种操作的配合,可以组合出丰富的数据存储功能。

(1) 连续数据记录   一般来说,在 MSP430 单片机中,Flash 的容量远大于 RAM 容量,且不受断电的影响,所以 Flash 特别适合做连续的数据记录使用。

例 2.6.8 用 MSP430F425 单片机设计电压记录仪器,每秒采集一次输入电压,将电压的历史记录连续地保存在单片机内部存储器中,为数据连续记录编写函数。

MSP430F425 单片机共有 16KB 的主 Flash 存储空间,假设程序大小为 3.9KB(占用 8 个段),扣除中断向量表所在的第 0 段,还剩 11.5KB(23 个段)的 Flash 存储空间可供保存数据。对照图 2.6.1 可以看出:从 C000H ~ C7FFH 的 8 段存储空间被程序占用;FE00H ~ FFFFH 的第 0 段被中断向量表占用;从 C800H ~ FCFFH 的 23 段是空余区间,可用于保存数据。给出一个程序范例(假设 Flash 时钟已设置正确):

```
#define START _ ADDR        0xC800        /* 存储区起始地址 */
#define END _ ADDR          0xFCFF        /* 存储区结束地址 */
int * Flash _ Ptr = (int * ) START _ ADDR; //整型指针(全局变量),指向数据存储区起始单元
/******************************************************************
* 名      称:Flash _ RecordWord( )
* 功      能:向 Flash 内连续地保存整形数据值
* 入口参数:Word:        待保存的整型数据
* 出口参数:1 表示写入成功  0 表示写入失败(空间已满)
```

```
*  说      明：在重新记录之前需要擦除数据段，并将 Flash _ Ptr 恢复为 START _ ADDR
   *******************************************************************/
char Flash _ RecordWord ( int Word)
{
   if( ( unsigned int) Flash _ Ptr  > END _ ADDR) return( 0) ;    //空间已满返回 0 表示失败
   FCTL1 = FWKEY + WRT;                                        //Flash 进入正常写状态
   FCTL3 = FWKEY;                                              //清除 Flash 的锁定位
   _ DINT( ) ;         //Flash 操作期间不允许中断，否则将导致不可预计的错误
   * Flash _ Ptr = Word;          //向存储指针所指的单元写入数据
   Flash _ Ptr + + ;                 //指针指向下一单元
   while( FCTL3 & BUSY) ;           //等待操作完成
   _ EINT( ) ;
   FCTL1 = FWKEY;               //Flash 退出写状态
   FCTL3 = FWKEY + LOCK;        //恢复 Flash 的锁定位，保护数据
   return( 1) ;                //返回 1，表示写入成功
}
```

　　每秒调用一次 Flash _ RecordWord( )函数记录 ADC 采集数据(2B 整型)，11.5KB 空间可以连续记录 1.5h。若每隔 1min 记录一次数据，可以连续记录 4 天。数据存满后，将不再继续写入，需要擦除整个存储空间后才能重新开始数据记录。可以编写一个 Flash 数据清空函数来完成：

```
/*******************************************************************
*  名      称：Flash _ RecordClear( )
*  功      能：清除 Flash 内记录的所有数据
*  入口参数：无
*  出口参数：无
*  说      明：在重新开始记录之前需要调用该函数，擦除数据段，并将 Flash _ Ptr
           恢复为 START _ ADDR
   *******************************************************************/
void Flash _ RecordClear( )
{ unsigned int  * Ptr = ( unsigned int  * ) START _ ADDR; //指向数据起始地址的指针

   FCTL3 = FWKEY;                                 //清除 Flash 的锁定位
   _ DINT( ) ;           //Flash 操作期间不允许中断，否则将导致不可预计的错误
   while( 1)
   {
      FCTL1 = FWKEY + ERASE;                      //Flash 进入单段擦除状态
      * Ptr = 0;                                  //擦除一段
      while( FCTL3 & BUSY) ;                      //等待擦除操作完成
      Ptr + = 256;                                //指向下一段
      FCTL1 = FWKEY;                              //Flash 退出擦除状态
      if( ( unsigned int) Ptr  > END _ ADDR) break;   //直到擦除到数据地址结束段
```

```
        }
    FCTL3 = FWKEY + LOCK;                            //恢复 Flash 的锁定位,保护数据
    _ EINT();
    Flash _ Ptr =(unsigned int  * ) START _ ADDR;     //写指针恢复成数据段起始地址
    }
```

也可以编写一个循环队列,在数据存满后擦除最旧的一段数据并将最新的数据写入该段。这种方法可以一直记录数据,存储器内永远保存着最近一段时间的数据。该方法的程序留给读者自行完成。

MSP430 单片机的 Flash 控制器支持单字节(8bit)写入和字(16bit)写入,对于 char 型和 int 型的变量,均可以用指针赋值的方法写入 Flash。但对于 long、folat、double、long long 等超过 2B 的变量,需要拆分成多个 8 位或 16 位的数据后才能写入。

例 2.6.9 将 long 型的变量拆成两个 int 型变量:

```
    long int a = 0x12345678;            //长整型变量
    int b,c;
//------------------------------拆分-----------------------------------
    b =(unsigned long)a/65536;          //高 16 位(0x1234)
    c =(unsigned long)a%65536;          //低 16 位(0x5678)
//------------------------------恢复-----------------------------------
    a =(unsigned long)b * 65536 +(unsigned long)c;    //将高低位拼合,恢复成长整型
```

注意,负号会影响运算结果,所以将 a 强整为无符号长整型后再做除法运算。65536 是 2 的整数幂,编译器会自动地用移位运算来完成,效率较高。

对于 float、double 等浮点变量无法用除法来拆分。可以利用 C 语言中的联合体将多字节变量和整型、字符型数据公用同一段存储空间,从而通过访问不同的数据成员来实现拆分。

例 2.6.10 将 folat 型的变量拆成 4 个 char 型数据,存于 4 个 char 型变量内:

```
    union FloatChar            //声明一个浮点型与 4B 型的联合体
    { float Float;
        struct ByteF4            //为了不让 4 个 char 变量也公用同一地址,需要一个结构体
        { unsigned char Byte _ HH;        //最高位
          unsigned char Byte _ HL;        //次高位
          unsigned char Byte _ LH;        //次低位
          unsigned char Byte _ LL;        //最低位
        }Bytes;
    };
//-----------------------------数据定义-------------------------------
    float Pi = 3.1415926;            //待拆分的浮点数
    char a,b,c,d;                //4 个 char 型变量
    union FloatChar F _ Data;        //定义一个联合体,名为 F _ Data
//------------------------------拆分-----------------------------------
```

```
F _ Data. Float = Pi ;                    //对联合体中的浮点型成员赋值
a = F _ Data. Bytes. Byte _ HH ;          //得到最高字节
b = F _ Data. Bytes. Byte _ HL ;          //得到次高字节
c = F _ Data. Bytes. Byte _ LH ;          //得到次低字节
d = F _ Data. Bytes. Byte _ LL ;          //得到最低字节
//------------------------------------恢复------------------------------------
F _ Data. Bytes. Byte _ HH = a ;          //最高字节
F _ Data. Bytes. Byte _ HL = b ;          //次高字节
F _ Data. Bytes. Byte _ LH = c ;          //次低字节
F _ Data. Bytes. Byte _ LL = d ;          //最低字节
Pi = F _ Data. Float ;                    //恢复出浮点数
```

这种方法可以最高效地得到各种变量的每个字节数据，能够达到汇编指令的效率极限（反汇编的结果只有 4 条 MOV. b 语句）。除了在数据保存中使用之外，串行通信中也广泛使用该方法将数据拆成单个字节后传输，在接收方再恢复成原始数据类型。

（2）随机数据存储　在连续存储的应用中，每次写入的地址均不重复（连续递增），不会出现两次写同一单元，或者改写某单元数据内容的情况。但在随机存储数据的应用中，需要随时读写任何一个存储单元，因而不可避免地会出现改写 Flash 内数据的问题。在保存菜单设置、保存系统状态、保存最新测量结果等应用中，都会用到随机数据存储。

Flash 内容的改写过程比较繁琐。首先，需要将被改写单元所在的整个数据段备份到 RAM 内，然后再擦除整个数据段。接下来写入被改写的数据，最后从备份的内容中恢复数据段内的其他数据内容。由于需要备份数据，执行速度很慢，应尽可能的利用 Info 段，因为 Info 段的大小只有 128B，备份与恢复效率都比主 Flash 段要高。并且在备份的过程需要耗费与段大小同样容量的 RAM，大部分 MSP430 单片机都具有 256B 以上的 RAM 空间，足够备份一个 Info 段内容。

例 2.6.11　写一个数据段备份的函数，将一个数据段备份至 RAM。

```
/ ************************************************************
 * 名    称:Flash _ Backup2RAM( )
 * 功    能:备份 Flash 段内的所有数据至 RAM 中的数组
 * 入口参数:Segment:段起始地址
 *          Array   :备份数组名(首地址)
 *          SegSize:段大小(字节)
 * 出口参数:无
 ************************************************************ /
   void Flash _ Backup2RAM( unsigned int Segment,char * Array,int SegSize)
   { unsigned char * Ptr = ( unsigned char * ) Segment; //指向数据段起始地址的指针
     int i ;
     for( i = 0;i < SegSize; i ++ )        //依次备份段内每个字节数据
     {
       Array[ i ] = Ptr[ i ];             //备份一字节
     }
```

这里数组 Array 没有使用全局变量,因为全局变量所占的存储空间永远不会被释放,而备份的数据在写入完毕后就不再有用,没有必要让这些数据一直占用 RAM 空间。所以 Array 数组应该是函数内定义的局部变量。当函数执行完毕之后,Array 所在的空间即被释放,编译器会允许其他函数的变量覆盖使用这段 RAM 区。

在 RAM 开销比较紧张的应用中,或因数据量较大需要在主 Flash 内进行随机读写的应用中,以及因其他原因不能用 RAM 来进行备份时,可以使用另一段 Flash 存储器来进行备份。这种方法的效率更低,因为要擦除并写入另一个数据段,都是速度较低的操作。而且会浪费一半的数据存储容量,例如用 InfoB 段备份 InfoA 段的数据,则 InfoB 段不能再用于数据存储,因为它在备份 InfoA 前需要被擦除。这种备份方法的优点是节省了大量的 RAM 开销。

例 2.6.12 写一个数据段备份的函数,将某个数据段备份至另一数据段。

```
/************************************************************
* 名      称:Flash _ Backup( )
* 功      能:将一个 Flash 段内的所有数据备份至另一段
* 入口参数:Segment1:数据段起始地址
*           Segment2:备份段起始地址
*           SegSize:段大小(字节)
* 出口参数:无
************************************************************/
void Flash _ Backup(unsigned int Segment1,unsigned int Segment2,int SegSize)
{ unsigned char * Ptr1 = (unsigned char * ) Segment1;//指向数据段起始地址的指针
  unsigned char * Ptr2 = (unsigned char * ) Segment2;//指向备份段起始地址的指针
  int i;
  FCTL1 = FWKEY + ERASE;        //Flash 进入单段擦除状态
  FCTL3 = FWKEY;                //清除 Flash 的锁定位
  _ DINT( );                    //Flash 操作期间不允许中断,否则将导致不可预计的错误
  * Ptr2 = 0;                   //擦除备份段
  while(FCTL3 & BUSY);          //等待擦除操作完成
  FCTL1 = FWKEY + WRT;          //Flash 进入写状态
  for(i = 0;i < SegSize; i ++ )
  {
    ptr2[i] = ptr1[i];          //将数据段内容依次复制到备份段内
    while(FCTL3 & BUSY);        //等待写操作完成
  }
  FCTL1 = FWKEY;                //Flash 退出擦除状态
  FCTL3 = FWKEY + LOCK;         //恢复 Flash 的锁定位,保护数据
  _ EINT( );
}
```

有了数据备份函数之后,才能进行 Flash 随机存储。

例 2.6.13 写一个可以随机改写 InfoA 段的函数,向 InfoA 段的某地址单元写入单字节数据。其中地址用 0 ~ 127 来表示(不要出现物理地址 0x1080 ~ 0x10FF),以便和其他单片机

系统中的 EEPROM 程序保持兼容性。

```c
#define   FLASH _ SAVEADDR   (0x1080) / * Flash 数据存储区首地址(InfoA) * /
#define   FLASH _ COPYADDR   (0x1000) / * Flash 备份存储区首地址(InfoB) * /

/ *************************************************************
 * 名      称:Flash _ WriteChar( )
 * 功      能:向 Flash 中随机写入一个字节(Char 型变量)
 * 入口参数:     Addr:存放数据的地址(0 ~ 127)
                 Data:待写入的数据
 * 出口参数:无
 * 范      例:Flash _ WriteChar(0,123) ; 将常数 123 写入 0 单元(0x1080)
             Flash _ WriteChar(1,a) ;   将 char 型变量 a 写入 1 单元 (0x1081)
 ************************************************************* /
void Flash _ WriteChar (unsigned int Addr,unsigned char Data)
  {
    unsigned char * Flash _ ptrA;               //Segment A pointer
    unsigned char * Flash _ ptrB;               //Segment B pointer
    int i;
    Flash _ ptrA = (unsigned char * ) FLASH _ SAVEADDR; //指向 InfoA 的指针
    Flash _ ptrB = (unsigned char * ) FLASH _ COPYADDR; //指向 InfoB 的指针
    Flash _ Backup(FLASH _ SAVEADDR,FLASH _ COPYADDR,128) ; //Flash 内的数据先保存起来
    FCTL1 = FWKEY + ERASE;              //Flash 进入单段擦除状态
    FCTL3 = FWKEY;                      //清除 Flash 的锁定位
    _ DINT( );                          //Flash 操作期间不允许中断,否则将导致不可预计的错误
     * Flash _ ptrA = 0;                //擦除数据段
    while( FCTL3 & BUSY) ;              //等待擦除操作完成
    FCTL1 = FWKEY + WRT;               //Flash 进入写状态
    for (i = 0; i < 128; i ++ )         //依次处理段内 128 个数据
      {
        if( i == Addr)                  //对于被改写的数据所在的单元
          {
             * Flash _ ptrA ++ = Data;   //对数据段相应单元写入新数据
            Flash _ Busy( ) ;           //等待写操作完成
            Flash _ ptrB ++ ;           //跳过备份区内该单元的数据单元
          }
        else                            //对于其他不改变的数据单元
          {
             * Flash _ ptrA ++ = * Flash _ ptrB ++ ;  //从备份段内恢复原数据
            Flash _ Busy( ) ;                         //等待写操作完成
          }
      }
  }
```

```
    _ EINT( );
}
```

本例中使用了 InfoB 段来备份 InfoA 段的数据，节省了 128B 的 RAM，但写入速度很慢。如果修改上例程序中的以下几句，使用 RAM 来备份数据，速度会快很多。

```
unsigned char BackupArray[128];                         //定义一个与段大小相同的数组
Flash _ ptrA = (unsigned char * ) FLASH _ SAVEADDR;     //指向数据段(InfoA)的指针
Flash _ ptrB = BackupArray;                             //指向备份数组的指针
Flash _ Backup2RAM (FLASH _ SAVEADDR,BackupArray,128);  //Flash 内的数据先
                                                        //备份至 RAM
```

对于数据量不大的应用，没有必要备份数据段内全部 128B 的数据。例如某个应用中最多只需保存 16B 数据，可以加一个宏定义：

```
#define MAX _ DATA _ NUM   16                 /* 最多 16B 数据 */
```

把所有循环语句与数组定义语句中出现的 128 替换成 MAX _ DATA _ NUM 宏定义(16)，可以节约 8 倍的时间，或节省 112B 的 RAM。

(3) Flash 存储器的寿命问题　Flash 存储器的寿命有两层含义：一是数据保存时间；二是擦写次数。在理想状况下，Flash 存储器内的数据保存时间能达到 100 年。Flash 时钟设置、编程电压和储存温度都会影响数据保存时间。MSP430 单片机要求 Flash 写入过程中时，电源电压必须在 2.7 ~ 3.6V 之间。如果电压低于 2.7V 会导致数据保存时间的下降，这在用电池供电的设备时要特别注意。特别是使用两节 1.5V 干电池供电的设计中，当电池寿命耗尽时，单节电压会下降到 1.1V 左右，此时 Flash 的写入已经不可靠了。另外，若将充电电池(1.2V)替代干电池(1.5V)作为电源，Flash 写操作也是不可靠的。

MSP430 系列单片机标称的 Flash 擦写次数典型值是 10 万次，最低保证 1 万次。对于程序代码所占用的存储单元来说，只在仿真和下载时才耗费 1 次擦写寿命，所以几乎不用考虑寿命问题。但对于程序中利用 Flash 控制器来擦写 Flash 而言，就不得不考虑寿命问题了。

例如某参数设置功能，平均每小时被操作 20 次，每天平均工作 10h，则每天会对 Flash 中同一单元擦写 200 次。按 10 万次寿命来计算，工作寿命只有 500 天，约 1 年半。

再如数据记录程序，24h 不停工作，每秒钟记录一次数据，每次占用 2B，计满后自动清除最旧的数据。写完一段 512B 的主 Flash 需要 256s，假设有 20 段 Flash 可供使用(8KB)，则每 5120s 会重复写同一单元。按 10 万次计算，寿命可达 16 年。

对比上面两个结果，虽然后者操作频率远高于前者且 24h 不停工作，但寿命远长于前者。原因在于后者均匀地消耗每一个 Flash 存储单元的寿命，而前者很快耗尽同一单元的寿命。这种寿命集中损耗的情况在随机数据存储中最常见，而且即使改写一字节也要擦写整个数据段，实际上随机存储很快会耗尽整个数据段的寿命。

在产品设计初期一定要规划好 Flash 的寿命，尽量不要让某些需要频繁改写的值保存在 Flash 中。特别是要根据菜单操作的频繁程度计算 Flash 存储单元寿命，至少保证 5 年的操作寿命。如果出现需要掉电后保存，且更新频繁的数据可以先利用 RAM 暂存，在断电前才存入 Flash 中。

　　例如在某电动自行车里程表的设计中，随着车轮旋转里程信息随时会更新，需要将总里程数保存在 Flash 内，以免更换电池时丢失里程数。假设轮圈周长 2m，若每次更新里程后都立即将新里程保存进 Flash 内，则 200km 后 Flash 寿命即被耗尽。在这个设计中可以用 RAM 保存里程，并在电池仓上安装一个开关锁，必须拨动该开关才能打开电池仓。当单片机检测到电池仓被打开后，才将 RAM 中保存的总里程数据写入 Flash，在更换 10 万次电池后 Flash 寿命在才会被耗尽，几乎相当于无限寿命。

　　在某些频繁操作的手持设备中，也可以将各种菜单参数和系统状态都保存在 RAM 中，使用 2.3 节所述的软件电源开关，当关闭电源开关按钮按下时，先将 RAM 内重要数据保存到 Flash 内，再进入 LPM4 实现关机，更换电池必须在关机后进行。因为开关机的频率远低于数据更新的频率，Flash 存储寿命得以延长。该方法的缺点是强行拆卸电池会造成数据丢失。

　　在某些无法控制电源开关的应用中，例如工业仪表，断电不由单片机主动控制。遇到需要频繁更新的数据且数据需要断电后仍被保存的情况时，可以在 V_{CC} 和 GND 之间接一个较大的电容，再用比较器设计一个电压跌落检测电路，当电源电压跌落时引发中断，在中断内将数据保存进 Flash 内。电容上的储存的电荷能维持单片机继续工作数十毫秒，时间足够能将数据存入 Flash。

　　（4）Flash 调试选项的设置　　EW430 开发环境中设有 Flash 调试选项页，用于设置下载过程中对 Flash 内原有数据的处理方法。在工程管理器的工程名上右键打开"Option"选项，在左边选择最后一项"FET Debugger"，打开 Setup 页。其中关于调试时 Flash 内的数据有 3 个选项：

　　Erase main memory：仅擦除主 Flash，保留 InfoFlash。选择该选项后，每次调试时只擦除程序空间并更新程序，不影响 Info 段的内容。只要菜单等程序将设置参数保存在 Info 段内，则不会在重新下载程序的过程中被擦除。

　　Erase main and Information memory：擦除主 Flash，也擦除 InfoFlash，是默认选项。每次点击调试按钮，都会擦除 Flash 内的全部数据。Info 段所保存的内容也随之丢失。

　　Retain unchanged memory：保留未改变的 Flash 内容。选择该选项后，每次调试时都会先将 Flash 内容全部读出，更新程序后将未改变的数据重新写回 Flash 内。无论主 Flash 还是 InfoFlash 内，非程序代码部分的内容均会被保留。对于例 2.6.8 的应用来说，若选择该选项，调试时主 Flash 内空余部分所记录的电压数据将被保留。但每次调试时都要进行读取、改写、重新写入的过程，速度较慢。

2.7　16 位 ADC

　　在 MSP430 系列的大部分单片机中，都集成了模数转换器（ADC）以及 ADC 所需的附件，如基准源、采样保持器、通道选择模拟开关等。部分单片机内部还集成了缓冲器、差分可编程序放大器、温度传感器等部件，使得 MSP430 单片机非常容易地测量各种模拟量输入。整个系列涵盖了从最低成本的斜率 ADC，中端的 10 位、12 位 ADC，以及高端的 16 位 ADC（SD16 模块）。在各种测量应用中都可以找到合适的单片机，单芯片完成测量任务。

　　在 MSP430F42x 系列单片机中，集成了 3 个独立的 16 位 ADC，并且包含基准源、可编程序增益放大器以及温度传感器，适合各种高精度测量应用。目前 16 位及以上的高分辨率 ADC 普遍采用了 ∑-Δ 调制技术，因此这类 ADC 也被称 ∑-Δ(Sigma-Delta)型 ADC。

2.7.1 SD16 模块的结构与原理

在 MSP430 单片机中，将内置的 16 位 Sigma-Delta 型 ADC，简称为 SD16 模块。MSP430F42x 系列的单片机中都含有 SD16 模块。

图 2.7.1 是 SD16 模块的结构框图，可以看出 SD16 模块实际上包含了 3 个独立的 16 位 ADC，它们公用一个时钟源和基准电压源。每个 ADC 都有独立的控制寄存器组，并有 8 个差分输入通道，其中通道 6 接到了内部温度传感器，通道 7 短路(0V,校准用)，通道 0~5 可以测量输入电压。在 MSP430F42x 单片机上，实际只有每个 ADC 的通道 0(A0.0、A1.0、A2.0)对外引出。将来推出的管脚更多的芯片上才会引出其余通道。

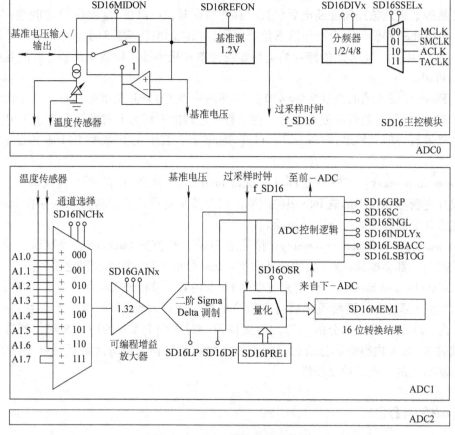

图 2.7.1 SD16 模块的结构框图

一般来说，配置和使用 SD16 模块按照以下过程进行：

（1）配置时钟及基准源 使用 SD16 模块之前，首先要配置过采样时钟以及基准源，相关的控制位位于主控模块内：

■ SD16SSELx：SD16 模块时钟源选择(位于 SD16CTL 寄存器)

　　00 = MCLK　01 = SMCLK　10 = ACLK　11 = 外部输入(TACLK 管脚)

快捷宏定义：SD16SSEL _0   SD16SSEL _1   SD16SSEL _2   SD16SSEL _3

■ SD16DIVx：SD16 模块时钟分频选择(位于 SD16CTL 寄存器)

<u>00 =1 分频</u>   01 =2 分频   10 =4 分频   11 =8 分频

快捷宏定义：SD16DIV _0   SD16DIV _1   SD16DIV _2   SD16DIV _3

在同样的过采样率下，采样时钟频率越高，得到同样分辨率所需的时间越短，这对减少工作时间降低功耗有利。Sigma-Delta 型的 ADC 采用的是开关电容输入级，当采样频率过高时可能导致采样电容充电未满导致测量误差。所以一般根据实际情况选择最高的时钟频率。芯片的数据手册会给出推荐的最高工作频率。例如 MSP430F425 在 3V 工作电压条件下，SD16 模块推荐的工作频率为 1MHz，当调制器处于低功耗采样模式时，推荐的时钟频率为 500kHz。

例 2.7.1 MSP430F425 单片机的 ACLK 为 32.768kHz，MCLK 和 SMCLK 被配置为 4.192MHz，为 SD16 模块配置 500kHz 左右的时钟。

ACLK 太低显然不适合做 SD16 的时钟。考虑到等待 ADC 转换完毕的过程中一直需要采样时钟，若选择 MCLK 作为时钟源则该过程中必须一直开启 MCLK。而 MCLK 也供 CPU 使用，因此等待转换完毕的过程中 CPU 无法进入任何低功耗模式。若选择 SMCLK 作为时钟源，等待转换完毕的过程可以让 CPU 进入 LPM0 休眠模式。对 SMCLK 进行 8 分频即可得到 502kHz 的时钟：

```
SD16CTL │ = SD16SSEL _1 + SD16DIV _3;     //选择 SMCLK 作时钟,8 分频得到 502kHz
```

下一步需要为 SD16 设置基准源。SD16 的基准源可以由内部产生，可以对外输出，也可以从外部输入。和基准源相关的控制位如下：

■ SD16REFON：内部基准源开关   1 = 开启   <u>0 = 关闭</u>(位于 SD16CTL 寄存器)

■ SD16MIDON：输出驱动器开关   1 = 开启   <u>0 = 关闭</u>(位于 SD16CTL 寄存器)

■ SD16LP：SD16 低功耗模式   1 = 开启   <u>0 = 关闭</u>(位于 SD16CTL 寄存器)

在 SD16 模块内部，集成了一个低功耗基准源和一个输出驱动器。当内部基准打开时，内部基准将向 3 个 ADC 提供 1.2V 基准电压，同时增加 200μA 左右的耗电，所以 ADC 采样结束后最好及时关闭基准源以省电。在某些应用中若内部基准源稳定度不能满足要求，可以关闭内部基准源，并使用外部基准源从 Vref 管脚向 MSP430 单片机提供基准，注意输入的基准电压必须在 1.0 ~ 1.5V 之间。

在 SD16 模块中，只要内部基准开启，基准电压也会对外输出，可以为外部其他的某些辅助测量电路提供基准源。但内部基准的负载能力有限，对外输出电流不能超过 200μA。若需要更大的输出电流，则必须开启输出驱动器。输出驱动器开启后输出能力将达到 1mA。但输出驱动器自身会带来 400μA 左右的额外耗电。输出驱动器还要求至少 100nF 以上的外接电容，否则可能不稳定。

SD16LP 控制位用于开启 SD16 的低功耗工作模式。若该位置 1，SD16 的速度性能下降，以换取更低的功耗。

例 2.7.2 SD16 模块采用内部基准源，并对外提供 1.2V 基准，外部负载约 3kΩ 左右。

使用内部基准时 SD16REFON 必须打开，对外提供基准的负载电流大约为 1.2V/3kΩ = 400μA，超过了内部基准的输出能力，需要将 SD16MIDON 置 1 打开输出驱动器：

SD16CTL	= SD16REFON + SD16MIDON;	//选择内基准,并对外提供较强的输出能力

例 2.7.3 用 SD16 模块测量某压力传感器的输出,要求电压波动不影响精度并且尽量节省元器件成本。

压力传感器一般采用桥式电路,在金属梁上贴有 4 个对称的应变电阻片,当压力变化时金属梁发生形变,导致 4 个桥臂上的应变片电阻发生变化,输出电位差。但是压力桥输出幅度不仅正比于被测压力,也正比于与激励电压。因此为了得到准确的压力输出值,需要稳定且准确的激励电压。若增加稳压电路,将导致功耗和元件成本的上升。另一思路(见图 2.7.2)是从激励电压上分压出 1.2V 左右作为基准源,激励电压的变化将导致输出信号和基准源同时发生变化,两者变化比例相等。ADC 采样结果实际上是两者相除,电压的影响将被完全消除。

SD16CTL & = ~(SD16REFON + SD16MIDON);	//关闭内部基准,由外部提供基准源

这种方式被称为比值测量法(Ratiometric),对于输出幅度正比于供电电压的各类传感器,都可以采用该方法消除电源电压变化带来的影响。

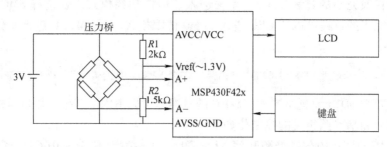

图 2.7.2 用比值测量法消除激励电压变化对压力测量的影响

(2) 配置输入通道 时钟与基准源配置后,可以开始使用 3 个 ADC,根据被测量的对象,选择输入通道与放大倍数。相关寄存器有:

■ SD16INCHx:输入通道选择(位于 SD16INCTL0/1/2 寄存器)

<u>000~101:外部电压输入</u> 110:温度传感器 111:0V(短路)

快捷宏定义:SD16INCH_0 ~ SD16INCH_7

■ SD16GAINx:PGA 增益选择(位于 SD16INCTL0/1/2 寄存器)

<u>000:1 倍(无放大)</u> 001:2 倍 010:4 倍 011:8 倍

100:16 倍 101:32 倍 110、111:保留

快捷宏定义:SD16GAIN_1/2/4/8/16/32

■ INTDLYx:采样延迟选择(位于 SD16INCTL0/1/2 寄存器)

<u>00 =4 个采样周期</u> 01 =3 个采样周期 10 =2 个采样周期 11 =1 个采样周期

快捷宏定义:SD16INTDLY_0 SD16INTDLY_1 SD16INTDLY_2 SD16INTDLY_3

SD16 模块中,每一个 ADC 都可以通过 SD16INCHx 控制位来切换采样通道。其中通道 0~5 是外部输入(42x 系列中只有通道 0)、通道 6 是温度传感器、通道 7 是 0V(可用于校准零点)。若输入信号幅度太小,可以开启内部的可编程增益放大器(PGA),将信号预先放大后再进行采样。通过 SD16GAINx 控制位可以设置放大倍数 1~32 倍。例如图 2.7.2 中的压

力传感器满量程只有几十毫伏的输出幅度，开启 16 倍增益即可放大到 ADC 的满输入幅度。内置 PGA 很大程度上简化了电路设计，无需在外部增加放大电路，同时也节省了功耗降低了成本。但内部 PGA 增益实际由开关电容的充放电率决定，不是真正的模拟电路，开启 PGA 会损失一定的有效分辨率，仅用于要求不高的场合。所以小信号高分辨率测量，或者计量级产品应用时仍建议使用外部的差分模拟放大器。

Sigma-Delta 型 ADC 的模拟量处理过程存在积分过程，数字量输出也需要数字滤波、平均、量化等过程，这些都是导致输出滞后于输入的因素。输出的滞后与平均对于抑制干扰有很大帮助，因为大部分干扰波形都是对称的，在积分平均的过程中能自相抵消。但在切换通道的过程中，会引入新的问题：一旦切换通道，也相当于输入突然跳动，需要一定的时间才能输出新的准确测量值。一般来说，切换通道将导致其后 1 ~ 4 次采样结果都是不准确的。可以通过软件去掉这些采样值，或者通过设置 INTDLYx 控制位，让 SD16 模块在发生变化后自动丢弃若干次采样值。若设置了 INTDLYx 控制位，只要可能引起输入突跳的因素，如通道号 SD16INCHx 改变、增益 SD16GAINx 改变、SD16SC 位发生变化，都会自动进行若干次空采样操作(不更新数据也不置结束标志)之后才开始正常采样。复位后默认值是 4 个周期，因此切换通道及增益后，第一次采样等待时间较长；单次采样每次都要操作 SD16SC 位，速度也较慢。

例 2.7.4　某仪器中使用 MSP430 单片机的 SD16 模块测量 3 种量：ADC0 采集某压力传感器的输出、ADC1 采集电池电压、ADC2 采集温度。为 SD16 配置通道寄存器。

考虑到压力传感器的输出幅度很小，按 30mV 的典型值计算，放大 16 倍后为 480mV，接近 ADC 满量程。电池电压可以经过分压后给 ADC1，无需放大。ADC2 应该选择通道 6，从内部的温度传感器获得输入。

```
SD16INCTL0  = SD16INCH _ 0 + SD16GAIN _ 16;      // ADC0 从外部输入，放大 16 倍
SD16INCTL1  = SD16INCH _ 0 + SD16GAIN _ 1;       // ADC1 从外部输入，放大 1 倍
SD16INCTL2  = SD16INCH _ 6 + SD16GAIN _ 1;       // ADC2 采集温度，放大 1 倍
```

(3) 配置 Sigma-Delta 调制器　在 SD16 模块中，3 个 ADC 均有独立的配置寄存器，能够各自工作在不同的模式下。图 2.7.1 中只画出了其中 ADC1 的内部框图，其余两个 ADC 有着与之完全相同的结构。常用的控制位有：

■　SD16OSRx：过采样率选择(位于 SD16CCTL0/1/2 寄存器)

00：过采样率 = 256　01：过采样率 = 128　10：过采样率 = 64　11：过采样率 = 32

快捷宏定义：SD16OSR _ 256　SD16OSR _ 128　SD16OSR _ 64　SD16OSR _ 32

当时钟一定时，过采样率越高，采样速度越慢，获得的有效分辨率越高；反之当降低过采样率时，能够提高采样速度但会损失有效分辨率。通过 SD16OSRx 控制位可以根据设计需要让 SD16 模块在速度和精度之间自由地选择。当过采样率被设定后，该 ADC 每次转换所需的时钟数等于过采样率。例如过采样率设为 256，每次采样与转换需要 256 个 ADC 时钟周期。

当过采样率为 256 时，SD16 模块才能达到标称的 16 位有效分辨率，若降低过采样率，16 位采样结果的末尾若干位将不停的跳动(量化噪声)而变得无意义。若通过某些软件算法人为地继续提高过采样率，还可以获得超过 16 位的分辨率。

■ SD16DF：数据格式（位于 SD16CCTL0/1/2 寄存器）

<u>0 = 单极性（无符号二进制数）</u>   1 = 双极性（有符号二进制数）

一般来说，高精度的 ADC 都采用了对称差分输入结构，ADC 针对两个输入脚（A + 和 A −）的电压差进行采样。共模干扰同时叠加在两个输入级上，相减后被抵消，这使得差分输入级具有很强的抗干扰能力。差分输入的另一优点在于能测量负压，即使两只管脚都处于正电压，只要 A − 高于 A +，就能测出负数结果。其整个电路中无需负电源，给设计带来了方便。对于正负结果，有两种表示方法，依靠 SD16DF 控制位来选择。图 2.7.3 是 SD16 的两种数据输出格式。

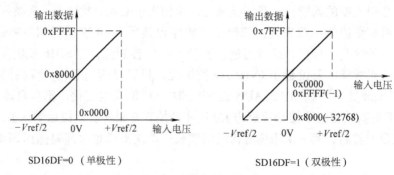

图 2.7.3   SD16 的两种数据输出格式

当 SD16DF = 0 时，0V 输入时数字量输出 0x8000（32768），Vref/2 输入时数字量输出 0xffff（65535），−Vref/2 输入时数字量输出 0。

当 SD16DF = 1 时，0V 输入时数字量输出 0，Vref/2 输入时数字量输出 0x7FFF（32767），−Vref/2 输入时数字量输出 0x8000（−32768）。

当 SD16DF = 1 时，数据格式与 C 语言中的 int 型变量完全相同；SD16DF = 0 时，数据格式与 C 语言中的 unsigned int 型变量相同，但是数据整体偏移了 0x8000。

在使用内部 1.2V 基准时，ADC 的量程将是 −0.6 ~ 0.6V。在一般单端应用中，可以将 A − 接地，此后理论上 ADC 只能测量正电压（0 ~ +0.6V 的电压），负压的量程被损失。不过芯片手册上给出每个管脚的最低电压极限能达到 −0.3V，实测在单端应用中负压也可以测到 −0.2V 左右（量程 −0.2 ~ +0.6V）。

（4）ADC 采样   与采样相关的控制器及寄存器有下列几组：

■ SD16SNGL：采样方式   <u>0 = 重复采样</u>   1 = 单次采样（位于 SD16CCTL0/1/2 寄存器）

■ SD16SC：开始采样   <u>0 = 停止采样</u>   1 = 开始采样（位于 SD16CCTL0/1/2 寄存器）

■ SD16IFG：采样结束标志   <u>0 = 未结束</u>   1 = 采样已完成（位于 SD16CCTL0/1/2 寄存器）

■ SD16MEMx：ADCx 转换结果寄存器

采样开始的命令通过 SD16SC 发出，之后 SD16 模块将自动开启相应的 Sigma-Delta 调制器进行采样。当采样结束时，相应的 SD16IFG 标志将被置 1。最后通过读取 SD16MEM 寄存器获得采样结果。每次读取 SD16MEM 寄存器后 SD16IFG 标志将会被自动清零，若不读取 SD16MEM 时也可以通过软件清除。

当 SD16SNGL = 1 时，ADC 被配置为单次采样模式。每次采样结束后，SD16SC 会自动的被清除，采样过程也随之停止。当 SD16SNGL = 1 时，ADC 被配置为连续采样模式，只要 SD16SC = 1，采样过程结束后会自动启动下一次采样，直到软件清除 SD16SC 控制位为止。

例 2.7.5　用单次模式采集 ADC0 的电压输入值，存于变量 ADC _ Result0 内。假设选择 2 分频后的 SMCLK 做时钟，内部基准源，开启基准输出缓冲器。PGA 增益 = 4，过采样率 = 256，数据格式为有符号二进制格式（双极性）。

```
int ADC _ Result0;                              //存放 ADC0 转换结果的变量
SD16CTL │ = SD16REFON + SD16VMIDON + SD16SSEL _ 1 + SD16DIV _ 1;
                                                //内基准,时钟 = SMCLK/2,开启缓冲器
SD16INCTL0 │ = SD16INCH _ 0 + SD16GAIN _ 4;     //ADC0 从外部输入,放大 4 倍
SD16CCTL0 │ = SD16OSR _ 256 + SD16DF + SD16SNGL;
                        //设置 ADC0 的过采样率 = 256,格式 = 有符号（双极性）,单次采样模式
SD16CCTL0 │ = SD16SC;                           //发出开始采样指令
while((SD16CCTL0 & SD16IFG) ==0);               //等待 SD16IFG 标志变高（转换完毕）
ADC _ Result0 = SD16MEM0; //读取 ADC0 的转换结果,将自动清除 SD16IFG 与 SD16SC 标志
```

例 2.7.6　用连续模式采集 ADC1 的电压输入值 128 次求平均，存于变量 ADC _ Result1 内。假设选择 2 分频后的 SMCLK 做时钟，内部基准源，PGA 增益 = 1，过采样率 = 128，数据格式为有符号二进制格式（双极性）。

```
int i,ADC _ Result1;                            //存放 ADC1 转换结果的变量
long int ADC _ Sum1;                            //暂存累计值的变量
SD16CTL │ = SD16REFON + SD16SSEL _ 1 + SD16DIV _ 1; //内基准,时钟 = SMCLK/2
SD16INCTL1 │ = SD16INCH _ 0 + SD16GAIN _ 1;     //ADC1 从外部输入,放大 1 倍
SD16CCTL1 │ = SD16OSR _ 128 + SD16DF;
                        //设置 ADC1 的过采样率 = 128,格式 = 有符号（双极性）,默认连续采样模式
ADC _ Sum1 = 0;                                 //清空累加变量
SD16CCTL1 │ = SD16SC;                           //发出开始采样指令
for(i =0;i <128;i ++ )                          //总共采集 128 次
  {
    while((SD16CCTL1 & SD16IFG) ==0);           //等待 SD16IFG 标志变高（转换完毕）
    ADC _ Sum1+= (int)SD16MEM1; //累加,读取 SD1MEM 将自动清除 SD16IFG 标志
  }
SD16CCTL1 & = ~SD16SC;                          //停止采样
ADC _ Result1 = ADC _ Sum1 >>7;  //计算平均值。右移 7 位相当于除以 128,但效率更高
```

SD16 模块包含了 3 个独立的 ADC，有时需要它们同时开始采样。但如果依次向 3 个控制寄存器发出转换指令，指令执行总有先后，并不同时。为实现同时采样，SD16 模块为 3 个 ADC 提供了编组功能。该功能依靠 SD16GRP 控制位实现：

■　SD16GRP：ADC 编组控制位（位于 SD16CCTL0/1/2 寄存器）

0 = 不参与编组　　1 = 与下一个 ADC 编为一组

当若干个 ADC 被编组后，对下标最高的 ADC 的操作将等效于对所在组全部 ADC 操作。

例如将 ADC0 的 SD16GRP 控制位置 1 后，ADC0 与 ADC1 编为一组，对 ADC1 的操作将全部同时作用在 ADC0 上。若将 ADC0 与 ADC1 的 SD16GRP 控制位都置 1，3 个 ADC 被编为一组，对 ADC2 的操作将同时作用于 3 个 ADC。

例 2.7.7　用连续模式对 3 个 ADC 同时采集 128 次求平均，存于变量 ADC_Result[3] 数组内。假设 ADC 时钟设为 SMCLK/2，使用内部基准，开启基准输出缓冲器。3 个 ADC 均采集外部输入电压，增益为 1。

```
long int ADC_Sum[3]; int i;
int ADC_Result[3];
SD16CTL = SD16REFON + SD16VMIDON + SD16SSEL_1 + SD16DIV_1;
              //开启内部 1.2V 基准源,开启缓冲器,ADC 时钟选择为 SMCLK/2(524kHz)
for(i=0;i<500;i++);                    //略延迟,让基准电压稳定
SD16INCTL0 |= SD16INCH_0 + SD16GAIN_1;  //ADC0 输入选择为外部输入,增益为 1
SD16INCTL1 |= SD16INCH_0 + SD16GAIN_1;  //ADC1 输入选择为外部输入,增益为 1
SD16INCTL2 |= SD16INCH_0 + SD16GAIN_1;  //ADC2 输入选择为外部输入,增益为 1
SD16CCTL0 |= SD16DF + SD16GRP;         //ADC0 与 ADC1 编组,数据格式为有符号
SD16CCTL1 |= SD16DF + SD16GRP;         //ADC1 与 ADC2 编组,数据格式为有符号
SD16CCTL2 |= SD16DF + SD16IE;          //打开 ADC2 中断,数据格式为有符号
            //ADC0/1/2 已经被编为同一组,对 ADC2 的操作将同时作用于 ADC0 与 ADC1
SD16CCTL2 |= SD16SC;                   //向 ADC2 发出"开始采样"命令
            //由于 ADC0/1/2 已经被编为一组,3 个 ADC 将同时收到出"开始采样"命令
ADC_Sum[0]=0;ADC_Sum[1]=0;ADC_Sum[2]=0;//清除累加值
for(i=0;i<128;i++)                     //采样 128 次
{
    while((SD16CCTL2 & SD16IFG)==0);  //等待 ADC2 转换完毕(相当于等待全部采样完毕)
    ADC_Sum[0] += (int)SD16MEM0;      //ADC0 采样结果累加
    ADC_Sum[1] += (int)SD16MEM1;      //ADC1 采样结果累加
    ADC_Sum[2] += (int)SD16MEM2;      //ADC2 采样结果累加
}
SD16CCTL2 &=~ SD16SC;   //向 ADC2 发出"停止采样"命令,相当于同时停止 3 个 ADC
ADC_Result[0] = ADC_Sum[0] >>7;
ADC_Result[1] = ADC_Sum[1] >>7;
ADC_Result[2] = ADC_Sum[2] >>7;                //求 128 次采样的平均值,右移效率比除法高
```

对于 3 路独立的 ADC，可以通过编组与延迟来提高采样速率：

■　SD16PREx：ADCx 的转换延迟(0～255 个 ADC 时钟周期)

当多个 ADC 被编组后，开始采样控制位 SD16SC 置 1 将立即同时启动同组所有的 ADC 开始采样，同组的 ADC 也会同时转换完毕。若希望同组的 ADC 采样的开始时刻错开一定的时间差，可以利用该寄存器实现。当 SD16SC 置 1(发出开始采样指令)后，或 SD16PREx 寄存器被改写后的下一个转换周期将被延长 SD16PREx 个 ADC 时钟周期。之后的采样周期自动恢复为原值。

若将 3 个 ADC 的输入端并联测量同一信号，利用延迟功能可以提高 3 倍的采样速度。

例如在过采样率设为 256 的情况下，每 256 个 ADC 时钟周期才能完成一次采样。如果将 3 个 ADC 的输入端并联采集同一个电压，并将 SD16PRE0 设为 0（ADC0 不延迟）、SD16PRE1 设为 85（ADC1 延迟 1/3 个转换周期）、SD16PRE2 设为 171（ADC2 延迟 2/3 个转换周期），第一次采样完毕之后，3 个 ADC 的采样时间恰好错开 1/3 个转换周期，实际上将速度提高了 3 倍。这种用多个 ADC 来提高采样速率的方法被形象地称为"流水线采样法"。

2.7.2　SD16 模块的中断

在上面的几个 ADC 采样的范例中，都采用了查询方式等待 ADC 采样与转换结束。Sigma-Delta 型 ADC 的转换速度较慢，在等待的过程中关闭 CPU 节省部分功耗是有意义的。参考 2.3 节给出的方法，可以在等待 ADC 转换结束的过程中将 CPU 休眠，再由 ADC 采样结束中断唤醒 CPU 读取转换结果，节省部分功耗。

与 SD16 模块中断相关的控制位与标志位有：

■ SD16IE：SD16 模块采样结束中断允许（位于 SD16CCTL0/1/2 寄存器）

<u>　　　0 = 禁止采样结束中断　　　1 = 允许采样结束中断</u>

■ SD16IFG：采样结束标志（位于 SD16CCTL0/1/2 寄存器）

<u>　　　0 = 采样未结束　　　1 = 采样已完成</u>

■ SD16OVIE：SD16 模块溢出（超量程）中断允许（位于 SD16CCTL0/1/2 寄存器）

<u>　　　0 = 禁止溢出中断　　　1 = 允许溢出中断</u>

■ SD16OVIFG：溢出标志（位于 SD16CCTL0/1/2 寄存器）

<u>　　　0 = 输入信号在测量范围内　　　1 = 输入信号超量程，数据溢出</u>

■ SD16IV：中断向量寄存器。

3 个独立的 ADC 中，每个 ADC 采样结束以及超量程都可以引发中断，所以总共有 6 个事件会引发 SD16 中断，这 6 个事件（中断源）共用了一个中断入口 SD16_VECTOR。需要在中断服务程序中通过软件判断 SD16IV 寄存器的值来确定具体的中断源（见表 2.7.1）。

表 2.7.1　SD16IV 寄存器值与中断标志位的关系

SD16IV 寄存器值	中　断　源	标　志　位	优　先　级
00H	无中断	—	—
02H	ADC 0～3 任一超量程	SD16CCTLx 寄存器中的 SD16OVIFG 标志位	最高
04H	ADC_0 采样完成	SD16CCTL0 寄存器中的 SD16IFG 标志位	
06H	ADC_1 采样完成	SD16CCTL1 寄存器中的 SD16IFG 标志位	最低
08H	ADC_2 采样完成	SD16CCTL2 寄存器中的 SD16IFG 标志位	

例如，当 ADC_2 采样完成时，SD16IFG 标志会被 SD16 模块自动置 1，SD16IV 寄存器的值也会变为 08H，若 ADC2 中断被允许（SD16CCTL2 中的 SD16IE = 1）且总中断是开启状态，就会引发中断。在中断程序内判断 SD16IV 的值，知道是 ADC_2 采样完毕引发的中断，程序应该读取 SD16MEM2 的值。SD16MEM2 被读取后，SD16IFG 标志会被自动清除，SD16IV 恢复为 0。

当多个 SD16 中断同时产生时，SD16IV 会按照优先级顺序自动先处理优先级较高的中断。例如 ADC_2 和 ADC_1 都采样完毕时，SD16CCTL1/2 中的 SD16IFG 标志都被置 1。

SD16IV 会优先处理 ADC_1 的中断，SD16IV 的值变为 06H。当进入中断读取 SD16MEM1 后，SD16CCTL1 中的 SD16IFG 标志被自动清除，SD16IV 变为 08H。中断结束之后，SD16CCTL2 的 SD16IFG 标志仍为 1，还会再次引发 SD16 中断，读取 ADC_2 的转换结果。

对于 ADC 溢出的中断(SD16IV = 02H)，需要用 SD16OVIFG 去判断具体哪个 ADC 发生溢出，再做相应处理。

当只使用了一个 ADC 时，也可以不判断 SD16IV 的值，直接读取结果。

例 2.7.8 编写中断服务程，读取 3 个 ADC 的值，存于 ADC_Result[3]数组中；并在退出中断后唤醒 CPU。

```
/*************************************************************
 * 名    称:SD16ISR() ADC 采样结束产生的中断
 * 功    能:保存 ADC 采样结果,并唤醒 CPU
 * 入口参数:无
 * 出口参数:无
 *************************************************************/
char ADC_Flag[3] = {0,0,0};          //用于判断 SD16 中断已发生的标志位
unsigned int ADC_Result[3];          //存放采样结果的数组
  #pragma vector = SD16_VECTOR
  __interrupt void SD16ISR(void)      //中断声明
  {
    switch (SD16IV)                   //判断中断源
    {
       case 2:                        //SD16MEM 超量程
         break;                       //不作处理
       case 4:                        //ADC0 采样结束
         ADC_Result[0] = SD16MEM0;    //保存 ADC0 采样结果
         ADC_Flag[0] = 1;break;       //通知应用程序,中断已发生
       case 6:                        //ADC1 采样结束
         ADC_Result[1] = SD16MEM1;    //保存 ADC1 采样结果
         ADC1_Flag[1] = 1;break;      //通知应用程序,中断已发生
       case 8:                        //ADC2 采样结束
         ADC_Result[2] = SD16MEM2;    //保存 ADC2 采样结果
         ADC2_Flag[2] = 1;break;      //通知应用程序,中断已发生
    }
    __low_power_mode_off_on_exit();   //退出中断后,唤醒 CPU
  }
```

有了中断服务程序，就可以将前面例子中所有的等待 SD16IFG 标志变 1 的程序替换为低功耗休眠。但要注意，SD16 模块一般都使用 SMCLK 作时钟源，CPU 只能进入 LPM0 休眠模式，其他休眠模式下 SMCLK 被关闭或不准确，SD16 模块将不能正常工作。还要注意休眠状态时，所有的中断都有可能唤醒 CPU，因此在软件中增加 3 个标志位 ADC_Flag[3]用于判断唤醒原因，若非 SD16 模块中断唤醒了 CPU，则继续回到低功耗休眠状态，只允许对应

的 ADC 发生中断才能继续执行。

例 2.7.9　用单次模式采集 ADC0 的电压输入值,存于变量 Voltage 内。利用上例的中断服务程序,在采样过程中让 CPU 休眠以节省电力(假设 SD16 模块参数已被设置妥)。

```
int Voltage;                                 //存放 ADC0 转换结果的变量
SD16CCTL0 | = SD16IE;                        //允许 ADC0 的中断
_ EINT( );                                   //开总中断
ADC0 _ Flag = 0;                             //清除 ADC0 中断已发生软件标志
SD16CCTL0 | = SD16SC;                        //发出开始采样指令
while( ADC _ Flag[0] ==0)   LPM0;            //休眠,且只有 ADC0 中断(转换完毕)能将 CPU 唤醒
Voltage = ( int) ADC _ Result[0];           //读取 ADC0 的转换结果(SD16MEM0 已被存于数组中)
```

例 2.7.10　利用连续转换模式编写单个 ADC 多次采样求平均函数 ADC16 _ Sample( ),传入两个参数:第一个参数表示 ADC 编号;第二个参数表示平均次数。要求在采样过程中CPU 休眠(假设 SD16 模块参数已被设置妥,数据格式为有符号二进制格式)。

```
/***************************************************************
* 名      称:ADC16 _ Sample( )
* 功      能:单个 ADC 采样函数
* 入口参数:ADC _ ID:选择当前采样用的 ADC 编号(0 ~3):  0 = ADC0   1 = ADC1   2 = ADC2
          AverageNum:采样平均次数(1 ~65535)设为 1 即为单次采样
* 出口参数:平均采样值
* 范      例:val = ADC16 _ Sample(0,30);返回 ADC0 连续采样 30 次的平均值,赋给 val
          val = ADC16 _ Sample(1,1) ;返回 ADC1 单次采样值,赋给 val
***************************************************************/
int ADC16 _ Sample( char ADC _ ID, unsigned int AverageNum)
  {
    long int ADC _ Sum = 0;                  //累加值
    unsigned int * SD16CCTL;                 //ADCx 控制寄存器选择指针
    int i;
    if( AverageNum ==0) AverageNum = 1;      //至少要采样 1 次
    switch( ADC _ ID)                        //根据选择采样 ADC 编号决定指针指向的寄存器
      {
        case 0:SD16CCTL = ( unsigned int * )&SD16CCTL0; //指针指向 ADC0 控制寄存器
            break;
        case 1:SD16CCTL = ( unsigned int * )&SD16CCTL1; //指针指向 ADC1 控制寄存器
            break;
        case 2:SD16CCTL = ( unsigned int * )&SD16CCTL2; //指针指向 ADC2 控制寄存器
            break;
      }
    * SD16CCTL | = SD16IE;                   //打开选中的 ADC 的中断
    _ EINT( );                               //开总中断
```

```
    * SD16CCTL │ = SD16SC;                    //向选中的 ADC 发出"开始采样"命令
    for( i = 0;i < AverageNum;i + + )          //循环连续采样
    {
      while( ADC _ Flag[ ADC _ ID] = =0) LPM0;  //等待一次采样结束
      ADC _ Flag[ ADC _ ID] = 0;               //清除软件标志
      ADC _ Sum + = ( int) ADC _ Result[ ADC];  //按有符号模式累加
    }                                          //采样次数达到
    * SD16CCTL & = ~ SD16SC;                   //向选中的 ADC 发出"停止采样"命令
    * SD16CCTL & = ~ SD16IE;                   //关闭相应 ADC 的中断
    return( ADC _ Sum/ AverageNum);            //求平均值
}
```

程序中用了指针来操作寄存器。当需要选择多组寄存器中的一组进行设置时，使用指针是一种常用的手段。

例 2.7.11   利用 SD16 模块提供的编组功能，对 3 个 ADC 同时采样。编写 3 个 ADC 同时多次采样求平均函数 ADC16 _ Sample3( )，3 个采样结果通过指针返回，再用一个参数表示采样平均次数。要求在采样过程中 CPU 休眠(假设 SD16 模块参数已被设置妥,数据格式为有符号二进制格式)。

```
/******************************************************************
* 名      称:ADC16 _ Sample3( )
* 功      能:三个 ADC 同时采样函数
* 入口参数:Result0:ADC0 采样结果存放地址
          Result1:ADC1 采样结果存放地址
          Result2:ADC2 采样结果存放地址
          AverageNum:采样平均次数(1 ~ 65535)设为 1 即为单次采样
* 出口参数:无(3 个采样结果通过 3 个指针返回)
* 范      例:ADC16 _ Sample3(&a,&b,&c,30);3 个 ADC 同时采样 30 次,采样结果的平均值
          存于 a,b,c 三个 int 型变量内
******************************************************************/
    void ADC16 _ Sample3( int * Result0, int * Result1,
                        int * Result2,unsigned int AverageNum)
    {
      long int ADC _ Sum[3];                  //累加变量
      int i;
      if( AverageNum = =0) AverageNum = 1;     //至少要采样 1 次
      for( i = 0;i < 3;i + + ){ ADC _ Sum[i] = 0;}  //累加值清零
      SD16CCTL0 │ = SD16GRP;                  //ADC0 编组
      SD16CCTL1 │ = SD16GRP;                  //ADC1 编组
          //ADC0/1/2 已经被编为同一组,对 ADC2 的操作将同时作用于 ADC0 与 ADC1
      SD16CCTL2 │ = SD16IE;                   //开启 ADC2 中断
```

```
        _ EINT( );                          //开总中断
        SD16CCTL2 │ = SD16SC;               //向 ADC0/1/2 同时发出"开始采样"命令
        for( i = 0;i < AverageNum;i + + )   //循环连续采样 AverageNum 次
        {
            while( ADC _ Flag[2] == 0) LPM0; //等待一次采样结束(ADC2 结束时三个通道均
            ADC _ Flag[2] = 0;              //同时采样结束),过程中 CPU 休眠
            ADC _ Sum[0]  += ( int)SD16MEM0; //按有符号模式累加
            ADC _ Sum[1]  += ( int)SD16MEM1; //按有符号模式累加
            ADC _ Sum[2]  += ( int)SD16MEM2; //按有符号模式累加
        }                                   //采样次数达到
        SD16CCTL2 & =~ SD16SC;              //向 ADC0/1/2 同时发出"停止采样"命令
        SD16CCTL2 & =~ SD16IE;              //关闭 ADC2 中断
        SD16CCTL0 & =~ SD16GRP;             //解除 ADC0 编组
        SD16CCTL1 & =~ SD16GRP;             //解除 ADC1 编组
        * Result0 = ADC _ SumS[0]/AverageNum; //ADC0 采样结果的平均值
        * Result1 = ADC _ SumS[1]/AverageNum; //ADC1 采样结果的平均值
      * Result2 = ADC _ SumS[2]/AverageNum; //ADC2 采样结果的平均值
    }
```

3 个 ADC 采样将有 3 个返回值。但 C 语言的函数体只允许有一个返回值,所以本例中通过 3 个指针传入函数,通过改变 3 个指针所指的变量值来实现 3 个数据的返回。这是一种常用的多值返回的方法。另一种方法是将 3 个变量定义为结构体,通过返回结构体来实现多个数据的返回,留给读者自行完成。

2.7.3   SD16 模块的电压测量应用

SD16 模块适用于各类高精度、高分辨率测量应用。加上差分输入结构以及内置的可编程增益放大器 PGA,具有很强的共模抗干扰能力及小信号放大能力,特别适用于压力、称重等桥式传感器测量应用。

(1) 单端电压测量   直接测量电压是 ADC 最基本的应用之一。对于 SD16 模块来说,被测电压是 A + 管脚与 A − 管脚之间的电位差(差模电压)。ADC 的满量程输入电压为 − $Vref/2$ ~ + $Vref/2$。同时必须满足 A + 与 A − 管脚都必须在 − 0.3V ~ V_{CC} + 0.3V 之间(共模电压),否则可能造成芯片损坏。如果在设计中将其中一只管脚(比如 A −)接到一个固定电压上,只改变另一只输入管脚的电压,称为单端测量模式。

图 2.7.4a 中,将 A − 端接到 0V 电压(GND),从 A + 管脚输入被测电压。因芯片规定了任何管脚电压不能低于 − 0.3V,为安全起见,使用这种接法时 A + 管脚的电压不能低于 − 0.2V。牺牲了一部分量程范围。

图 2.7.4b 中,将 A − 端接到 1.2V 电压($Vref$),从 A + 管脚输入被测电压。当输入电压在 − 0.6 ~ + 0.6V 满测量范围内变化时,A + 端的电压将在 + 0.6 ~ + 1.8V 范围内,符合芯片的共模输入电压要求。该电路的特点是能测量满量程的正负电压,缺点是输入电压不能与单片机共地。单片机的电源必须与被测电压隔离。

图 2.7.4c 在图 2.7.4a 的基础上利用电阻分压扩大了 100 倍输入量程。图 d 在图 b 的基础上利用电阻分压扩大了 100 倍量程并保证了正负满量程输入。

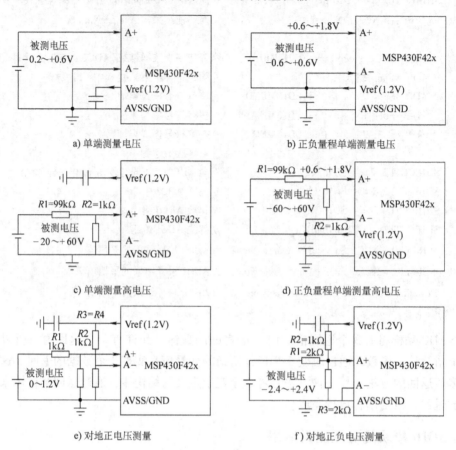

图 2.7.4   单端电压测量

在图 2.7.4a ~ d 的测量电路中，量程都包含了负压。若只需测量正电压，相当于原分辨率的 1/2（只有 15bit 有效读数）。很多应用中都会出现只测正电压的应用，可以使用图 2.7.4e 的电路。A − 被接到 Vref/2 上，输入电压缩小至 1/2 后加到 A + 上。相当于当被测电压为 0V ~ Vref 变化时，A + 与 A − 间的电压差为 − Vref/2 ~ + Vref/2，充分利用了 ADC 的 16bit 正负满量程。改变 R1 与 R2 的比值可以获得任何大小的对地正电压量程。

对于图 2.7.4b 与图 2.7.4d 中的正负电压测量，被测电压不能与单片机共地的缺点可以利用图 2.7.4f 的电阻网络来解决。图 2.7.4f 中的 3 电阻网络将 − 2.4 ~ +2.4V 的输入信号变成 0 ~ 0.6V 的正电压。通过改变 3 个电阻的比例可以将任何正负电压量程都转成正电压。该电路同样存在损失一半量程的缺点。如果将图 2.7.4e 中的 R2 接地端改为接 Vref，也可以实现对地正负电压测量，且不损失量程，如图 2.7.5 所示。改变 R1 与 R2 的比例同样能获得任意输入量程范围。

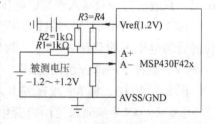

图 2.7.5   不损失量程的对地
正负电压测量

从上面的几个典型应用中可以看出，ADC 的差分输入结构为电路设计带来了很大的灵活性。不需要使用运算放大器，只需要电阻网络就能实现电平的搬移。读者在进行测量电路设计时遇到需要将电平搬移、抬升的情况，也应尽可能的利用差分端和电阻网络来实现，避免使用运放，以减小功耗、降低成本，且避免运放的失调、温度漂移等诸多问题。

在实际设计中，只要 SD16 模块对外输出 Vref，在 Vref 管脚外接一只 $0.1\mu F$ 以上的滤波电容都是必不可少的。

（2）差分电压测量　上面各例的测量电路中，两个输入端的输入阻抗不一致，因此无法发挥差分输入级抗干扰特性。以图 2.7.4c 为例，假设整个电路置于一定强度的空间电磁干扰环境下，干扰对 A - 端无影响（A - 接地）；而干扰对 A + 端的影响被 ADC 采集了，两者不能自相抵消。

如果在电路设计上使 A + 与 A - 的电压大小相反的变化，则称为差分测量方式。在差分测量方式下，若再将被测的电压源也设计成对两个管脚输入阻抗相等（电路对称），传输路径也设计成完全一致（例如用双绞线），空间中电磁干扰对两个管脚的影响相同，相减后完全抵消，会具有极高的抗干扰能力。

图 2.7.6 是利用差分模式测量压力传感器输出的例子。当压力传感器受力时，$R1$ 与 $R4$ 变大，$R3$ 与 $R2$ 变小，电阻桥失衡产生很小的（数十 mV 级）电压。该电压正比于压力，因此可以通过测量电压差计算压力值。

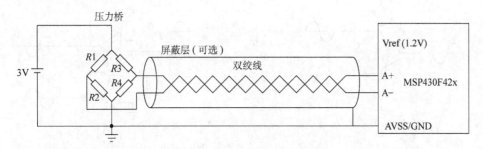

图 2.7.6　压力传感器的差分测量

传感器输出的电压很小，并且等效源阻抗较高，容易受到电磁干扰的影响。该电路在结构上是完全对称的，信号的传输路径也是完全对称的，干扰对两根输入端的干扰是完全相同的。ADC 的差分输入级将两个信号相减后得到无干扰的原始信号。如果在双绞线外部增加一层屏蔽并接地，会有更好的效果。

需要注意的是，与单端方式一样，差分方式下，除了满足差分电压范围要求之外，还必须满足两个输入端的共模范围（$-0.3V \sim V_{CC} + 0.3V$）要求。图 2.7.6 中的压力传感器输出的两根信号线电压都在 $V_{CC}/2$ 附近，满足共模电压范围的要求。而图 2.7.7a 中的电路是无法工作的，因为 A + 与 A - 悬浮，其共模电压无法确定。图 2.7.7b 中的电路本意是希望通过一个小电阻上的压降来测量某 5V 系统的电源耗电，但 A + 与 A - 都远超出了 MSP430 单片机的电源电压，且无限流保护电阻，会直接烧毁 MSP430 单片机的输入管脚。

一般来说，习惯将对地的信号称为单端信号，将正负对称的信号称为差分信号。但严格地说，差分信号具有抗干扰能力最本质原因是源阻抗一致而非信号幅度相反。因为只有源阻抗相等的信号源，在受同样强度的干扰时，干扰产生的影响才会相同，在差分输入级才能被

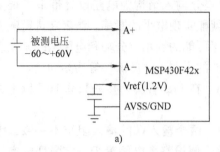
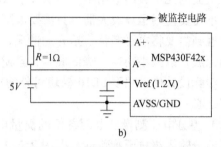

图 2.7.7a　错误的差分测量电路　　　　图 2.7.7b　错误的电流监测电路

相减抵消。例如图 2.7.8a 中的电路，从晶体管 E 和 C 极会输出大小相等且幅度相反的信号，看似一个差分信号，实际上晶体管射级输出阻抗远低于集电极输出阻抗，同样的电磁干扰强度对 C 极信号的影响远大于对 E 极输出信号的影响，两者无法通过相减来抵消，所以不具备抗干扰能力。图 2.7.8b 中的电路是一种常用的单端转差分电路，若运放的型号相同，则输出阻抗相同（且一般都很低），受干扰后的影响将相等，可以通过差分相减抵消。而且即使两个运放电路的放大倍数不同，导致输出幅度不等，因为输出阻抗相等，仍然不改变其抗干扰能力。

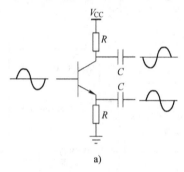
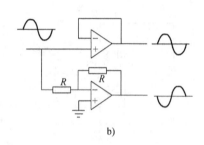

图 2.7.8a　非差分信号　　　　　　图 2.7.8b　差分信号

　　同样的，只有输入阻抗相等，且能实现相减的接收电路，才能叫做差分输入电路。SD16 模块内部的结构是完全对称的，共模抑制比达到 85dB（将共模电压衰减 17000 倍）以上（PGA 增益增加时会略有下降）。所以遇到高阻抗、微弱信号需要传输较远距离时，最好先转成差分信号后再传输。

　　（3）比值（Ratiometric）测量　ADC 的测量本质是计算输入信号 Vin 与参考电压 $Vref$ 的比值。因此利用 ADC 可以实现某些除法（比值、比例）计算功能。

　　图 2.7.9 是一种比值法测量电阻值的电路。图中的 Rx 是被测电阻，R 是标准电阻，Rs 是保护电阻。根据电阻的定义，$Rx = Ux/Ix$。其中 Rx 是被测电阻，Ux 是被测电阻两端电压，Ix 是流过该电阻的电流。

　　因 ADC 的输入阻抗较高，假设

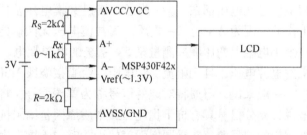

图 2.7.9　用比值法测量电阻值

ADC 输入端吸收的电流可以忽略，Rx 上的电流全部流过标准电阻 R，因此 ADC 的基准电压：

$$Vref = IxR = (Ux/Rx)R \qquad\qquad (2.7.1)$$

ADC 的输入电压 Vin 等于 Rx 两端的电压 Ux：

$$Vin = Ux \qquad\qquad (2.7.2)$$

对于 SD16 模块，$Vref/2$ 对应满量程，因此经过 ADC 采样后，得到数字量是二者的比值：

$$D = 2^{16} \times Vin/Vref = \frac{2^{16} \times UxRx}{(UxR)} = \frac{2^{16} \times Rx}{R} \qquad\qquad (2.7.3)$$

即

$$Rx = DR/2^{16} \qquad\qquad (2.7.4)$$

取 $R = 2000\Omega$，即可精确测量 $0 \sim 1000\Omega$ 的待测电阻，并获得 15bit 的分辨率（分辨至 0.03Ω）。当改变标准电阻 R 时，相当于改变电阻测量的量程。当 R 较大时，ADC 的阻抗不能忽略，可以将 Vin 与 $Vref$ 通过运放跟随后输入 ADC。Rs 的作用是保证 $Vref$ 的范围在 $1 \sim 1.5V$ 之间，以符合 SD16 模块基准电压范围的要求。

在这个例子中，Rx 变化时或者供电电压变化时，被测电阻上的电压 Ux 是变化的，但通过 ADC 的比例运算将 Ux 相除约去。所以，通过比值法可以利用 ADC 的比例运算功能将某些不确定因素相除消去。在利用比值法测量时，可以无需提供稳定激励的电路（如稳压器、基准源等），从而降低成本与功耗。一般电阻测量都用在被测电阻上加恒流源，测量端电压。用比值法避免了恒流激励电路，因为激励电流值在除法中被消去，不需要稳定电流一样能获得高精度。在图 2.7.2 的比值法测压力的例子中，同样利用比值法消除了压力传感器激励电压波动的影响。

（4）作为数值输入设备　一般的菜单中都会使用按钮来输入数据。例如留有 $0 \sim 9$ 数字键盘，或者 $+/-$ 键。可以精确输入数值，但对于某些需要凭经验调整的情况反而不方便。例如对于搅拌机电动机速度的调节，有经验的工人可以凭手感通过旋转调速器的旋钮调到最合适的速度。如果操作界面留的是按钮，让工人输入速度值反而会让操作员感到不适应。

利用电位器和 ADC 可以模仿出旋钮的操作方法。图 2.7.10 中，$Vref$ 被 $R1$ 与电位器分压后得到 $Vref/2$ 的电压，当电位器推至最下方位置时，ADC 采样值最小，电位器推至最上方时，ADC 采样值最大。将 ADC 值转换成电动机的速度指令，发送给电动机调速电路，从而实现调速功能。在调节搅拌速度、调节亮度等需要经验操作的场合，使用电位器比键盘具有更亲切的操作感。

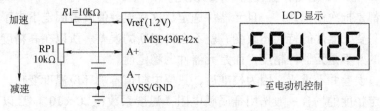

图 2.7.10　用 ADC 作为电动机速度输入值

电位器输入与键盘输入相比其缺点是不容易输入精确的数值。遇到需要精确输入的情况可以利用两个电位器，一只做粗调，另一只做微调。

如果将两只电位器按照 X-Y 位置放置，可以做出类似"飞行摇杆"的控制输入装置，例如对显微镜载玻片在水平面上位置控制。

（5）电源检测　利用 ADC 可以测量出系统自身的电池电压。通过测出的电压值还可以估算出电池的剩余电量、剩余使用时间等参数。当检测到电源电压不足时，可以采取保存数据、关机等紧急处理手段。

2.7.4　SD16 模块的误差及校准

任何测量系统均存在误差。对于 SD16 模块来说，虽然属于高精度 ADC，但它和大部分 ADC 一样，在出厂时的初始误差是很大的，必须通过一定的校准手段后，才能实现精确测量。

（1）基本概念　在了解误差之前，先明确几个易混淆的基本概念。首先，精度与分辨率是两个完全不同的概念。精度表示测量值与真实值之间的差异大小，分辨率表示最小能分辨的刻度大小。分辨率并不决定精度，也并非分辨率越高的测量系统其精度就越高。

例如一把 1m 长的钢尺 A，刻度是 1cm，经过与标准尺比对，发现所有刻度的误差最大是 $10\mu m$。我们说尺子 A 的精度是 $10\mu m$，分辨率是 1cm。另一把皮尺 B 刻度是 1mm，经过与标准尺比对，发现所有刻度的误差最大是 $100\mu m$。我们说尺子 B 的精度是 $100\mu m$，分辨率是 1mm。A 尺的精度高于 B 尺，但 B 尺分辨率高于 A 尺。用 A 尺可以更精确地测量，用 B 尺可以分辨出更小的差异。例如参照 A 尺测量并加工 10cm 的工件，比用 B 尺加工出来的更准确，但用 B 尺可以加工 10.5cm 的工件而 A 尺则不行。分辨率仅表示能分辨更小的差异而已，而并不表示测量精度。

对于 ADC 也是如此，一个 16 位 ADC，若测量误差达到 1%，精度不如一只准确的 8 位 ADC（最大测量误差 1/256）。即使 16 位 ADC 的误差再大，它仍能分辨更小的电压变化，8 位 ADC 则不行。

第二个容易混淆的概念是元件稳定度与精度。一般来说，各种元器件参数都只保证稳定而并不保证精确。例如一般电阻的精度为 5%，等级较高的精度也只有 1%。如果用精度为 1% 的电阻构成分压网络，将导致至少 1% 的分压误差。

同样的，SD16 模块的基准源标称是 1.2V，但是手册上给出的实际电压范围是 1.14 ~ 1.26V 之间。也就是说 ADC 的基准电压存在 5% 的误差。

ADC 内部的可编程增益放大器也同样存在误差，例如设置增益 =1 时，手册上给出实际增益可能在 0.97 ~ 1.02 之间，折合约 3% 的误差。

这些误差都是批次性误差，一旦元器件选定，这些误差值就被固定下来了，通过校准可以将其消除。只要元器件的特性不改变，就不会带来新的误差。所以在高精度测量系统的设计中更加关心的并不是元器件精度，而是元器件的稳定度。

对于电阻，误差并不重要。因为校准后，只要电阻值不随环境温度变化，就不会引入新的误差。在决定精度的场合一般选用金属膜电阻，温度系数在 $20 \times 10^{-6}/℃$ 以下。而且分压电阻的温度系数可以自相抵消。

对于内部基准源，手册上给出其温漂指标是 $20 \times 10^{-6}/℃$，若不能满足要求，应该从外部提供更加稳定的基准源。

所以选择元器件时首先要确定设备的工作温度范围与精度要求。例如用 MSP430 单片机设计的某仪器只在室温下使用，按 $0 \sim 40℃$ 考虑，内部基准源会变化 800×10^{-6}，带来 0.08% 的误差。如果仪器本身精度等级为 0.5%，温度带来的误差基本可以不考虑。

再如用 MSP430 单片机设计的工业级计量设备，需要在 $-40 \sim 85℃$ 工作，内部基准源会变化 2500×10^{-6}，带来 0.25% 的误差。如果仪器本身精度等级为 0.1%，基准变化所带来的误差已大于仪器设计精度了，需要选用温飘更低的外部基准源，例如 MC1403（$10 \times 10^{-6}/℃$）、LM399（$1 \times 10^{-6}/℃$）等。

（2）SD16 模块的误差来源　ADC 的误差一般分为下面 5 种：

1）零点误差（偏移误差）。由于半导体工艺的对称性问题，差分输入级在实际输入 0V 的时候，输出可能不为 0。反映到 ADC 及测量结果上就是一个固定的偏移量。手册上给出 SD16 模块的零点误差最大为 0.2% 左右，折合约 130LSB（130 个数字）的读数误差。在图 2.7.5 以及图 2.7.6 的电路中，如果桥壁电阻比例不等，也会造成零点偏移。记下零点偏移量，再从每次采样结果中扣除该值即可消除零点误差。SD16 模块中的通道 7（内部短路）就是用于测量 ADC 零点误差的。也可以通过在外部电路中增加人为调整措施（如调零电位器）来调整零点。

2）增益误差。基准电压误差、内部 PGA 增益误差、分压电阻误差都会导致增益误差。这也是最主要的误差来源。增益误差可以通过标定来消除：给定一个已知标准的输入，记下测量值，然后算出真实的增益记录下来。以后将真实的增益乘以采样数值即可得到真实的输入电压值。也可以通过在外部电路中增加人为调整措施（如调节增益的电位器）来调整增益。

3）随机误差。有时受到干扰、电路设计不良、信号源波动都可能造成 ADC 读数的跳动。通过改善电路、增加屏蔽措施、差分输入、增大信号的滤波常数等措施都能减少随机误差。另外，随机误差的统计平均值为 0，因此也可以通过将多次采样结果求平均减少随机误差。

4）漂移误差。对于零点误差与增益误差来说，即使校准之后，也可能随温度与时间漂移。可以通过选用更低温度系数指标的元器件来降低温度漂移误差。通过出厂前的老化来降低元器件随时间漂移的可能。

5）非线性误差。理论上 ADC 的读数与输入电压之间的关系应该是线性的。但实际中因各种非理想因素，如半导体特性在不同电压下特性不一致、信号调理电路元器件存在非线性、被测的传感器输出与测量物理量之间存在非线性等，都可能导致非线性误差。非线性误差可以通过分段校准、曲线拟合等方法消除。

（3）SD16 模块的校准方法　如果 SD16 模块不经校准，其测量误差将可能达到 5% 以上。这将使 16 位测量结果变得毫无意义。传统的校准方法一般需要在电路设计时留出调节零点与增益的两只电位器，通过调节电位器消除零点误差与增益误差。因为电位器存在接触点、旋转臂等机械结构，电位器的阻值容易因为老化、振动、跌落等原因而变化。所以这种方法电路复杂、成本较高且稳定性不高。

SD16 模块与 CPU、存储器处于同一芯片系统，使得用数字校准方法更为容易。对于零点误差和增益误差来说，并不破坏输入电压与 ADC 读数之间的线性。由于只需要两点即可确定一条直线，因此只需要校准两个点，即可消除零点误差和增益误差。在输入量程范围内任意选择两个校准点 A 和 B，假设 A 点对应输入量 X_1 时 ADC 采样值 D_1；B 点对应输入量 X_2 时 ADC 采样值 D_2，根据两点直线公式，对于采样值为 D 时，实际输入值为：

$$X = X_1 + \frac{(X_2 - X_1)(D - D_1)}{(D_2 - D_1)} \tag{2.7.5}$$

一般来说，两个校准点应尽量远以保证校准效果。以图 2.7.11 的电压测量系统为例：将输入电压衰减 100 倍左右，从而将量程扩大 100 倍，图 2.7.11 中的 SD16 模块能测量 $-20 \sim +60V$ 的输入电压。下面示范对其校准的过程。

因为 ADC 存在零点误差，当输入 0V 时，实际 ADC 读数可能不为 0。同样，因为电阻误差、基准源误差、PGA 增益误差等，导致实际增益（直线斜率）也与理论值有偏差。取 0V 和 50.00V 两个点进行校准。假设输入 0V 时 ADC 读数为 -73；输入 50V 电压时 ADC 读数为 27290。在直角坐标系中取 $(0, -73)$ 与 $(50, 27290)$ 两点连一条直线，就是该测量系统的实际的输入电压与 ADC 读数之间的关系。对于任一 ADC 读数 D，有被测电压：

$$Ux = 50 \times \frac{D - (-73)}{27290 - (-73)} = 50 \times \frac{D + 73}{27363} \tag{2.7.6}$$

校准的过程可以通过编写一段程序自动完成。例如进入校准界面之后，先提示用户将输入端短路（输入 0V）后按确定键。确定键被按下后将 ADC 的采样值 D_1 记录下来存入 Flash 内。再提示用户输入 50.00V 已知的标准电压源后按确定键，确定键被按下后将 ADC 的采样值 D_2 记录下来存入 Flash 内。之后按照 $Ux = 50 \times (D - D_1)/(D_2 - D_1)$ 来计算被测电压值。

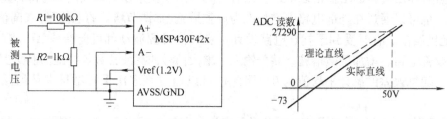

图 2.7.11   电压测量系统校准示意图

对于其他物理量的测量也可以用类似的方法，将所有环节的系统误差消除。对于图 2.7.6 中压力测量的例子，假设压力传感器量程为 $0 \sim 1MPa$，可以提示用户输入 0MPa 和 1MPa 的标准气压，记录下 ADC 读数，再通过两点直线公式将压力传感器本身的误差消除。

对于存在非线性的传感器或测量系统，可以校准多个点，再通过多段直线来减少非线性误差。

2.7.5   SD16 模块的超低功耗应用

SD16 模块在测量过程中，下列部件都会引起功耗（见表 2.7.2）。

表 2.7.2   SD16 模块相关部件的功耗

部 件	功耗/μA	备 注
基准源	$175 \sim 260$	SD16REFON = 1
输出缓冲器	$385 \sim 600$	SD16MIDON = 1
基准源外部负载	最大 1000	由外部负载决定
ADC	$600 \sim 1550$	PGA 增益越高越耗电采样结束会自动关闭

(续)

部　件	功耗/μA	备　注
CPU	400μA/MHz	保持活动
	100μA	进入 LPM0
信号调理电路	数百 μA ~ 数 mA	由具体电路决定
传感器	数百 μA ~ 数 mA	由具体电路决定

与前几节中的各种模块数 μA 的功耗相比，SD16 模块中任何一个部件的功耗都是较大的。若将 ADC 相关的部件一直开启，总功耗可能达到毫安级。只需数天时间即可将一节 200mA · h 容量的纽扣电池耗尽。所以 ADC 采样部分必须间歇性工作，并对传感器、信号调理等外部电路进行电源管理。

例 2.7.12　以图 2.7.11 的电压测量系统为例，若对输入信号连续地采集，基准源、ADC、CPU 这 3 个部分的功耗至少 900μA。假设电压采集的结果显示在 LCD 上供用户查看。连续的采集反而导致显示数字快速变化，看不清楚。采样速度降到采样 2 次到 3 次每秒已经足够，且能够明显地降低功耗。让 CPU 休眠在 LPM3 模式，用 BasicTimer 每 1/2s 唤醒 CPU 进行采样及处理工作。在采样前才打开基准源，采样后及时关闭基准源：

```
#define ADC _ 0 ( -73 )
#define ADC _ F 27290
#define VCAL 5000                         / * 实测的校准参数 * /
…
//-----------以下代码需每 1/2 秒运行一次--------------
       SD16CTL ｜ = SD16REFON;              //开启内部基准源
       for( i = 0;i < 30;i + + );          //略等待 100μs 以上,等基准稳定
       ADC _ Result = ADC16 _ Sample(0,1); //采样 ADC0,单次采样(例 2.7.10)
       SD16CTL & =~  SD16REFON;            //关闭基准源
       Voltage = ( ADC _ Result-ADC _ 0) * ( long int)VCAL/( ADC _ F-ADC _ 0); //计算电压
       LCD _ DisplayDecimal( Voltage,2);   //显示电压值,带 2 位小数 (例 2.5.10)
       LCD _ InsertChar( VV);              //尾部添加单位:V
```

基准源从打开到稳定需要一段时间(手册上给出指标是 100μs 以上)，在开启基准源后需要略延迟才能进行采样。

取 SD16 时钟 = 500kHz、过采样率 OSR = 256，每次 ADC 转换需要 500μs 左右。第一次转换之前 SD16 模块会自动进行 4 次空采样操作，所以总共大约需要 2.5ms 时间。按照采样过程耗电 900μA、其余时间功耗 3μA (LCD 显示的耗电)计算，平均功耗为：$I = (900\mu A \times 2.5ms + 3\mu A \times 497.5ms)/500ms = 7.48\mu A$。这个值远小于 900μA。对于一节 200mA · h 纽扣电池来说，能连续工作 3 年。

对于图 2.7.10 的例子，除了开启基准源以外，还必须开启基准源的输出缓冲器。同样的在采样结束之后要及时关闭基准源及缓冲器。使用缓冲器后，输出能力增强，在 Vref 管脚外接电容相同的情况下，基准稳定所需时间也会变短。

对于有外部调理电路以及外接有传感器的情况，外围电路的耗电也可能达到数毫安。有

必要用一个开关对外围电路的电源进行控制，让外围电路也间歇性工作才能实现低功耗运行。在单片机 ADC 输入管脚的附近，一般都会安排一个 I/O 口管脚。用这根管脚作为电源控制比较方便布线。例如 42x 系列单片机在 ADC 管脚的旁边留了 P2.2 口，可以用它控制外围电路的电源。

当外围电路耗电较小时(3mA 以内)，可以直接用 I/O 口输出高电平对外供电。当外围电路功耗较大时，可以将多个 I/O 并联供电，或用一片 74HC 系列的驱动器(125、244、245、373、573 等)扩流后对外供电。74HC 系列 CMOS 驱动器自身功耗不到 1μA，可以忽略不计。当模拟部分需要更大的电流或者工作电压高于单片机 I/O 输出电压时，可以自行设计其他形式的电源开关。

例 2.7.13 以压力测量系统为例(见图 2.7.6)，一般的压力桥传感器内阻约 1kΩ 左右，3V 供电时耗电约 3mA 左右。若不对其电源进行控制，传感器的功耗将远大于单片机系统的功耗。3 天即可耗尽一节 200mA·h 的纽扣电池。降低功耗的方法是将压力桥的激励电源从 V_{CC} 改为 P2.2 口，通过控制 P2.2 口的电平高低即可控制传感器的电源间歇性开启(见图 2.7.12)。

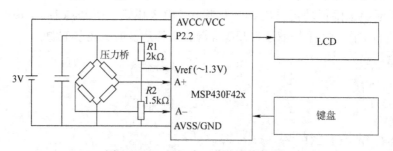

图 2.7.12 用 I/O 口作为电源控制

在程序中，也应该增加相关的控制语句：

```
    ...
// -----------------以下代码需每 1/2s 运行一次--------------------
    P2OUT | = BIT2;                      //打开外部电路的电源
    for(i=0;i<100;i++);                  //略等数百微秒以上,等电路稳定
    ADC_Result = ADC16_Sample(0,1);      //采样 ADC0,单次采样(例 2.7.10)
    P2OUT & = ~ BIT2;                    //关闭外部电路的电源
    ...                                  //计算与显示
```

按照测量过程耗电 4mA、其余时间功耗 3μA(LCD 显示的耗电)计算，平均功耗为：$I = (4000μA \times 2.5ms + 3μA \times 497.5ms)/500ms = 23μA$。一节 200mA·h 纽扣电池能连续工作 1 年时间。

2.7.6 SD16 模块的高精度应用

SD16 模块本身的性能是非常优秀的。在高精度应用中，外围电路的设计很大程度上决定了系统的总体性能。特别是接地、布线等细节问题变得十分重要。

(1) Sigma-Delta 型 ADC 的输入级　在实际的 Sigma-Delta 型 ADC 芯片内部，输入级、

减法器、积分器、基准切换电路，甚至内置可编程增益放大器（PGA）大都采用开关电容电路，以便于纯数字方法实现。

开关电容型输入级也会带来很多问题。首先就是输入阻抗问题。图 2.7.13 中最右侧框内是 Sigma-Delta 型 ADC 的输入级等效电路。S1 和 S2 在采样时钟的控制下以数百千赫的频率通断：半个周期 S1 接通 S2 断开，C 被充电，最终和输入电压一致；另外半个周期 S2 接通 S1 断开，电容的电荷被移走，实现一次采样。

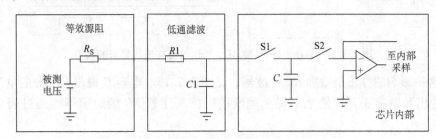

图 2.7.13　Sigma-Delta 型 ADC 的输入等效电路

对于被测电压信号来说，电容充放电相当于周期性地从被测电压上吸取电荷，宏观上等效于一股电流。所以对于被测电压来说，输入端等效为一个对地的输入阻抗。如果源阻抗较高，会因输入阻抗分压而引起误差。当然，如果源阻抗固定，这个误差能被校准过程消除，但是若被测源阻抗本身会变化，校准就毫无意义了。

另外，ADC 的等效阻抗对于误差来说并不起着决定作用，而是电容 C 在充电周期结束时的电压决定了误差大小。很多带有 RC 一阶低通滤波器的电路（防混叠滤波）和 Sigma-Delta 型 ADC 连接时（见图 2.7.13 中的 $R1$、$C1$ 部分），会造成额外的采样误差。原因是 S1 闭合时，相当于 $C1$ 和 C 并联，因 C 很小（7 ~ 20pF），而 $C1$ 较大（数百 pF ~ 数 μF），二者并联后电压会略有跌落。并联后 C 较大，并且电压接近 Vin，完全充电时间会很长，很可能在充电周期结束的时候 C 上电压仍然和 Vin 之差大于 1LSB，引起采样误差。而且，$R1$、$C1$ 越大，误差越明显。这一点与普通 ADC 完全不同，需要特别注意。TI 公司的手册上未公布具体数据，表 2.7.3 是作者根据实际经验总结的数据，当外部 RC 滤波电路取值小于表中数值时，造成的误差小于 1 个最低位（1 个字，或称 1LSB）。

表 2.7.3　外部 RC 取值的限制（OSR = 256, f _ SD16 = 500kHz）

最大 $R1$	外部 $C1$ 容量					
增益	0	50pF	100pF	500pF	1000pF	5000pF
1	300kΩ	70kΩ	40kΩ	10kΩ	5kΩ	1.5kΩ
2	150kΩ	35kΩ	20kΩ	5kΩ	2.5kΩ	700Ω
4	60kΩ	15kΩ	10kΩ	2.5kΩ	1.2kΩ	300Ω
8 以上	30kΩ	7kΩ	5kΩ	1.2kΩ	600Ω	150Ω

开关电容输入电路带来的另一个困难是不允许 Sigma-Delta 型 ADC 与运放输出端直接连接。图 2.7.14 中运放输出直接和 Sigma-Delta 型 ADC 的输入连接，在 S1 闭合的瞬间，一个电容突然加在了运放的输出端，相当于突然对地呈现很小的阻抗，会因为与运放输出阻抗分压而造成电压降落。负反馈过程会努力消除这一电压降落，但因运放输出受到压摆率的限

制，不能立即上升，而达到稳定后又会过冲（反馈的重新稳定需要时间），从而会造成轻微的振铃现象，这将引起电压的采样的误差。

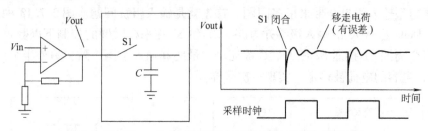

图 2.7.14　Sigma-Delta 型 ADC 与运放直接连接带来的误差

消除这一影响的办法是增加 RC 滤波器，见图 2.7.15。电容 C 提供大部分的电荷，电阻 R 将运放输出和电容隔开，使之呈现无跳跃的阻抗。注意 RC 的取值不能超过表 2.7.3 的范围。

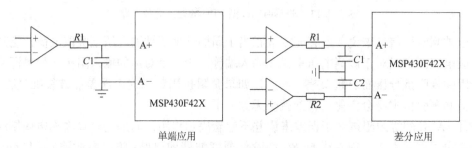

图 2.7.15　SD16 模块与运放的连接

（2）电源与布线　电源的质量（纹波、稳定度）对 SD16 模块高精度的应用有影响。所以 MSP430 单片机芯片提供了两套电源输入管脚：数字部分电源 DVCC 和 DGND、模拟部分电源 AVCC 和 AGND。在芯片内部，SD16 模块、基准源、PGA 等模拟电路全部使用 AVCC 管脚供电，AGND 管脚作为参考地。其余数字部分使用 DVCC 管脚供电，DGND 管脚作为参考地。

在管脚排列上看，这两对管脚靠得很近。在要求不严格的场合下，可以将 AVCC 与 DVCC 直接连接起来作为 V_{CC}、将 AGND 与 DGND 直接连接起来作为 GND。但数字电源 DVCC 可能带有数字电路高频干扰，在要求较高的场合，需要为模拟部分单独提供高质量的 AVCC 电源，并且将 AVCC 与 DVCC、AGND 与 DGND 分开布线。

图 2.7.16 是常用的两种提供 AVCC 的方法。左图用两只稳压器分别为 AVC 与 DVCC 提供电源，两者互不干扰。在要求成本较低的情况下可以用右图的 LC 滤波电路，阻挡数字部分的干扰，使之不能进入模拟部分的电源。

作为参考电位，地线（GND）上各点的电压都应该相同，当作 0V 参考点。但实际中导线不可避免地存在电阻，只要有电流流过导线，各点之间就不可避免地存在电位差。对于模拟部分来说，地线不等电位将会导致误差。例如图 2.7.17 中的电路，数码管显示部分会消耗上百毫安电流，该电流通过地线回流至电源的途中，将在流过的导线上造成电位差。假设图 2.7.17 中两段导线上的电位差分别为 $V1$ 与 $V2$，调理电路接收到的电压与真实的传感器输出之间已经有了误差 $V1$，调理电路的输出与 ADC 实际接收到的电压之间有误差 $V2$。

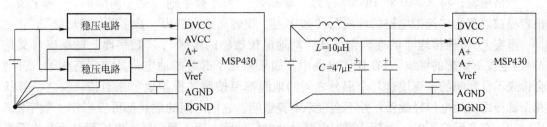

图 2.7.16 为 SD16 模块提供较高质量的电源

在一般电路板中，铜皮厚度 50μm 左右。按照 1mm 宽的导线计算，1cm 导线有 3.5mΩ 的电阻。按照电流 100mA 计算，即使 1cm 的导线也将有 350μV 的电压。经 SD16 模块采样，将导致 20 个字的测量误差。对于更加敏感的弱信号传感器，会导致更加严重的误差。

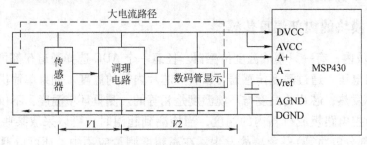

图 2.7.17 不合理的接地带来的误差

减轻或消除地线电位差的方法有 3 种：减小地线电阻、减少电流以及改变拓扑结构。首先，通过增大导线线宽、减少导线长度可以降低地线电阻，但最终会受到电路板面积与布局的限制，效果有限。其次，减少电流需要改变电路设计，例如上例中将数码管显示改为 LCD 显示，耗电可下降数微安，地线电阻就变得不敏感了。

最佳的方法是改变电路拓扑结构，见图 2.7.18。将数码管显示部分的地线与数字地 DGND 连接到一起，模拟信号部分的地线通过 AGND 这一"专用通道"回到电源。大电流通过 DGND 回到电源，整个 AGND 上没有大电流，不会产生电位差，因此不会带来误差。和精度关系密切的某些局部还可以采用一点接地的方法，例如将 A - 端接到调理电路中最近的接地点，即使传感器或其他电路造成 AGND 上有较大的电流，也不会造成测量误差。

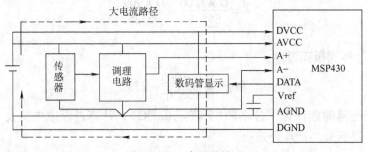

图 2.7.18 合理的接地

数字部分噪声容限很大，即使地电位差数百毫伏，仍然不影响数字量的判别，因此让大电流、强干扰、高频等信号走数字地，一般不会对电路的工作造成影响。

严格地说，将 AGND 和 DGND 称为"模拟地"和"数字地"是不科学的。"模拟地"很容易被误解为"模拟电路的地线"，"数字地"很容易被误解为"数字部分的地线"。

事实上，"模拟地"的准确含义是"对地电位敏感的地线"，"数字地"的准确含义是"对地电位不敏感的地线"。在任何电路中，如果某几个部分的地电位必须严格相等，否则会带来不良影响的，连接这几个部分之间的地线都要按照"模拟地"来对待。反之，若某几个部分之间地电位轻微误差并不会带来不良影响，它们之间的地线都可以当作"数字地"来对待。在实际应用中，大部分模拟电路对地电位敏感，而大部分数字电路都对地电位不敏感，因此习惯性称二者为"模拟地"和"数字地"。

此外，大电流、强干扰部分电路的地线还可以提取出来，作为"功率地"单独对待。例如图 2.7.18 中将数码管部分的 GND 单独拉一根地线回到电源，数码管的大电流对电路中其他任何部分都不会造成影响。

2.7.7　SD16 模块的内部温度传感器

在 SD16 模块内，有一只集成温度传感器。任意一个 ADC 选择通道 6 都可以测量内部温度传感器的输出电压。通过温度传感器可以获知芯片内部的温度。如果单片机本身处于低功耗运行，几乎不发热，芯片的温度与环境温度是相等的。测量环境温度，不仅能作为温度计应用，还能够监控电路板或机箱内的温度，当检测到超温时，可以采取某些措施(如断电、报警、停止功率部分电路等)避免事故发生。在高精度测量应用中，还可以通过测得的温度来做数字温度补偿。

(1) 温度传感器的使用　SD16 模块内部的温度传感器的温度系数是：1.32mV/K。其中开尔文温度是热力学温度，等于摄氏温度加 273K。在内部基准电压 $V_{ref} = 1200mV$ 条件下，ADC 数据格式设置为"有符号"时，0V 对应采样值 0，$V_{ref}/2$(600mV)对应 ADC 采样值 32767(忽略实际误差)。假设 ADC 采样值为 D，推导出传感器输出电压：

$$V_{sensor} = \frac{D}{32768} \times \frac{V_{ref}}{2} = \frac{D \times V_{ref}}{65536}$$

$$= \frac{D \times 1200}{65536} mV \qquad (2.7.7)$$

V_{sensor} 除以温度系数(1.32mV/K)得到开氏温度：

$$K = \frac{\frac{D \times 1200}{65536}}{1.32} = \frac{D \times 909}{65536} \qquad (2.7.8)$$

再减去 273，得到摄氏温度：

$$DegC = \frac{D \times 909}{65536} - 273 \qquad (2.7.9)$$

为了在定点运算时能保留 1 位小数(分辨至 0.1℃)，计算过程中先扩大 10 倍，显示时加一位小数点。得到最终计算公式：

$$DegC = \frac{D \times 9090}{65536} - 2730 \qquad (2.7.10)$$

例 2.7.14　编写一个温度计程序，显示环境温度(假设 ADC 没有误差)。

```
/*****************************************************************
* 名      称:主程序
* 功      能:对温度传感器采样、计算摄氏温度并显示在 LCD 上
* 入口参数:无
* 出口参数:无
*****************************************************************/
void main( void)
{
  int i;
  long int DegC;
  WDTCTL = WDTPW + WDTHOLD;                        //关闭看门狗
  FLL _ CTL0 │ = XCAP18PF;                         //设置晶振负载电容 18pF
  for( i = 0; i < 1000; i ++ );                    //略延迟,让时钟稳定
  SD16CTL = SD16REFON + SD16VMIDON + SD16SSEL0;
  //开启内部 1. 2V 基准源,开启缓冲器,ADC 时钟选择为 SMCLK(默认 1. 048MHz)
  SD16CCTL0 │ = SD16SNGL + SD16DF;
  //ADC0 工作在单次采样模式,输出数据格式为有符号
  SD16INCTL0 │ = SD16INCH _ 6;                     //ADC0 输入选择为通道 6(内部温度传感器)
  for( i = 0; i < 500; i ++ );                     //略延迟,让基准电压稳定
  BTCTL = 0;                                       //BTCTL 在上电不会被清零,手动清零
  LCD _ Init( );                                   //LCD 初始化
  while (1)
  {
     SD16CCTL0 │ = SD16SC;                         //向 ADC0 发出"开始转换"命令
     while(( SD16CCTL0 & SD16IFG) ==0);            //等待 ADC0 转换完毕
     DegC = ( ( long int) ADCresult * 9090)/65536-2730;  //计算摄氏温度
     LCD _ DisplayDecimal( DegC,1);                //显示温度,带 1 位小数
     LCD _ InsertChar( DT);                        //"°"
     LCD _ InsertChar( CC);                        //'C' 显示单位:℃
     for( i = 0;i < 30000;i ++ );                  //延迟
  }
}
```

该程序工作时 CPU 及基准一直开启，功耗较大。如果将最后一行延迟替换成休眠(定时唤醒)，并将基准也间歇开启，只在测量时启用，能实现超低功耗运行。

(2) 温度传感器的校准　上述温度公式是在理想状况下求得的，实际上 ADC、温度传感器都存在误差，需要进行校准。在 2.7.4 节 "SD16 模块的误差及校准" 中提出的校准方法在这里同样适用，即输入两个已知温度(例如 0/100℃)，记录 ADC 读数，然后根据两点坐标得出新的直线公式，即可实现校准。

但是该方法存在两个难点：第一是标准温度(比如冰水混合物/沸水)产生比较困难。与温度相比，电压表校准过程中提供已知电压容易得多。第二是温度传感器位于片内，难以置

入标准温度中。

这里提出一种相对简单的近似校准方法。如图 2.7.19 所示,片内温度传感器大部分情况测量的是室温附近的范围(0 ~ 50℃考虑),而传感器的输出比例系数是按绝对零度开始的,微小的比例误差乘以 273 都是不可忽略的。假设 5% 的比例误差,在 300K 会造成 19.8mV 误差,约 15 度,这个误差是难以接受的。又因为难以产生标准温度,所以比例系数难以校准。但偏移误差很容易通过显示值和普通温度计示数之差得到。可以将所有的误差都折算成偏移误差,这样做虽然比例误差无法完全消除,但因为测温范围不大,影响也相对小得多。

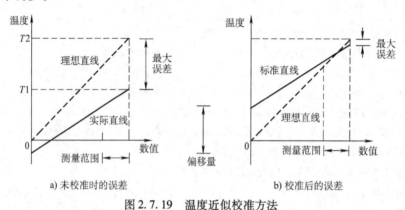

a) 未校准时的误差   b) 校准后的误差

图 2.7.19　温度近似校准方法

在 25℃ 左右的室温下,记下 MSP430 测出的温度标与准温度计的温度差 T _ OFFSET,在显示的时候将这个误差扣除。按 0 ~ 50℃ 量程考虑,校准后 25℃ 必然是准确的,按量程 25℃ 量程正负 25℃ 计算,5% 比例误差造成的温度误差只有正负 1.25℃,精度已经基本足够。

例 2.7.15　在上例中,假设环境温度 24.0℃ 时,实测显示 26.8℃。折算成偏移误差为 2.8℃。将 DegC 的值在显示之前减去 28,就能得到较为准确的温度。

```
#define T _ OFFSET(28)              /* 25℃左右条件下,显示温度减去标准温度计温度 */
                                    /* 作为校准偏移值。注意要乘 10 倍,10 = 1.0℃ */
...
   while(1)
   {
      SD16CCTL0 |= SD16SC;                  //向 ADC0 发出"开始转换"命令
      while((SD16CCTL0 & SD16IFG) ==0);     //等待 ADC0 转换完毕
      DegC = ((long int)ADCresult  *  9090)/65536-2730;   //计算摄氏温度
      DegC- = T _ OFFSET;                   //扣除校准偏移量
      LCD _ DisplayDecimal(DegC,1);         //显示温度,带 1 位小数
      LCD _ InsertChar(DT);                 // '、'
      LCD _ InsertChar(CC);                 // 'C'显示单位:℃
      for(i =0;i <30000;i ++);              //延迟
   }
```

对于样机的校准可以通过修改偏移量的宏定义进行。对于批量产品,也可以编写一个半自动的校准程序来完成。例如进入校准菜单后,提示按加减键修正温度偏移量,直到显示温

度值与标准温度计示数相等为止，按确认键后将偏移量保存在 Flash 中。以后的温度计算都减去该偏移量(参考 4.1.6 节)。

2.8　16 位定时器 Timer _A

在全系列的 MSP430 单片机中，都带有一个 16 位定时器 Timer _ A(以下简称 TA)，用于精确定时、计时或计数。在普通的定时/计数器的基础上，还添加了 3 路(某些型号 5 路)捕获/比较模块，能够在无需 CPU 干预的情况下自动根据触发条件捕获定时器计数值，或自动产生各种输出波形(如 PWM 调制、单稳态脉冲等)。

2.8.1　Timer _ A 定时器主计数模块的结构与原理

Timer _ A 定时器分为两个部分：主计数器和比较/捕获模块。主计数器负责定时、计时或计数。计数值(TAR 寄存器的值)被送到各个比较/捕获模块中，它们可以在无需 CPU 干预的情况下根据触发条件与计数器值自动完成某些测量和输出功能。只需定时、计数功能时，可以只使用主计数器部分。在 PWM 调制、利用捕获测量脉宽、周期等应用中，还需要比较/捕获模块的配合。

与 Timer _ A 定时器中的主计数器相关的控制位都位于 TACTL 寄存器中，主计数器的计数值存放于 TAR 寄存器中。每个比较/捕获模块还有一个独立的控制寄存器 TACCTLx，以及一个比较值/捕获值寄存器 TACCRx(x = 0、1、2)。在一般定时应用中，TACCRx 可以提供额外的定时中断触发条件；在 PWM 输出模式下，TACCRx 用于设定周期与占空比；在捕获模式下，TACCRx 存放捕获结果。

主计数器结构见图 2.8.1，它包括时钟源选择、预分频器、计数器与计数模式选择几个部分。

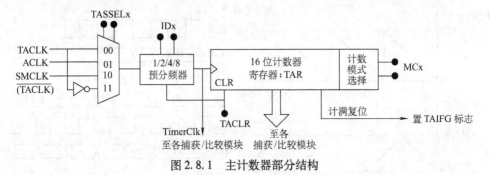

图 2.8.1　主计数器部分结构

相关的控制字有：
- TASSELx：Timer _ A 计数器的时钟源选择(位于 TACTL 寄存器)

<u>00 = 外部管脚(TACLK)</u>　　　01 = ACLK　10 = SMCLK　11 = 外部管脚(TACLK 取反)

快捷宏定义：TASSEL _ 0　　TASSEL _ 1　TASSEL _ 2　　　TASSEL _ 3
- IDx：Timer _ A 计数器的预分频系数(位于 TACTL 寄存器)

　　　　　　　　　<u>00 = 无分频</u>　　　　01 = 2 分频　　　10 = 4 分频　　　　11 = 8 分频

快捷宏定义：ID _ 0　　　　　　　ID _ 1　　　　　ID _ 2　　　　　ID _ 3

通过上面两组控制位，可以设置定时/计数的时钟源。在低功耗应用以及需要长时间定时、计时的情况下，可以选择 ACLK 作为时钟，加上预分频，最长的定时/计时周期可达 16s。在高分辨率、短时间的定时应用中，可以选择 SMCLK 作为时钟源。

若选择 TACLK 作为时钟源时，定时器实际上成了计数器，累计从 TACLK 管脚上输入的脉冲，上升沿计数。若选择 TACLK 取反作为时钟源，TACLK 的下降沿计数。

■ TACLR：Timer _ A 计数器清零控制位（位于 TACTL 寄存器）

0 = 不清零　　　　　　1 = 清零

将该控制位置 1，可以立即将 Timer _ A 计数器清零，无需通过软件赋值操作来实现。计数器复位后该标志位自动归零，因此读该标志位时将永远读回 0。

■ MCx：Timer _ A 计数器的计数模式（位于 TACTL 寄存器）

00 = 停止　　01 = 增计数　　10 = 连续增计数　　11 = 增-减计数

快捷宏定义：MC _ 0　　　　MC _ 1　　　　MC _ 2　　　　MC _ 3

■ TAIFG：Timer _ A 计数器溢出标志（中断标志）（位于 TACTL 寄存器）

0 = 未发生溢出　　　　　1 = 曾发生溢出

Timer _ A 计数器提供了 3 种计数模式：增计数、连续增计数和增-减计数。在增模式下，每个时钟周期计数值 TAR 加 1。当 TAR 值超过 TACCR0 寄存器（捕获/比较模块 0 的设置值）时自动清零，同时会将 Timer _ A 溢出标志位 TAIFG 置 1。如果 TA 中断被允许，还会引发中断。改变 TACCR0 寄存器可以改变定时周期，且不存在初值装载问题，非常适合产生周期性定时中断，只要改变 TACCR0 的值即可随意调整定时周期，见图 2.8.2。

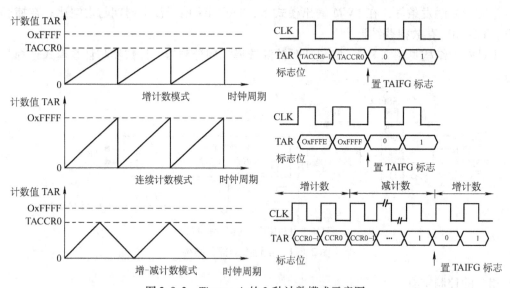

图 2.8.2　Timer _ A 的 3 种计数模式示意图

在连续计数模式下，其工作方式与 8051 的定时器基本相同：每个时钟周期 TAR 值加 1，计数值超过 0xFFFF 后溢出，TAR 回到 0，同时将 TAIFG 置 1，或引发中断。如果中断内给 TAR 重新赋初值，也可以产生不同周期的定时中断。用增计数模式产生定时中断比连续模式更简单，一般不用连续模式来产生周期性定时中断；连续模式一般在捕获模式下使用较多，让计数器自由运行，利用捕获功能在事件发生时自动记录下计数值，通过对比几个计数值可以确定事件发生的准确时间或者准确的时间间隔。

在增-减模式下，计数值从 0 开始递增，计到 TACCR0 后，自动切换为递减模式，减到 0 后又恢复为递增模式，如此往复。在 TAR 从 1 递减到 0 的时刻，产生 TAIFG 中断标志。一般应用中，不用增-减模式来定时或计数，而多用于 PWM 发生器。借助增-减模式，捕获/比较模块能够产生带死区的对称 PWM 驱动波形，可以直接驱动半桥电路，无需专门的死区产生电路(详见 2.8.5 节)。

在增计数模式或增-减计数模式下，向 TACCR0 写入 0 均可停止计数器。

例 2.8.1　在 MSP430 单片机中，为 Timer_A 配置时钟源及工作模式，使 Timer_A 在无需 CPU 干预的情况下，每隔 1.3125s 溢出一次(假设 SMCLK = MCLK = 1.048576MHz，ACLK = 32.768kHz)。

首先 1.3125s 时间较长，若使用高频的 SMCLK 作为时钟源 16 位计数器不够用，应该使用低频 ACLK 作为时钟源。再考虑周期性的定时，3 种模式实际上都能实现，其中增-计数模式最简单，无需重置初值等操作。最后计算 TACCR0 的值应该是 1.3125s 乘以 ACLK 频率(32768Hz)得到设置值 43008。计数从 0 开始，实际应该设为 43007。

```
TACTL | = TASSEL_1 + ID_0 + MC_1;        //ACLK 做时钟,无分频,增计数模式
TACCR0 = 43008-1;
```

例 2.8.2　在 MSP430 单片机中，为 Timer_A 配置时钟源及工作模式，使 Timer_A 在无需 CPU 干预的情况下，每隔 123.45ms 溢出一次(假设 SMCLK = MCLK = 1.048576MHz，ACLK = 32.768kHz)。

对于 ACLK 来说，0.12345s 乘 32768Hz 等于 4045.2，舍去小数 0.2 将导致万分之五的误差。这种情况可以考虑用更高频率的时钟来实现，虽然无法得到整数周期值，但整数部分的值会大很多，误差相对小得多。但 123.45ms 对 SMCLK 来说太长，16 位计数器不够用，16 位定时器最大定时长度是 65536 除以 1.048MHz 约等于 62.5ms。可以考虑对 SMCLK 分频来得到合适的时钟。SMCLK 2 分频后能得到最长 125ms 的定时，能满足要求：

```
TACTL | = TASSEL_2 + ID_1 + MC_1;        //SMCLK 做时钟,2 分频,增计数模式
TACCR0 = 64723-1;
```

计算出 TACCR0 的值应该是 0.12345s 乘以 SMCLK/2 频率(524.288kHz)得到设置值 64723.3。取整数 64723，尾数 0.3 对于 64723 来说，只造成十万分之五的误差，是用 ACLK 做时钟小的 1/10。但这时 SMCLK 无法关闭，不能进入 LPM3 模式，功耗会增加。所以实际应用中应该根据定时周期、定时精度以及功耗等因素综合考虑来决定时钟源。

在任何模式下，若如果希望定时器暂停，可以将定时器模式设为停止(MC0 = MC1 = 0)：

```
TACTL & = ~(MC0 + MC1);                  //暂停
```

在任何模式下，若如果需要定时器清 0，可以使用 TACLR 控制位，也可以对 TAR 进行赋 0 操作：

```
TACTL  | = TACLR;                        //Timer_A 清零
TAR = 0;                                 //Timer_A 清零
```

对于分频系数 =1 时，两者功能相同。对于分频系数不为 1 的情况，后者只清除了 Timer_A 计数值，而未对分频器的计数值清零，可能导致之后第一次计数的时间有误差。例如 8 分频时，应该每 8 个时钟周期 TAR 加 1。假设在运行到第 5 个周期时，对 TAR 赋值清零但未将分频器中的计数值"5"清除，之后只要 3 个时钟周期 TAR 加 1，导致第一次计数并非 8 个周期后，这种情况应使用 TACLR 控制位来对 Timer_A 清零。如果某些应用中希望清除计数值但保留分频尾数，可以对 TAR 赋值来清零。

2.8.2　Timer_A 定时器的捕获模块

除了主计数器之外，Timer_A 还带有 3 个(某些型号有 5 个)捕获/比较模块。每个捕获/比较模块都有单独的模式控制寄存器以及捕获/比较值寄存器。在比较模式(也叫输出模式)下，每个捕获/比较模块将不断地将自身的比较值寄存器与主计数器的计数值进行比较。一旦相等，就将自动地改变某个指定管脚(TAx 管脚)的输出电平。有 8 种改变电平的规律可以选择(8 种输出模式)，从而能在无需 CPU 干预的情况下输出 PWM 调制、可变单稳态脉冲、移相方波、相位调制等常用波形。

在捕获模式下，用某个指定管脚(TAx 管脚)的输入电平跳变触发捕获电路；将此刻主计数器的计数值自动保存到相应的捕获值寄存器中。该过程纯硬件实现，无需 CPU 干预，不存在中断响应等时间延迟。可以用于测频率、测周期、测脉宽、测占空比、门控计数等需要获得波形中精确时间量的场合。

捕获/比较模块的结构见图 2.8.3。可分为两部分：上半部分是捕获电路；下半部分是比较(波形输出)电路。图 2.8.3 中所有的标志位都位于 TACCRx 寄存器内，3 个模块之间互相独立。图 2.8.3 中只画出了模块 2 的结构，其余两个模块的结构完全相同，只是寄存器下标不一样。每个模块的工作模式靠 CAP 标志位来选择：

- CAP：Timer_A 捕获/比较模块工作模式选择(位于 TACCTL0/1/2 寄存器)

　　　　0 = 比较模式(波形输出)　　　　1 = 捕获模式

在捕获模式下，图 2.8.3 中标有 CAP2 的信号线上升沿将主计数器的计数值通过锁存器锁存至 TACCR2 寄存器内，这个过程被形象的称为"捕获"(Capture)。该信号有 3 种来源，通过 CCIS 标志位来选择。对于每个信号源，还可以设置捕获触发沿：

- CCISx：Timer_A 捕获模块的捕获源选择(位于 TACCTL0/1/2 寄存器)

　　　00 = CCIxA 管脚　　　01 = CCIxB 管脚　　　10 = GND　　　11 = VCC

快捷宏定义：CCIS_0　　　CCIS_1　　　　　CCIS_2　　　CCIS_3

- CMx：Timer_A 捕获模块的捕获触发沿选择(位于 TACCTL0/1/2 寄存器)

　　　00 = 禁止捕获　　　01 = 上升沿　　　10 = 下降沿　　　11 = 上升或下降沿

快捷宏定义：CM_0　　　　CM_1　　　　　CM_2　　　　CM_3

在不同型号的芯片中，CCIxA 和 CCIxB 信号所在的管脚会有区别，具体可以查阅相应的芯片手册。例如 MSP430F425 芯片中，CCI0A 和 CCI0B 都位于 P1.0；CCI1A 和 CCI1B 都位于 P1.2，CCI2A 和 CCI2B 都位于 P2.0。有的芯片将 CCIxA 与 CCIxB 分开至两个不同管脚上，以方便电路板布线，使用前利用 I/O 口的 PxSEL 寄存器激活捕获输入功能。除了外部输入捕获触发信号源外，片内还有两个信号 VCC 和 GND 可供选择。当通过软件切换这两个信号时，可以产生上升沿或下降沿，相当于软件触发捕获。

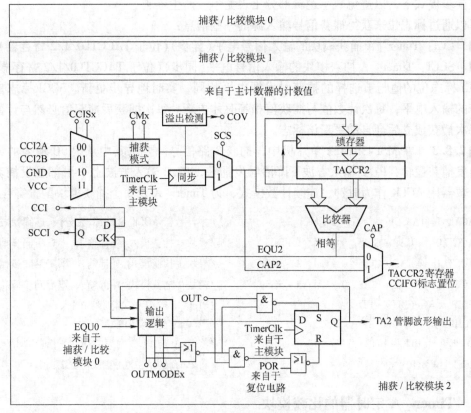

图 2.8.3　Timer _ A 捕获/比较模块结构图

触发沿可以根据实际需要来选择。例如测量方波周期时用上升沿或下降沿都可以，测量脉宽时用上升沿下降沿均可触发的模式比较方便。测量高电平周期时，先选择上升沿出发捕获一次，再改为下降沿捕获一次，两次数值差就是高电平周期。

捕获过程通过纯硬件实现，实时性很强（延迟仅十纳秒级）。CPU 可以通过查询或在中断内读取捕获值。根据两次捕获值之间的差即可计算出周期、脉宽等信息。即使读取略有延迟，也不影响捕获结果。这比单纯靠外部中断内保存计数器值的方法实时性高得多，且不要求 CPU 立即读取。但也可能遇到第一次的捕获值尚未来得及被 CPU 读取的情况下，第二次捕获条件又成立了，这种情况称为捕获溢出，会导致计算错误。为此，模块中留有一个标志位用于指示溢出：

■　COV：Timer _ A 捕获模块的捕获溢出标志（位于 TACCTL0/1/2 寄存器）

　　0 = 未发生溢出　　　　　　1 = 发生了溢出

如果该标志位为 1，说明前一次的捕获值尚未被读取，新的捕获条件已经发生。应该舍去该结果或另作调整。该标志位必须通过软件清除。

■　SCS：Timer _ A 捕获模块的同步捕获控制位（位于 TACCTL0/1/2 寄存器）

　　0 = 异步捕获　　　　　　1 = 同步捕获

当该标志位为 0 时，捕获过程的锁存直接由硬件电路控制，不受时钟的约束。当该标志位为 1 时，捕获触发信号经过 D 触发器与定时器时钟同步。假设捕获触发条件出现在计数值为 N 的时间段内，异步模式将捕获到数值 N，同步模式下将捕获到数值 $N+1$。一般建议工作在同步模式下，以避免数字逻辑部分出现竞争，产生毛刺。

可以通过标志位来获得捕获信号输入源的一些信息：

■ CCI：Timer_A 捕获模块的输入信号电平（异步）（位于 TACCTL0/1/2 寄存器）

■ SCCI：Timer_A 捕获模块的输入信号电平（同步）（位于 TACCTL0/1/2 寄存器）

CCI 标志位的值与被选择的捕获触发源电平相同，实时地异步更新。SCCI 标志位是捕获同步的输入电平，每次计数值与捕获值相等时才更新。每次捕获后捕获值必然与计数值相等，每次捕获成立后会自动更新该标志。

例 2.8.3 在 MSP430F42x 单片机中，捕获 3 路信号。要求其中从 P1.0 输入的方波上升沿出发捕获逻辑，P1.2 输入方波下降沿触发捕获，P2.0 输入方波上下沿都触发捕获。假设主计数器用 ACLK 作为时钟，连续计数模式，为 Timer_A 及 3 个捕获模块配置寄存器：

```
TACTL   |= TASSEL_1 + ID_0 + MC_2;        //主计数器 ACLK 做时钟,无分频,连续计数模式
TACCTL0 |= CAP + CCIS_0 + CM_1 + SCS;      //模块 0 捕获模式,外部输入,上升沿同步捕获
TACCTL1 |= CAP + CCIS_0 + CM_2 + SCS;      //模块 1 捕获模式,外部输入,下降沿同步捕获
TACCTL2 |= CAP + CCIS_0 + CM_3 + SCS;      //模块 2 捕获模式,外部输入,双沿同步捕获
P1DIR &= ~(BIT0 + BIT2);                   //P1.0 与 P1.2 的方向设为输入
P2DIR &= ~BIT0;                            //P2.0 的方向设为输入
P1SEL |= (BIT0 + BIT2);                    //将 P1.0 与 P1.2 的第二功能激活(CCxIA/B)
P2SEL |= BIT0;                             //将 P2.0 的第二功能激活(CC2IA/B)
```

2.8.3 Timer_A 定时器的比较模块

当 CAP 控制位设为 0 时，捕获/比较模块工作在比较模式。此时 TACCRx 的值由软件写入，并通过比较器与主计数器的计数值进行比较。每次相等产生 EQU 信号，该信号触发输出逻辑，通过 OUTMODE 控制位可以配置输出逻辑，通过不同的输出逻辑配置合来产生各种输出波形。整个过程无需 CPU 的干预，软件中只需改变 TACCRx 的值即可改变波形的某些参数。对于不同型号的芯片，波形输出 TAx 所对应的管脚会有所不同，读者可参考相应的芯片手册。例如在 MSP430F42x 系列单片机中，TA0 对应 P1.0，TA1 对应 P1.2，TA2 对应 P2.0。某些芯片会将多个管脚对应一个输出以方便布线，使用时利用 I/O 口的 PxSEL 寄存器激活输出功能。

■ OUTMODEx：Timer_A 比较模块的输出模式控制位（位于 TACCTL0/1/2 寄存器）

■ OUT：Timer_A 比较模块的输出电平控制位（位于 TACCTL0/1/2 寄存器）

Timer_A 比较模块的 8 种输出模式见表 2.8.1。

表 2.8.1 Timer_A 比较模块的 8 种输出模式

OUTMODEx 控制位	输出控制模式	说　明
000（模式 0）	电平输出	TAx 管脚输出电平由 OUT 控制位的值决定
001（模式 1）	延迟置位	当主计数器计至 TACCRx 值时，TAx 管脚置 1
010（模式 2）	取反/清零	当主计数器计至 TACCRx 值时，TAx 管脚取反 当主计数器计至 TACCR0 值时，TAx 管脚置 0

（续）

OUTMODEx 控制位	输出控制模式	说　明
011（模式 3）	置位/清零	当主计数器计至 TACCRx 值时，TAx 管脚置 1 当主计数器计至 TACCR0 值时，TAx 管脚置 0
100（模式 4）	取反	当主计数器计至 TACCRx 值时，TAx 管脚取反
101（模式 5）	延迟清零	当主计数器计至 TACCRx 值时，TAx 管脚置 0
110（模式 6）	取反/置位	当主计数器计至 TACCRx 值时，TAx 管脚取反 当主计数器计至 TACCR0 值时，TAx 管脚置 1
111（模式 7）	清零/置位	当主计数器计至 TACCRx 值时，TAx 管脚置 0 当主计数器计至 TACCR0 值时，TAx 管脚置 1

（1）模式 0（电平输出）　在输出模式 0 下，TAx 管脚与普通的输出 I/O 口一样，可以由软件操作 OUT 控制位来控制 TAx 管脚的电平高低。

例 2.8.4　在 MSP430F42x 单片机中，利用输出模式 0，通过软件将 TA2 管脚（P2.0）置高或置低：

```
//-------------------设置-------------------
P2SEL |= BIT0;          //P2.0 设为第二功能（TA2 输出）
P2DIR |= BIT0;          //TA2 从 P2.0 输出（不同型号单片机可能不一样）
TACCTL2 = OUTMOD_0;     //TA2 设为模式 0:软件控制
//-------------------操作-------------------
TACCTL2 |= OUT;         //TA2 输出设为高电平
TACCTL2 &= ~OUT;        //TA2 输出设为低电平
```

（2）模式 1 与模式 5（单脉冲输出）　利用比较模块的模式 1 和模式 5，可以替代单稳态电路，产生单脉冲波形（见图 2.8.4）。

在输出模式 1 下，当主计数器计至 TACCRx 值时，TAx 管脚置 1。如果通过 OUT 控制位事先将 TAx 的输出设为低，经过 TACCRx 个周期后，TAx 将自动变高。这样做可以输出一个低电平脉冲。通过改变 TACCRx 的值，可以改变低电平脉冲的周期，且脉冲过程中无需 CPU 的干预。

在输出模式 5 下，当主计数器计至 TACCRx 值时，TAx 管脚置 0。如果通过

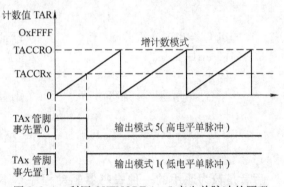

图 2.8.4　利用 OUTMODE 1、5 产生单脉冲的原理

OUT 控制位事先将 TAx 的输出设为高，经过 TACCRx 个周期后，TAx 将自动变低。这样做可以输出一个高电平脉冲。通过改变 TACCRx 的值，可以改变高电平脉冲的周期，且脉冲过程中无需 CPU 的干预。

例 2.8.5　在 MSP430F42x 单片机中，通过 P2.0 口控制晶体管驱动一只长鸣型蜂鸣器，高电平鸣响。编写一个鸣响程序，要求鸣响的过程中不占用 CPU 的运行。

```
/ ************************************************************
  * 名     称:TA_Beep()
  * 功     能:利用 TA 单脉冲输出模式驱动蜂鸣器
  * 入口参数:Period:鸣响周期(0~65535)ACLK 时钟个数
  * 说     明:鸣响过程不占用 CPU
  * 范     例:TA_Beep(500)蜂鸣器鸣响 500 个 ACLK 时钟周期
  ************************************************************ /
  void TA_Beep(unsigned int Period)
  {
     TACCTL2 = OUTMOD_5;            //设为模式5(延迟清零)
     TACTL |= MC_2 + TASSEL_1 + ID_0 + TACLR;    //定时器 TA 用 ACLK,连续计数模式
     TACCTL2 |= OUT;                //TA2 输出设为高电平
     TACCR2 = Period;               //TA2 高电平持续 Period 个 ACLK 周期后自动变低
  }
```

对比下面的传统程序:

```
/ ************************************************************
  * 名     称:Beep()
  * 功     能:通过软件延迟驱动蜂鸣器
  * 入口参数:Period:鸣响周期(0~65535)ms
  * 说     明:鸣响过程会占用 CPU,无法释放
  * 范     例:Beep(500)蜂鸣器鸣响 500ms
  ************************************************************ /
  void Beep(unsigned int Period)
  {
     int i;
     P2OUT |= BIT0;                 //开始鸣响
     for(i=0;i<Period;i++)          //延迟 Period 次
       {
          ___delay_cycles(1000);    //每次约 1ms(在 1MHz 主频下)
       }
     P2OUT &= ~BIT0;                //停止鸣响
  }
```

后者是较为通用的一种蜂鸣器驱动程序,不占用定时器资源。但后者在鸣响过程中,CPU 一直在做循环延时,直到设置时间到达才停止鸣响。鸣响的过程中程序将停在该函数内,导致后面的代码暂时无法执行。特别是当鸣响时间较长时,整个程序就会被"卡住",对于该函数之后的任务暂时失去响应能力。

前者利用 TA 的硬件自动产生单脉冲波形,CPU 只需要数微秒时间来设置 TA 比较模块的参数,即可通过硬件自动产生蜂鸣器驱动波形。整个鸣响时间内,CPU 可以继续执行该函数后续的其他任务。

（3）模式3与模式7（PWM输出）　脉宽调制（PWM）是最常用的功率调整手段之一。所谓脉宽调制，顾名思义，是指在脉冲方波周期一定的情况下，通过调整脉冲（高电平）的宽度，从而改变负载通断时间的比例，达到功率调整目的。

PWM波形中，负载接通的时间与一个周期的总时间之比叫做占空比（Duty Cycle）。占空比越大，负载的功率就越大。图2.8.5示意了PWM控制输出功率的原理：某灯泡亮度控制电路中，输入高电平将使晶体管导通，点亮灯泡；输入低电平将使晶体管截止，断开灯泡。在占空比75%的条件下，灯泡有75%的时间通电，25%时间断电，实际有效功率较大，亮度较高（见左图）。在占空比25%的条件下，灯泡有25%的时间通电，75%时间断电，亮度较低（见右图）。

如果PWM的频率足够高，以至于不足以表现出负载断续，从宏观上看，负载实际功率将是连续的。例如上例中如果PWM频率高到灯丝来不及冷却（约100Hz以上），会看到灯泡连续发光。

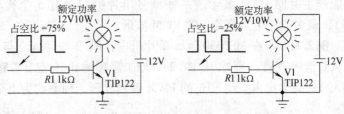

图2.8.5　PWM控制输出功率的原理

在PWM调整负载功率过程中，负载断开时晶体管无电流通过，不发热。负载接通时晶体管（开关器件）饱和，虽然通过有较大电流，但压降很小，发热功率也很小。所以使用PWM控制负载时，开关器件的总发热量很小。相比于串联耗散式的调整方法，效率高得多，适合大功率、高效率的负载调整应用。但PWM的缺点是负载功率的高频波动很大，不适于要求输出平稳、无纹波调节的场合。

此外，PWM控制本身属于开环控制，具有调节功能但不具备稳定负载的能力，也不保证输出结果正比于占空比。例如在电动机调速应用中，通过PWM控制可以改变电动机功率，但不能稳定电动机的转速，电动机的转速仍然会受到负载力矩的影响。在烤箱温度控制应用中，通过PWM控制加热器功率虽然能调温，但温度仍将受到环境因素的影响。在灯泡亮度控制中，灯丝在不同温度下电阻不同，虽然占空比越大灯泡越亮，但实际输出功率或实际亮度并不与占空比呈严格线性关系。

需要得到高精度、高稳定度、快速且无超调的控制结果时，需要反馈式控制系统。在MSP430单片机中，通过ADC的采集功能测量实际被控量作为反馈信号，结合CPU强大的计算功能实现各种反馈控制算法（如PID算法、模糊算法、最小拍控制等），最终通过PWM控制输出量，可以单芯片构成各种反馈式控制系统。详见"PWM闭环应用"章节。

在输出模式7下，每次TA计数值超过TACCRx时，TAx管脚会自动置低，当TA计至TACCR0时，TAx管脚会自动置高。因此实际的输出波形就是PWM调制方波。如图2.8.6，只需要改变TACCR0

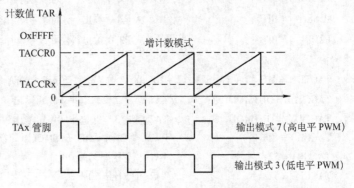

图2.8.6　利用OUTMODE 3、7产生单脉冲的原理

的值即可改变 PWM 方波周期，改变 TACCRx 即可改变从 TAx 管脚输出信号的占空比：TAC-
CRx 越大，占空比越大。

在模式 3 下，与模式 7 刚好相反。TACCRx 越大，占空比越小。对于某些低电平接通负
载的电路，用模式 3 更符合习惯。模式 3 与模式 7 也常一起使用，用于产生两路对称的
波形。

TACCR0 被用于 PWM 周期的设定，通过 TimerA 产生的若干路 PWM 波形的周期都是一
样的（由 TACCR0 的值决定）。且对于含有 3 个捕获/比较模块的 TimerA（Timer _ A3），最多
只能产生两路 PWM 波形。某些型号单片机中含有 5 个比较/捕获模块的 TimerA（Timer _
A5），最多能产生 4 路独立的 PWM 波形。

例 2.8.6　在 MSP430F42x 单片机中，P1.2 口（TA1）与 P2.0 口（TA2）通过晶体管控制
两只灯泡的亮度。要求从 P1.2（TA1）管脚输出占空比 75% 的 PWM 调制波形，从 P2.0
（TA2）管脚输出占空比 50% 的 PWM 调制波形，频率约为 100Hz。

```
P1SEL |= BIT2;                    //TA1 从 P1.2 输出(不同型号单片机可能不一样)
P1DIR |= BIT2;                    //TA1 从 P1.2 输出(不同型号单片机可能不一样)
P2SEL |= BIT0;                    //TA2 从 P2.0 输出(不同型号单片机可能不一样)
P2DIR |= BIT0;                    //TA2 从 P2.0 输出(不同型号单片机可能不一样)

TACTL |= MC _ 1 + TASSEL _ 1 + ID _ 0;   //定时器 TA 设为增量计数模式,ACLK
TACCTL1 = OUTMOD _ 7;             //模式 7 = 高电平 PWM 输出
TACCTL2 = OUTMOD _ 7;             //模式 7 = 高电平 PWM 输出
TACCR0 = 328-1;                   //PWM 总周期 = 328 个 ACLK 周期约等于 100Hz
TACCR1 = 246;                     //TA1 占空比 = 246/328 = 75%
TACCR2 = 164;                     //TA2 占空比 = 164/328 = 50%
```

此后只要通过软件改变 TACCR1 和 TACCR2 寄存器的值，即可改变两只灯泡的亮度。

例 2.8.7　在 MSP430F42x 单片机中，P1.2 口（TA1）与 P2.0 口（TA2）之间接有一只超
声波发射器，要求从 P1.2（TA1）与 P2.0（TA2）管脚输出占空比约 50%、相位差 180° 的
40kHz 左右方波。假设 SMCLK 时钟频率 = 4.194304MHz。

```
P1SEL |= BIT2;                    //TA1 从 P1.2 输出(不同型号单片机可能不一样)
P1DIR |= BIT2;                    //TA1 从 P1.2 输出(不同型号单片机可能不一样)
P2SEL |= BIT0;                    //TA2 从 P2.0 输出(不同型号单片机可能不一样)
P2DIR |= BIT0;                    //TA2 从 P2.0 输出(不同型号单片机可能不一样)

TACTL |= MC _ 1 + TASSEL _ 2 + ID _ 0;   //定时器 TA 设为增量计数模式,SMCLK
TACCTL1 = OUTMOD _ 7;             //TA1 模式 7 = 高电平 PWM 输出
TACCTL2 = OUTMOD _ 3;             //TA2 模式 3 = 低电平 PWM 输出(两路反向的方波)
TACCR0 = 105-1;                   //PWM 总周期 = 105 个 SMCLK 周期约等于 40kHz
TACCR1 = 52;                      //TA1 占空比 = 50%
TACCR2 = 52;                      //TA2 占空比 = 50%
```

两个输出管脚之间的电压刚好相反,因此在超声波发射器上实际获得了两倍的激励电压。在 0~50% 范围内改变占空比即可调节超声波发射功率。

(4) 模式 2 与模式 6(带死区的 PWM 输出)　PWM 调制不仅能用于功率调节,还被广泛地用于逆变器、开关电源、变频调速、斩波器等高效率功率变换应用。在这些应用中,因为涉及电压变换或者要求输入与输出之间隔离,常用变压器作为能量传递部件。变压器只能传递交流能量,所以在电路设计中常用推挽电路或者半桥式电路来获得交流大功率信号。

例如在图 2.8.7 中,用 MSP430 单片机产生对称的 PWM 信号,驱动半桥开关产生交流方波,最后通过升压变压器将蓄电池的 24V 电压提升至 220V 左右输出。

为了得到对称的交流功率输出信号,上下两只 MOS 管必须轮流导通。因 NMOS 的性能优于 PMOS,大部分桥式开关应用中上管也采用 N 沟道 MOS 管。但采用 NMOS 时,上管的源极(S)电位是浮动的(0V 或 24V,根据下管波形而变)。MOS 开关的通断由 G、S 间电压差决定,为了让上管导通,栅极 G 的驱动电压也需要随 S 浮动而变。有一类专为半桥驱动而设计的集成电路,叫做"浮栅驱动器"(Floating Gate Driver),专门解决上管浮动驱动问题。图 2.8.7 中的 IR2101 就是一种常用型号,有兴趣的读者可以参阅 DataSheet 或开关电源方面的书籍了解其工作原理。

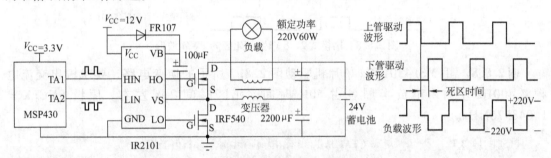

图 2.8.7　逆变器中的 PWM 死区示意图

当 TA1 输出高电平时,上管导通,负载上得到正半周波形,当 TA2 输出高电平时,下管导通,负载上得到负半周波形。如果 TA1 与 TA2 管脚输出 50% 占空比,对称的波形如图 2.8.7 所示。通过变压器升压,在负载上将获得 220V 的交流电。

但这也随之会遇到一个问题:MOS 开关的导通与关断总会存在一定的延迟。如果同时令上管关断、下管导通,会出现一个极短的瞬间上管来不及完全关闭时下管已经导通的情况。此时相当于蓄电池直接短路,大电流会直接毁坏 MOS 管。为了安全地控制半桥电路,需要命令其中一只开关管断开后,略等待一段时间才接通另一只开关管。这段等待的时间被称为"死区时间"(Dead Time)。图 2.8.7 中示意了带死区的 PWM 波形,为了示意清楚,图中对死区时间作了夸大,实际应用中根据不同 MOS 管的导通延迟参数,取数百纳秒至数微秒时间以上即可保证 MOS 不会同时导通。实际应用中,半桥、推挽驱动、H 桥等电路中都存在对死区时间的要求。

TimerA 比较模块的模式 2 与模式 6 专门用于产生带有死区的 PWM 波形。模式 2/6 与模式 3/7 的区别是到达 TACCRx 门限后取反而非置电平。如果主计数器工作在增计数或连续计数方式下,模式 2 与模式 3 输出波形没有区别;模式 6 与模式 7 的输出波形也没有区别,均为普通的 PWM 波形。但若将主计数器设定为增减计数模式，情况会有所变化。在增减计数模式下，每个周期内有两次计至 TACCRx 的时刻，利用模式 2/6 的取反功能可以产生两路对称 PWM 波形，且模式 2 与模式 6 所产生的波形不仅相位相反，而且不存在同时导通的时刻。

图 2.8.8 中，TA 计数器每次计至 TACCR1，TA1 管脚取反，增减计数模式下每周期 2 次计至 TACCR1 因此 TA1 管脚每周期取反两次，产生一个完整的方波。取反操作产生的波形依赖于该管脚的初始电平，在模式 6 下计数器每次计至 TACCR0，TA 管脚置 1，给出了初始电平。类似的，在模式 2 下计数器每次计至 TACCR0，TA 管脚置 0，得到与模式 6 相反的波形。只要 TACCR1 > TACCR2，两路 PWM 就不会有同时为高电平的时刻。

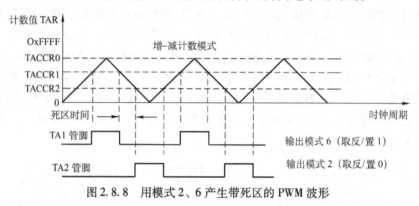

图 2.8.8   用模式 2、6 产生带死区的 PWM 波形

例 2.8.8   用 MSP430F42x 单片机驱动图 2.8.7 所示的逆变电路，要求输出交流电频率 400Hz 左右，正负半周各占 50% 时间，死区时间 2μs 左右。假设 SMCLK = 1.048576MHz。

```
P1SEL |= BIT2;                  //TA1 从 P1.2 输出(不同型号单片机可能不一样)
P1DIR |= BIT2;                  //TA1 从 P1.2 输出(不同型号单片机可能不一样)
P2SEL |= BIT0;                  //TA2 从 P2.0 输出(不同型号单片机可能不一样)
P2DIR |= BIT0;                  //TA2 从 P2.0 输出(不同型号单片机可能不一样)

TACTL |= MC_3 + TASSEL_2 + ID_0;  //定时器 TA 设为增-减计数模式,SMCLK
TACCTL1 = OUTMOD_6;             //TA1 模式 6 = 高电平 PWM 输出
TACCTL2 = OUTMOD_2;             //TA2 模式 2 = 低电平 PWM 输出(两路反向的方波)
TACCR0 = 1310;                  //PWM 总周期 = 2 * 1310 = 2620 个 SMCLK 周期约等于 400Hz
TACCR1 = 656;                   //TA1 占空比 = 50% 左右
TACCR2 = 654;                   //TA2 占空比 = 50% 左右          留 2 个周期的死区时间
```

推挽、桥式驱动模式下，每一路最大占空比 50%。每一路在 0 ~ 50% 范围内调整占空比时，总输出功率在 0 ~ 100% 之间调整。当每一路的占空比不到 50% 时，剩余的时间都是死区时间，所以这种驱动方式调节功率时开关管是安全的。

例 2.8.9   在上例的基础上，编写一个输出功率设置函数。要求用 0 ~ 100 表示输出功率百分比作为传入参数。

```
/****************************************************************
* 名     称:Inverter _ SetPower( )
* 功     能:设置逆变器的输出功率
* 入口参数:Power:输出功率百分比 0～100 表示 0～100%
****************************************************************/
void Inverter _ SetPower( unsigned int Power)
{  int Duty;
   if( Power > 99) Power = 99;                //最大只到99%,留出死区
   Duty = ( unsigned long int)1310 * Power/200;   //计算每一路的占空比
   TACCR1 = 1310-Duty;                        //设置 TA1 占空比
   TACCR2 = Duty;                             //设置 TA2 占空比
}
```

（5）模式 4（可变频率输出、移相输出）　输出模式 4 下，TA 计数每次到达 TACCRx 值时，TAx 管脚电平自动取反。因此改变 TA 的计数周期可以改变 TAx 管脚的输出频率；同时若改变 TACCRx 值可以改变波形的相位。

如图 2.8.9 所示，改变 TACCR0 的值即可同时改变 3 路输出波形的频率，改变 TACCR1 与 TACCR2 的值可以改变 TA1 与 TA2 输出波形与 TA0 波形之间的相位差。由于 TACCR1 与 TACCR2 最大只能等于 TACCR0，所以移相最大值只能滞后 0°～180°。如果需要超过 180°的移相，可以通过改变管脚初始值（反向 180°）实现。

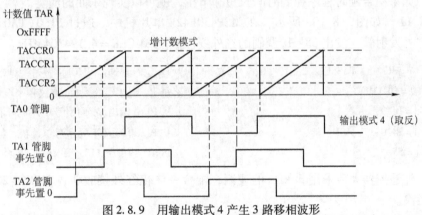

图 2.8.9　用输出模式 4 产生 3 路移相波形

例 2.8.10　如图 2.8.10a 所示，在 MSP430F42x 单片机中，通过 P1.0（TA0）输出管脚驱动一只扬声器，编写一个程序，用于设置扬声器的鸣响频率。SMCLK 时钟频率未知。

```
/****************************************************************
* 名     称:Speaker _ SetFreq( )
* 功     能:设置音频输出方波的频率,单位 Hz
* 入口参数:Freq:输出频率
* 出口参数:无
* 范     例:Speaker _ SetFreq(2500);设置输出音频方波频率 = 2500Hz
****************************************************************/
```

```
void Speaker _ SetFreq( unsigned int Freq)
{
    unsigned long int F _ TACLK;              //TA 定时器时钟频率
    int FreqMul,FLLDx;                        //倍频系数、DCO 倍频
    unsigned long Period;
    TACTL |= MC _1 + TASSEL _2 + ID _0;       //TA 定时器选择 SMCLK 做时钟,增计数方式
    TACCTL0 = OUTMOD _4;                      //每次到达 CCR0 取反(方波频率输出模式)
    P1SEL |= BIT0;                            //从 P1.0 输出(不同型号单片机可能不一样)
    P1DIR |= BIT0;                            //从 P1.0 输出(不同型号单片机可能不一样)
    FreqMul = (SCFQCTL&0x7F) +1;              //获得倍频系数
    FLLDx = ((SCFI0&0xC0) >>6) +1;            //获得 DCO 倍频系数(DCOPLUS 所带来的额外倍频)
    F _ TACLK = F _ ACLK * FreqMul;           //计算波特率发生器时钟频率 = ACLK * 倍频系数
    if( FLL _ CTL0&DCOPLUS) F _ TACLK * = FLLDx;   //若开启了 DCOPLUS,还要计算额外倍频
    Period = F _ TACLK/Freq;                  //计算方波时钟周期
    TACCR0 = Cycle/2;                         //每次到达 CCR0 电平取反,因此一个输出周期 = 两个 CCR0 周期
}
```

在这个程序中，为了适应各种情况，读取时钟系统的寄存器设置，计算出 SMCLK 的频率。这种方法使得调用该函数时不需要指定时钟频率，适应性和移植性都很强。

通过该函数可以实现各种频率的发音，替代蜂鸣器单调的"滴-滴"声。而且可以发出各种音符，如果结合延时程序控制时间长短和节拍，就可以实现乐曲的演奏。

例 2.8.11   如图 2.8.10c 所示，在 MSP430F42x 单片机中，通过 P1.0(TA0)输出管脚驱动一只红外发射管，发出 38kHz 调制的红外线。假设 SMCLK = 4.194304MHz。

```
TACTL |= MC _1 + TASSEL _2 + ID _0;        //TA 定时器选择 SMCLK 做时钟,增计数方式
TACCTL0 = OUTMOD _4;                       //每次到达 CCR0 取反(方波频率输出模式)
P1SEL |= BIT0;                             //从 P1.0 输出(不同型号单片机可能不一样)
P1DIR |= BIT0;                             //从 P1.0 输出(不同型号单片机可能不一样)
TACCR0 =55;                                //38kHz 约等于 110 个 SMCLK 周期
```

目前红外遥控器大多采用 38kHz 的调制，配合一体化红外接收头，能获得 20m 左右的遥控感应距离。

在例 2.8.10 中，PWM 输出的方波含有直流分量，需要通过一只电容隔去直流后才能驱动扬声器如图 2.8.10a 所示，扬声器的优点是能够发出宽范围频率的声音。如果使用低成本的压电陶瓷片作为发音器件，需要较高的驱动电压，可以采用图 2.8.10b 电路，利用电感通电后突然断开产生的高压驱动压电陶瓷片发出声音。如果恰好与助音腔共鸣，声音响度将超过 90dB。但是压电陶瓷蜂鸣片的发音频率的范围很窄，一般都在 3kHz 左右。如果偏离共鸣频率，或者不加助音腔，声音强度将大幅度下降。用压电陶瓷片做高响度报警时，可利用 TA 可变频率发生器模式在 3kHz 附近不停扫频(类似警笛的声音)，总能遇到共鸣点。

例 2.8.12   在 MSP430F42x 单片机中，从 P1.0(TA0)、P1.2(TA1)、P2.0(TA2)输出 3路 50Hz 左右的方波，相位差 120°。

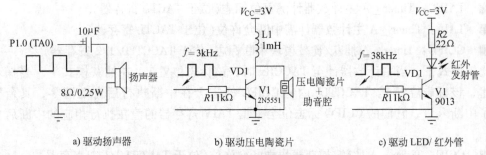

a) 驱动扬声器　　　　　　　b) 驱动压电陶瓷片　　　　　c) 驱动 LED/ 红外管

图 2.8.10　TA 输出驱动不同负载的几个例子

TACTL |= MC _ 1 + TASSEL _ 1 + ID _ 0;	//TA 定时器选择 ACLK 做时钟,增计数方式
TACCTL0 = OUTMOD _ 4;	
TACCTL1 = OUTMOD _ 4;	//3 个模块都工作在方波频率输出模式
TACCTL2 = OUTMOD _ 4;	
P1SEL |= BIT0;	//从 P1. 0 输出(不同型号单片机可能不一样)
P1DIR |= BIT0;	//从 P1. 0 输出(不同型号单片机可能不一样)
P1SEL |= BIT2;	//从 P1. 2 输出(不同型号单片机可能不一样)
P1DIR |= BIT2;	//从 P1. 2 输出(不同型号单片机可能不一样)
P2SEL |= BIT0;	//从 P2. 0 输出(不同型号单片机可能不一样)
P2DIR |= BIT0;	//从 P2. 0 输出(不同型号单片机可能不一样)
TACCR0 = 328;	//50Hz 约等于 656 个 ACLK 周期,TA0 输出
TACCR1 = 109;	//TA1 输出滞后 TA0 信号 120°
TACCTL2 |= OUT;	//TA2 输出初始相位反转(超前 TA0 信号 180°)
TACCR1 = 219;	//再滞后 60°,超前 TA0 信号 120°

2.8.4　Timer _ A 定时器的中断

Timer _ A3 定时器的下列 4 种事件均能产生中断:

1) 主计数值计满(或计至 TACCR0)后复位,TAIFG 标志被置 1。中断发生在计数值从 TACCR0 跳至 0 的时刻。

2) 捕获通道 0 发生捕获事件,或主计数值 TAR 计至 TACCR0(计数值从 TACCR0-1 跳至 TACCR0 的时刻),TACCTL0 寄存器内的 CCIFG 标志被置 1。

3) 捕获通道 1 发生捕获事件,或主计数值 TAR 计至 TACCR1(计数值从 TACCR1-1 跳至 TACCR1 的时刻),TACCTL1 寄存器内的 CCIFG 标志被置 1。

4) 捕获通道 2 发生捕获事件,或主计数值 TAR 计至 TACCR2(计数值从 TACCR2-1 跳至 TACCR2 的时刻),TACCTL2 寄存器内的 CCIFG 标志被置 1。

这 4 种事件占用了两个中断源,其中,事件 2(计至 TACCR0 或捕获通道 0 发生捕获事件)独占一个中断源 TIMERA0 _ VECTOR,其余 3 种事件公用另一个中断源 TIMERA1 _ VEC-TOR。对于需要紧急处理的捕获事件建议使用通道 0,因为它单独占有一个中断源,在中断内无需分支判断,响应速度最快。

和中断相关的标志位有:

■ TAIFG：Timer_A 主计数器计满复位标志（位于 TACTL 寄存器）

■ TAIE：Timer_A 主计数器计满中断允许位（位于 TACTL 寄存器）

■ CCIFG：Timer_A 捕获/比较模块中断标志（位于 TACCTL0/1/2 寄存器）

比较模式下，当主计数器计至 TACCRx 时，该标志置 1。在捕获模式下，当捕获条件发生，该标志置 1。TACCTL0 内的 CCIFG 标志会在中断执行后自动清零，其余模块共用了中断入口，它们的 CCIFG 标志位会根据 TAIV 寄存器的值在执行相应的中断后自动清除。

■ CCIE：Timer_A 比较/捕获模块中断允许位（位于 TACCTL0/1/2 寄存器）

■ TAIV：Timer_A 中断向量寄存器

几个事件共用了 TIMERA1_VECTOR 中断向量，需要在中断服务程序中通过软件判断 TAIV 寄存器的值来确定具体的中断原因，见表 2.8.2。

表 2.8.2　SD16IV 寄存器值与中断标志位的关系

TAIV 值	中 断 源	中 断 标 志	优 先 级
00H	无中断发生	—	
02H	捕获/比较模块 1	TACCTL1 内的 CCIFG 标志	
04H	捕获/比较模块 2	TACCTL 2 内的 CCIFG 标志	最高
06H	* 捕获/比较模块 3	TACCTL 3 内的 CCIFG 标志	.
08H	* 捕获/比较模块 4	TACCTL 4 内的 CCIFG 标志	.
0AH	主计数器计满溢出	TAIFG	.
0CH	保留		最低
0EH	保留		

注：带 * 号的中断源只对带有 Timer_A5 的单片机有效。

例如，当捕获/比较模块 2 发生中断时（TAR 计到 TACCR2 的值，或捕获条件满足），TACCTL2 内的 CCIFG 标志会被自动置 1，TAIV 寄存器的值也会变为 04H，若 CCIE 中断被允许（TACCTL2 中的 CCIE=1）且总中断是开启状态，就会引发中断。在中断程序内判断 TAIV 的值，得值是捕获/比较模块 2 引发的中断，执行相应操作后返回，TACCTL2 中的 CCIFG 标志会被自动清除，TAIV 自动恢复为 0。

当多个 TimerA 中断同时产生时，TAIV 会按照优先级顺序自动先处理优先级较高的中断。例如比较/捕获模块 1 与捕获/比较模块 2 都发生中断时，TACCTL1/2 中的 CCIFG 标志都被置 1。TAIV 会优先处理模块 1 的中断，寄存器值变为 02H。当进入中断处理完后退出，TACCTL1 中的 CCIFG 标志被自动清除，TAIV 变为 04H。中断结束之后，由于 TACCTL2 的 CCIFG 标志仍为 1，还会再次引发 TA 中断，处理模块 2 的中断事件。

例 2.8.13　假设 Timer_A3 定时器所有的中断都打开，为其编写中断服务程序框架。

```
TACTL  │= TAIE;          // 允许 TA 溢出中断
TACCTL0 │= CCIE;          // 允许 TA 捕获/比较模块 0 的中断
TACCTL1 │= CCIE;          // 允许 TA 捕获/比较模块 1 的中断
```

```
TACCTL2 | = CCIE;                          // 允许 TA 捕获/比较模块 2 的中断
_ EINT( );                                 // 允许总中断
……


#pragma vector = TIMERA1 _ VECTOR
__ interrupt void TA _ ISR( void)
{
  switch( TAIV)
  {
    case 2：……                             // 在这里写捕获/比较模块 1 的中断服务程序
             break;
    case 4：……                             // 在这里写捕获/比较模块 2 的中断服务程序
             break;
    case 10：……                            // 在这里写 TA 计满溢出的中断服务程序
             break;
  }
  __ low _ power _ mode _ off _ on _ exit( );   // 退出时唤醒 CPU  （如果有必要）
}

#pragma vector = TIMERA0 _ VECTOR
__ interrupt void TACCR0 _ ISR( void)
{
  ……                                       // 在这里写捕获/比较模块 0 的中断服务程序
  __ low _ power _ mode _ off _ on _ exit( );   // 退出时唤醒 CPU（如果有必要）
}
```

2.8.5　Timer _ A 定时器的应用

从 Timer _ A 的结构和原理可以看出，Timer _ A 定时器不仅可以作定时、计数等基本应用，还能实现自动输出各种常见波形、捕获触发等功能。可以用于产生高分辨率且精确的周期性时基、精确定时、精确计时或计数、产生 PWM 波形、产生脉冲、产生可变频率方波、测量脉宽、测量周期与频率等应用场合。

（1）周期性定时　定时器的基本功能就是计时，计至定时条件满足时，产生中断。在定时中断内，执行某些需要严格时间间隔的程序，如 LED 的循环扫描、ADC 定时采样、定时扫描键盘等。Timer _ A 定时器的增计数模式特别适合产生周期性定时中断。

例 2.8.14　利用 TA 定时器，让 P1.3 口所驱动的 LED 每隔约 0.2s 闪烁一次。假设 ACLK = 32.768kHz。

MSP430 单片机的 P1.3 口不是 TAx 管脚，无法使用捕获/比较模块的可变频率输出模式（OUTMODE4）直接驱动。但可以利用 TA 捕获/比较模块的中断来驱动任何一根管脚输出方波。在 100ms 定时中断内将 P1.3 取反，即可实现 0.2s 闪烁一次。

```
#include < msp430x41x. h >
void main( void)
{
    WDTCTL = WDTPW + WDTHOLD;            //停止看门狗
    FLL _ CTL0 │= XCAP18PF;              //配置晶振负载电容
    P1DIR │= BIT3;                       //设置 P1.3 为输出管脚
    TACCTL0 │= CCIE;                     //允许捕获/比较模块 0 的中断
    TACCR0 = 3277-1;                     //100ms 约 3277 个 ACLK 周期
    TACTL = TASSEL _ 1 + MC _ 1;         //TA 设为增计数模式,时钟 = ACLK
    _ EINT( );
    LPM3;
}


#pragma vector = TIMERA0 _ VECTOR
__ interrupt void TACCR0 _ ISR(void)     //计至 TACCR0 中断, 每 100ms 发生一次
{
    P1OUT ^ = BIT3;                      //P1.3 取反
}
```

从上面的代码中可以看出,增计数模式实际上就是"自动重装载"模式。只需设置 TACCR0 的值,即可改变定时周期,无需在中断内对计数器重新赋初值。当然,也可以在连续计数模式下,通过对 TAR 重装初值,来实现定时中断:

```
#include < msp430x41x. h >
void main( void)
{
    WDTCTL = WDTPW + WDTHOLD;            //停止看门狗
    FLL _ CTL0 │= XCAP18PF;              //配置晶振负载电容
    P1DIR │= BIT3;                       //设置 P1.3 为输出管脚
    TACCTL0 │= CCIE;                     //允许捕获/比较模块 0 的中断
    TAR = 65536-3277;                    //定时器重置初值
    TACTL = TASSEL _ 1 + MC _ 2;         //TA 设为连续计数模式,时钟 = ACLK
    _ EINT( );
    LPM3;
}


#pragma vector = TIMERA0 _ VECTOR
__ interrupt void TACCR0 _ ISR(void)     //计至 TACCR0 中断
{
    TAR = 65536-3277;                    //重装初值,100ms 约 3277 个 ACLK 周期
    P1OUT ^ = BIT3;                      //P1.3 取反
}
```

（2）比较模块的应用　除了主计数器之外，Timer_A 定时器还具有 3 个（部分单片机有 5 个）捕获/比较模块。在比较模式下，能设置 3 个（或 5 个）触发值，一旦主计数器计至这些触发值，也会产生中断，这使得在计数、定时的过程中能够对计数值作灵活的处理。例如产生周期性复杂的输出波形、计数门限报警等应用。

例 2.8.15　在某 MSP430 单片机上，P1.3、P1.1、P1.4 口上分别接有红绿蓝三色 LED，高电平点亮。利用 TA 定时器，让红灯亮 0.2s，绿灯亮 0.5s，蓝灯亮 0.3s，依次循环。要求循环点亮的过程不阻塞 CPU 的运行。

整个循环时间为 1s，可以认为 0 时刻到 0.2s 之间红灯亮，从 0.2s～0.7s 时间段内绿灯亮，从 0.7s～1s 时间段内蓝灯亮。通过将 TACCR1 设为 0.2s，TACCR2 设为 0.7s，TACCR0 设为 1s，在各自的中断内对 LED 进行操作，即可实现对 LED 的控制，除了中断响应的数微秒之外，不占用 CPU 资源。

```
#include  < msp430x41x. h >
void main( void)
{
    WDTCTL = WDTPW + WDTHOLD;            //停止看门狗
    FLL _ CTL0  | = XCAP18PF;            //配置晶振负载电容
    P1DIR  | = BIT3 + BIT1 + BIT4;       //设置 P1.3、P1.1、P1.4 为输出管脚
    TACCR0 = 32768-1;                    //1s = 32768 个 ACLK 周期
    TACCR1 = 6554;                       //0.2s = 6554 个 ACLK 周期
    TACCR2 = 29938;                      //0.7s = 29938 个 ACLK 周期
    TACTL = TASSEL _ 1 + MC _ 1;         //TA 设为增计数模式,时钟 = ACLK
    TACTL  | = TAIE;                     //允许 TA 溢出中断
    TACCTL1  | = CCIE;                   //允许捕获/比较模块 1 的中断
    TACCTL2  | = CCIE;                   //允许捕获/比较模块 2 的中断
    _ EINT( );
    while(1)
    {
      ……                                //CPU 可以执行其他任务
    }
}
#pragma vector = TIMERA1 _ VECTOR
__ interrupt void TA _ ISR(void)
{
  switch(TAIV)
  {
    case 2:  P1OUT & = ~ (BIT3 + BIT1 + BIT4);
             P1OUT  | = BIT1;            //TACCR1 ~ TACCR2 阶段只亮绿灯
             break;
    case 4:  P1OUT & = ~ ( BIT3 + BIT1 + BIT4);
             P1OUT  | = BIT4;            //TACCR2 ~ TACCR0 阶段只亮蓝灯
```

```
                break;
    case 10:    P1OUT & = ~(BIT3 + BIT1 + BIT4);
                P1OUT |= BIT3;              //TACCR0 ~ TACCR1 阶段只亮红灯
                break;
    }
```

通过这个例子可以看到，利用 TA 中断可以产生捕获/比较模块无法直接输出的某些较为复杂的时序。本例中 TimerA 使用了增计数模式，计至 TACCR0 事件可以使用 TAIFG 中断也可以使用 CCIFG 中断，TAIFG 中断发生在计数值器满 TACCR0 后复位的时刻，CCIFG 中断发生在计数器计至 TACCR0 的时刻，注意两者相差 1 个时钟周期。对于本例来说使用 TAIFG 中断较为方便(因为只需一个中断入口)，所以在程序中将 TAIFG 中断周期减 1 作为 TACCR0 的初值。在 PWM 发生器模式下也会遇到类似的情况。

与比较输出模式相比，用中断产生输出时序的优点在于可以根据实际需要灵活产生各种时序，或者做各种复杂的定时、延时处理，且不受管脚位置限制。但是利用中断输出波形的方法会占用 CPU 资源(虽然很少)，且具有数微秒的延迟，如果恰巧在不允许中断的时间段内发生中断，中断响应的实时性就会受到影响。

例 2.8.16　在 MSP430F42x 单片机中，P1.3 口与 P1.4 口通过晶体管控制两只灯泡的亮度。要求从 P1.3 管脚输出占空比 75% 的 PWM 调制波形，从 P1.4 管脚输出占空比 50% 的 PWM 调制波形。频率约为 100Hz。

查阅 MSP430F425 手册中的管脚功能，可知 P1.3 口与 P1.4 口不是 TAx 管脚，因此无法使用 Timer_A 的比较输出模式直接输出 PWM 波形。在比较输出模式下，PWM 波形产生的逻辑是 TAR 计至 TACCRx 将 TAx 管脚置低，计至 TACCR0 后将 TAx 管脚置高(输出模式7)。如果将这一自动过程改为软件实现：计至 TACCRx 中断内将某 I/O 口置低，计至 TACCR0 中断内将该 I/O 口置高，即可实现从任意管脚输出 PWM 波形。

```
#include <msp430x41x.h>
void main(void)
{
  WDTCTL = WDTPW + WDTHOLD;              //停止看门狗
  FLL_CTL0 |= XCAP18PF;                 //配置晶振负载电容
  P1DIR |= BIT3 + BIT4;                 //设置 P1.3、P1.4 为输出管脚
  TACTL |= MC_1 + TASSEL_1 + ID_0;      //定时器 TA 设为增量计数模式,ACLK
  TACCR0 = 328-1;                       //PWM 总周期 = 328 个 ACLK 周期约等于 100Hz
  TACCR1 = 246;                         //TA1 占空比 = 246/328 = 75%
  TACCR2 = 164;                         //TA2 占空比 = 164/328 = 50%
  TACTL |= TAIE;                        //允许 TA 溢出中断
  TACCTL1 |= CCIE;                      //允许捕获/比较模块 1 的中断
  TACCTL2 |= CCIE;                      //允许捕获/比较模块 2 的中断
  _EINT();
  while(1)
```

```
   {
      //……                                //CPU 可以执行其他任务
   }
}
#pragma vector = TIMERA1 _ VECTOR
__ interrupt void TA _ ISR( void )
{
   switch( TAIV )
   {
      case 2：   P1OUT & = ~ BIT3；        //计至 TACCR1,P1.3 置低
                 break；
      case 4：   P1OUT & = ~ BIT4；        //计至 TACCR2,P1.4 置低
                 break；
      case 10：  P1OUT  |= ( BIT3 + BIT4 )；  //计满( TACCR0)溢出,置高
                 break；
   }
}
```

（3）测量时间间隔　通过 TACTL 寄存器的 MC0/1 控制位可以控制 Timer _ A 主计数器的启停。通过 TACLR 控制位可以清除 Timer _ A。如果在某个时刻将计数器清零并开始运行,在另一时刻停止计数器并读取计数值 TAR,即可获知这两时刻之间的时间间隔。如果间隔超出 65536 个周期,可以利用溢出中断统计溢出次数,再计算总时间。

例 2. 8. 17　利用 MSP430 单片机设计一款"反应速度测试仪"。在 P1.3 口接有一红色高亮度 LED(高电平点亮)。P1.5 口接有一按键(低电平表示按下)。要求受试者在看到红灯亮后立即按键。测量从亮灯到按键之间的时间差并显示出来,就是受试者的反应时间。

```
#include  < msp430x41x. h >
#include " LCD _ Display. h "
unsigned int TA _ OverflowCnt；           //TA 溢出次数存放变量
unsigned long int ResponseTime；          //执行时间存放变量

void main( void )
{
   WDTCTL = WDTPW + WDTHOLD；             // 停止看门狗
   FLL _ CTL0  |= XCAP18PF；              // 配置晶振负载电容
   BTCTL = 0；                           // BTCTL 上电不初始化,需要人为清零
   LCD _ Init( )；                       // LCD 初始化
   P1DIR  |= BIT3；                      // 红灯所在 IO 口设为输出
   _ EINT( )；                           // 总中断允许
   while( 1 )
   {
      TA _ OverflowCnt = 0；             // 长执行时间函数 TA 会溢出,用一变量计数溢出次数
```

```
        P1OUT  | = BIT3 ;                              // 红灯亮
        TACTL = TASSEL _ 1 + MC _ 2 + TAIE + TACLR ;   // TA 清零并开始计时, ACLK, 开中断
        while( P1IN & BIT5 ) ;                         // 等待 P1.5 按键被按下
        TACTL = TASSEL _ 1 + MC _ 0 ;                  // TA 停止计时
        P1OUT & = ~ BIT3 ;                             // 红灯灭
        ResponseTime = TA _ OverflowCnt * 65536 + TAR ;// 读取 TA 计数值及溢出次数计算总周期
        ResponseTime = ResponseTime * 1000/32768 ;     // 将 ACLK 周期数换算成毫秒时间值
        LCD _ DisplayDecimal( ResponseTime,3 ) ;       // 显示反应时间测量结果,精确到毫秒
        __ delay _ cycles( 3000000 ) ;                 // 延迟约 3s, 重新开始
    }
}

#pragma vector = TIMERA1 _ VECTOR
__ interrupt void TA _ ISR( void )                     // 计满至 65536 溢出
{
    switch( TAIV )
    {
        case 2 : break ;
        case 4 : break ;
        case 10 : TA _ OverflowCnt ++ ;                //TA 每次溢出,溢出次数变量 +1 .
                  break ;
    }
}
```

人的反应延迟一般在数百毫秒左右，测量分辨率精确到毫秒已经足够，在该程序中使用 ACLK 作为时钟，2s 以内的测量不会导致定时器溢出。即使反应时间超过 2s，在定时器溢出中断内对溢出次数进行累计，相当于将计数器扩展至 32 位。实用的反应速度测试仪还应该有犯规判断、两次之间随机时间间隔、低功耗休眠等功能等。

如果在中断内对 Timer _ A 进行启停操作，即可获得两次中断的时间间隔，或者两个中断之间的时间差。通过该方法，可以测量外部输入信号的周期、频率、相位差等信息。

例 2.8.18 设计一个自行车速度表。在自行车前轮上装有一只磁铁，前叉上装有一只干簧管。每次磁铁划过干簧管时，都会使之吸合一次。干簧管接一上拉电阻，则车轮每转一圈，输出一个低电平脉冲信号(见图 2.8.11)。假设该信号接在 P1.7 口上。

图 2.8.11　用干簧管测量自行车的速度

干簧管与开关一样，也存在机械触点，所以抗抖动程序是必不可少的。当然，传感器也可以使用无触点的霍尔开关传感器，但功耗较大。

```c
#include  < msp430x42x. h >
#include " LCD _ Display. h "
#define Circle 207                        / * 轮圈周长,单位 cm * /
unsigned int TA _ OverflowCnt;           // TA 溢出次数存放变量
unsigned long int Period;                // 周期测量结果存放变量
unsigned int Speed;                      // 速度测量结果存放变量
void main( void )
{
   WDTCTL = WDTPW + WDTHOLD;             // 停止看门狗
   FLL _ CTL0 |= XCAP18PF;              // 配置晶振负载电容
   P1DIR & = ~ ( BIT7) ;                 // P1.7 设为输入(可省略)
   P1IES |= BIT7;                        // P1.7 设为下降沿中断
   P1IE |= BIT7;                         // 允许 P1.7 中断
   TACTL = TASSEL _ 1 + MC _ 2 + TAIE + TACLR;    // TA 清零并开始计时,ACLK,开中断
   BTCTL = 0;
   LCD _ Init( );
   _ EINT( );                            // 总中断允许
   LPM3;                                 //进入低功耗模式 3 休眠,全部程序在中断内执行
}
#pragma vector = PORT1 _ VECTOR          //P1 口中断入口
__ interrupt void P1 _ ISR( void)
{
   int i;
   _ BIC _ SR( SCG0) ;                  //清除 SR 寄存器的 SCG0 控制位,恢复时钟准确性
   for( i = 0;i < 600;i + + ) ;          //抗抖动,略延迟后再做判断
   if( ( P1IN & BIT7) == BIT7)          //如果 P1.7 变高(断开),则判为毛刺
   {
      P1IFG = 0; return;                //认为开关信号无效,不作处理直接退出
   }
   if( P1IFG & BIT7)                     //判断 P1 中断标志第 7 位(P1.7)
   {
      Period = TA _ OverflowCnt * 65536 + TAR;        //得到相邻两次中断之间的间隔时间
      TA _ OverflowCnt = 0;
      TACTL |= TACLR;                  // TA 清零,重新计时
      Speed = (long)32768 * Circle * 36/(10 * Period);   //计算速度(km/h),保留 2 位小数
      LCD _ DisplayDecimal( Speed,2) ;  //显示速度值
   }
   P1IFG = 0;                            //清除 P1 所有中断标志位
}
```

```
#pragma vector = TIMERA1 _ VECTOR
__ interrupt void TA _ ISR( void )                    //计满至 65536 溢出
{
  switch( TAIV )
  {
    case 2：  break；
    case 4：  break；
    case 10：  TA _ OverflowCnt ++；                  //TA 每次溢出,溢出次数变量 +1
              break；
  }
}
```

定时器不仅能够用于测量硬件信号的周期，也能测量软件执行周期。在设计 MSP430 单片机软件的过程中，经常会遇到需要知道某函数的执行时间的情况。例如在低功耗优化时，需要不断调整软件算法，在完成同样功能的前提下让运行时间最短，或者在调试软件延迟、测量外设反应速度、实时性优化等场合下，需要知道某个函数(或者某段程序)的执行时间。在调试过程中，可以利用 TimerA 来测量一段程序的执行周期。思路是在运行待测程序之前先将 TimerA 清零并开始计时，执行完待测程序后停止 TimerA，若 TimerA 的时钟 = SMCLK = MCLK，此时 TimerA 的计数值就是该段程序的执行所需的时钟周期数。若某些函数执行时间很长，超过 65535 个时钟周期，会使定时器溢出，类似上例，可以在每次溢出后让一个变量自加，得知溢出次数，最后计算总运行时间。

例 2.8.19 在某 MSP430 单片机系统软件调试过程中，测量某一函数的执行时间。

```
#include  < msp430x42x. h >
int Result；
int TA _ OverflowCnt；                    //TA 溢出次数存放变量
unsigned long int ExeTime；               //执行时间存放变量
/ *********************************************************
                运行时间待测函数:求两个浮点数之和
  ********************************************************* /
float FloatSum( float x ,float y)        / * 226 个指令周期 * /
{
  return( x + y)；
}


void main( void)
{
  WDTCTL = WDTPW + WDTHOLD；             //停止看门狗
  FLL _ CTL0 | = XCAP18PF；              // 配置晶振负载电容
  _ EINT( )；                           // 总中断允许
  while(1)
  {
```

```
//----------------------测量定时器的固有延迟----------------------
    TACTL = TASSEL_2 + MC_2 + TAIE + TACLR;      //TA 清零并开始计时
    TACTL = TASSEL_2 + MC_0;                      // TA 停止计时
    ExeTime = TAR;                                // 读取 TA 计数值,就是固有延迟时间
    _NOP();                                       //在这一行设断点观察
//-------------------测量浮点求和函数的执行时间-------------------
    TACTL = TASSEL_2 + MC_2 + TAIE + TACLR;      //TA 清零并开始计时
    Result = FloatSum(12345,12456);              //执行待测函数 1
    TACTL = TASSEL_2 + MC_0;                      //TA 停止计时
    ExeTime = TAR;                                //读取 TA 计数值, 就是执行时间
    _NOP();                                       // 在这一行设断点观察
#pragma vector = TIMERA1_VECTOR
__interrupt void TA_ISR(void)
{
  switch(TAIV)
  {
    case 2:   break;
    case 4:   break;
    case 10:  TA_OverflowCnt++;                   //TA 每次溢出,溢出次数变量 +1
              break;
  }
}
```

定时器在开启、关闭、JTAG 调试指令的接收都会占用一定的时间，造成测量误差。而且可能随编译器、开发工具会有所不同，所以第一步先仅测量 Timer_A 启停所需的周期数。例如用 FET-Debugger 调试 MSP430F425 单片机时测量出 TimerA 启停的固有延迟是 5 个周期，每次测量结果减去 5 就是实际的运行周期数。在测量浮点数求和函数的程序中_NOP()处设置断点，查看 ExeTime 变量的值为 231，实际运行时间应该是 226 个周期。

对于纯软件的函数，或者不涉及操作设备的程序，可以通过 EW430 提供的软件仿真功能获得运行时间。在工程管理器中，工程名上右键打开"Options"菜单，在 Debugger 页上选择"Simulator"。进入调试模式后，通过 View->Resister 菜单观察寄存器值，选择 CPU Register，查看 CYCLECOUNTER 的增量，可以获知运行时间。但对于涉及操作设备、外部输入的情况，软件仿真是无能为力的。此时用定时器测量运行时间是一种简单可行的方法。

（4）计数器应用　当 Timer_A 定时选择外部时钟输入时(TASSELx=00 或 11 时)，就成为了计数器。从 TACLK 管脚每输入一个脉冲，计数值 TAR 改变一次。当 TASSELx=00 时，脉冲上升沿计数；TASSELx=11 时，脉冲下降沿计数。做计数应用时，主计数器一般工作在连续计数模式。

例 2.8.20　用 MSP430F42x 系列单片机设计频率计，从 P1.5 管脚(TACLK 管脚)输入待测方波，要求测量分辨率 1Hz。

频率实际上是每秒钟的脉冲个数。如果能够产生准确的 1s 定时，在此期间内对待测方波的脉冲个数进行计数，其结果就是待测方波的频率，可以用 Timer_A 作为脉冲计数器，用 BasicTimer 产生精确 1s 定时。这种方法也被称为"秒闸门法"，它适合于测量较高频率的信号。

```
#include  <msp430x42x. h >
#include " LCD _ Display. h "               //参见 2.5 节
unsigned long int Freq;                    //频率测量结果存放变量
unsigned int TA _ OverflowCnt;             //TA 溢出次数存放变量
void main( void )
{
   WDTCTL = WDTPW + WDTHOLD;               // 停止看门狗
   FLL _ CTL0 |= XCAP18PF;                 // 配置晶振负载电容
   P1DIR & = ~ BIT5;                       // P1. 5(TACLK)作为输入管脚
   P1SEL |= BIT5;                          // 允许其第二功能,作为 TACLK 输入
   BTCTL = BTDIV + BT _ fCLK2 _ DIV128;    //BasicTimer 设为 1s1 次中断
   IE2 |= BTIE;                            //允许 BasicTimer 中断
   _ EINT( );                              //允许总中断
   LCD _ Init( );                          // LCD 初始化
   while(1)
   {
      LPM3;                                //休眠,等待被 BasicTimer 唤醒
      //------------------以下代码每秒运行一次-----------------------------------
      Freq = TA _ OverflowCnt * 65536 + TAR;  // 读取上次 TA 计数值及溢出次数,计算频率。
      TA _ OverflowCnt = 0;                // 溢出次数清零
      TACTL = TASSEL _ 0 + MC _ 2 + TAIE + TACLR;  //TA 清零并重新开始计数
      LCD _ DisplayLongNumber( Freq );     //显示频率测量结果
   }
}


#pragma vector = BASICTIMER _ VECTOR
__ interrupt void BT _ ISR( void )         //1s 一次中断( 由 BasicTimer 所产生)
{
   __ low _ power _ mode _ off _ on _ exit( );  //唤醒 CPU
}


#pragma vector = TIMERA1 _ VECTOR          //为测量大于 65536Hz 频率,计数溢出中断
   __ interrupt void TA _ ISR( void )
{
   switch(TAIV)
   {
      case 2:  break;
      case 4:  break;
      case 10:  TA _ OverflowCnt ++ ;      //TA 每次溢出,溢出次数变量 +1
               break;
   }
}
```

在计时应用与计数应用中，除了主计数器的时钟源之外没有任何不同。在计数应用中捕获/比较模块仍然可以发挥其功能。可以利用比较模式让不同阶段的计数输出不同的逻辑，也可以通过捕获模式实现计数触发、闸门计数等功能。

例 2.8.21 利用 MSP430 单片机设计一个可编程的分频器，要求分频过程无需 CPU 干预，且可通过软件随时更改分频比。假设单片机选用 MSP430F42x，从 P1.5(TACLK)输入，从 P2.0(TA2)输出。

分频器实际上就是计数器，对于一个最大计数值为 N 的计数器，如果在计数过程的 $0 \sim N/2$ 时间段输出高电平，$N/2 \sim N\text{-}1$ 时间段输出低电平，实际上就对输入信号进行了 N 分频。改变 N 值即可改变分频系数。可以利用 Timer_A 定时器工作在增计数模式对输入脉冲进行计数，利用 TACCR0 改变溢出值，即可改变分频系数。通过比较输出模式自动输出占空比 50% 的方波，即可实现分频功能，且无需 CPU 的干预。

```
#include  <msp430x42x. h>
/ *****************************************************************
* 名     称:Divider _ SetDivFactor
* 功     能:设置分频系数
* 入口参数:Factor:        分频系数  (2 ~ 65535)
* 出口参数:无
    ************************************************************** /
void Divider _ SetDivFactor( unsigned int Factor)      //设置分频系数
{
    TACCR0 = Factor-1;                         //分频系数 = 计数器溢出周期
    TACCR2 = Factor/2;                         //TA2 输出占空比 = 50%
}


void main( void )
{
    WDTCTL = WDTPW + WDTHOLD;              //停止看门狗
    FLL _ CTL0 | = XCAP18PF;               //配置晶振负载电容
    P1DIR & = ~ BIT5;                      //P1.5(TACLK)作为输入管脚
    P1SEL | = BIT5;                        //允许其第二功能,作为 TACLK 输入
    P2DIR | = BIT0;                        //P2.0 作为输出
    P2SEL | = BIT0;                        //允许 P2.0 第二功能,作为 TA2 输出
    TACTL = TASSEL _ 0 + MC _ 1;           //TA 外部计数,增计数模式
    TACCTL2 = OUTMOD _ 7;                  // TA2 作为输出,模式 7(PWM 模式)
    Divider _ SetDivFactor(100);          //可通过程序设置或更改分频系数 (例如 100)
    while(1)
    {
        //CPU 可以继续执行其他任务
    }
}
```

对于 MSP430 单片机来说，Timer＿A 的外部输入时钟都异步计数的，因此最高计数频率与 CPU 或外设时钟速率无关，且一般都能达到 10MHz 左右。这使得 Timer＿A 也适用于高速计数的场合。

（5）PWM 闭环控制应用　前文已述，Timer＿A 定时器的比较模块能够在无需 CPU 干预的情况下输出 PWM 调制信号，再通过功率开关器件驱动被控对象，从而实现靠效率调节输出功率的目的。但是 PWM 本身只是一种开环的调节手段，必须结合一定的闭环反馈算法才能获得良好负载稳定性能。

例 2.8.22　设计一款 24V 供电的低压恒温烙铁。要求可以设置温度，并显示实际温度值。用热电偶测温，通过 PID 算法计算加热功率并用 PWM 控制加热功率。

低压恒温电烙铁的原理见图 2.8.12。发热元件选用一款普通的 936 型焊台的焊笔，发热丝约 13.5Ω，在 24V 直流供电时能产生 40W 左右的功率，此时烙铁头部温度可达 480℃。MSP430 单片机输出的 PWM 调制信号通过一只达林顿管（如 TIP12x 系列）或 MOS 管（如 IRL38xx 系列的低门限电压 MOS 管）驱动烙铁的发热丝，改变占空比即可改变发热功率从而在室温至 480℃ 之间调节烙铁温度。在 936 焊笔的发热元件内部埋有一只 K 型热电偶，用于测温。K 型热电偶具有 4.096mV/100℃ 的温度系数，在 500℃ 温差时约输出 20mV 的电压。该电压信号被 SD16 模块内部的 PGA 放大 16 倍后采样，并计算出温差。由于热电偶只能测温差，还需要知道冷端温度并作补偿，才能得到实际被测点的温度。可以通过 MSP430 单片机内部的温度传感器测量电路板的温度作为冷端温度，加上热电偶测得的温差，得到烙铁头的实际温度值。

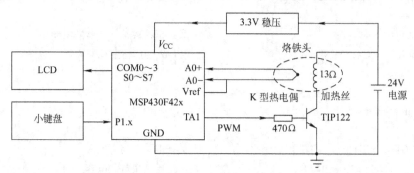

图 2.8.12　低压恒温电烙铁原理框图

用户通过键盘与 LCD 设定温度值，控温程序将设定值减去实测温度值，得到温差 e，代入 PID 算法的计算公式，得到控制量（功率百分比）。最后通过 PWM 将控制量（占空比）输出给驱动管，完成整个闭环控制。一旦有了闭环控制，无论电源电压波动、环境温度改变、环境气流改变、烙铁焊接速度改变，都会被控制算法迅速补偿，不会影响烙铁的恒温效果，从而保证优质的焊点。

这里仅列出 PID 算法的关键程序。

```
// ==================================================================
//    调整这 3 个系数,达到最佳控制效果!
#define P ＿ Coefficient    18
#define I ＿ Coefficient    0.4
```

```
#define D _ Coefficient    280
//     PID 系数需要仔细慢慢调
// ==================================================================
    long int Integral;              // 积分累计
    int Prev _ Error;               // 记录前 1 次误差
    float P,I,D;                    //PID 分量
    float Ek,E;                     //误差临时变量
    unsigned char FirstFlag = 1;    // 第一次执行标志
/ * ==================================================================
                          控制系统信号流图
   ==================================================================
```

```
                    |-------------- > 比例放大---- > --|
                    |                 (P)             |
        +           |                                 |
设定温度--- > 减-- > 误差- > + -- > 抗饱和积分-- > 限幅---- > -加-- > 限幅-- > PWM-- > 驱动管(执行器)
        ^           |                 (I)             |                        |
        |           |                                 |                        |
        |  实际温度   |-- > FIFO-- > 微分-- > 低通-- > -|                        |
        |           |                 (D)             |                        |
        |           |                                 |                        \ | /
        |           |                                 |                        |
        ----------------------------------------------- < --热电偶测温 < ----------------电热丝(被控对象)
 * /
```

```
 / ********************************************************************
 * 名      称:PID _ Caculate( )
 * 功      能:PID 控制算法
 * 入口参数:Error:温度误差值。设定温度减实测温度,10 代表 1℃
 * 出口参数:输出功率(PWM)比例,10000 = 100. 00%
    说      明:每秒测量一次温度并计算温差,调用该函数计算一次输出功率
 ********************************************************************* /
    int PID _ Caculate( int Error)
    |int i;
      float OutPut;
      if( FirstFlag)              //判断第一次上电
       |
         FirstFlag = 0;           //以后再也不执行
         Prev _ Error = Error;
      |  //上电第一次时,没有前一次测量值,赋当前值,以免微分计算错误
```

```
Ek = Error-Prev _ Error;                              //相邻两次测量值取差分
Prev _ Error = Error;                                 //保存当前采样值,下一次使用
E = 0.8 * E + Ek * 0.2;                               //微分值通过 IIR 滤波器,降噪


P = P _ Coefficient * Error;                          //计算比例分量
I = I _ Coefficient * Integral;                       //计算积分分量
D = D _ Coefficient * E;                              //计算微分分量(带一阶低通的微分)
OutPut = P + I + D;                                   //PID 合成输出量

if( ( OutPut > 10000) | |( Error > 100) | |( Error < -100))   //输出饱和或偏差大时不积分
{
    if( ( Integral > 0)&&( Error < 0)) Integral + = Error;
    if( ( Integral < 0)&&( Error > 0)) Integral + = Error;    //两种有助于控制的情况例外
}
else                                                  //较小偏差时才启动积分
{
    Integral + = Error;
}
if         ( OutPut > 10000) OutPut = 10000;
else if( OutPut < 0) OutPut = 0;                      //输出限幅
return( OutPut);
}
```

（6）PWM 作为 DAC 应用　PWM 调制的本质是改变波形中高电平的比例，实际上是波形在一个周期内的"面积"。如果将 PWM 调制波进行低通滤波，取出其直流分量（平均值），滤波后的输出电压将线性正比于 PWM 的占空比。根据这个原理可以利用 PWM 输出作为低速 DAC 使用。

例如当 MSP430 单片机采用 3V 供电时，PWM 输出在 0 ～ 3V 之间切换。PWM 的输出高电平的时间比例越大，其平均电压越高。经过简单的 RC 低通滤波取出平均电压，则最终输出电压 = 占空比 × 3.0V。RC 滤波时常数越大，剩余的纹波越小，但是 DAC 稳定所需时间越长。必要时可以使用较小的时常数进行二阶滤波，获得更低的纹波并兼顾速度。图 2.8.13 中 PWM 取 200Hz 时，如果只用一阶滤波，纹波约 50mV，二阶滤波后仅残余 400μV。根据经验，二阶滤波时，RC 时常数取 PWM 周期的 6 ～ 8 倍以上即可；一阶滤波时 RC 时常数应取 PWM 周期的 50 倍以上。

该电路还存在两个缺点：首先，PWM 输出的高电平电压值等于电源电压，因此该电路的稳定性依赖于电源电压的稳定度。实际中电源一般都是变化较大的，例如采用电池供电时，电池耗尽时 DAC 的输出值也会成比

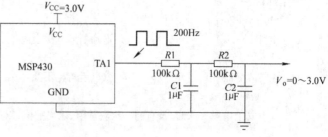

图 2.8.13　PWM 作为 DAC 使用

例下降。其次，该电路的输出阻抗很高，如果后端所接负载电阻较小，会与内阻分压而造成误差。

解决的办法是为单片机提供稳压电源，或者在 PWM 输出部分使用基准源供电，并在输出前增加一个运放跟随器，获得理想的输出性能。

PWM-DAC 的缺点是速度很慢，只适合低速时应用。但优点是成本低、分辨率和线性度都很高，而且数字信号很容易通过光耦隔离，在设计隔离变送系统时非常方便。类似于 ADC，由于基准存在固有误差、运放存在失调，所以同样需要校准后才能达到高精度。

（7）捕获模式的应用　在例 2.8.19 中，通过中断内读取定时器的计数值来实现周期的测量。这对于慢速的信号来说是一种常见的方法，虽然中断响应会有一定的延迟，但对于车轮旋转数百毫秒的信号来说，微秒级的延迟误差可以忽略不计。然而，在被测信号频率较高，或者要求非常精确的应用中，中断响应时间就变得不能忽略了。一般来说，从 LPM3 唤醒需要 6μs 左右的时间，加上压栈等操作，总延迟在 10μs 左右，会导致测量误差。

此外，在大部分程序中，还有许多地方是需要关闭中断的，或是正在执行某个中断而对其他中断不响应。这就导致中断响应延迟很可能是不可预测的。在这些情况下，如果用外部中断法测量外部信号的脉宽、周期、时间等信息，将会出现不可预计的误差。

这些情况下，需要利用 Timer_A 的捕获模块来进行"事件发生时刻捕捉"。在 TAx 管脚发生电平跳跃的时刻，捕获模块通过硬件上的锁存器，将计数器值立即保存下来，同时引发中断。即使该中断不能立即被响应，在事件发生当时的计数值已经被保存下来，稍后再读取也不会带来误差。

例 2.8.23　用 MSP430 单片机 Timer_A 的捕获模块精确测量某信号周期。使用捕获模块测量周期时，可以让主计数器工作在连续计数模式，捕获模块设置 TAx 管脚上升沿触发捕获（下降沿也可），每次发生捕获事件后，在捕获中断内读取捕获值。相邻两次捕获值之差就是信号的周期。对于计数值溢出的情况，仍然可以使用溢出中断计数的方法，扩展周期测量的范围。

```
#include <msp430x42x.h>
#include "LCD_Display.h"
unsigned int TA_OverflowCnt;              //TA 溢出次数存放变量
unsigned long int Period;                 //周期测量结果存放变量
unsigned int PervCapVal;                  //前一次捕获值存放变量
void main(void)
{
    WDTCTL = WDTPW + WDTHOLD;             // 停止看门狗
    FLL_CTL0 |= XCAP18PF;                // 配置晶振负载电容
    P1DIR &= ~(BIT2);                    //P1.2(TA1)设为输入(可省略)
    P1SEL |= BIT2;                       //P1.2 设为第二功能(TA1),不同单片机可能不同
    TACTL = TASSEL_2 + MC_2 + TAIE + TACLR;   //TA 连续计数,SMCLK,开中断
    TACCTL1 = CAP + CM_1 + CCIS_1 + SCS + CCIE;
    //捕获模块 1 启动,选择 TA1(P1.2)管脚作为捕获源,上升沿捕获,同步模式,开启捕获中断
    BTCTL = 0;
```

```
    LCD _ Init( ) ;
    _ EINT( ) ;                          //总中断允许
    LPM0 ;                               //因为 TimerA 要用 SMCLK,只能进入低功耗模式 0 休眠
}
#pragma vector = TIMERA1 _ VECTOR
__ interrupt void TA _ ISR( void )       //Timer _ A 中断入口
{
    switch( TAIV )
    {
        case 2：  //  比较/捕获模块 1 中断
                Period = TA _ OverflowCnt * 65536 + TACCR1-PervCapVal ; //计算周期
                PervCapVal = TACCR1 ;                //保存捕获值,供下一次使用
                TA _ OverflowCnt = 0 ;               //溢出次数清零
                LCD _ DisplayLongNumber( Period ) ;  //显示
                break ;
        case 4：  break ;                            //捕获/比较模块 2 中断,未启用
        case 10：  TA _ OverflowCnt ++ ;             //TA 每次溢出,溢出次数变量 +1
                break ;
    }
}
```

对于频率较低的信号, 例 2.8.20 中的闸门法测量精度与分辨率都很低。例如对于 50Hz 信号, 如果希望分辨率达到 0.01Hz, 则需要 100s 闸门, 这在实际应用中是显然不能接受的。本例的周期法特别适合测量低频信号, 只要做频率等于周期的倒数的运算即可得到高分辨率的频率值, 且误差很小。但是周期法在测量高频时, 由于计数值小, 会导致误差很大, 分辨率也下降。所以在频率测量中经常将这两种方法混合使用, 在低频段使用周期法, 高频段采用闸门计数法。

例 2.8.24　用 MSP430 单片机 Timer _ A 的捕获模块精确测量某脉冲信号的高电平时间。使用捕获模块测量脉宽时, 可以先将捕获模块设为上升沿触发, 捕获脉冲高电平开始的时刻, 再将捕获模块设为下降沿触发, 捕获脉冲高电平结束的时刻。两者之差就是高电平时间。

```
#include  < msp430x42x. h >
#include " LCD _ Display. h "
unsigned int TA _ OverflowCnt ;           //TA 溢出次数存放变量
unsigned long int Period ;                //脉宽测量结果存放变量
unsigned int RiseCapVal ;                 //上升沿时刻捕获值存放变量
unsigned char Edge = 0 ;                  //当前触发沿
#define RISE   0
#define FALL   1
void main( void )
```

```
{
    WDTCTL = WDTPW + WDTHOLD;                       //停止看门狗
    FLL _ CTL0  |= XCAP18PF;                         //配置晶振负载电容
    P1DIR & = ~(BIT2);                              //P1.2(TA1)设为输入(可省略)
    P1SEL  |= BIT2;                                 //P1.2设为第二功能(TA1)
    TACTL = TASSEL _ 2 + MC _ 2 + TAIE + TACLR;     //TA 连续计数,开始计时,SMCLK,开中断
    TACCTL1 = CAP + CM _ 1 + CCIS _ 1 + SCS + CCIE;
    //捕获模块1启动,选择TA1(P1.2)管脚作为捕获源,上升沿捕获,同步模式,开启捕获中断
    BTCTL = 0;
    LCD _ Init();
    _ EINT();                                       //总中断允许
    LPM0;                        //因为 TimerA 要用 SMCLK,只能进入低功耗模式0休眠
}
#pragma vector = TIMERA1 _ VECTOR
__ interrupt void TA _ ISR(void)            //Timer _ A 中断
{
    switch(TAIV)
    {
        case 2:                            //捕获/比较模块1中断
                if(Edge == RISE)           //如果是上升沿的捕获中断
                    {
                    RiseCapVal = TACCR1;   //保存上升沿时刻捕获值
                    TACCTL1 = CAP + CM _ 2 + CCIS _ 1 + SCS + CCIE;    //改为下降沿触发
                    Edge = FALL;           //触发沿状态标志
                    }
                else if(Edge == FALL)      //如果是下降沿的捕获中断
                    {
                    Period = TA _ OverflowCnt * 65536 + TACCR1-RiseCapVal;//计算周期
                    TA _ OverflowCnt = 0;                      //溢出次数清零
                    TACCTL1 = CAP + CM _ 2 + CCIS _ 1 + SCS + CCIE;     //改为上升沿触发
                    Edge = FALL;                               //触发沿状态标志
                    LCD _ DisplayLongNumber(Period);           //显示
                    }
                break;
        case 4:  break;                    //捕获/比较模块2中断,未启用
        case 10:  TA _ OverflowCnt ++ ;    //TA每次溢出,溢出次数变量+1
                break;
    }
}
```

2.9   增强型异步串行通信接口

串行通信接口是处理器与外界进行数据通信最常用的方式之一。如果带有同步时钟，则称为同步串行通信，比如常用的 SPI 接口就属于同步串行通信接口。如果没有同步时钟，依靠严格的时间间隔来传输每一个比特，则称为异步串行通信。MSP430 单片机所带的 USART 模块能够通过控制位来配置该模块工作于同步串口模式（SPI 模式）或异步通信模式（UART 模式）。本节讨论增强型异步串行通信接口（UART）模式的原理与应用。在低端的 MSP430 单片机中一般没有串行通信接口（11x,41x 等），但可以通过 TimerA 来实现软件串口。中端单片机一般带有一个串行通信接口，高端的一般带有两个串行通信接口，目前新推出的几款单片机带有 USCI 模块，它可以配置为 UART、SPI、I^2C 共 3 种接口。

在大部分单片机系统中，波特率是由时钟分频得到的。为了得到标准波特率，一般都要求特定的晶振时钟频率（如 11.0592MHz、22.1184MHz 等）。如果使用其他频率的晶振，在时钟频率不能被波特率整除时，分频后会导致一定的波特率误差。为了让余数导致的误差小于 2.5%，分频系数不能过小，从而限制波特率的提高。在 MSP430 单片机中，其专用的波特率发生器支持小数分频，波特率的产生受晶振频率限制要小得多，即使在 32.768kHz 时钟下，也能通过小数分频器产生 9600bit/s 的波特率。

各种通信协议中，大多用数据帧的第一字节表示目的地址，且只需要比对第一字节即可决定是否接收整个数据帧。在大多数单片机系统中，实现地址位的识别与判断功能需要通过软件来处理，而在 MSP430 单片机的 UART 模块中，带有地址唤醒功能，能够自动地识别数据帧的第一字节（地址字节）并产生中断，大大减轻了软件处理量。

2.9.1   UART 的结构与原理

MSP430 单片机的 USART 模块可以配置成 SPI 模式或 UART 模式。当 SYNC 标志位清零时，USART 模块被配置成 UART 模式。在 UART 模式下，其结构见图 2.9.1。

高端系列的 MSP430 含有两个串口，因此有两套完全相同的 USART 模块，也有两套独立寄存器组，以下寄存器名中出现的 x 为 0 时对应串口模块 0 的寄存器，x 为 1 时对应串口模块 1 的寄存器。对于只含一个串口的中档单片机，只有一套寄存器组，x 为 0。

其中，与串口模式设置相关的控制位都位于 UxCTL 寄存器，与接收相关的控制位都位于 UxRCTL 寄存器，与发送相关的控制位都位于 UxTCTL 寄存器。波特率依靠 UxBR0、UxBR1、UxMCTL 这 3 个寄存器决定。收发具有独立的缓存 UxRXBUF 与 UxTXBUF，且具有独立的中断。中断允许控制位位于 IE1/2 寄存器，中断标志位位于 IFG1/2 寄存器。

与串口模式相关的控制位有：

■   SYNC：UART 模式、SPI 模式选择（位于 UxCTL 寄存器,x = 0/1）

        <u>0 = UART 模式（异步串口）</u>   1 = SPI 模式（同步串口）

■   MM：数据帧识别方式选择（位于 UxCTL 寄存器,x = 0/1）

        <u>0 = 利用线路空闲</u>   1 = 利用第 9 位（地址位）

■   CHAR：数据位的位数选择（位于 UxCTL 寄存器,x = 0/1）

        0 = 7bit   1 = 8bit

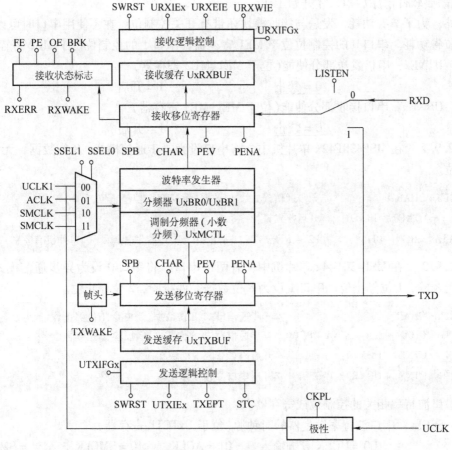

图 2.9.1 UART 的结构

- SPB：停止位的位数选择（位于 UxCTL 寄存器，x = 0/1）

    <u>0 = 1 位停止位</u>   1 = 2 位停止位

- PENA：奇偶校验位允许（位于 UxCTL 寄存器，x = 0/1）

    <u>0 = 无校验</u>   1 = 增加校验位

- PEV：奇偶校验选择（位于 UxCTL 寄存器，x = 0/1）

    <u>0 = 奇校验</u>   1 = 偶校验

- LISTEN：侦听方式（位于 UxCTL 寄存器，x = 0/1）

    <u>0 = 正常方式</u>   1 = 侦听方式（TXD 直接接到 RXD）

- SWRST：串口模块逻辑复位（位于 UxCTL 寄存器，x = 0/1）

    0 = 正常工作   <u>1 = 逻辑复位</u>

上电复位后，默认的 SYNC 控制位为 0，即工作于异步串口模式。在串口通信时，若对方设备是 PC 或不确定的设备，不要使用第 9 位地址位，利用线路空闲判断数据帧是适用性最广的方法（MM 位 = 0）。如果对方也是 MSP430 单片机或者带有地址位识别功能的单片机，可以使用地址位（MM = 1）方式来识别帧起始字节。

将侦听控制位 LISTEN 置 1，TXD 的数据将从内部直接回馈到 RXD，一般用于串口自检。通过 SWRST 控制位置 1 再清零，可以复位串口收发时序。该标志位上电复位时默认为

1，因此需要软件清除后串口才开始工作。

此外，为了节省功耗，发送与接收模块还带有开关控制位。在不使用串口时可以将串口关闭以节省功耗。串口 0 的控制位位于 ME1 寄存器，串口 1 的控制位位于 ME2 寄存器：

■ UTXEx：串口发送部分使能（位于 ME1、ME2 寄存器）

    0 = 禁止   1 = 开启

■ URXEx：串口接收部分使能（位于 ME1、ME2 寄存器）

    0 = 禁止   1 = 开启

例 2.9.1   在 MSP430F42x 单片机中，将串口设为异步通信模式，8 位数据，无校验，1 位停止位。

```
U0CTL = CHAR;            //异步通信模式,8 位数据,无校验,1 位停止位
ME1  |= UTXE0 + URXE0;   //开启收发模块
P2SEL |= BIT4 + BIT5;    //P2.4,5 开启第二功能,作为串口收发管脚(不同单片机有差别)
```

例 2.9.2   在 MSP430F44x 单片机中，有两个串口。将串口 0 设为异步通信模式，8 位数据，无校验，1 位停止位；串口 1 设为 8 位数据，偶校验，2 位停止位。

```
U0CTL = CHAR;                      //异步通信模式,8 位数据,无校验,1 位停止位
U1CTL = CHAR + SPB + PENA + PEV;   //异步通信模式,8 位数据,偶校验,2 位停止位
ME1  |= UTXE0 + URXE0;             //开启串口 0 收发模块
ME2  |= UTXE1 + URXE1;             //开启串口 1 收发模块
```

与串口波特率相关的控制位或寄存器有：

■ SSELx：串口波特率发生器的时钟源（位于 UxTCTL 寄存器）

    00 = UCLK 管脚输入   01 = ACLK   10 = SMCLK   11 = SMCLK

快捷宏定义：无

■ CKPL：UCLK 管脚输入时钟的极性（位于 UxTCTL 寄存器）

    0 = UCLK 输入   1 = UCLK 输入取反

■ UxBR0 寄存器：波特率发生器分频系数低 8 位（8bit）

■ UxBR1 寄存器：波特率发生器分频系数高 8 位（8bit）

■ UxMCTL 寄存器：波特率发生器分频系数的余数（8bit）

设置波特率时，首先要选择合适的时钟源。对于较低的波特率（9600bit/s 以下），可选择 ACLK 作为时钟源，这使得在 LPM3 模式下仍然能够使用串口。由于串口接收过程中有一个三取二表决逻辑，这需要至少 3 个时钟周期，因此要求分频系数必须大于 3，所以波特率高于 9600bit/s 的情况下，应选择频率较高的 SMCLK 作为时钟源。在某些特殊应用中，也可以使用外部的时钟输入作为波特率发生器的时钟源。分频系数的计算公式如下：

$$UxBR = [f\_BRCLK/Baud] \qquad (2-9-1)$$

其中 f_BRCLK 是波特率发生器时钟源频率，Baud 是所需的波特率，"[ ]"表示取整操作。计算结果的高 8 位用于设置 UxBR1 寄存器，低 8 位用于设置 UxBR0 寄存器。

MSP430 单片机的串口特色之一就是小数分频器。假设按上式计算结果是 13.5 分频，一般单片机的数字逻辑无法实现 13.5 分频，只能 13 或 14 分频。这使得误差达到 0.5/13 ≈ 4%。波特率误差过大，无法正常工作。而 MSP430 单片机的小数分频器，可以使分频系数

在 13 和 14 之间切换(Modulation),如果 13 分频和 14 分频的比例各占一半,则宏观上看进行了 13.5 分频。

UxMCTL 寄存器的作用就是控制调制系数。它是一个 8bit 寄存器,控制方法比较特殊:比特 1 表示分频系数加 1,比特 0 表示分频系数不变。小数分频器会自动依次取每一比特来调整分频系数。所以需要将分频计算结果的小数部分乘以 8,结果就是该寄存器中 1 的个数,并需要将这些 1 均匀分布在 8 比特中。

以 13.5 分频为例,小数部分是 0.5。$0.5 \times 8 = 4$,说明在每 8 次分频中,有 4 次进行 14 分频,其余 4 次是 13 分频。将 4 个 1 均匀的分布在 8 比特中,得到"01010101"即 0x55。因此 UxBR = 13,UxMCTL = 0x55 即可得到 13.5 分频。小数部分乘以 8,可能得到 0~8 的结果,除去全 0 与全 1 的结果,对于 1~7bit 均匀分布在 8bit 中的值,可以参考表 2.9.1。

当然,分频系数的小数部分乘以 8 也不可能刚好就是整数,可以取最接近的整数,这样处理仍有分频误差。但比起整数分频,此时分频误差已经小得多。

表 2.9.1 分频余数与 UxMCTL 值的关系表

余数	1	2	3	4	5	6	7
二进制	00001000	10001000	00101010	01010101	01101011	11011101	11101111
十六进制	0x08	0x88	0x2A	0x55	0x6B	0xdd	0xef

例 2.9.3 在 MSP430 单片机中,使用 ACLK 作为串口时钟源,波特率设为 2400bit/s。

在 ACLK = 32768Hz 时产生 2400bit/s 波特率,需要的分频系数是 32768/2400 = 13.65。整数部分 13,小数部分 0.65。将整数部分赋给 U0BR 寄存器,分频余数 $= 0.65 \times 8 = 5.2$。取最接近的整数 5,将 5 个 1 均匀分布在 8bit 中,得到 0x6B(或查表 2.9.1),赋给 U0MCTL 寄存器。

```
U0TCTL |= SSEL0;        //选择 ACLK 作为串口波特率时钟源
U0BR1 = 0;              //分频系数高 8 位 = 0
U0BR0 = 13;             //分频系数整数部分 = 13
U0MCTL = 0x6B;          //分频系数小数部分调制 = 5/8
```

波特率设置也可以直接参考表 2.9.2:

表 2.9.2 波特率设置速查表

波特率 /bit·s⁻¹	时钟源 = ACLK(32.768kHz)				时钟源 = SMCLK(1.048576MHz)			
	分频	UxBR1	UxBR0	UxMCTL	分频	UxBR1	UxBR0	UxMCTL
1200	27.31	0	0x 1B	0x88	873.81	0x 03	0x 69	0x FF
2400	13.65	0	0x 0D	0x 6B	436.91	0x 01	0x B4	0x FF
4800	6.83	0	0x 06	0x 6F	218.45	0	0x DA	0x 55
9600	3.41	0	0x 03	0x 4A	109.23	0	0x 6D	0x 88
19200	—	—	—	—	54.61	0	0x 36	0x 6B
38400	—	—	—	—	27.31	0	0x 1B	0x 88
57600	—	—	—	—	18.20	0	0x 12	0x 88
115200	—	—	—	—	9.1	0	0x 09	0x 08

当串口接收到一字节，会自动将 URXIFGx 标志位（位于 IFG1/2 寄存器）置 1，查询该标志位可以作为串口接收的依据。串口每发完一字节，会自动将 UTXIFGx 标志（位于 IFG1/2 寄存器）位置 1，查询该标志位可以作为串口发送完毕的依据。URXIFGx 标志会在发送下一字节时自动清除，URXIFGx 标志位会在 URXBUF 被读取时自动清除，因此无需软件清除。

例 2.9.4　编写实现串口收、发一字节的函数。

```
/***********************************************************
* 名        称:UART0 _ PutChar( )
* 功        能:从串口发送 1 字节数据
* 入口参数:Chr:待发送的一字节数据
* 出口参数:无
* 说        明:该函数在发送过程中会阻塞 CPU 运行
***********************************************************/
void UART0 _ PutChar( char Chr)
{
    TXBUF0 = Chr;
    while((IFG1 & UTXIFG0) ==0);            //等待该字节发完
}

/***********************************************************
* 名        称:UART0 _ GetChar( )
* 功        能:从串口接收 1 字节数据
* 入口参数:无
* 出口参数:收到的一字节数据
* 说        明:如果串口没有数据,会一直等待。等待过程中,会阻塞 CPU 运行
***********************************************************/
char UART0 _ GetChar(void)
{
    while((IFG1 & URXIFG0) ==0);            //等待接收一字节
    return(RXBUF0);                         //返回接收数据
}
```

这两个函数可以作为最基本的串口收发程序使用。但是这种依靠查询判断收发结束的方法有着几个很大的缺点：首先是串口发送过程会耗大量的 CPU 运行时间。例如以 2400bit/s 波特率发送 100B 数据需要约 0.42s。这段时间内 CPU 不能执行后续的程序，每次发送批量数据时，都会造成系统的暂时停顿。其次，接收函数会完全阻塞 CPU 的运行，假设没有数据，CPU 会一直停在等待语句的死循环处，后续的代码将完全停止执行。解决阻塞问题的方法是使用串口收发中断，并配合收发缓冲区来实现对 CPU 的释放，详见 2.9.2 节。

在串口接收过程中，有一些状态字用于指示接收状态、错误及错误原因、帧头首字节等信息。它们位于 UxRCTL 寄存器。

■　RXERR：串口接收错误标志（位于 UxRCTL 寄存器）

　　　　　0 = 串口数据接收正确　　　　　1 = 接收出现错误

该标志位会在读取 UxRXBUF 接收缓存寄存器后自动清除。接收错误原因通过下面 4 个标志位指示:

- FE:停止位错误(字符帧错误)(位于 UxRCTL 寄存器)

　　0 = 停止位正确　　　　　1 = 停止位是低电平

- PE:奇偶校验错误(数据误码)(位于 UxRCTL 寄存器)

　　0 = 数据校验正确　　　　1 = 数据校验错误

- OE:数据覆盖错误(数据未读取)(位于 UxRCTL 寄存器)

　　0:正确　　1:前一次 UxRXBUF 数据未被读取时,新的数据已经来到

- BRK:数据中断错误(位于 UxRCTL 寄存器)

　　0:数据正常　　1:RXD 管脚一直低电平,超过 10bit 时间

根据经验,导致停止位错误的原因一般是波特率失配、同步错乱等;校验位错误一般因传输受到干扰,误码造成;数据覆盖错误一般因为 CPU 响应过慢,超过 1 个字节时间没有处理串口接收任务。数据中断错误大多因为对方死机或线路短路等硬件故障造成。

此外,还可以将串口设置为对任何错误的数据不响应:

- URXEIE:数据错误时是否接收(位于 UxRCTL 寄存器)

　　0:不接收错误数据　　　1:接收错误数据,并置相应错误原因标志位

为防止数据线上偶然的干扰被误认为是起始位,串口接收模块还设有一个起始位判断逻辑:首先必须足够长的低电平(大于 500ns)才触发接收逻辑,并在起始位的中间位置附近取样 3 次,并进行三取二表决。如果表决结果是低电平,才进行后续的接收逻辑,否则不接收整个字符。该逻辑依靠 URXS 控制位开启,注意该控制位位于 UxTCTL 寄存器。一般建议开启该功能。

- URXSE:起始位判断逻辑是否开启(位于 UxTCTL 寄存器)

　　0:不开启起始位判断逻辑　　　　1:开启起始位判断逻辑

例 2.9.5　编写串接收程序,如果出现校验错误,点亮 P1.3 口的 LED,如果出现数据覆盖错误,则点亮 P1.4 口的 LED,供调试用。

```
…
U0RCTL |= URXEIE;          //在串口初始化代码中添加这一句:允许串口响应错误的字节
P1DIR  |= BIT3 + BIT4;
P1OUT & = ~(BIT3 + BIT4);     //在 IO 初始化代码中添加:P1.3/P1.4 方向置为输出
…
/ ******************************************************************
 * 名    称:UART0 _ GetChar( )
 * 功    能:从串口接收 1 字节数据
 * 入口参数:无
 * 出口参数:收到的一字节数据
 * 说    明:如果串口没有数据,会一直等待。等待过程中,会阻塞 CPU 运行
 ******************************************************************/
char UART0 _ GetChar( void )
```

```
{
  while((IFG1 & URXIFG0) ==0);        //等待接收一字节
  if(U0RCTL | PE)P1OUT |= BIT3;       //如果出现校验错误,点亮 P1.3 口的 LED
  if(U0RCTL | OE)P1OUT |= BIT4;       //如果出现数据覆盖错误,点亮 P1.4 口的 LED
  IFG1 & = ~ URXIFG0;                 //清除接收标志位
  return(RXBUF0);                     //返回接收数据
}
```

在接收过程中,无论帧头识别方式是利用地址位(MM = 1)或是利用线路空闲(MM = 0),只要所收到的数据是帧头首字节,URXWAKE 标志会被自动置 1;收到非帧首字节时 URXWAKE 标志位被置 0。利用该标志可以很容易地进行数据帧帧头的判别与接收。此外,如果将 URXWIE 控制位置 1,串口将仅响应帧头首字节(一般携带数据帧地址信息),这给数据帧地址信息核对工作带来很大便利。

■ URXWIE:串口响应模式   (位于 UxRCTL 寄存器)

<u>0:响应所有接收数据</u>   1:仅响应数据帧的首字节

■ RXWAKE:数据帧首字节标志(位于 UxRCTL 寄存器)

0:所收到的字节是正常的数据   1:所收到的字节是帧头首字节

例 2.9.6   编写串口接收程序,利用线路空闲识别并接收上位机(PC)发送 8B 的数据帧,存放于 RX _ BUF[8]数组内。假设本机地址是 0x01,要求仅接受首字节为 0x01 的数据帧,且要求上位机如果出现某一帧少发、多发时,不影响下一帧的接收。

```
#include <msp430x42x.h>
#define FrameLenth     8              /* 数据帧长度 = 8 */
#define LocalAddr      0x01           /* 本机地址 = 0x01 */
unsigned char RX _ BUFF[FrameLenth];  /* 接收数据帧存放数组 */
/******************************************************************
* 名     称:UART0 _ GetFrame()
* 功     能:从串口接收一帧数据
* 入口参数:Addr:首字节地址匹配,只接受地址匹配的数据帧
*          Lenth:数据帧长度
* 出口参数:无(接收数据存于全局变量数组内)
* 说     明:如果串口没有数据,会一直等待。等待过程中,会阻塞 CPU 运行
******************************************************************/
void UART0 _ GetFrame(unsigned char Addr, unsigned int Lenth)
{
  unsigned int RcvCnt;
  while(1)
  {
    U0RCTL |= URXWIE;                 //仅响应帧头首字节
    while((IFG1 & URXIFG0) ==0);      //等待接收一字节
    IFG1 & = ~ URXIFG0;              //清除接收标志位
```

```
CHK _ ADDR:
    if( U0RXBUF == LocalAddr)                  //如果与首地址匹配
    {
        U0RCTL & = ~ URXWIE;                    //之后响应全部数据,接收数据帧其他字节
        RX _ BUFF[0] = U0RXBUF;                 // 接收第一字节
        RcvCnt = 1;                             //接收字节计数
        break;                                  //跳出帧头识别循环,继续接收其他字节
    }
}
while( RcvCnt < Lenth)                          //直到接收完 8B
{
    while((IFG1 & URXIFG0) == 0);               //等待接收一字节
    IFG1 & = ~ URXIFG0;                         //清除接收标志位
    if( U0RCTL & RXWAKE)                        //如果又收到的是帧首,说明数据帧中断
    {
        goto CHK _ ADDR;                        //重新开始接收
    }
    RX _ BUFF[ RcvCnt] = U0RXBUF;               //放入接收数组的对应位置
    RcvCnt ++ ;                                 //下一字节放入数组的后一单元
}
}


void main( void)
{
    WDTCTL = WDTPW + WDTHOLD;                   //停止看门狗
    FLL _ CTL0 |= XCAP18PF;                     //配置晶振负载电容
    U0CTL = CHAR;                               //异步通信模式,8 位数据,无校验,1 位停止位
    ME1 |= UTXE0 + URXE0;                       //开启串口 0 收发模块
    U0TCTL |= SSEL0;                            //选择 ACLK 作为串口波特率时钟源
    U0BR1 = 0;                                  //
    U0BR0 = 13;                                 //分频系数整数部分 = 13
    U0MCTL = 0x6B;                              //分频系数小数部分调制 = 5/8(2400bit/s)
    P2SEL |= BIT4 + BIT5;            //P2.4,5 开启第二功能,作为串口收发管脚(不同单片机有差别)
    while(1)
    {
        UART0 _ GetFrame( LocalAddr, FrameLenth);    //接收一个数据帧
        _ NOP();                                //在这一句设断点查看 RX _ BUFF[ ]数组的数据
    }
}
```

该程序仅示范帧起始自动识别功能的应用，实际上该程序在接收过程中同样会阻塞 CPU 运行。需要结合中断使用才能释放 CPU，参考 2.9.4 和 2.9.5 节。

对于发送方,数据帧的首字节需要作特殊处理。在地址位方式下(MM = 1),需要将第9bit 地址位置 1,以通知接收方该字节是数据帧首字节;在线路空闲方式下(MM = 0),需要在发送前至少等待 10bit 以上的时间,接收方才能正确判断该字节是帧首字节。首字节标志依靠写 TXWAKE 控制位来实现。

■ TXWAKE:数据帧发送首字节标志(位于 UxTCTL 寄存器)

0:下一字节发送的是正常数据   1:下一字节发送的是帧头标志

在线路空闲方式下(MM = 0),当 TXWAKE 置 1 后,向 TXBUF 内写入任意数据,发送模块会等待 11bit 时间,制造一个线路空闲,以便接收方识别下一字节是帧首字节。在地址标识方式下(MM = 1),当 TXWAKE 置 1 后发送模块会将地址标志位置 1,通知接收方该字节是帧首字节。TXWAKE 控制位会在下一字节发完后自动清除。

例 2.9.7   编写串口发送程序,向上位机(PC)发送 8B 的数据帧。要求数据帧第一字节前留 10bit 以上的线路空闲时间,以便上位机识别数据帧的起始。

```
/*********************************************************
* 名    称:UART0 _ PutFrame( )
* 功    能:从串口发送 1 帧数据
* 入口参数:Ptr:待发送数组的首地址(数组名)
*          Lenth:数据帧长度
* 出口参数:无
* 说    明:发送过程中,会阻塞 CPU 运行
*********************************************************/
void UART0 _ PutFrame(unsigned char * Ptr, unsigned int Lenth)
{
    int i;
    U0TCTL  |= TXWAKE;                  //产生一个线路空闲时间
    TXBUF0 = 0;                         //向 TXBUF 内写入任意字节
    while((IFG1 & UTXIFG0) ==0);        //等待该字节发完(实际上并未发出,而是产生延时)
    for(i = 0;i < Lenth;i ++ )
    {
        TXBUF0 = Ptr[i];                //依次发送各个字节数据
        while((IFG1 & UTXIFG0) ==0);    //等待该字节发完
    }
}
```

MSP430 的串口采用了双缓冲机制,发送缓冲寄存器 TXBUF 内的数据并不直接发出,而是由移位寄存器发出。当移位寄存器内的上一字节数据被全部发完后,才将 TXBUF 内的数据装入移位寄存器,同时自动置 UTXIFGx 标志通知后续的程序可以向 TXBUF 内装入下一字节。所以,当发送完毕标志 UTXIFGx 有效时,实际上最后一字节数据正待发出。在大部分应用中,并不影响发送过程;但在需要收发方向切换的场合(例如 RS-485 总线),如果以 UTXIFGx 作为发送完毕的判据来切换方向,将导致换向提前了一字节时间,使得数据帧的最后一字节数据漏发。为解决该问题,串口模块中还有一个发送移位寄存器空标志:

■　TXEPT：发送移位寄存器状态（位于 UxTCTL 寄存器）

0：移位寄存器或 TXBUF 中仍有未发完的数据　　　　　1：移位寄存器及 TXBUF 均为空

上例中的程序，如果需要收发方向切换，应该在数据帧发送循环结束之后再等待 TX-EPT 标志为 1 后，再切换方向。

```
void UART0 _ PutFrame(unsigned char  *  Ptr, unsigned int Lenth)
{
    int i;
    RS485 _ SetDirOut( );              //设置 RS-485 方向为输出状态
    U0TCTL  | = TXWAKE;                //产生一个线路空闲时间
    TXBUF0 = 0;                        //写入任意字节
    while((IFG1 & UTXIFG0) ==0);       //等待该字节发完(实际上并未发出)
    for(i =0;i < Lenth;i ++ )
    {
        TXBUF0 = Ptr[i];               //依次发送各个字节数据
        while((IFG1 & UTXIFG0) ==0);   //等待该字节发完
        IFG1 & = ~ UTXIFG0;            //清除发送标志位
    }
    while((U0TCTL & TXEPT) ==0);       //等待最后一字节数据发出(等待移位寄存器空)
    RS485 _ SetDirIn( );               //设置 RS-485 方向为输入状态
}
```

2.9.2　UART 的中断

MSP430 单片机中 UART 的接收与发送具有独立的中断标志位，以及独立的中断入口，这使得 MSP430 单片机的串口特别适合高效率数据收发的应用。在中断中，通过软件读写收发缓冲区，可以编写出不阻塞 CPU 运行的串口收发程序。

MSP430 单片机的串口具有独立的收发的中断允许标志：

■　UTXIEx：串口发送中断允许（位于 IE1/2 寄存器）

0：禁止串口发送中断　　　1：允许串口发送中断

■　URXIEx：串口接收中断允许（位于 IE1/2 寄存器）

0：禁止串口接收中断　　　1：允许串口接收中断

当串口接收到一个字节，中断标志位 URXIFGx 会被自动置 1，如果此时接收中断被允许（URXIEx =1），且总中断允许，就会引发一次串口接收中断。中断执行后，URXIFGx 会被自动清零。

当串口发送完一个字节，UxTXBUF 变空，中断标志位 UTXIFGx 会被自动置 1，如果此时发送中断被允许（UTXIEx =1），且总中断允许，就会引发一次串口发送中断。中断执行后，UTXIFGx 会被自动清零。

例 2.9.8　为 MSP430 单片机的 UART0 编写中断服务程序框架。

```
//-----------------在初始化代码中增加下面两句：-----------------
IE1  | = URXIE0 + UTXIE0;                 //允许 UART0 的发送与接收中断
```

```
    _ EINT( );                                        //总中断允许

    /*********************************************************
    * 名      称:UART _ RX( )
    * 功      能:串口接收中断,每接收到1字节会发生一次中断
    *********************************************************/
    #pragma vector = UART0RX _ VECTOR
    __ interrupt void UART0 _ RX(void)
    {
        /* 在这里写接收中断服务程序代码,如将数据压入接收缓冲区等 */
        __ low _ power _ mode _ off _ on _ exit( );      //唤醒 CPU(如果有必要)
    }
    /*********************************************************
    * 名      称:UART _ TX( )
    * 功      能: 串口发送中断, 每发完1字节会发生一次中断
    *********************************************************/
    #pragma vector = UART0TX _ VECTOR
    __ interrupt void UART0 _ TX (void)
    {
    /* 在这里写发送中断服务程序代码, 如将数据从缓冲区取出等 */
    __ low _ power _ mode _ off _ on _ exit ( );        //唤醒 CPU (如果有必要)
    }
```

2.9.3　UART 的高效率数据发送应用

例 2.9.4 的单字节发送函数以及例 2.9.7 的数据帧发送函数是最常用的两种数据发送程序。它们可以作为各种通信程序的底层函数使用。但是正如前文所述,该程序在运行过程中会阻塞 CPU,这不仅增加了功耗,而且暂时不能执行后续的代码。在波特率较低,或发送较长的数据帧时,系统会暂时停顿,后续的程序失去响应。

通过观察可以发现,问题的根源在于:虽然 CPU 具有很快的数据传递能力,每秒可以进行数百万次数据搬移,但串口是个慢速设备,每秒只能发送数百至数千个字节数据。如果让快速设备去等待慢速设备,必然导致系统的总速度降低。

对于串口发送来说,真正需要 CPU 服务的只有向 TXBUF 填充数据的那一时刻,仅一条语句。如果能将 CPU 从"等待发送完毕"的循环查询中解放出来,系统的整体性能会有明显的提升。这种仅让 CPU 处理状态改变,而不让 CPU 参与慢速等待过程的思路,是高效率软件编程的基本思想之一(第 3 章中将会详细讨论)。

串口在发送完毕时,会产生一次发送中断。如果在发送中断内将下一字节装入 TXBUF,串口即可自动发送下一字节。并且在发送中断内计数,当计数值等于帧长时,关闭中断,停止发送,实现了依靠中断自动地发送整个数据帧。

在发送程序内,CPU 可以很快地完成待发送数据帧的装填,然后启动第一字节的发送,依靠发送中断去依次发出数据帧的每个数据,即可将 CPU 从"等待发送完毕"的过程中释

放出来。

例 2.9.9　编写串口发送数据帧的程序，要求利用发送中断，发送过程中不阻塞 CPU 继续执行后续代码。

```
#include  < msp430x42x. h >
#define TXBUF _ SIZE 32                /* 一帧最多能发送的数据字节数 */
unsigned char TX _ BUFF[ TXBUF _ SIZE];     /* 发送缓冲区                */
unsigned char TX _ NUM;               /* 发送字节总数变量          */
unsigned char TX _ CNT;               /* 发送字节计数变量          */
/ ****************************************************************
 * 名      称:UART0 _ PutFrame( )
 * 功      能:从串口发送 1 帧数据
 * 入口参数:Ptr:待发送数组的首地址(数组名)
 *          Lenth:数据帧长度
 * 出口参数:返回 1 表示发送成功,
           返回 0 表示发送失败
 * 说      明:发送过程中,不阻塞 CPU 运行
 ****************************************************************/
char UART0 _ PutFrame( unsigned char * Ptr, unsigned int Lenth)
{
  int i;
  if( IE1 & UTXIE0)          return(0);        //如果上一帧没发送完,返回 0
  if( Lenth > TXBUF _ SIZE)       return(0);    //长度超过最大缓冲区,返回 0
  for( i = 0;i < Lenth;i + + )
  {
    TX _ BUFF[ i] = Ptr[ i];                  //待发送数据装填进入发送缓冲区
  }
  TX _ CNT = 0;                             //发送字节计数清零
  TX _ NUM = Lenth;                         //发送字节总数
  IFG1 │ = UTXIFG0;                         //人为制造第一次发生中断
  IE1 │ = UTXIE0;                           //允许 UART0 的发送中断
  return(1);                                //返回发送成功
}
#pragma vector = UART0TX _ VECTOR
__ interrupt void UART0 _ TX( void)           //串口发送中断
{
  U0TXBUF = TX _ BUFF[ TX _ CNT];            //将本次应该发送的数据送入 TXBUF
  TX _ CNT + + ;                            //下一次依次发送后续字节
  if( TX _ CNT > = TX _ NUM)                 //发送字节计数值到达发送总数
```

```
    {
       IE1 & = ~ UTXIE0;                         //禁止 UART0 的发送中断,停止发送
    }
}

void main( void)
{                                                //测试用的数据帧
    unsigned char TxTestBuff[8] = {0x01,0x02,0x03,0x04,0x05,0x06,0x07,0x08};
    WDTCTL = WDTPW + WDTHOLD;                     //停止看门狗
    FLL _ CTL0 |= XCAP18PF;                       //配置晶振负载电容
    U0CTL = CHAR;                                 //异步通信模式,8 位数据,无校验,1 位停止位
    ME1 |= UTXE0 + URXE0;                         //开启串口 0 收发模块
    U0TCTL |= SSEL0;                              //选择 ACLK 作为串口波特率时钟源
    U0BR1 = 0;                                    //
    U0BR0 = 13;                                   //分频系数整数部分 = 13
    U0MCTL = 0x6B;                                //分频系数小数部分调制 = 5/8。(2400bit/s)
    P2SEL |= BIT4 + BIT5;          //P2.4,5 开启第二功能,作为串口收发管脚(不同单片机有差别)
    _ EINT( );                                    //总中断允许

    while(1)
    {
       UART0 _ PutFrame(TxTestBuff,8);            //发送一个长度为 8B 的数据帧
       __ delay _ cycles(1000000);               //约一秒发送一次
    }
}
```

对比例 2.9.7 的程序可以发现，该程序中的发送程序只有一个循环赋值程序以及发送数据长度的设定，不需任何等待。在 2400bit/s 波特率下实测，该程序中发送 8B 数据帧的总时间只需 131 个 CPU 指令周期，而例 2.9.7 的传统程序需要 38739 个指令周期，速度提高了近300 倍!

该程序仍有一个缺点，就是必须整帧地发送数据。需要将一次发送的所有数据都先整理完毕才能启动发送，且必须等待上一帧发完才能启动下一帧的发送，不能在程序中随时地按字节发送数据。

为了能够随时地写串口，且不阻塞 CPU 运行，通常的做法是用软件实现一个 FIFO 来作为高速的数据填入与低速的数据发送之间的缓冲。FIFO 是一种"先入先出"的数据存储结构，它具有一个入口以及一个出口，先放入 FIFO 的数将会先被出口读取，因此可以将 FIFO 形象的比作一个漏斗，见图 2.9.2。

高速运行的 CPU 就像一根粗水管，它可以快速的注入大批量的待发送数据。串口就像一根细水管，它只能按照固定的波特率缓慢地将数据依次发出，就像水流匀速滴出。如果让 CPU 直接慢速地等待每一滴水流滴完，必然拖缓 CPU 的执行。而有了 FIFO 这个"漏斗"之后，可以随时向漏斗内快速注入数据，之后执行其他任务，漏斗会自动的慢慢向下滴水，无需等待。只要 CPU 每次注入的数据量不足以填满漏斗，就能够将 CPU 释放出来。

FIFO 的软件结构见图 2.9.3，它是一个环形的队列（数组），另外具有一个头指针和一个尾指针。每次送入的数据放在头指针位置处，接着头指针递增指向下一单元，因此头指针又称写指针。每次读操作从尾指针位置处读取，接着尾指针递增指向下一单元，因此尾指针又称读指针。当头或尾指针越过数组最后一单元后，又回到起始位置，因此相当于一个无限长的数组。头尾指针可以被读写程序分别操作，允许两者速度不一致，因此 FIFO 是快速设备与慢速设备之间最常用的缓冲结构之一，本书后续的范例中会大量出现 FIFO 结构。

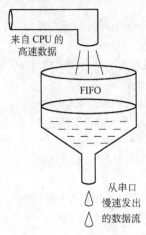

图 2.9.2　FIFO 与漏斗

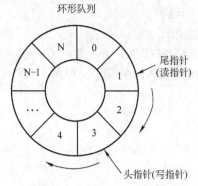

图 2.9.3　FIFO 的软件结构

让串口发送程序通过头指针向 FIFO 内写入数据，让串口中断从尾指针处读取并发出数据，即可实现随时写串口，且不阻塞 CPU 运行的目的。当尾指针追上头指针时，说明 FIFO 已空，应停止串口发送中断，当头指针追上尾指针时，说明 FIFO 已经满，应暂停填入数据。

例 2.9.10　编写串口发送一字节程序，要求利 FIFO 结构与发送中断，不阻塞 CPU 继续执行后续代码，且允许随时写串口。

```
#include < msp430x42x. h >
#define TXBUF _ SIZE 32              /* 发送 FIFO 的最大容量      */
unsigned char TX _ BUFF[TXBUF _ SIZE];  /* 发送 FIFO 缓冲区数组      */
unsigned int UART _ OutLen = 0;        /* 发送 FIFO 内待发出的字节数 */
unsigned int TX _ IndexR = 0;         /* 发送 FIFO 的读指针      */
unsigned int TX _ IndexW = 0;         /* 发送 FIFO 的写指针      */
/* *************************************************************
 * 名    称:UART0 _ PutChar( )
 * 功    能:从串口发送 1 字节数据(向缓冲队列内填入 1 字节待发送数据)
 * 入口参数:Chr;待发送的字节
 * 出口参数:返回 1 表示发送成功,
           返回 0 表示发送失败
 * 说    明:发送过程中,不阻塞 CPU 运行
 ************************************************************* /
char UART0 _ PutChar( unsigned char Chr)
```

```
{
    if( UART _ OutLen == TXBUF _ SIZE )          //如果 FIFO 已满
    {
        return( 0 );                             //不发送数据,返回发送失败标志
    }
    if( UART _ OutLen == 0 )                     //如果是第一个字节(之前 FIFO 是空的)
    {
        IFG1   |= UTXIFG0;                       //人为制造第一次中断条件(置中断标志位)
    }
    _ DINT( );                                   //涉及 FIFO 操作时不允许中断,以免指针错乱
    UART _ OutLen ++ ;                           //待发送字节数加 1
    TX _ BUFF[ TX _ IndexW ] = Chr;              //待发送数据通过写指针写入 FIFO
    if( ++ TX _ IndexW > = TXBUF _ SIZE )        //写指针递增,且判断是否下标越界
    {
        TX _ IndexW = 0;                         //如果越界则写指针归零(循环队列)
    }
    IE1   |= UTXIE0;                             //开启 UART0 的发送中断,在中断内依次发送数据
    _ EINT( );                                   //FIFO 操作完毕,恢复中断允许
    return( 1 );                                 //返回发送成功标志
}


#pragma vector = UART0TX _ VECTOR
__ interrupt void UART0 _ TX( void )             //串口发送中断
{
    if( UART _ OutLen > 0 )                      //FIFO 内是否有待发送的数据
    {
        UART _ OutLen--;                         //待发送数据字节数减 1
        U0TXBUF = TX _ BUFF[ TX _ IndexR ];      //从尾指针读取一个字节并发送
        if( ++ TX _ IndexR > = TXBUF _ SIZE )    //读指针递增,且判断是否下标越界
        {
            TX _ IndexR = 0;                     //如果越界则写指针归零(循环队列)
        }
    }
    else IE1 & = ~ UTXIE0;       //如果数据已发完,则关闭 UART0 的发送中断,停止发送
}


void main( void )
{
    WDTCTL = WDTPW + WDTHOLD;                    //停止看门狗
    FLL _ CTL0   |= XCAP18PF;                    //配置晶振负载电容
    U0CTL = CHAR;                                //异步通信模式,8 位数据,无校验,1 位停止位
```

```
ME1   |= UTXE0 + URXE0;              //开启串口 0 收发模块
U0TCTL |= SSEL0;                     //选择 ACLK 作为串口波特率时钟源
U0BR1 = 0;                           //
U0BR0 = 13;                          //分频系数整数部分 = 13
U0MCTL = 0x6B;                       //分频系数小数部分调制 = 5/8(2400bit/s)
P2SEL |= BIT4 + BIT5;   //P2.4,5 开启第二功能,作为串口收发管脚(不同单片机有差别)
_ EINT( );                           //总中断允许
while(1)
{
  UART0 _ PutChar(0x01);
  UART0 _ PutChar(0x02);
  UART0 _ PutChar(0x03);
  UART0 _ PutChar(0x04);
  UART0 _ PutChar(0x05);             //测试,发送 8B 数据
  UART0 _ PutChar(0x06);
  UART0 _ PutChar(0x07);
  UART0 _ PutChar(0x08);
  __ delay _ cycles(1000000);        //约 1s 发送一次
}
}
```

在单片机中，使用指针及指针操作的开销比较大，对于 FIFO 数组的指针操作用下标运算来替代。经测试，在 2400bit/s 波特率下利用例 2.9.4 的传统字节发送程序发送 8B，耗时29652 个 CPU 周期。而该程序发送 8B 数据耗时仅 520 个 CPU 周期，效率提高近 60 倍。

2.9.4　UART 的高效率数据接收应用

在例 2.9.4 的数据接收过程中，CPU 的阻塞现象更加明显。如果没有收到数据，CPU 将一直死循环等待接收标志。这将使后续的代码完全失去响应。其次，如果 CPU 执行了一个较长耗时的任务，以至于超过 1 个字符时间没有读取串口，新来的数据会覆盖掉未读取的数据，从而造成数据丢失。

这些问题同样可以利用 FIFO 来解决。在串口中断内利用写指针写入 FIFO，CPU 在任何时候都可以随时通过读指针读取 FIFO 内的数据。

例 2.9.11　编写串口接收一字节程序，要求利用 FIFO 结构与接收中断，不阻塞 CPU继续执行后续代码，且允许 CPU 随时读串口。

```
#include  < msp430x42x. h >
#define RXBUF _ SIZE 32                /* 接收 FIFO 的最大容量        */
unsigned char RX _ BUFF[RXBUF _ SIZE]; /* 接收 FIFO 缓冲区数组        */
unsigned int UART _ InpLen = 0;        /* 接收 FIFO 内待读取的字节数 */
unsigned int RX _ IndexR = 0;          /* 接收 FIFO 的读指针          */
unsigned int RX _ IndexW = 0;          /* 接收 FIFO 的写指针          */
```

```
/ *********************************************************
 * 名      称:UART0 _ GetChar( )
 * 功      能:从串口读取 1 字节数据(从缓冲队列内读取 1 字节已接收的数据)
 * 入口参数: * Chr:读取数据所存放的地址指针
 * 出口参数:返回 1 表示读取成功,返回 0 表示读取失败
 * 说      明:读取过程中,不阻塞 CPU 运行
 ********************************************************* /
char UART0 _ GetChar( unsigned char  * Chr)
{
  if( UART _ InpLen ==0) return(0) ;              //如果 FIFO 内无数据,返回 0
  _ DINT( ) ;                                     //涉及 FIFO 操作时不允许中断,以免指针错乱
  UART _ InpLen--;                                //待读取数据字节数减 1
   * Chr = RX _ BUFF[ RX _ IndexR ] ;             //从尾指针读取一个字节作为返回值
  if( ++ RX _ IndexR > = RXBUF _ SIZE)           //读指针递增,且判断是否下标越界
      {
      RX _ IndexR =0;                             //如果越界则写指针归零(循环队列)
      }
  _ EINT( ) ;                                     //FIFO 操作完毕,恢复中断允许
  return(1) ;                                     //返回发送成功标志
}
/ *********************************************************
 * 名      称:UART0 _ GetCharsInRxBuf( )
 * 功      能:获取 FIFO 内已接收的数据字节数
 * 入口参数:无
 * 出口参数:待读取的字节数
 ********************************************************* /
unsigned int UART0 _ GetCharsInRxBuf( )
{
  return( UART _ InpLen) ;          //返回 FIFO 内数据的字节数
}
/ *********************************************************
 * 名      称:UART0 _ ClrRxBuf( )
 * 功      能:清除接收 FIFO 区
 * 入口参数:无
 * 出口参数:无
 ********************************************************* /
void UART0 _ ClrRxBuf( )
{
  _ DINT( ) ;               //涉及 FIFO 操作时不允许中断,以免指针错乱
  UART _ InpLen =0;         //接收的数据清空
```

```
    RX _ IndexR = 0;
    RX _ IndexW = 0;                        //头尾指针复位
    _ EINT( );
}


#pragma vector = UART0RX _ VECTOR
__ interrupt void UART0 _ RX(void)          //串口接收中断
{
    UART _ InpLen ++ ;                       //接收字节计数加 1
    RX _ BUFF[RX _ IndexW] = U0RXBUF;       //串口接收数据通过写指针写入 FIFO
    if( ++ RX _ IndexW > = RXBUF _ SIZE)     //写指针递增,且判断是否下标越界
    {
        RX _ IndexW = 0;                     //如果越界则写指针归零(循环队列)
    }
}


void main(void)
{
    unsigned char RxDataBuff[8];
    unsigned char Addr;
    unsigned char Func;
    int i;
    WDTCTL = WDTPW + WDTHOLD;                //停止看门狗
    FLL _ CTL0 | = XCAP18PF;                 //配置晶振负载电容
    U0CTL = CHAR;                            //异步通信模式,8 位数据,无校验,1 位停止位
    ME1 | = UTXE0 + URXE0;                   //开启串口 0 收发模块
    U0TCTL | = SSEL0;                        //选择 ACLK 作为串口波特率时钟源
    U0BR1 = 0;                               //
    U0BR0 = 13;                              //分频系数整数部分 = 13
    U0MCTL = 0x6B;                           //分频系数小数部分调制 = 5/8(2400bit/s)
    P2SEL | = BIT4 + BIT5;       //P2.4,5 开启第二功能,作为串口收发管脚(不同单片机有差别)
    IE1 | = URXIE0;                          //开启 UART0 的接收中断,在中断内接收数据
    _ EINT( );                               //总中断允许
    while(1)
    {
        __ delay _ cycles(1000000);          //模拟一个长耗时的程序,使 CPU 暂时不能读取串口
        if( UART0 _ GetCharsInRxBuf( ) > = 10)   //每收到 10B 数据
        {
            UART0 _ GetChar(&Addr);          //读取第 1 字节,放于 Addr 变量中
            UART0 _ GetChar(&Func);          //读取第 2 字节,放于 Func 变量中
```

```
        for(i=0;i<8;i++)UART0_GetChar(RxDataBuff+i);    //依次读取后 8B
    }
  }
}
```

2.9.5 UART 的高效率数据帧接收与判别

在大部分带有通信协议的数据交换应用中，串口的收发是按照"帧"为单位。每一帧数据的长度可能是不固定的，接收端需要判断帧的起始与结束；在多机通信中，还要判别地址，以判断该数据帧是否是发给本机的。而且在数据漏发、错乱、多发时，也要保证后续的数据帧能够同步。若使用查询法来等待接收标志，会完全阻塞 CPU 的运行。本节介绍针对变长数据帧的几种非阻塞、高效率的接收方法。

对于变长帧的接收，有 3 种常用方法：一是利用特定的字符(如回车)作为结束符，但要求该特定字符在数据帧内容中不出现；二是利用数据帧的第二字节表示数据帧长度，以便接收程序能够判别数据帧的结束条件，这要求接收方必须有足够大的缓冲区，保证最长的数据帧能够被存储；三是利用帧间空闲超时来判别数据帧的结束，这要求一帧数据在时间上必须是连续的。

例 2.9.12 PC 向单片机发送用户名信息数据帧，数据可能是英文或数字(ASCII 码)，且数据由用户逐个敲入(并非一次发出)，以回车(CR+LF)结束。要求单片机能够正确接收不同长度的数据帧，且不阻塞 CPU 的运行。

在该应用中，数据由用户逐个敲入，因此串口的数据是逐字节发出的，任何相邻两个字节之间都有较大的空闲时间。这种情况下单片机利用线路空闲方法的帧头判断机制将会失效，只能用帧尾的特殊字符作为结束条件。为了释放 CPU，需要在中断内用状态跳转的方法实现串口数据帧接收程序。回车实际上是 0x0D 与 0x0A 两个字节数据。为了简化程序，忽略掉 0x0D(不接收)，将 0x0A 作为结束符。

```
#include  <msp430x42x.h>
#define FRAMEBUF_SIZE 32                    /* 最大帧长度        */
unsigned char FrameBuff[FRAMEBUF_SIZE];     /* 接收帧缓冲区数组 */
unsigned int UART_RcvCnt=0;                  /* 接收计数          */

#pragma vector=UART0RX_VECTOR
__interrupt void UART0_RX(void)          //串口接收中断
{
  int i;
  if(U0RXBUF==0x0D)return;               //对回车命令的第一字节不响应
  if(U0RXBUF==0x0A)                      //收到结束符
  {
//-------------------------------------------------------------------
//数据帧接收完毕,在这里写数据帧处理程序,注意缓冲区只用前 UART_RcvCnt 个数据
```

```
    _NOP();                          //在这里设断点查看 FrameBuff[ ]数组的数据
//--------------------------------------------------------------------------------
    UART_RcvCnt = 0;                 //清除接收缓冲区字节数清零
    for(i = 0;i < FRAMEBUF_SIZE;i ++ )FrameBuff[i] = 0;          //清除接收缓冲区(可省略)
    return;
  }
  if( UART_RcvCnt < FRAMEBUF_SIZE)                    //收到正常数据,且缓冲区未满
  {
    FrameBuff[ UART_RcvCnt] = U0RXBUF;               //接收该字节数据
    UART_RcvCnt ++ ;                                  //指向下一字节
  }
}


void main( void)
{
  WDTCTL = WDTPW + WDTHOLD;                          //停止看门狗
  FLL_CTL0 |= XCAP18PF;                              //配置晶振负载电容
  U0CTL = CHAR;                                      //异步通信模式,8 位数据,无校验,1 位停止位
  ME1 |= UTXE0 + URXE0;                              //开启串口 0 收发模块
  U0TCTL |= SSEL0;                                   //选择 ACLK 作为串口波特率时钟源
  U0BR1 = 0;                                         //
  U0BR0 = 13;                                        //分频系数整数部分 = 13
  U0MCTL = 0x6B;                                     //分频系数小数部分调制 = 5/8(2400bit/s)
  P2SEL |= BIT4 + BIT5;          //P2.4,5 开启第二功能,作为串口收发管脚(不同单片机有差别)
  IE1 |= URXIE0;                                     //开启 UART0 的接收中断,在中断内接收数据
  _EINT();                                           //总中断允许
  while(1)
  {
        //CPU 可以执行其他任务
  }
}
```

在线路空闲帧识别模式下,UART 模块带有帧头首字节的识别功能,却没有帧尾自动识别功能。如果能够自动识别帧尾,可以很容易的实现对各种定长帧、变长帧进行接收,且无需特殊字符。

对于一个连续的数据帧,其相邻字节数据之间没有空闲时间,如果用定时器来检测空闲时间一旦持续大于某个门限(例如 10 个字符),则认为数据帧结束。且定时器超时溢出可以产生中断,在定时器溢出中断内处理数据帧,而不依赖串口的特殊识别功能。这种方法虽然效率略低,但能移植到各种其他处理器系统上,且无需依赖特殊字符,是一种非常通用的方法。

例 2.9.13　PC 向单片机发送变长数据帧,无特殊起符始或结束符,数据中也不包含帧

长度信息，要求单片机能够正确接收不同长度的数据帧，且不阻塞 CPU 的运行。

```
#include  < msp430x42x. h >
#define FRAMEBUF _ SIZE 32                      / * 最大帧长度        * /
#define IDLELINE _ TIME 204                     / * 线路空闲判据时间 * /
unsigned char FrameBuff[ FRAMEBUF _ SIZE];      / * 接收帧缓冲区数组 * /
unsigned int UART _ RcvCnt = 0;                 / * 接收计数          * /

#pragma vector = UART0RX _ VECTOR
__ interrupt void UART0 _ RX( void)             //串口接收中断
{
  TAR = 0;                                      //清除帧空闲计时值
  TACTL |= MC _ 1;                              //以增计数方式开始计时
  if( UART _ RcvCnt < FRAMEBUF _ SIZE)          //若缓冲区未满
    {
      FrameBuff[ UART _ RcvCnt] = U0RXBUF;       //接收一字节数据
      UART _ RcvCnt ++ ;                         //指向下一字节
    }
  else IFG1 & = ~ URXIFG0;                       //接收区已满,不接收
} //读取 RXBUF 会自动清除串口中断标志,不读取时需要手动清除中断标志

#pragma vector = TIMERA1 _ VECTOR
__ interrupt void TA _ ISR( void)               //定时器溢出中断
{ int i;
  if( TAIV == 10)                               //TA 溢出
  {
    TACTL & = ~ ( MC0 + MC1);                    //停止计数器
    // -------------------------------------------------------------
    //数据帧接收完毕,在这里写数据帧处理程序,注意缓冲区只用前 UART _ RcvCnt 个数据
    _ NOP();      //在这里设断点查看 FrameBuff[ ]数组的数据
    // -------------------------------------------------------------
    UART _ RcvCnt = 0;                          //清除接收计数
    for( i = 0; i < FRAMEBUF _ SIZE; i ++ ) FrameBuff[ i] = 0;   //清除接收缓冲区(可省略)
  }
}

void main( void)
{
  WDTCTL = WDTPW + WDTHOLD;                      //停止看门狗
  FLL _ CTL0 |= XCAP18PF;                        //配置晶振负载电容
  U0CTL = CHAR;                                  //异步通信模式,8 位数据,无校验,1 位停止位
```

```
ME1 | = UTXE0 + URXE0;               //开启串口 0 收发模块
U0TCTL | = SSEL0;                    //选择 ACLK 作为串口波特率时钟源
U0BR1 = 0;                           //
U0BR0 = 13;                          //分频系数整数部分 = 13
U0MCTL = 0x6B;                       //分频系数小数部分调制 = 5/8(2400bit/s)
P2SEL | = BIT4 + BIT5;      //P2.4,5 开启第二功能,作为串口收发管脚(不同单片机有差别)
IE1 | = URXIE0;                      //开启 UART0 的接收中断,在中断内接收数据
TACTL = TASSEL _ 1 + TAIE;           //TA 设为增计数模式,时钟 = ACLK,开中断
TACCR0 = IDLELINE _ TIME;            //设置溢出超时条件
_ EINT ( );                          //总中断允许
while (1)
  {
    //CPU 可以执行其他任务
  }
}
```

在波特率为 2400bit/s 时,每发 1bit 需要 1/2400 秒,折合 13.65 个 ACLK 周期。本例中取 15bit 时间未收到数据作为超时判据,共计 204 个 ACLK 周期。将定时器设为 204 个 ACLK 周期溢出,且每次收到一个字节(10bit 时间),就将定时器清零,所以在连续数据流下定时器不会溢出,一旦数据停止(帧结束)超过 15bit 时间,定时器溢出引发中断,在定时中断内接收或处理数据帧。一般各种通信协议中都会规定帧间空闲时间,一般 4 ~ 10 字符(40 ~ 100bit)时间,所以实际中该方法能可靠接收大部分通信协议的数据帧。缺点是占用了一个时器资源。

本 章 小 结

MSP430 单片机的内部资源是极其丰富的。通过本章对常见的内部资源的介绍,使读者对 MSP430 的工作原理、低功耗运行、内部资源使用方法与用途有大致的了解。对于 MSP430 单片机这种开放式的片上系统,通过不同的功能配置与连接关系,其内部资源的用法与用途几乎是无穷无尽的,需要读者在今后实际中不断探索和积累。

习　题

1. 在 MSP430F425 系统上,P1.3、P1.1、P1.4、P2.0 口分别接了红色、绿色、蓝色、白色 4 只 LED,均为高电平点亮。P1.5、P1.6、P1.7 口各接有一只按键(S1、S2、S3),按下低电平。要求同时实现以下逻辑:

　　a. S1 与 S2 中任意一个键处于按下状态,红灯亮

　　b. S2 与 S3 同时处于按下状态时,绿灯亮

　　c. S1 与 S3 状态不同时,蓝灯亮

　　d. S1 按下后,白灯一直亮,直到 S2 按下后才灭

2. 习题 1 中,要求低功耗运行,待机功耗小于 3μA(不计 LED 功耗)。

3. 在 MSP430F425 系统上,P1.3、P1.1、P1.4、P2.0 口分别接了红色、绿色、蓝色、白色 4 只 LED,

均为高电平点亮。用 BasicTimer 实现以下时序同时输出：

 a. 红色 LED 每秒钟闪烁 1 次(0.5s 亮,0.5s 灭)

 b. 绿色 LED 每秒钟闪烁 1 次(0.25s 亮,0.75s 灭)

 c. 蓝色 LED 每秒钟闪烁 2 次(0.25s 亮,0.25s 灭)

 d. 白色 LED 每秒闪烁 2 次持续 5s,然后每秒闪烁 1 次持续 5s,循环。

4. 题 3 中,P1.5、P1.6、P1.7 口各接有一只按键(S1、S2、S3,按下时输出低电平)。要求同时实现以下逻辑：

 a. S1 按下,红色 LED 灭,再按一次 S1 红色 LED 恢复闪烁

 b. S2 按下,绿色 LED 改为每秒闪烁 2 次,再按一次 S2 绿色 LED 恢复每秒 1 次闪烁

 c. S3 按下,所有的 LED 均灭,进入 LPM4 模式(关机)

5. 在 MSP430F425 系统上,接有一片 4-MUX 方式的 LCD。段码连接关系与段码表与本书 2.5 节范例相同,P1.5、P1.6、P1.7 口各接有一只按键(S1、S2、S3,按下时输出低电平)。要求在 10μA 以下的功耗下实现以下功能：

 a. 屏幕显示数值每秒加 1(计秒)

 b. 按 S1 键暂停计时

 c. 按 S2 键计时清零

 d. 按 S3 键关机(LPM4 模式)

6. 在题 5 中,按 S3 关机前,将计数值、当前状态(是否暂停)保存在 Flash 中。复位或更换电池后读取 Flash,恢复关机前的计数值和状态。

7. 题 6 中,使用纽扣电池供电,电源电压为 3V。电源电压通过 100kΩ 电阻与 1kΩ 电阻对地分压后送入 16 位 ADC0 的 A0 + 管脚,A0 - 管脚接地。通过 SD16 模块测量电池电压,使用内部 1.2V 基准源,不考虑误差。功能要求：

 a. 当电池电压低于 2.80V 时,屏幕左侧显示"Lb"提示符。(共 7 位 LCD,右侧 5 位用于计时,左侧 2 位用于显示电池状态)

 b. 当电池电压高于 2.85V 时,"Lb"提示符消失。(0.05V 回差保证电池电压在门限附近时,提示符不会频繁闪烁)

 c. 当电池电压低于 2.7V 时,保存数据并强行关机

8. 上题中电源电压通过 100kΩ 电阻与 1kΩ 电阻对地分压会造成 30μA 左右的功耗。尝试用间歇供电的方法降低分压电阻功耗问题。

9. 两只透射式光电传感器相距 10cm。当有物体遮挡住红外线时,会输出低电平。用 P1.5 与 P1.6 上的按键模拟两只传感器。要求用 TimerA 定时器测量物体经过 10cm 距离所需的时间,换算成速度显示在 LCD 上。单位是 m/s,保留 1 位小数。

10. 在 MSP430F425 系统上,从 P2.0 口输出 PWM 调制方波,驱动 LED(高电平点亮)。P1.5、P1.6、P1.7 口各接有一只按键(S1、S2、S3,按下时输出低电平)。要求：

 a. 按 S1 键灯光变量一挡

 b. 按 S2 键灯光减弱一挡

 c. 按 S3 键灯光灭

11. 在第 5 题的基础上,设计一个数据帧捕获并解析的程序。要求：

a. PC 向单片机发送数据帧"time \ n"时,单片机应答"time = xxxxx \ n"

b. PC 向单片机发送数据帧"status \ n"时,若计时器处于暂停状态,单片机应答"paused \ n",若计时器处于运行状态,单片机应答"run \ n"

c. PC 向单片机发送数据帧"Clear \ n"时,单片机将计时值清零,并应答"ok \ n"

d. 若 PC 向单片机发送的请求非以上数据帧时,单片机应答"error \ n"

其中 xxxxx 代表屏幕上的显示值，"＼n"表示回车换行符，由 0x0D、0x0A 两个字符构成

12. 编写下列显示函数：

a. 编写 LCD＿DisplayChar(char Chr,char Location)函数，要求 Chr 变量以 ASCII 码字符的形式传入。例如调用 LCD＿DisplayChar('A',0)；结果是在最右侧显示字母 A。

b. 编写 LCD＿DisplayString(char＊Str)函数，要求字符串以指针形式传入。例如调用 LCD＿Display-String（"ABC"）时，屏幕显示字母 ABC。

c. 编写 LCD＿Printf( )函数，要求与 printf( )函数用法相同，显示内容在 LCD 上。

第3章 单片机软件工程基础

对于初学者来，在掌握了单片机内部资源的使用方法之后，接下来的问题是：如何将众多的功能集成在一起构成一个完整的系统？如何让多个功能（任务）同时执行？如何让外部的事件都能立即得到处理？如何与最终用户进行友好的人机交互？如何保持程序具有扩展性，能够很容易地增加新功能？

本章从软件结构与工程方法的角度出发，对上述问题进行探讨。并为读者详解两种常用的程序架构，以及在相应架构下的编程方法。还介绍"状态机建模"这一强大的并行多任务建模手段，以及"状态机建模"在程序设计中的应用。

实际上，各类单片机系统的软件在硬件隔离层之上并无本质区别，各种功能都可以通过软件工程手段实现，各种程序结构框架也是通用的。所以，掌握本章的内容，对于各种嵌入式系统开发与设计都会有帮助。

3.1 前后台程序结构

前后台程序结构是最常用的程序结构之一。简单地说，前后台程序由主循环加中断构成，主循环程序称为"后台程序"或"背景程序"；各个中断程序称为"前台程序"，依靠中断内的前台程序来实现事件响应与信息收集。后台程序中多个处理任务顺序依次执行，从宏观上看，这些任务将是同时执行的。

3.1.1 任务

首先明确"任务"的概念。任务（Task）是指完成某一单一功能的程序。例如温度报警装置，根据功能划分为：获取温度、显示温度、门限比较并驱动报警装置、用户设置报警值、数据通信5个任务。

从宏观上看这5个任务必须是同时进行的，任何时候一旦超温必须报警；任何时候按设置按钮都能进入菜单设置温度上下限；任何时候串口如果收到数据请求帧，都必须立即回复温度数据等。这种多个任务同时执行，且各种事件对响应时间要求严格的软件系统被称为"实时多任务系统"。大多数单片机系统都属于实时多任务系统。而CPU本身是一个串行执行部件，它只能依次执行代码，不能同时执行多段代码，需要借助一定的软件手段来实现多任务的同时执行。

目前，有许多成熟的软件结构与方法能够实现实时多任务系统，如小巧灵活的前后台程序结构、适合并发多任务的事件触发结构、适合大型软件系统的RTOS等，各有其优缺点。对于MSP430单片机来说，事件触发结构是最适合于低功耗应用的一种并发多任务结构；前后台程序是实现多任务系统最简单、最灵活的结构。

（1）单任务程序 如果整个处理器系统只实现一个单一功能，或者只处理一种事件，称为"单任务"程序。最典型的单任务程序就是一个死循环，永远执行某一个功能函数。

```
void main( void)
{
  while(1)                   /* 死循环              */
  {
    do _ something( );       /* 只执行一个任务   */
  }
}
```

或者虽然能够执行多种任务，但是无法同时执行，程序需要等待一个事件发生后才执行对应的处理功能。例如早期 PC 的 DOS 程序属于应答式单任务系统，它必须等待用户输入一条命令，才能执行一种功能，然后等待用户输入下一条命令。

实际上，单任务程序对于单片机来说是没有实用价值的，因为很少会有单片机只处理单一事务的情况。一般只有在学习某个部件使用方法，或者验证某段功能代码的时候会用到这种单任务程序。

(2) 轮询式多任务程序　在实际应用中，大多数的单片机系统至少包括信息获取、显示、人机交互、数据通信等功能，且要求这些功能同时进行，属于多任务程序。下例所示的是一种典型的轮询式的多任务程序结构：

```
void main( void)
{
  while(1)                       /* 死循环                        */
  {
    ADC _ GetTemerature( );      /* ADC 采集并获取温度信息      */
    Display _ Process( );        /* 数值显示                    */
    Alarm _ Process( );          /* 报警功能相关处理            */
    UART _ CheckBuff( );         /* 检查串口接收缓冲寄存器      */
    UART _ Process( );           /* 解析通信协议并回复数据帧    */
    KBD _ ScanKeyIO( );          /* 扫描键盘                    */
    KBD _ Process( );            /* 处理键盘事件(菜单)          */
  }
}
```

轮询式的多任务程序要求每个任务都不能长时间占用 CPU，如果 CPU 的处理速度足够快，每个任务都能在很短的时间间隔依次执行，宏观上看这些任务将是同时执行的。

(3) 前后台多任务程序　在大部分实际情况中，程序主循环一次的时间都较长(数毫秒至数秒)。在轮询式多任务系统中，对于持续时间短于一个循环周期的事件，或者在一个循环周期内出现多次的事件，将可能会被漏掉。例如为了接收串口以 9600bit/s 发出的数据流，要求主循环的周期小于 1ms。这在许多系统中都是不现实的。其次，每个任务中必然有大量的分支程序，这导致循环周期是时间不确定的，对于某些对时间要求严格的任务，如定时采样、LED 循环扫描等，不能放在主循环内执行。一个前后台程序结构的例子见图 3.1.1。

在轮询式多任务程序中把要求快速响应的事件或者时间严格的任务交给中断(前台)处理，

主程序(后台)只处理对时间要求不严格的事件。对于突发事件,可以通过中断随时向CPU"索取"处理权,这些事件处于"最显著的位置"(foreground,前台),而在剩余的时间内,CPU默默无闻地执行后台任务(background,后台/背景)。因此这种结构被形象的称为"前后台程序"。在前后台程序中,对主循环速度的依赖性大大降低,甚至可以间歇性地执行主循环,以降低功耗。

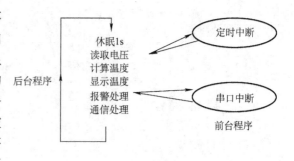

图 3.1.1   一个前后台程序结构的例子

3.1.2 实时性

一般情况下,后台程序也叫任务级程序,前台程序也叫事件处理级程序。在程序运行时,主循环(后台)程序检查每个任务是否具备运行条件,通过一定的调度算法来完成相应的操作。对于实时性要求特别严格的操作通常由中断(前台)程序来完成。根据事件的持续时间与紧急程度可以分为几类:

(1)实时性最高的事件 它指对于要求零延迟、立即响应或立即动作的事件。例如高速波形的产生、波形采集触发、微秒级脉宽测量等场合,要求响应速度在数十至数百纳秒级,甚至小于单片机的一个指令执行周期。只能通过数字硬件逻辑来实现,如CMOS逻辑器件、CPLD/FPGA、单片机的捕获模块来实现。

(2)实时性较高的事件 对于允许数微秒至数十微秒延迟的事件,可以利用中断响应(前台)来处理。但要注意主循环(后台)中不能长时间关闭中断,否则仍会造成实时性下降。同时要求中断内(前台)的处理程序本身的执行时间要短,否则会造成其他中断响应被延迟。

(3)实时性较低的事件

1)对于允许数毫秒至数秒延迟的事件,可以在主程序中查询处理。只要事件持续时间长于总的循环周期,就不会被漏掉。

2)如果某事件虽然要求实时性较低,但本身出现的时间很短,小于一个循环周期,仍有可能会被漏掉。例如主循环需要1s时间,而按键有可能仅持续0.2s。这种情况可以在该事件引发的中断(前台)内置标志位,在主程序中查询标志位,保证每次事件都能得到响应。

3)如果上述情况无法产生中断或标志位,可以使用定时中断查询事件,然后置标志位。且要求定时中断周期小于事件持续时间的一半。

4)如果在一个循环周期内,某事件会连续突发出现多次,对事件捕获要求实时性高,但对事件处理的实时性要求不高,可以利用中断获取事件信息,并用FIFO将事件信息存储起来,在主循环内将这些信息依次取出逐个处理。最典型的例子就是串口数据帧的接收和处理:对于每个字符都要求立即接收(微秒级响应速度),但数据帧的回应允许数百毫秒延迟,因此可以在主循环内对数据帧接收缓冲区进行解析。

例 3.1.1 用MSP430单片机完成某温度测量、显示系统。要求测量并显示温度,用户可以通过按键切换温度单位(摄氏度或华氏度)。在串口接收到请求帧时,将温度信息及报警状态信息返回给上位机,为该设计任务规划软件程序结构。

先分析系统任务的实时性,总共有4项任务,分别是测温任务、显示任务、键盘扫描任

务、串口通信任务。其中各个任务对实时性的要求不一:

(1) 测温任务 在一般系统中,温度变化大多比较缓慢。1s 更新一次显示值已经足够。且对采样时间间隔要求不严,实时性要求不高。

(2) 显示任务 对于人眼来说,每秒 5 次以上的数据刷新已经难以识别,因此实时性要求也不高。实际上,每次采样后再显示,1s 刷新一次完全可以满足需求。

(3) 按键扫描任务 手指按压键盘的持续时间大约 0.1~1s,在此期间必须要捕获到按键的发生。如果采用主循环内查询实现,要求主循环周期必须小于 0.1s。如果用 I/O 中断实现按键事件的捕捉,主循环内处理,则对主循环周期无严格要求。但循环周期也不能过长,因为两次按键间隔最小约 0.3s,如果主循环周期大于 0.3s,对连续按键将只会响应最后一次。

(4) 通信任务 按照波特率 9600bit/s 计算,两个相邻字节之间的时间只有 1ms 左右。因此数据帧接收过程要求较高的实时响应。一般通信规约都要求请求帧发出后 0.1s 内返回数据帧,所以数据帧处理对实时性要求并不高。这种情况可以利用串口中断将数据存入FIFO 内,在数据帧接收完毕后置相应标志位。在主循环内查询到请求帧标志位后解析并返回数据。这要求主循环周期小于 0.1s。

再分析各任务的耗时:

(1) 测温任务 只需要读取 ADC 并计算。其中等待 ADC 转换完毕仅需数百微秒,对于 1s 的周期来说微不足道,因此可以直接查询并等待转换结束标志。计算过程也在数百微秒内能完成,加上开基准源并等待稳定所需的 1ms 时间,总计 2ms 以内。

(2) 显示任务 对于带有 LCD 驱动器的单片机来说,显示只需拆分数字、查表并将段码写入相应的显示缓存内。耗时百微秒数量级。

(3) 按键扫描任务 按键扫描只需读 I/O 口,仅需数微秒。

(4) 通信任务 通信接收过程依靠中断,相邻两次中断仅隔 1ms 时间。在中断内将接收数据压入 FIFO 中仅需数十微秒,因此 1ms 时间足够,保证不会漏掉数据。按 10B 计算,数据发送过程若利用 FIFO,仅需数百微秒,若采用查询等待方法依次发送数据,需要 10ms 时间。

根据上面的分析,所有任务中所需的最短服务周期是 0.1s,而所有的任务相加没有超过 0.1s,可以用前后台程序结构来完成设计:

```
while(1)
  {
  Cpu _ SleepWaitBT( );//CPU 休眠,等待每 1/16s 被 BasicTimer 唤醒一次
  //------------------------以下代码每 1/16s 运行一次------------------------
  KBD _ Process( );                    //处理按键,切换摄氏度/华氏度模式
  Communication( );                    //查询数据包接收完毕标志,并返回数据
  Timerls ++ ;                          //1s 累加计数
  if( Timerls >= 16)                    //16 次累加 = 1s
    { Timerls = 0;
  //---------------------以下代码每秒运行一次---------------------------
    Temperature = ADC16 _ GetTemp( );   //采样 ADC0,单次采样
    LCD _ Display(Temqerature);         //显示温度(内部处理摄氏度/华氏度转换)
  }
```

为了省电，让 CPU 休眠在 LPM3 模式下，每隔 1/16s 被 BasicTimer 唤醒一次处理主循环内的任务，以满足 0.1s 以下服务周期的要求。在主循环内键盘扫描与通信任务每 1/16s 执行一次，测温与显示任务每秒执行一次。串口接收采用中断加缓冲区机制，当收完一个有效的请求帧后，中断内置标志。当该标志被主循环内的通信任务函数查询到后，清除标志并返回温度数据。

3.1.3　前后台程序的编写原则

通过前面的例子，对于前后台程序结构已经有了一个概貌。实际编写前后台结构程序时，读者还需了解一些基本概念，并掌握以下几个基本的编程原则：

（1）消除阻塞　在前文中已经大量出现过"阻塞"这个词语，含义是长时间占用 CPU 资源。从前后台程序的结构中可以看出，它之所以可以实现多任务同时执行，本质是快速地依次循环执行各个任务。如果某个任务长时间占用了 CPU，后续的任务将无法得到处理从而失去响应。

所以编写前后台多任务程序最重要的原则是任何一个任务都不能阻塞 CPU。每个函数都应尽可能快地执行完毕，将 CPU 让给后续的函数。本书前文中大部分资源使用都给出了非阻塞的程序范例。

消除阻塞（Block）的方法是去除各个子程序中的等待、死循环、长延时等环节，让 CPU 仅完成运算、判断、处理、赋值等操作。对于初学者来说，这是编程的难点之一，开始时需要大量的练习。但实际上是有规律、有方法可循的，例如下一节状态机就是一种具有通用性的强有力的消除阻塞的软件方法。本节中也将介绍一些基本的消除阻塞的手段。

（2）节拍　在前后台程序中，如果主循环的周期是固定的，对于定时、延时等与时间相关的任务来说，可以利用主循环内的计数来实现计时，仅在时间到达的时刻做相应处理，消除因等待而产生的阻塞。然而主循环本身很难在不同的程序分支下保持时间一致。但如果利用周期性的定时中断来启动主循环，且定时中断的周期大于主循环最长的执行时间，主循环的周期将由定时中断时间决定，将是严格相等的。这为编程带来了很大的便利，而且在超低功耗系统中，定时唤醒本身就是一种低功耗手段。

例 3.1.2　让 P1.1 口的 LED 每秒闪烁 1 次，P1.3 口的 LED 每秒闪烁 2 次，P1.4 口的 LED 每秒闪烁 4 次。假设主循环周期为 1/16s，为 3 个任务分别编写函数，要求不阻塞 CPU。

```
#include < msp430x42x. h >
#include " BasicTimer. h "
void LED1 _ Process( )                          /* 任务 1 */
{
  static int LED1 _ Timer;
  LED1 _ Timer ++ ;                                              //LED1 任务计时
  if( LED1 _ Timer >= 8) {LED1 _ Timer = 0; P1OUT^ = BIT1;}      //每 0.5s 取反一次
}
/********************************************************************/
void LED2 _ Process( )                          /* 任务 2 */
{
```

```
    static int LED2 _ Timer;
    LED2 _ Timer ++ ;                                    //LED2 任务计时
    if( LED2 _ Timer >= 4) {LED2 _ Timer = 0; P1OUT^ = BIT3; }    //每 0.25s 取反一次
}
/* ****************************************************************** */
void LED3 _ Process( )               /* 任务 3 */
{
    static int LED3 _ Timer;
    LED3 _ Timer ++ ;                                    //LED3 任务计时
    if( LED3 _ Timer >= 2) {LED3 _ Timer = 0; P1OUT^ = BIT4; }    //每 0.125s 取反一次
}
/* ****************************************************************** */
void main( void )
{
    WDTCTL = WDTPW + WDTHOLD;             //停止看门狗
    FLL _ CTL0  | = XCAP18PF;              //配置晶振负载电容
    P1DIR  | = BIT1 + BIT3 + BIT4;         //3 个 LED 所在 IO 口设为输出
    P1OUT = 0;                             //初始状态 3 个 LED 全灭
    BT _ Init(16);                        //BasicTimer 设为 1/16s 中断一次
    while(1)
    {
        Cpu _ SleepWaitBT( );            //休眠,等待 BT 唤醒,以下代码 1/16s 执行一次
        LED1 _ Process( );               //LED1 闪烁任务
        LED2 _ Process( );               //LED2 闪烁任务
        LED3 _ Process( );               //LED3 闪烁任务
        …                                //CPU 还可以执行其他任务
    }
}
```

在这个程序中，CPU 仅在 I/O 需要翻转的时刻才参与处理，各个处理任务中没有死循环或等待，每个任务都能很快执行完毕。通过 LEDx _ Timer 变量来为 3 个 LED 闪烁任务计时。在定义变量时加 static 关键字相当于定义了全局变量，但只在函数内部使用，这为全局变量管理带来了方便。

从主循环中可以看出，只要每个任务都遵循非阻塞性原则，就可以在主循环中以不断添加新的任务，这为程序结构性、通用性与扩展性提供了保障。一个处理器系统中最多能执行的任务数量将只取决于 ROM、RAM 大小和 CPU 速度。

例 3.1.3 在 MSP430 单片机 P2.0 口上接有一只长鸣型蜂鸣器，高电平鸣响。为蜂鸣器编写鸣响函数，要求用参数传入鸣响时间，且要求不阻塞 CPU。

蜂鸣器鸣响一段时间的任务，可以看做开蜂鸣器、延迟、关蜂鸣器的过程，初学者大多会直接按照过程写出下面的鸣响函数，将是阻塞性的。

```
#define BEEP _ ON   P2OUT  | = BIT0
#define BEEP _ OFF   P2OUT & = ~ BIT0
/ ************************************************************
* 名     称:Beep( )
* 功     能:通过软件延迟驱动蜂鸣器
* 入口参数:Period:鸣响周期(0 ~ 65535)ms
* 说     明:鸣响过程会占用 CPU,无法释放
* 范     例:Beep(500)蜂鸣器鸣响 500ms
  ************************************************************ /
void Beep(unsigned int Period)
{
    int i;
    BEEP _ ON;                      //开始鸣响
    for( i = 0;i < Period;i ++ )    //延迟 Period 次
      {
          __ delay _ cycles(1000);  //每次约 1ms(在 1MHz 主频下)
      }
    BEEP _ OFF;                     //停止鸣响
}
```

　　该段代码中,蜂鸣器鸣响时间依靠软件延迟来实现,延迟过程占用了 CPU。这将会导致鸣响期间内,后续任务失去响应。鸣响时间越长,阻塞现象将越严重。实际上,仅在开、关蜂鸣器的时刻需要 CPU 的处理,在导致阻塞的延迟过程中,CPU 并未做任何有用的运算,应该让出给其他任务。按照这个思路,将蜂鸣器程序分成两部分:鸣响函数和处理函数。后台可以随时调用鸣响函数 Beep( ),它仅负责开启蜂鸣器并设置鸣响时间值;在定时中断内调用处理函数,对鸣响时间进行计数,并在鸣响时间到达时关闭蜂鸣器:

```
unsigned int Beep _ Timer = 0;
#define BEEP _ ON   P2OUT  | = BIT0
#define BEEP _ OFF   P2OUT & = ~ BIT0
/ ************************************************************
* 名     称:Beep( )
* 功     能:蜂鸣器鸣响函数 (后台程序)
* 入口参数:Period:鸣响周期(0 ~ 65535)。单位是 Beep _ Process( )函数被调用的次数
* 说     明:鸣响过程不阻塞 CPU
* 范     例:Beep(5)蜂鸣器鸣响 5 个周期。(Beep _ Process 函数被调用 5 次所需时间)
  ************************************************************ /
void Beep(unsigned int Period)        / 蜂鸣器鸣响函数,可随时调用 /
{
    Beep _ Timer = Period;            //设置鸣响结束时间
    BEEP _ ON;                        //开启蜂鸣器
```

```
    }
    /***************************************************************
    * 名      称:Beep_Process( )
    * 功      能:蜂鸣器鸣响处理函数      (前台程序)
    * 入口参数:无
    * 说      明:该函数需要被周期性地调用。可放于主循环或定时中断内
    ***************************************************************/
    void Beep_Process( )                    /* 蜂鸣器处理函数,需在主循环或中断内周期性调用 */
    {
      if( Beep_Timer==0)       BEEP_OFF;           //若鸣响时间到达,则关闭蜂鸣器
      else                     Beep_Timer--;        //若鸣响时间未到达,则继续计时
    }
```

对于主循环时间不确定的场合,可以将与时钟节拍相关的代码放在定时中断内执行。但要注意避免在中断内执行过多的代码,以免降低其他中断的实时性。

(3)尽量使用低 CPU 占用率的外设 对于软件系统来说,为了让更多的任务能够同时进行,硬件上就应选择 CPU 占用率更低的方案。例如同样完成显示功能,用动态扫描 LED 所耗费的 CPU 资源就比静态显示要多。在静态显示方案中大多使用 74HC595 或其他的 I/O 扩展芯片,每个 I/O 独立对应控制一段笔划。显示内容一旦写入后会自动锁存,因此只有在显示内容发生改变时才需要 CPU 的服务。

动态显示需要不断依次扫描显示各个数字,利用人眼睛的视觉暂留特性,人眼睛会看到各个数字同时显示。人眼睛的视觉暂留时间一般数十毫秒,在此期间内每位数字都要刷新,则数码管每隔数毫秒就要求 CPU 服务。从宏观上看相当于减慢了 CPU 运行速度。例如每 1ms(1000 个指令周期)执行一次扫描任务(中断),每次需要耗时 200 个时钟周期,后台程序的运行将减慢至80%。

对于液晶显示器来说,波形远比数码管复杂,MSP430 单片机内置的 LCD 控制器自带了刷新及波形时序产生模块,通过硬件实现扫描和刷新,无需 CPU 的干预。

减少 CPU 工作时间意味着降低功耗。在 MSP430 单片机内部大部分模块基本上都是按照降低 CPU 占用率的原则设计的。当然,在完成同样功能前提下,CPU 占用率越小的设备往往意味着需要更多的硬件电路,增加硬件的成本。例如动态扫描的 LED 显示成本要比静态显示低,不需要 I/O 扩展芯片。在方案设计时需要综合考虑。

(4)使用缓冲区 RAM 是一种具有很好共享性的资源。对 RAM 写入数据后,多个任务都可以访问该数据。因此合理利用 RAM 内的数组、FIFO、全局变量、标志位等数据缓冲区作为信息传递渠道可以化解各个任务之间的关联性,利用数据缓冲区可以降低软件的复杂度。

以数码管扫描刷新为例,前台的定时中断扫描程序需要不断循环扫描刷新数码管,而后台任务可能随时需要改变显示内容。典型的

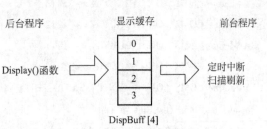

图 3.1.2 采用数组作为扫描显示的缓冲区

方法是采用如图 3.1.2 的方法，用一个数组作为显示缓冲，消除两种操作之间的时间关联性。

对于前台程序，在定时中断内只负责将显示缓存中的内容依次显示到 LED 上，后台程序可以随时更改显示缓存数据，从而改变实际显示内容。显示缓存在这里充当了前台程序与后台程序之间的数据传递渠道，消除了前后台之间的直接关联性。事实上，在这种结构下前台的刷新操作对于后台程序来说是不可见的，因此缓冲区也是一种很好的硬件隔离层。这种动态过程静态化的思想也是前后台程序中最常用的方法之一。

例 3.1.4 在 MSP430F147 单片机上实现动态扫描 4 位 LED 显示。单片机的 P1 口高电平驱动数码管笔划，P2.0 ~ P2.3 口低电平经过晶体管射随器驱动数码管的公共管脚。为该硬件编写显示函数，要求显示函数不阻塞 CPU 运行。

图 3.1.3 是动态扫描的典型硬件电路。首先分析动态扫描过程，4 位数码管需要按一定时间间隔依次扫描。只有在切换数字的时刻才真正需要 CPU 的服务，在每一位数字显示持续的时间段内，应该将 CPU 让出给其他任务。所以应该在定时中断内完成扫描，每次中断显示一位数字，两次中断的间隔就是每一位数字显示的持续时间。据此思路将显示程序分为两部分，前台程序只负责扫描时序，后台程序负责显示内容。先编写前台的扫描函数，在定时中断内调用该扫描函数，每次中断切换显示一位数字：

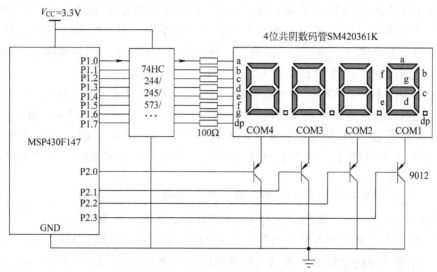

图 3.1.3 动态扫描的典型硬件电路

```
#define SEG _ PORT P1OUT                              /* 笔划驱动端口宏定义 */
#define COM1 _ ON   P2OUT & =~ BIT3                   /* 第 1 位数码管亮宏定义 */
#define COM2 _ ON   P2OUT & =~ BIT2                   /* 第 2 位数码管亮宏定义 */
#define COM3 _ ON   P2OUT & =~ BIT1                   /* 第 3 位数码管亮宏定义 */
#define COM4 _ ON   P2OUT & =~ BIT0                   /* 第 4 位数码管亮宏定义 */
#define COMS _ OFF   P2OUT |= BIT0 + BIT1 + BIT2 + BIT3   /* 数码管全灭宏定义 */
unsigned char DispBuff[4];                            /* 显示缓冲区 /*
/**********************************************************************
* 名     称:Display _ Scan( )
```

```
* 功    　能:动态数码管扫描刷新程序(前台程序)
* 入口参数:无
* 说    　明:该函数需要被周期性地调用。推荐在定时中断内调用
********************************************************************/
void Display _ Scan( )
{
    static unsigned char COM;                   //扫描计数变量
    COM ++ ;                                    //每次调用后切换一位显示
    if(COM >=4)COM =0;                          //COM 的值在 0、1、2、3 之间切换
    COMS _ OFF;                                 //切换前将全部显示暂时关闭,避免虚影
    switch(COM)                                 //根据 COM 的值,决定当前应该显示哪一位
    {
    case 0:SEG _ PORT = DispBuff[0];            //显示第 1 位
           COM1 _ ON;   break;
    case 1:SEG _ PORT = DispBuff[1];            //显示第 2 位
           COM2 _ ON;   break;
    case 2:SEG _ PORT = DispBuff[2];            //显示第 3 位
           COM3 _ ON;   break;
    case 3:SEG _ PORT = DispBuff[3];            //显示第 4 位
           COM4 _ ON;   break;
    }
}
```

　　只要在任何一个周期为数毫秒的定时中断内调用 Display _ Scan( )函数，DispBuff[4]数组内的 4 个字形码就会被"自动"映射到 4 位数码管上。主循环内的任务中，只要写缓存即可改变显示内容，这与 2.5 节的 LCD 缓存操作是类似的。可以将 LCD 显示程序全部移植到数码管显示上：

```
/*******************************************************************
* 名    　称:LED _ DisplayNumber( )
* 功    　能:在数码管上显示一个正整数。(后台程序)
* 入口参数:Number;         待显示数字        (0 ~ 9999)
* 出口参数:无
********************************************************************/
void LED _ DisplayNumber( unsigned int Number)
{   char Digit,DigitSeg;        //存放字形笔划的变量
    char SegBuff[4];            //字形笔划临时存放数组
    char i;                     //循环变量
    for(i =0;i <4;i ++ )        //拆分数字，最多显示 4 位
    {
        Digit = Number% 10;     //拆分数字，取余操作
        Number/ = 10;           //拆分数字，除 10 操作
```

```
        DigitSeg = LCD _ Tab[ Digit ]          //查表,得到 7 段字型码
        SegBuff[ i ] = DigitSeg;              //临时存放
    }
    _ DINT();                                 //对于共享数据,操作时避免冲突(详见临界代码)
    DispBuff[ 0 ] = SegBuff[ 0 ];
    DispBuff[ 1 ] = SegBuff[ 1 ];
    DispBuff[ 2 ] = SegBuff[ 2 ];            //写入相应的显示缓存内(显示数字)
    DispBuff[ 3 ] = SegBuff[ 3 ];
    _ EINT();                                 //
}
```

再以最常用的键盘程序为例,说明缓冲区的用法,以及前后台程序中消除阻塞的方法。图 3.1.4 的流程图及代码是常见的经典键盘程序。这种键盘程序是典型的阻塞性程序。

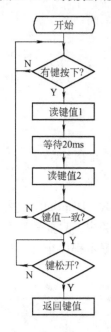

```
#define KEY IO (P1IN&(BIT5+BIT6+BIT7))  //P1.567
#define NOKEY  (BIT5+BIT6+BIT7)          //低电平有效
char KEY GetKey()                /*读键函数*/
{ unsigned char TempKey1,TempKey2;
 WAITKEY:
    while(KEY IO==NOKEY);        // 等待键按下
    TempKey1=KEY IO;             // 读一次键值
    Delay ms(20);                // 延迟 20ms
    TempKey2=KEY IO;             // 再读一次键值
    if(TempKey1!=TempKey2)       // 如果两次不相等
      {
        goto WAITKEY;            // 认为是抖动,重新读取
      }
    while(KEY IO!=NOKEY);        // 等待按键释放
    return(TempKey1);            // 返回键值
}
```

图 3.1.4   一个经典的键盘程序

当无键按下时,程序会死循环等待按键,键按下后,又死循环等待释放,结果是必须一次按键动作(按下-松开)该函数才会返回一次结果。在未按键及未释放的期间,键盘函数会一直占用 CPU。该程序仅适用于应答式单任务系统,即按一个键执行一种功能,执行完毕后等待下一次按键,无法用于多任务系统。

其次,即使在单任务系统中,按键后若某功能的程序执行时间较长,在此期间再有按键是无效的,因为 CPU 没有为键盘服务。这在连续快速输入时很可能造成漏键。

只有将等待按键的过程中的 CPU 使用权释放,才能消除阻塞,只能通过赋值、查询、比较等非阻塞性的操作来完成键盘事件的捕捉。一般来说,小型按钮机械撞击造成抖动的时间不超过 10ms。根据乃奎斯特采样定理,如果借助定时中断,以大于 10ms 的周期对实际的波形进行采样,会得到无毛刺的波形。取采样后波形的下降沿作为按键判据。在定时中断内,把该键所在 I/O 口的前一次电平值与当前电平值比较。如果前一次处于未按下状态,本

次处于按下，则认为是一次有效按键。采用该方法后，按键判别过程中只有赋值与比较语句，不会阻塞 CPU 运行（见图 3.1.5）。

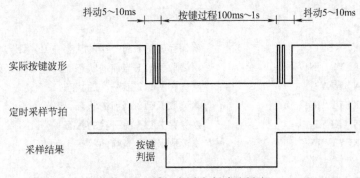

图 3.1.5　采用定时中断读取键盘

　　解决漏键问题的方法是使用 FIFO，在键盘查询中断内一旦发现有新的按键，把键值压入 FIFO 内。即使主循环周期较长，在两次读键之间用户进行了多次按键操作，这些键值会依次存于 FIFO 队列中，等待主循环的读取，只要缓冲区足够大，多次连续按键就不会漏掉。而且在主循环内通过 GetKey( ) 函数可以随时读 FIFO 获取按键，这种方法是非阻塞性的（见图 3.1.6）。

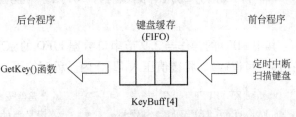

图 3.1.6　采用 FIFO 作为键盘缓冲区

　　例 3.1.5　在 MSP430 单片机上 P1.5/6/7 口分别接有 3 个按键（S1、S2、S3），按下为低电平。要求编写非阻塞性的键盘程序，并留 4B 的键盘缓冲区，在主循环来不及处理按键的情况下保证最多 4 次按键不会漏掉。

```
char P _ KEY1 = 255;          //存放 KEY1 前一次状态的变量
char N _ KEY1 = 255;          //存放 KEY1 当前状态的变量
char P _ KEY2 = 255;          //存放 KEY2 前一次状态的变量
char N _ KEY2 = 255;          //存放 KEY2 当前状态的变量
char P _ KEY3 = 255;          //存放 KEY3 前一次状态的变量
char N _ KEY3 = 255;          //存放 KEY3 当前状态的变量
#define KEY1 _ IN(P1IN&BIT5)  //KEY1 输入 IO 的定义(P1.5)
#define KEY2 _ IN(P1IN&BIT6)  //KEY2 输入 IO 的定义(P1.6)
#define KEY3 _ IN(P1IN&BIT7)  //KEY3 输入 IO 的定义(P1.7)
/ *************************************************************
* 名      称: Key _ ScanIO( )
* 功      能:扫描键盘 IO 口并判断按键事件(前台程序)
* 入口参数:无
* 出口参数:无,键值压入缓冲队列
* 说      明:该函数需要每隔 1/16 ~ 1/128s 调用一次。最好放在定时中断内执行,
```

如果中断间隔太长,可能丢键;间隔太短不能消除抖动

```
**************************************************************/
void Key _ ScanIO( )
{
  P _ KEY1 = N _ KEY1 ;                    //保存 KEY1 前一次的状态在 P _ KEY1 变量内
  N _ KEY1 = KEY1 _ IN ;                   //读取 KEY1 当前的状态 在 N _ KEY1 变量内,下同
  P _ KEY2 = N _ KEY2 ;                    //保存 KEY2 前一次的状态
  N _ KEY2 = KEY2 _ IN ;                   //读取 KEY2 当前的状态
  P _ KEY3 = N _ KEY3 ;                    //保存 KEY3 前一次的状态
  N _ KEY3 = KEY3 _ IN ;                   //读取 KEY3 当前的状态

//如果前一次按键松开状态,本次按键状态为按下状态,则认为一次有效按键,向 FIFO 中写入键值
  if((P _ KEY1! = 0)&&(N _ KEY1 ==0)) Key _ InBuff(0x01); //S1 键值 =0x01,压入 FIFO;
  if((P _ KEY2! = 0)&&(N _ KEY2 ==0)) Key _ InBuff(0x02); //S2 键值 =0x02,压入 FIFO;
  if((P _ KEY3! = 0)&&(N _ KEY3 ==0)) Key _ InBuff(0x04); //S3 键值 =0x04,压入 FIFO;
}
```

其中 FIFO 的操作与 2.9 节串口数据 FIFO 的原理完全相同。键值入队函数通过 FIFO 的头指针(写指针),将键值压入 FIFO 内。程序如下:

```
#define KEYBUFF _ SIZE   4           / * 键盘缓冲区大小,根据程序需要自行调整 */
char KeyBuff[ KEYBUFF _ SIZE] ;      //定义键盘缓冲队列数组(FIFO)
char Key _ IndexW = 0 ;              //键盘缓冲队列写入指针(头指针)
char Key _ IndexR = 0 ;              //键盘缓冲队列读取指针(尾指针)
char Key _ Count = 0 ;              //键盘缓冲队列内记录的按键次数
 / *******************************************************
 * 名      称:Key _ InBuff( )
 * 功      能:将一次键值压入键盘缓冲队列
 * 入口参数:Key:被压入缓冲队列的键值
 * 出口参数:无
 *************************************************************/
void Key _ InBuff( char Key)
{
  if( Key _ Count > = KEYBUFF _ SIZE) return ;   //若缓冲区已满,放弃本次按键
  _ DINT( ) ;                                    //涉及共享数据, 关中断保护
  Key _ Count ++ ;                               //按键次数计数增加
  KeyBuff[ Key _ IndexW] = Key ;                 //从队列头部追加新的数据
  if  ( ++Key _ IndexW >= KEYBUFF _ SIZE)        //循环队列, 如果队列头指针越界
  {
  Key _ IndexW = 0 ;                             //队列头指针回到数组起始位置
   }
   EINT( ) ;
}
```

读键盘的函数实际上就是从 FIFO 内读取一个字节,而不直接访问硬件。通过键盘缓冲区将前后台之间隔离,消除了扫描按键与读键之间的时间关联性。

```
/******************************************************************
 * 名     称:Key _ GetKey( )
 * 功     能:从键盘缓冲队列内读取一次键值(后台程序)
 * 入口参数:无
 * 出口参数:若无按键,返回0,否则返回一次按键键值
 * 说     明:调用一次该函数,会自动删除缓冲队列里一次按键键值
 ******************************************************************/
char Key _ GetKey( )
{  char Key;
   if( Key _ Count ==0)        return(0);        //若无按键,返回0
   _DINT( );                                     //涉及共享数据,关中断保护
   Key _ Count--;                                //按键次数计数减1
   Key = KeyBuff[ Key _ IndexR ];                //从缓冲区尾部读取一个按键值
   if( ++ Key _ IndexR  >= KEYBUFF _ SIZE)        //循环队列,如果队列尾指针越界
     {
       Key _ IndexR = 0;                          //队列尾指针回到数组起始位置
     }
   _EINT( );                                     //恢复中断允许
return( Key);                                    //返回键值
```

(5) 时序程序设计   时序的产生中间包含大量的延迟。例如先高电平 0.1s 再低电平 0.2s…。如果用软件延迟来实现电平变化之间的延迟,必然会阻塞 CPU。类似的,可以将延迟任务交给定时中断完成,CPU 仅处理状态变化。再利用全局变量传递状态信息,即可消除时序控制程序中的阻塞问题。

例 3.1.6   在 MSP430 单片机的 P1.1 口接有一只 LED,高电平点亮。为其编写控制函数,用于设置 LED 状态,包括亮、灭、快闪(每秒 4 次)、满闪(每秒 1 次)4 种状态。且要求 LED 的闪烁过程不阻塞 CPU。

```
#define LED1 _ ON    P1OUT  |= BIT1
#define LED1 _ OFF   P1OUT & =~ BIT1
unsigned char LED1 _ Status =0;
/******************************************************************
 * 名     称:LED1 _ SetStatus( )
 * 功     能:设置 LDE1 的状态
 * 入口参数:0:灭   1:亮   2:慢闪   3:快闪
 * 出口参数:无
 ******************************************************************/
  void LED1 _ SetStatus( unsigned char Status)
{
   LED1 _ Status = Status;                        //改变 LED 状态变量
```

```
}
/ ********************************************************************
* 名      称:LED1 _ Process( )
* 功      能:LED1 处理任务
* 入口参数:Ticks:该函数每秒被调用的次数
* 出口参数:无
* 说      明:该函数需要被周期性地调用。可放于主循环或定时中断内
******************************************************************** /
   void LED1 _ Process( Ticks)
   {
     static unsigned int LED1 _ TimerS;                    //慢闪计数变量
     static unsigned int LED1 _ TimerF;                    //快闪计数变量
     LED1 _ TimerS ++ ; if( LED1 _ TimerS >= Ticks )LED1 _ TimerS =0;    //慢闪计时
     LED1 _ TimerF ++ ; if( LED1 _ TimerF >= Ticks/4)LED1 _ TimerF =0;    //快闪计时
     switch( LED1 _ Status)                    //根据 LED 状态变量决定 LED 的状态
     {
       case 0:    LED1 _ OFF; break;                      //0 = 灭
       case 1:    LED1 _ ON; break;                       //1 = 亮
       case 2:    if( LED1 _ TimerS >= Ticks/2) LED1 _ ON;    //2 = 慢闪
                  else                          LED1 _ OFF;
                  break;
       case 3:    if( LED1 _ TimerF >= Ticks/8) LED1 _ ON;    //3 = 快闪
                  else                          LED1 _ OFF;
                  break;
     }
   }
```

LED 状态设置函数只有一条赋值语句，在主循环中可以随时调用该设置函数，同时不阻塞其他任务的运行：

```
   void main( void )
   {
     unsigned int Timer =0;
     WDTCTL = WDTPW + WDTHOLD;              //停止看门狗
     FLL _ CTL0 |= XCAP18PF;                //配置晶振负载电容
     P1DIR |= BIT1;                         //LED 所在 IO 口设为输出
     P1OUT =0;                              //灭
     BT _ Init(16);                         //BasicTimer 设为 1/16s 中断一次
     while(1)
     {
       Cpu _ SleepWaitBT( );       //休眠,等待 BT 唤醒,以下代码 1/16s 执行一次
       LED1 _ Process(16);         //LED1 状态处理任务
       Timer ++ ;
```

```
    if(Timer==80)    LED1_SetStatus(0);                    //灭5s
    if(Timer==160)   LED1_SetStatus(1);                    //亮5s
    if(Timer==240)   LED1_SetStatus(2);                    //慢闪5s
    if(Timer==320)   {LED1_SetStatus(3); Timer=0;}        //快闪5s
    …                                                      //其他任务
  }
}
```

例 3.1.7　用 MSP430 单片机控制三相六拍式步进电机。该步进电动机有 3 个绕组 A、B、C，3 个绕组依次按照 A-AB-B-BC-C-CA-A…的序轮流通电时，电动机正转，按照 A-CA-C-CB-B-BA-A…的时序轮流通电时，电动机反转。时序每变化一次，步进电动机走"1 步"，见图 3.1.7。要求为该步进电动机系统编写控制程序，要求能设置电动机方向 D、速度 v、步数 N。调用设置函数后，步进电动机按照设置的速度和方向走到设定步数后自停。要求该控制函数不阻塞 CPU。

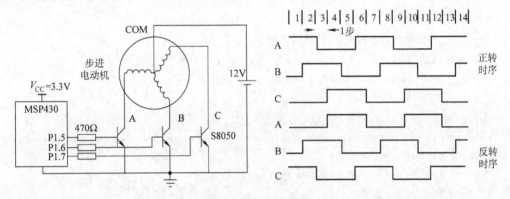

图 3.1.7　步进电动机驱动的硬件电路与时序

如果简单的按照步数要求循环 N 次，在每次循环内延迟一定的时间后走一步，能很容易地完成时序要求，但是在步进电动机行走的过程中阻塞了 CPU，整个步进电动机行走过程中后续的任务会失去响应。

这是典型的时序产生问题，真正需要 CPU 的只有换相的那一时刻，应该将两步之间的等待时间让出来给其他任务。同样可以利用定时中断来产生时序，只需设置好中断间隔时间(速度)、中断次数(步数)以及时序顺序(方向)，在定时中断内根据设置参数进行换相处理。

```
#define STEP_A_ON      P1OUT |= BIT5                      /*A相接通的宏定义*/
#define STEP_A_OFF     P1OUT &=~ BIT5                     /*A相断电的宏定义*/
#define STEP_B_ON      P1OUT |= BIT6                      /*B相接通的宏定义*/
#define STEP_B_OFF     P1OUT &=~ BIT6                     /*B相断电的宏定义*/
#define STEP_C_ON      P1OUT |= BIT7                      /*C相接通的宏定义*/
#define STEP_C_OFF     P1OUT &=~ BIT7                     /*C相断电的宏定义*/
#define STEP_ALL_OFF   P1OUT &=~ (BIT5+BIT6+BIT7)         /*三相全断电的宏定义*/
#define STEP_DIR_OUT   P1DIR |= (BIT5+BIT6+BIT7)          /*IO口方向设置宏定义*/
```

```
unsigned int StepCnt = 0;                      /* 步数计数变量 */
unsigned char Dir = 0;                         /* 旋转方向变量 */
/* ***********************************************************
* 名      称:StepMotor _ Init( )
* 功      能:步进电动机初始化函数
* 入口参数:无
  *********************************************************** /
void StepMotor _ Init( )
  {
    STEP _ DIR _ OUT;                          //三个控制 IO 口方向设为输出
    STEP _ ALL _ OFF;                          //逻辑清零
    TACTL = TASSEL _ 1 + MC _ 1 + TAIE;        //TA 增计数模式,ACLK,开中断
  }

/* ***********************************************************
* 名      称:StepMotor _ Run( )
* 功      能:步进电动机旋转控制函数(后台程序)
* 入口参数:SM _ Dir:旋转方向   0 = 顺时针方向正转   1 = 逆时针方向反转
          SM _ Period:每一步周期 0 ~ 65535 个 ACLK 周期
          SM _ StepCnt:本次操作的步数(1 ~ 65535)
* 出口参数:1 = 设置成功   0 = 上次运行任务尚未完成,设置失败
  *********************************************************** /
  unsigned char StepMotor _ Run(
  unsigned char SM _ Dir,unsigned int SM _ Period, unsigned int SM _ StepCnt);
  if(StepCnt > 0)      return(0);              //上一次的指令尚未走完
  _ DINT( );                                   //操作共享数据之前要关中断
  StepCnt  = SM _ StepCnt;                     //改变步数变量
  Dir = SM _ Dir;                              //改变方向变量
  TACCR0 = SM _ Period;                        //改变 Timer _ A 定时器溢出周期
  _ EINT( );                                   //恢复中断
  return(1);                                   //设置成功
}
```

在步进电动机旋转控制函数内，只对全局变量进行赋值，同时设置 TimerA 的中断周期。该函数可以极快地执行完毕，将 CPU 让出给后续任务。在 TimerA 定时溢出中断内，根据全局变量的值决定下一步的逻辑电平:

```
#pragma vector = TIMERA1 _ VECTOR
_ _ interrupt void TA _ ISR( void)          //(前台程序)
{
  static int StepLogic;                     //逻辑顺序计数变量
  if( TAIV == 10)                           //TA 计满溢出的中断
  {
    if( StepCnt == 0) return;               //如果步数已到,不改变输出逻辑直接返回
```

```
    else        StepCnt--;                              //步数未到,未完成步数-1
    if(Dir==0) StepLogic++;                            //根据方向标志决定逻辑顺序
    else        StepLogic--;
    if(StepLogic>5)StepLogic=0;                        //产生0~5的计数(共6拍)
    if(StepLogic<0)StepLogic=5;
    STEP_ALL_OFF;                                      //清除上一次的逻辑输出
    switch(StepLogic)                                  //根据当前计数值决定本次逻辑输出
      {
        case 0:STEP_A_ON;                    break;    //A相
        case 1:STEP_A_ON; STEP_B_ON; break;           //A+B相
        case 2:STEP_B_ON;                    break;    //B相
        case 3:STEP_B_ON; STEP_C_ON; break;           //B+C相
        case 4:STEP_C_ON;                    break;    //C相
        case 5:STEP_C_ON; STEP_A_ON; break;           //C+A相
      }
  }
}
```

3.1.4　函数重入

函数重入(Reentrant)的含义是指函数执行过程中又重新调用自己。可重入性(Reentrancy)是指该函数在自己调用自己的时候,不必担心数据被破坏。从软件工程角度对函数可重入性的作用可以解释为:具有可重入性的函数能够被多个任务同时调用。在前后台程序中,任务都是顺序执行的,不存在多个任务同时调用一个函数的情况。但可能出现前台中断程序与后台任务同时调用某个函数。对于这些公用函数,必须具有可重入性。

什么情况下一个函数会自己调用自己?除了程序中某些特殊算法有意调用自身(递归算法)之外,看似几乎不会出现函数自己调用自己的情况。但是初学者经常忽略了一个重要的问题:中断可以随时打断任何正在执行程序。如果某个函数正执行到一半时,被中断,在中断内又调用了该函数,相当于函数重入。而且这是一种十分隐蔽的函数重入,这种重入的发生存在相当大的偶然性和极小的概率性。

为了理解函数重入性,以及重入性在前后台程序中的重要性,先看一个不可重入函数的例子:交换两个变量。为了让其不可重入,故意将Temp定义为全局变量。

```
int Temp;
void Swap(int * x,int * y)          /* 交换两个整型变量 */
{
  Temp = * x;
  * x = * y;
  * y = Temp;
}
```

假设主循环内调用该函数交换a、b变量的值,且在该函数执行到一半的时候发生中断,在中断内又调用该函数交换变量 c、d 的值。

如图 3.1.8 所示，在中断发生前，Temp 变量的值为 a，发生中断后，交换 c、d 变量时 Temp 被赋为 c，中断返回后 Temp 变量仍为 c。导致最终交换结果 b 的值并不是 a，而是 c。这可能会导致后续一系列的计算错误，甚至事故或灾难性后果。

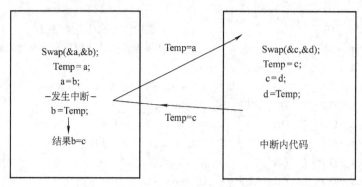

图 3.1.8　非重入代码因中断造成的错误

从这个简单的例子可以看出：重入性问题可能出现在所有带有中断的程序中！而且该例中只有执行 Swap 函数的几微秒时间内发生中断，才会导致错误。在 Swap 函数之前或之后中断，运算结果都将是正确的。可见中断导致的重入概率往往都很小，往往难以捕捉和调试；甚至在为期数天的测试过程中都未曾发现，直到在产品使用数月后才造成重大损失。

为避免重入性隐患，在编程时，应该尽量编写可重入性的代码，或者避免重入的发生。

（1）决定函数可重入性的因素　用一句话概括：非可重入函数中，操作并访问了独一无二的公用资源。

首先，若某函数对静态数据进行了赋值操作和访问，则它是不可重入的。所谓静态数据，指的是在存储器内地址固定的变量。如全局变量、静态变量、全局标志位、全局数组等。这些变量是唯一的、公用的，任何一个函数对这些变量进行赋值操作，就会发生改变，如果后台任务和中断内都通过某函数访问了这些资源，就会有冲突的可能。

其次，涉及硬件设备操作的函数大部分都是不可重入的。因为硬件设备是唯一的，如果操作过程到一半时被中断打断，在中断内又操作该硬件设备，实际上该硬件设备将收到一个错误的时序或指令序列。

例如，主循环中某任务调用 Modem_Test( ) 函数通过串口向 Modem 发出 "AT + CGSN" 字符串指令，而中断中也调用了该函数。假设已经发出两个字符 "AT" 后发生中断，中断内又发送 "AT + CGMI" 字符串，实际的 Modem 会收到 "ATAT + CGMI + CGSN" 的错误指令字符序列。类似的现象会发生在需要 I/O 时序的设备上，如点阵液晶模块、各种串行总线设备等，它们的读写需要一定的时序逻辑，如果读写函数发生重入，会导致时序的错乱。

第三，函数重入性与 C 语言编译器有关。大部分 C 语言编译器通过堆栈来传递参数，局部变量也在堆栈内开辟。即使在某函数中发生中断，中断内再次调用同一函数时，实际上使用了不同的内存地址，中断返回时，原来的变量值都未被破坏。如果某个函数只涉及局部变量和参数传递，它是可重入的。

例如在 EW430 开发环境中，ICC430 编译器对函数采用了堆栈传递参数，它的一般函数都是可重入的。将 Swap( ) 函数中的 Temp 变量写成局部变量，该函数就成为可重入函数了。

而在 8051 单片机中的 RAM 很少，Keil-C51 编译器不使用耗 RAM 较多的堆栈传递方式，而采用静态变量传递（参数与局部变量的地址固定），因此 Keil-C51 的所有函数都是不可重入的；在其开发环境下写 Swap（）函数，即使将 Temp 函数定义为局部变量也不能获得可重入性。

在面对一款新的处理器，或者使用新的开发软件之前，可以编写一段代码测试一下编译器，测试其函数是否是可重入的：

```
int Fibonacci( int n)
{
    if    (n < 3)  return(1);
    else  return  (Fibonacci( n-1) + Fibonacci( n-2));
}
```

这段程序采用递归算法生成斐波那契数列（1，1，2，3，5，8，13，…每个数是前两个数之和），利用了函数的递归调用（自己调用自己）。如果调用 Fibonacci（N）得到正确的返回值，说明编译器支持函数重入，否则说明编译器不支持函数重入。

（2）避免函数重入性隐患的方法　在一个软件中，有众多函数。对于前后台结构的程序，重入性问题只发生在中断内调用、后台任务也调用的几个函数上，要反复检查这几个函数。对于这些函数，掌握以下几个原则有助于避免因函数重入造成隐患。

1）应尽量使用可重入函数。避免使用静态变量、全局变量。实际上，只要不操作硬件和全局变量以及静态变量，EW430 中编写的大部分函数都是可重入的。

2）在进入不可重入函数之前关闭中断，退出该函数之后再开中断。由于在后台任务与前台的中断程序之间传递信息只能依靠全局变量，因此前后台公用的函数往往都要操作全局变量。这种情况下需要在操作全局变量之前禁止中断，从而保证不会被中断打断，也保证了不会发生重入。但要注意，中断被关闭的时间越短越好，因为关闭中断将会降低前台中断响应的实时性。同样的，涉及硬件操作的函数，也必须类似处理：在操作硬件前关闭中断，操作完后恢复中断。

3）采用双缓冲区结构。如果在不可重入函数中操作全局变量的时间很长，例如需要复杂运算，采用上述关中断的方法会造成长时间无法响应前台中断。为解决该矛盾，在前后台之间交换信息时，让前台的中断程序访问一组独立全局变量 A，后台任务访问另一组独立的全局变量 B。在后台将所有的数据都准备好后，关闭中断，将 A 组全部数据复制到 B 组后再开中断。当后台需要读取数据时，关闭中断，将 B 组数据复制到 A 组后再开中断。在数据运算的时间无需关闭中断，只有赋值的数微秒需要关闭中断，从而使关闭中断的时间减到最少。

4）采用信号量。信号量（Semaphore）可以理解为标志位。在调用不可重入函数之前，先将某个标志位置 1，在中断内，若检查到该标志位则跳过该函数，或者做其他的处理。

3.1.5　临界代码

临界代码（Critical Code）也成为临界区，指的是运行时不可分割的代码。一旦这部分代码开始运行则不允许任何中断打断。为确保临界代码的执行，在进入临界代码区之前需要关闭中断，临界代码执行完毕后要立即回复中断允许。

只要系统中存在中断，在编写程序时，就要时刻注意临界代码问题，并能准确判别哪些代码属于临界代码，一旦遗漏，就会造成难以发现的隐患。以下几类是典型的临界代码产生的原因。

（1）依靠软件产生时间严格时序的程序段　某些产生很短延迟的程序，可以直接用软件延迟完成。因为占用 CPU 很短，不会造成严重的阻塞。但此时一定要注意如果延迟过程被中断，产生的延迟将不准确。

例 3.1.8　编写一个产生 $10\mu s$ 脉冲的程序，找出并保护临界代码区。假设时钟 1MHz。

```
#define PALSE _ H        P1OUT | = BIT0                    /* P1.0 口输出脉冲 */
#define PALSE _ L        P1DIR & = ~ BIT0
/ ****************************************************
* 名      称:Pulse _ 10μs( )
* 功      能:产生 10μs 脉冲
* 入口参数:无
* ****************************************************/
void Pulse _ 10us( )
{
    _ DINT( ); //----------------------以下是临界代码区,不允许被中断----------------------
    PALSE _ H;                          //置高
    __ delay _ cycles(8) ;             //高电平持续 10μs(IO 赋值本身耗 2μs)
    PALSE _ L;                          //置低
    _ EINT( ); //-----------------------以上是临界代码区----------------------------------------
}
```

某些设备需要时间严格的时序。例如 Dalls 公司的单总线器件（最常用的数字测温器件 DS18B20 就属于 1-Wire 总线设备）没有同步时钟，它对时序及高低电平时间非常严格。如果在与其通信时发生中断，会造成电平时间改变，有可能造成数据错误。

例 3.1.9　1-Wire 总线时序规定：向 1-Wire 总线器件写一个字时，一字节由 8bit 构成，低位在先。每个比特发送时序如下：先拉低，保持 $1 \sim 15\mu s$；再根据该比特是 1 或者 0 输出高或低电平，保持 $60 \sim 120\mu s$，再拉高至少 $1\mu s$（见图 3.1.9）。为其编写代码，找出并保护临界代码区。

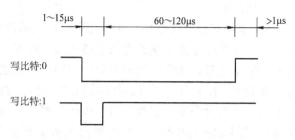

图 3.1.9　1-Wire 总线写 1bit 的时序

从通信时序中可以看出，1-Wire 总线对高低电平的时间都做了严格规定。如果在写入期间发生中断，各个电平所持续的时间将会延长，有可能造成时序错误。所以整个写字节函数都是临界代码区，应该关闭中断后再执行该函数。但将整个写字节函数都划为临界代码区，关中断时间将达到 $120\mu s \times 8 \approx 1ms$，这对许多前台中断来说，延迟将是不可容忍的。

再观察发现，1-Wire 总线虽然规定了每个比特的严格时序时间，但并未规定两个比特之间的时间（只规定 $1\mu s$ 以上，可以无限长）。可以将每个比特开始到结束之间的代码划为临界代码区,关中断的时间缩为$120\mu s$左右,基本可以接受。

```
#define DQ_H      P1DIR & =~ BIT0          /*器件接在 P1.0 口*/
#define DQ_L      P1DIR | = BIT0           /*用方向控制模拟线与逻辑(见 2.2.4 节)*/
/********************************************************************
* 名      称:OW_WriteByte()
* 功      能:向 1-Wire 总线上写一个字节(时钟 =1MHz 左右)
* 入口参数:val;待发送的 1 字节数据
**********************************************************************/
void OW_WriteByte(unsigned char val)
{
  unsigned char i;
  for(i = 8; i > 0; i--)                    //1 字节有 8bit,依次发出
  { _DINT();      //-------以下是临界代码区,不允许中断-------------------------
    DQ_L;                                   //拉低数据线
    _NOP();                                 //保持低,1μs 以上(3μs)
    if(val&0x01)DQ_H;                       //高电平表示比特 1
    else          DQ_L;                     //低电平表示比特 0
    __delay_cycles(85);                     //持续 60～120μs(取中值 85μs)
    DQ_H;                                   //拉高数据线,表示该比特结束
    __delay_cycles(12);                     //高电平持续 12μs(补足总时间 120us 以上)
    val = val >> 1;                         //取下一比特
    _EINT();      //-------以上是临界代码区-----------------------------------
  }
```

(2)共享资源互斥性造成的临界代码 涉及共享资源的访问操作,都属于临界代码。共享资源访问时需要被独占,避免数据破坏。程序中任何可被占用的实体都称为"资源"。资源可以是硬件设备,如定时器、串口、打印机、键盘、LCD 显示器等,也可以是变量、数组、队列、结构体等数据。可以被一个以上任务所占用的资源叫做"共享资源"。在前面的例子中大量使用了共享数组作为前后台之间的数据传递的应用。虽然共享数据简化了任务间的信息交换,但在使用共享资源时,必须保证每个任务在访问共享资源时的独占性,以免访问过程尚未结束时,另一任务对其访问,造成数据错误或被破坏。这叫做共享资源的"互斥性"(Mutual Exclusive)。

前后台程序的一大优点是后台任务总是顺序执行的,因此不会出现多个后台任务同时需要占用同一资源的情况。只需要考虑后台任务与前台中断之间的资源互斥性。

在例 3.1.5 中,定时中断内的前台程序向键盘缓冲区(FIFO)内填入数据,后台的 GetKey 函数从 FIFO 内取出数据。该 FIFO 就是前后台之间传递数据的共享资源。在 GetKey 函数中读取 FIFO 内容时,需要通过若干条指令,操作多个变量(指针、按键次数计数值等)才能完成从 FIFO 中取出一个数据。如果在此期间被键盘扫描中断打断,恰巧中断内又向 FIFO 内写入数据,此时头尾指针、按键次数计数值等信息尚未全部更新完毕,在此基础上再操作将引起错乱。因此在该例中操作与 FIFO 相关的全局变量时,

应该关闭中断。

```
char Key _ GetKey( )                          / * 从 FIFO 中读取一次键值 * /
{ char Key;
  if( Key _ Count ==0)    return(0);          //若无按键,返回 0
  _ DINT( );     //------以下是临界代码区------------------------------

  Key _ Count--;
  Key = KeyBuff[ Key _ IndexR ];              //在此期间如果被中断,恰巧中断内又写 FIFO
  if( ++ Key _ IndexR  >= KEYBUFF _ SIZE )    //将会引起数据错乱
    {                                          //因为 FIFO 参数信息尚未全部更新完毕
      Key _ IndexR =0;                         //
    }

  _ EINT( );     //------以上是临界代码区------------------------------
  return( Key );                               //返回键值
}
```

在例 3.1.7 中,步进电动机的设置需要 3 个参数:步数、方向、速度。这 3 个量通过全局变量传递给中断内的步进时序逻辑程序。

```
{ if(StepCnt > 0)          return(0);       //上一次的指令尚未走完
  _ DINT( ); //------以下是临界代码区------------------------------

  StepCnt  = SM _ StepCnt;                   //改变步数变量
  Dir = SM _ Dir;                            //改变方向变量
  TACCR0 = SM _ Period;                      //改变 Timer _ A 定时器溢出周期

  _ EINT( ); //------以上是临界代码区------------------------------
  return(1);                                 //设置成功
}
```

假设上一次电动机正转完毕后,调用该函数命令电动机反转 100 步。如果步进电动机的定时中断恰巧发生在 StepCnt = SM _ StepCnt;语句之后,此时刚设完步数,尚未更改方向,在中断内电动机仍将正转一步,之后才反转 99 步。实际相当于只反转了 98 步。该例中,3个互相关联的变量应该作为一个整体来考虑,在 3 个参数全部被更新之前,应该禁止中断中的程序访问这些参数。这个例子中,中断发生在临界代码区的概率极小,如果没有进行临界代码保护,这种"偶然丢步"现象甚至在测试阶段都难以发现。

(3)避免函数重入造成的临界代码 在"函数重入"一节中,避免函数重入的方法之一是在不可重入函数开始之前关闭中断,之后开中断。对于后台任务和中断都要调用的不可重入函数来说,整个函数都是临界代码区。

(4)CPU 字长造成的临界代码 MSP430 单片机具有 16 位 CPU 内核。这说明它具有 16位字长的处理能力,每条指令都可以处理 16 比特数据。因此在 C 语言中对于 int 型及 char型变量的操作可以通过一条指令完成。对于 16 位以上的变量的访问,一句 C 语言代码至少要被编译成多句汇编代码才能完成访问。

因此,访问单个的 int 型、char 型等 16bit(两字节)以下共享数据时,可以无需临界代码保护。因为只需 CPU 一条指令，访问期间不可能被中断。但对于 long、float 等超过两个字节的共享变量来说，任何读写操作都是临界代码，因为 CPU 需要至少两条过更多的指令以上才能完成其的读取或赋值操作，如果中断发生在两条指令之间，而中断内恰巧更改或访问了该变量，都将造成错误的数据值。

例 3.1.10　因 CPU 字长造成 float 型共享变量出错的例子：Val 是一个全局变量，用于将中断内获取的数据传递给主循环内的处理程序。定时中断内将 Val 的值在 123.4 和 567.8 之间不断切换，以模拟数据的获取（例如 ADC 定时采样）。主循环内，将 Val 的值赋给变量 Temp。理论上主循环内 Temp 变量不应该是除 123.4 和 567.8 之外的其他值。主循环内一旦判断到 Temp 的值既非 123.4 也非 567.8，则点亮 LED。

```
#include <msp430x42x.h>
float Val = 123.4;                     //声明全局变量 Val
char Flag = 0;
void main(void)
{  float Temp;
   WDTCTL = WDTPW + WDTHOLD;
   P2OUT = 0;P2DIR | = BIT0;           //P2.0 指示灯
   BTCTL = BT _ ADLY _ 250;            //中断周期 250ms
   IE2 | = BTIE;                       //允许 BasicTimer 中断
   _EINT();                            //允许总中断
   while(1)
   {  Temp = Val;                      //这一句是很隐蔽的临界代码

      if((Temp! = 123.4)&&(Temp! = 56.78))   //如果既非 123.4 也非 56.78
      {
        P2OUT | = BIT0;                //才会执行到这一句(亮灯)
      }
   }
}
#pragma vector = BASICTIMER _ VECTOR   //BasicTimer 定时器中断(1/4s)
__ interrupt void BT _ ISR(void)       //
{
  Flag^ = 1;
  if(Flag) Val = 123.4;                //Val 在 123.4 与 56.78 之间切换
  else     Val = 56.78;
}
```

运行该程序，会发现运行数秒后 LED 的确被点亮了。说明 Temp 变量得到了错误数据。通过反汇编（菜单中 View->Disassembly）可以看到，Temp = Val; 这一句实际上被编译成两条汇编指令：

```
Temp = Val;
mov.w    &0x200,R10    ;   Val 的值存于 R10 与 R11 内, mov.w 表示 16 比特赋值
mov.w    &0x202,R11    ;   Temp 变量位于 0x200 ~ 0x203 四个内存单元内
```

如果在两句之间发生了中断，中断内更改了 Val 的值，会造成 Temp 变量的前两字节是上一次值，而后两字节是新值，组合起来将成为一个错误的数据。如果在 Temp = Val；前关中断，之后开中断，程序将正常运行。

（5）临界代码保护的方法　第一种方法，也是最简单的方法，就是在上面各例中采用的用_DINT()语句关闭中断，临界代码结束后用_EINT()函数开启中断。这种方法的最大优点是简单、执行速度快（只有一条指令），在临界保护操作频繁的场合优势突出。但该方法存在一个隐患：如果在 A 函数的临界代码区调用了另一个函数 B，B 函数内也有临界代码区，从 B 函数返回时，中断被打开了，这将造成 A 函数后续代码失去临界保护。所以，使用该方法时，不能在临界代码区调用任何具其他有临界代码的函数！

第二种方法，也是在嵌入式软件中最通用的方法。关中断前将总中断允许控制位状态所在的寄存器压入堆栈保存起来，然后再关中断保护临界代码，之后根据堆栈内保存的控制字决定是否开启中断。在临界代码执行完毕之后，中断允许状态将恢复到进入临界区之前的状态。遗憾的是，ICC430 编译器的语法不支持 C 语言直接操作硬件堆栈，也没有提供堆栈操作的内部函数。该方法无法在 MSP430 单片机上用纯 C 语言实现。

第三种方法是关中断前将总中断允许控制位状态保存到一个变量里，然后再关中断保护临界代码，之后根据保存的控制字决定是否恢复中断。这样做同样可以实现退出临界区时恢复进入前的中断允许状态。缺点时每一段临界代码都要额外耗费两个字节的存储空间。

```
void EnterCritical(unsigned int * SR_Val)        /* 进入临界代码区 */
{
    * SR_Val = __get_SR_register();              //保存中断状态
    _DINT();
}
void ExitCritical(unsigned int * SR_Val)         /* 退出临界代码区 */
{
    if( * SR_Val & GIE) _EINT();                 //恢复中断状态
}
```

用上面的 EnterCritical() 函数替换进入临界代码前_DINT()语句，用 ExitCritical() 函数替换退出临界代码时的_EINT()语句，即可保证中断状态正确恢复：

```
void Function_A(void)
{
    unsigned int GIE_Val;        //用于保存中断状态的变量
    ...
    EnterCritical(&GIE_Val);     //进入临界代码区,且保存当前中断状态在 GIE_Val 变量中
    ...
    ...                          //临界代码区
    ExitCritical(&GIE_Val);      //退出临界代码区,并根据 GIE_Val 变量决定是否开中断
    ...
}
```

第四种方法是用软件模拟堆栈的行为，将进入临界代码的次数和退出临界代码的次数进行统计，如果各临界代码之间有调用关系，则只对最外层的临界代码区进行中断开关操作。只需 3B 全局变量即可完成所有的临界代码保护任务。

```
unsigned int SR _ Val;
unsigned char DINT _ Count = 0;
void EnterCritical( )          / * 进入临界代码区 * /
{
  if( DINT _ Count == 0 )                              //只对最外层操作。
    {
      SR _ Val = __ get _ SR _ register( ) ;          //保存当前中断状态所在的寄存器
      _ DINT( ) ;                                      //关中断
    }
  DINT _ Count ++ ;                                    //嵌套层数计数 + 1
}


void ExitCritical( )          / * 退出临界代码区 * /
{
  DINT _ Count-- ;                                     //嵌套层数计数 - 1
  if( ( DINT _ Count == 0 )&&( SR _ Val & GIE ) )_ EINT( ) ;   // 只对最外层操作。
}                                                       //根据保存的状态恢复中断
```

这种方法 EnterCritical( ) 与 ExitCritical( ) 函数无需参数传递，且无需每段临界代码占用一个变量用于保存状态，是 MSP430 单片机 C 语言中结构化最好的一种方法，缺点是涉及到嵌套层数计算与判断，执行速度最慢。

3.1.6　前后台程序结构的特点

从微处理器诞生之时起，便开始使用前后台程序结构，前后台程序结构是应用历史最长、应用最广的程序结构。前后台程序中，后台所有的任务是依次顺序执行的，这种串行的顺序执行带了了许多优点：

首先，在后台循环中，一个任务执行完毕后才执行下一任务。这使得每个后台任务中的内存(局部变量)在任务结束后可以全部释放，让给下一个任务使用。即使在 RAM 很少的处理器上也能同时执行众多任务。整个程序的总内存消耗等于全局变量所占的内存量加上局部变量最多的任务所耗内存量。程序编写时，每个任务都可以大量使用局部变量，只要消耗量不超过耗内存最多的任务，就不会增加 RAM 开销。

其次，在后台任务顺序执行的结构中，不会出现多个后台任务同时访问共享资源的情况。因为当一个任务访问共享资源时，前一任务必然已经执行完毕，后一任务尚未开始，每个任务天然地独享全部的共享资源。后台任务间通过全局变量、数组传递参数变得十分方便、操作 I/O 端口、硬件设备、寄存器等硬件设备也不会出现冲突情况。只需要集中精力解决后台与前台中断之间的资源共享问题即可。所以，尽可能让主循环程序按照固定的节拍运行，某些定时中断内的程序也可以移至主循环内执行，不必进行临界代码保护，也不用考虑函数重入问题。

第三，前后台程序的结构灵活，实现形式与实现手段多样，可以根据实际需要灵活地调整。例如在某一事件的中断内直接写处理代码，可以保证对这一事件极高的实时性；通过间歇执行主循环可以显著的降低功耗等。

但这种灵活性也为前后台程序带来了众多的缺点：

首先，程序多任务的执行依靠每个任务的非阻塞性来保证，这要求编程者耗费大量的时间精力来消除阻塞，而且最终的代码的样子，可能与对任务的描述差异很大。为了保证实时性，或者为了消除阻塞，程序会变得支离破碎（前台一段,后台一段），这为代码的维护带来了很大困难。

其次，程序的健壮性及安全性没有保障。从本节的范例中可看到，只要软件中存在中断，函数重入以及共享资源访问等问题就会带来一系列的隐患，对这些互斥资源的保护都要编程者自己来解决。对于初学者来说，很难保证所写程序中没有小概率隐患的存在。往往需要多年的实践和训练才能写出无隐患的代码。

第三，每个程序员的思路、实现方法、软件架构等各不相同，而前后台程序中软件实现方法是开放式的，并无统一的标准和方法。这虽然为小型软件提供了便利，但对于稍大的系统来说，由于缺乏架构标准，维护、升级、排错都是很困难的事情。大部分情况下，除了设计人员自己之外，其他人很难接手进行维护工作。

第四，实际上，前后台系统的整体实时性比预计的要差。这是因为前后台系统认为所有的任务具有相同的优先级别，即是平等的，而且任务的执行又是以顺序排队的方式依次执行，不可能动态更改任务排列的顺序。因而对那些实时性要求高的任务只能在中断内处理，而这会增加中断时间，增加其他中断的响应延迟。

第五，缺乏软件的描述手段。前后台程序的结构可以说是"随心所欲"，但是如果让编程者用文字或图形写出它的设计思路，会遇到很大的困难。前后台程序没有一套精确的结构级的软件描述手段。相比之下，下一节将要介绍的状态机就有状态转移图这一精确描述手段，描述图与代码之间有严格对应关系，甚至可以利用辅助软件将图形直接转换成代码。

总之，前后台程序是一种简单方便、小巧灵活的程序结构。只需很少的 RAM 和 ROM 即可运行，没有额外的资源开销。因此在低端的处理器以及小型软件系统上得以广泛应用，但整体实时性和维护性较差，不适用于大型的软件系统。

3.2 状态机建模

有限状态机（Finity State Machine,FSM），简称状态机，是软件工程中一种极其有效的软件建模手段。通过状态机建模可以从行为角度来描述软件，并且可以很方便地描述并发（同时执行）行为。更重要的是，根据状态机模型可以精确地转换成代码，这些代码运行后将实现相应的软件行为。不同于流程图，流程图只能描述软件的过程，而不能描述软件的行为，更不能描述并发的软件过程。本章将带读者逐步理解并掌握这一强大的软件建模工具，读者一旦习惯用状态机去描述软件后，会发现状态机建模是一种十分自然、贴切实际的软件描述手段。

3.2.1 初识"状态机"

对于状态机的概念，许多读者可能比较生疏。在软件工程中，它有多种严格的定义形式，但大部分都相当抽象。为了帮助读者建立状态机的概念，现从实际的例子出发，逐步认识状态机，并介绍状态机建模的相关基础知识。

（1）流程图的缺点　初学者在第一次学习设计软件的时候，都曾接触过流程图。流程图是一种描述软件执行过程的手段。它由顺序、判断、跳转、循环等若干基本环节构成，能够详细表达软件的执行过程。所谓"过程"，意味着必有先后之分，例如用流程图描述一个洗衣机的"洗衣过程"，可以描述为："先正转 2s，停 1s，再反转 2s，停 1s，…如此往复循环"。

如图 3.2.1a 所示，按照过程可以依次画出软件流程，依照流程图可以编写洗衣机的控制程序。但我们考虑一下实际的洗衣机：为了保证安全，要求在洗衣过程中任何时候盖子一旦开启，就必须立即停机，等盖子合上后，再从洗衣过程打断的地方继续执行。

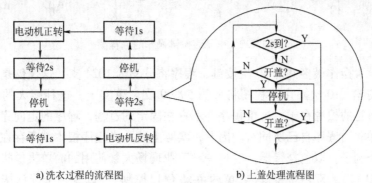

a) 洗衣过程的流程图　　　　　　b) 上盖处理流程图

图 3.2.1　在洗衣过程中插入对上盖的处理

这要求单片机不仅要处理洗衣过程，还要根据洗衣机机盖的状态来暂停洗衣过程。这里流程图的弱点就暴露出来的：用户可以在任何时候打开盖子，而流程图只能表达有固定先后次序的程序，无法表达"任何时候"发生的事件。

如果一定要用流程图来描述洗衣机软件，"任何时候"在流程图中只能表达为：在所有可能等待(存在循环)的地方，都要增加对盖子的处理。于是，流程图中 4 个等待过程都要增加对盖子状态的判断、处理、并等待盖子重新盖上(见图 3.2.1b)。整个软件中的等待过程增加至 8 处(增加 4 处等待盖子合上)。

在此如果再增加一个功能：任何时候按"取消"键，立即停止洗衣的任何动作，直到按"开始"键后重新开始洗衣过程。为了让"取消"键在"任何时候"都能立即生效，需要在软件 8 个等待过程中添加取对"取消"键的判断与处理程序，并等待"开始"键，软件中增加至 16 个等待过程。

如果再添加脱水功能：任何时候按"脱水"键都执行排水与脱水，软件又要翻倍增加新的等待过程。再继续添加功能：在脱水过程中任何时候打开盖子也要暂停，在任何时候如果电机过载都要立即停止……

如果用流程图来表达"任何时候"的功能描述，流程图就会像爆炸般以不断翻倍的方式变得越来越复杂，最终变得无从下手。

我们再看电子表的例子。最普通的电子表上有两个按键：MOD 键与 SET 键。在显示时间状态下按 MOD 键，会切换至日期显示状态，再按一次切换回时间显示；在显示时间状态下按 SET 键切换设置内容，在设置状态下按 MOD 键被设内容加 1。尝试为该功能的实现画流程图。

为了简化该模型，简称两个按键为 A 键和 B 键，也暂不考虑按键后所执行的处理程序，仅考虑按键操作流程。对于第一次按键，用户可能会按 A 键也可能会按 B 键，于是程序需要判断按键并做不同的处理，流程分为两支。第二次按键，用户也可能会按 A 键或 B 键中的任意一个，因此程序再次分支。随着第三次按键、第四次、第五次按键，程序需要不断分支，最后变成如图 3.2.2 的庞大树状结构。

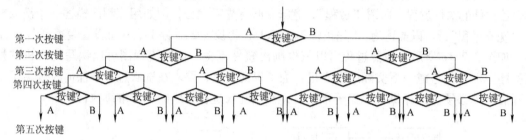

图 3.2.2　电子表按键操作的流程图

　　如果一次设置操作最多共需 10 次按键，程序将分支为 1024 支。这仅仅是两个按键的情况，如果 3 个按键，10 次操作流程图将分为 59049 支，事实上，这种庞大的结构几乎是不可能实现的。问题的根源在于：这个程序并不存在固定的过程，程序的走向完全由用户按键操作决定，而并非由程序自己所固有。因此，实际上这一类程序根本就不存在"流程"。

　　再看第三个例子：双色报警器。这是一种工业现场大量使用的简单报警指示装置，由一个报警输入(I/O 口)、双色报警灯(红黄两色, I/O 口控制)、以及一个确认按钮构成。三者之间的逻辑关系是：

　　1）当报警出现后，红灯亮。

　　2）报警自动消失后，黄灯亮，直到确认键按下后才灭。

　　3）当报警未消失时，按下确认键，黄灯亮，此后报警消失时报警灯自动灭。

　　根据逻辑功能的要求，很容易画出流程图，再根据流程图，也很容易写出控制程序。

　　但是，在实际应用中，一片单片机只完成一路报警显然过于浪费资源，一般要求用一片单片机同时完成 16～32 路报警逻辑的控制。这种同时运行的多个过程被称为"并发过程"。简单起见，现仅考虑一片单片机控制两路报警逻辑(两路报警输入、两路双色报警灯)的情况：

　　对于每路报警控制，流程图中有 4 处等待循环(见图 3.2.3)，分别等待报警出现、

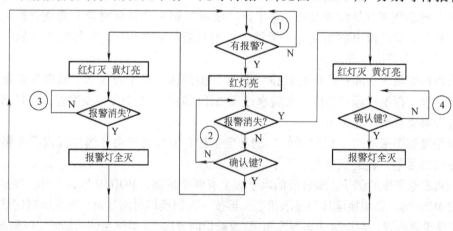

图 3.2.3　双色报警器的流程图

等待报警消失或确认键按下、等待报警消失、等待确认键按下。在等待循环的条件满足之前，是不会退出的，因此后续的代码无法运行。这就是前文所说的"阻塞"。用流程图描述同时执行的两个阻塞过程，会遇到很大的困难：每个循环都会阻塞程序，无法通过串联两个流程图实现同时处理两路报警，只能在每个循环内都判断并处理第二路的逻辑，第二路逻辑也需要 4 个循环，因此总共需要 $4 \times 4 = 16$ 个等待循环。在这 16 个等待循环内，又要判断并处理第一路逻辑，流程图将无穷无尽嵌套下去。实际上流程图无法描述该软件。

对于并发结构的程序，不仅缺乏描述手段，而且缺乏测试手段。以"自动咖啡机"的设计为例：咖啡机由投币/退币机构、咖啡存储容器、加热装置、咖啡加注装置、操作按钮以及一些传感器构成。

咖啡机正常的操作过程如下：用户先投币，然后选择咖啡种类，之后咖啡机自动加满杯子，用户端走杯子后一次操作完成。可以画出正常操作过程的流程图，并据此编出咖啡机控制软件。然而这只是所有可能的操作顺序中的一种，实际上用户可能存在许多错误的操作顺序，或者故意欺骗咖啡机的情况：

如果没有放咖啡杯就选择咖啡，会发生什么情况？

如果咖啡杯未满之前，用户取走了咖啡杯，会发生什么情况？

如果咖啡灌了一半时，用户取走咖啡杯，再放回，能否把剩下一半继续加满？

如果咖啡灌了一半时，用户取走咖啡杯，不再放回，剩下一半是否会加到下一用户杯中？

如果咖啡杯未满之前，用户取走了咖啡杯，然后按退币钮，该如何处理？

如果还没有完成一次点单之前，用户再次投币，会发生什么情况？

如果一杯咖啡尚未加满时，用户又点了另一种咖啡，会发生什么情况？

如果用户一次投入两杯咖啡的钱，该怎样处理？

如果咖啡存储容器已空，用户点单时能否正确提示？

如果咖啡杯未满之前，咖啡机空了，能否给用户退款？

……

这个列表几乎可以无穷无尽地列下去，操作顺序可以有无穷多种，依靠流程图是无法表达的。事实上，用户在任何时刻都可以进行所有可能的操作，这种可以随时主动发生的事件被称为"独立事件"。这也揭示了对于设计者来说的一个难题：如何才能控制大量的独立事件？如何能对控制软件进行建模？如何才能对大量独立事件之间所有可能的组合进行测试？如何保证软件没有漏洞？

从上面 4 个例子中可以发现，面向顺序过程的流程图不适合用于描述"任何时候"发生的事件、不适合描述"由外部事件决定流程"的程序、也不适合描述带有阻塞的并发过程，而且无法描述大量的独立事件。这些环节在各种单片机或嵌入式软件中会大量的出现，因为软件系统必然要和外界输入量打交道，而且很多行为是由外界输入决定的。

因此，有必要寻找一种新的软件建模手段，能够描述并发结构的软件，或者能从行为的角度来描述软件，且能够根据模型生成代码，也能够对软件进行完整的测试。

（2）状态机建模的例子 读者可能已经注意到，上面这些例子中，软件下一步要执行的功能不仅与外界入信息有关，还与系统的"当前状态"有关。

在电子表的例子中，当 MOD 键按下时，如果系统处于"显示时间状态"，要执行"切换至显示日期"的操作；如果系统处于"设置小时状态"，要执行"小时数字加1"的操作。同样的按键事件，在不同系统状态下，需要执行不同的功能。

在双色报警器例子中，"报警消失"这一事件发生时，如果系统处于"报警未确认状态"，则点亮黄灯；如果系统处于"报警已确认状态"则关闭所有报警灯。同样的报警消失事件，在不同系统状态下，也需要执行不同的功能。

能否设计出一种基于"状态"与"事件"的软件描述手段呢？

由于系统在每一时刻只能有唯一的状态，在每一个状态下，可能发生的事件也是有限的。因此系统中即使存在有大量的独立事件，软件描述也会简单的多。

在前面的例子中已经多次提到，真正需要 CPU 处理的只有系统状态发生改变的那一刻，在系统等待事件到来的期间，是不需要 CPU 处理的。如果能够用事件触发的形式来描述软件，能够将 CPU 从等待事件发生的过程中解放出来，从而生成无阻塞的代码。

以图 3.2.4 的双色报警器为例，尝试一下用语言来描述"状态"与"事件"之间的关系：

1）在"正常状态"，如果出现"报警"事件，则系统变成"报警未确认"状态，同时亮红灯。

2）在"报警未确认状态"，如果出现"报警撤销"事件，则系统变成"报警自行撤销"状态，同时亮黄灯。

图 3.2.4　双色报警器

3）在"报警自行撤销"状态如果发生"确认"事件，则系统变成"正常"状态，报警灯灭。

4）在"报警未确认"状态，如果发生"确认"事件，则系统变成"报警确认"状态，黄灯亮。

5）在"报警确认"状态，如果发生"报警撤销"事件，则系统回到"正常状态"，报警灯灭。

读者可以发现，每一条描述语句中，只有判断(当…如果…)与赋值(变为…)语句，没有阻塞性的等待。也可以用图形来表达上述逻辑关系，这种图形被称为"状态转移图"，如图 3.2.5 所示。图中每个圆圈表示一种系统状态，每个箭头表示一次状态转移，箭头上的文字表示转移的触发条件，说明发生该事件时，状态按照箭头的方向发生转移。

这里所谓的"转移"并非程序流程的跳转，而只是状态的改变。如果用一个变量来记录当前系统的状态，通过事件来改变该变量的值，则相当于实现了"状态跳转"。很容易写出代码，而且代码中只有状态的分支判断与事件的判断，以及状态变量的赋值语句，没有任何阻塞性的等待过程。

```
unsigned char ALM _ Status = 0;      /* 报警状态变量 */
#define NORMAL        0              /* 正常状态      */
#define ALARM         1              /* 报警未确认    */
#define ALARM _ ACK   2              /* 报警已确认    */
#define ALARM _ OFF   3              /* 报警自行撤销 */
```

```
void Alarm _ Process( )
{
    switch( ALM _ Status)          /* 根据当前状态处理状态跳转 */
    {
        case NORMAL :   if( Alarm _ IO == ON)      ALM _ Status = ALARM;
                        break; /* 正常状态遇到报警,变为报警未确认状态 */
        case ALARM   :  if( AckKey _ IO == ON)    ALM _ Status = ALARM _ ACK;
                        if( Alarm _ IO == OFF)    ALM _ Status = ALARM _ OFF;
                        break;  /* 报警未确认状态按下确认键,变为报警已确认状态 */
                                /* 报警未确认状态遇到报警撤销,变为报警自行撤销状态 */
        case ALARM _ ACK :  if( Alarm _ IO == OFF)   ALM _ Status = NORMAL;
                        break; /* 报警确认状态遇到报警撤销,回到正常状态 */
        case ALARM _ OFF :  if( AckKey _ IO == ON)   ALM _ Status = NORMAL;
                        break; /* 报警自行撤销状态按确认键,回到正常状态 */
    };
    /* 根据当前状态决定报警灯颜色 */
    if      (ALM _ Status == NORMAL)   {LED _ Y _ OFF; LED _ R _ OFF;}    /* 正常状态不
                                                                            亮灯 */
    else if( ALM _ Status == ALARM)    {LED _ Y _ OFF; LED _ R _ ON;}     /* 报警状态亮
                                                                            红灯 */
    else                               {LED _ Y _ ON; LED _ R _ OFF;}     /* 其余两状态
                                                                            亮黄灯 */
}


void main( )
{
    while(1)
    {
        Alarm _ Process( );              //处理报警器的状态跳转
        …                                //CPU 还能执行其他任务
    }
}
```

这段程序中,利用 ALM _ Status 变量保存当前的报警状态,并根据当前的状态以及事件决定下一时刻 ALM _ Status 变量的值,完成状态转移。这段代码能够很快执行完毕,不阻塞 CPU。对于一个 CPU 处理 16 路报警的应用,仅需将 16 路的处理程序顺序循环执行即可。

这种状态转移的机制被称为形象地称为"状态机"(State Machine)。如果系统的状态个数是有限的,则称为有限状态机(FSM)。实际中大部分系统都属于有限状态机,通常也将有限状态机简称为状态机。基于事件与系统状态转移之间关系的软件描述方法,被称为"状态机建模"。利用状态机建模,能够降低系统复杂度,并且能够生成非阻塞性的代码,很容易处理并发过程。

3.2.2 状态机模型的描述方法

一个状态机模型包含了一组有限多的状态以及一组状态转移的集合，状态机模型主要有两种表达方法：状态转移图以及状态转移矩阵。

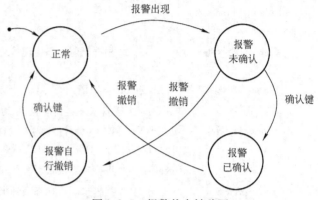

图 3.2.5 报警状态转移图

（1）状态转移图 状态转移图又称状态跳转图，它用圆圈或圆角的矩形表示系统的各种状态，用一个带箭头的黑点表示初始状态；用有向箭头表示状态的状态转移（跳转）。箭头旁标注触发转移的事件，以及发生状态转移时所执行的动作。事件与动作之间用"/"号分隔。对于没有执行动作的状态转移，动作部分可以默认省略。对于只有执行动作而没有状态变化的状态转移，可以画为一个指向自己的箭头。

例 3.2.1 以洗衣机控制逻辑为例，要求洗衣过程"先正转 2s，再暂停 1s，然后反转 2s，再暂停 1s，依次循环"。画出状态转移图。

洗衣过程是基于顺序过程的描述，并非状态描述。首先将这种基于过程的描述转化为基于状态的文字描述：

在正转状态下，如果时间达到 2s，则进入暂停状态 1，同时关闭电动机。

在暂停状态 1 下，如果时间达到 1s，则进入反转状态，同时将电动机设为反转。

在反转状态下，如果时间达到 2s，则进入暂停状态 2，同时关闭电动机。

在暂停状态 2 下，如果时间达到 1s，则进入正转状态，同时将电动机设为正转。

根据上述文字描述可以画出状态跳转图，见图 3.2.6。

图 3.2.6 洗衣机控制程序的状态转移图

例 3.2.2 某电子表具有两个按键 A 和 B 用于操作与设置，按键功能和操作方法如下。为该电子表的按键操作程序画出状态转移图，并写出代码。

在显示时间时按 A 键，屏幕显示变成日期

在显示日期时按 A 键，屏幕显示变成秒钟

在显示秒钟时按 A 键，屏幕显示变成时间

在显示秒钟时按 B 键，秒钟归 0

在时间或日期显示时按 B 键，屏幕"时"闪烁

在"时"闪烁时按 A 键，屏幕"时"加 1，超过 23 回 0

在"时"闪烁时按 B 键，屏幕"分"闪烁

在"分"闪烁时按 A 键，屏幕"分"加 1，超过 59 回 0

在"分"闪烁时按 B 键，屏幕"月"闪烁

在"月"闪烁时按 A 键，屏幕"月"加 1，超过 12 回 0

在"月"闪烁时按 B 键，屏幕"日"闪烁

在"日"闪烁时按 A 键，屏幕"日"加 1，超过 31 回 0

在"日"闪烁时按 B 键，屏幕回到时间显示

首先分析电子表的状态转移关系，对于电子表来说，总共有 7 种状态，分别是"显示时间"、"显示日期"、"显示秒钟"、"设置小时（小时闪烁）"、"设置分钟"、"设置月"、"设置日"。按键操作则相当于两个独立事件。这两个事件驱使系统在 7 种状态之间跳转，根据功能的语言描述可以画出状态跳转图。

图 3.2.7 中的状态转移图可以很方便地转换成代码。如果 A 键和 B 键所在的 I/O 口

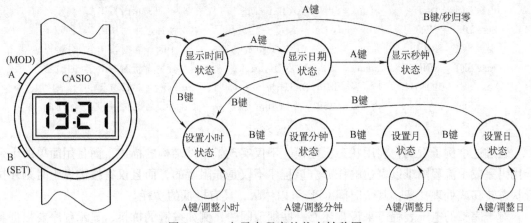

图 3.2.7　电子表程序的状态转移图

都能引发中断，可以在中断内根据当前的系统状态完成状态转移关系的处理。例如要求显示时间状态下按 A 键后变为显示日期状态，只要在 A 中断内判断当前状态变量的值若为显示时间，则改为显示日期。类似的，用 switch…case 语句可以很方便地完成所有的状态转移：

```
unsigned char Status = 0 ;            /* 电子表的状态变量 */
#define DISP _ TIME    0              /* 显示时间状态 */
#define DISP _ DATE    1              /* 显示日期状态 */
#define DISP _ SEC     2              /* 显示秒钟状态 */
#define SET _ HOUR     3              /* 设置小时状态 */
#define SET _ MINUTE  4              /* 设置分钟状态 */
#define SET _ MONTH   5              /* 设置月 状态 */
#define SET _ DATE     6              /* 设置日 状态 */

    // ============= 在 A 键中断内添加以下代码 ============================
    switch( Status )      /* 根据当前状态处理 A 键所引发的状态跳转 */
    {
        case DISP _ TIME  :   Status = DISP _ DATE ; break ;      //时间显示时按 A 键,显示日期
```

```
    case DISP _ DATE   :   Status = DISP _ SEC;break;    //日期显示时按 A 键,显示秒钟
    case DISP _ SEC    :   Status = DISP _ TIME;break;   //秒钟显示时按 A 键,显示时间
    case SET _ HOUR    :   if( ++ Hour > 23) Hour = 0;break; //小时设置时按 A 键调整小时
    case SET _ MINUTE  :   if( ++ Min > 59) Min = 0;break;  //分钟设置时按 A 键,调整分钟
    case SET _ MONTH   :   if( ++ Month > 12) Month = 0;break; //月设置时按 A 键,调整月
    case SET _ DATE    :   if( ++ Date > 31) Date = 0;break;  //日设置时按 A 键,调整日
  };

// =============在 B 键中断内添加以下代码 ==============================
 switch(Status)          / * 根据当前状态处理 B 键所引发的状态跳转 * /
   {
    case DISP _ TIME   :   Status = SET _ HOUR;break;        //时间显示时按 B 键,显示小时
    case DISP _ DATE   :   Status = SET _ HOUR;break;        // 日期显示时按 B 键,显示小时
    case DISP _ SEC    :   Second = 0;break;                // 秒钟显示时按 B 键,秒归零
    case SET _ HOUR    :   Status = SET _ MINUTE;break;      // 小时设置时按 B 键,分钟设置
    case SET _ MINUTE  :   Status = SET _ MONTH;break;       // 分钟设置时按 B 键,月设置
    case SET _ MONTH   :   Status = SET _ DATE;break;        // 月设置时按 B 键,日设置
    case SET _ DATE    :   Status = DISP _ DATE;break;       // 日设置时按 B 键,显示时间
   };
```

通过这个例子看到,利用状态机建模,不仅实现了软件结构的描述,而且用简单的十余行代码完成了流程图难以表达的任务。该程序不仅是非阻塞的,而且仅有按键发生时刻才执行状态转移或处理任务,其余时间 CPU 可以休眠,具有极低的功耗。

对于完整的电子表程序来说,还有一些细节问题,例如按键的抗抖、显示程序要根据状态来决定显示内容,闪烁程序要根据系统状态决定闪烁位置等。

(2) 状态转移表(转移矩阵)　状态转移的规则不仅可以用图形来表示,还能以二维文本列表或矩阵方法来表示。图 3.2.8 是一个二维表格表示法的例子,每个单元格分为两行,上行表示下一步跳转的状态,下行表示跳转同时所作的动作。

状态 ＼ 事件	A 键按下	B 键按下
显示时间	显示日期	设置小时
显示日期	显示秒钟	设置小时
显示秒钟	显示时间	秒钟归零
小时设置	调整小时	分钟设置
分钟设置	调整分钟	月份设置
月份设置	调整月份	日期设置
日期设置	调整日期	显示日期

图 3.2.8　电子表程序的状态转移矩阵

这种方法大多用于对状态机进行数学建模领域，或大型软件的状态机建模，因其直观性较差，在小型程序建模中较少用。

3.2.3　通过状态转移图生成代码

通过状态转移图可以描述状态机模型，根据状态机模型可以写出程序代码，而且状态机模型与代码之间有精确的对应关系。将状态转移图转换成程序代码，有两种方法：在状态中判断事件；在事件中判断状态。

（1）在状态中判断事件（事件查询）　在当前状态下，根据不同的事件执行不同的功能、再做相应的状态转移。以图3.2.9为例，系统共有3个状态：S0、S1、S2，以及3种事件：Event0、Event1、Event2。由3种事件引发系统状态的转移，并执行相应的动作Action0、Action1、Action2。

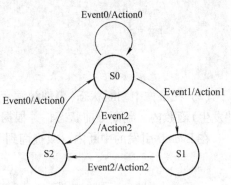

图3.2.9　将该状态机模型写成代码

程序中，首先利用 switch...case 语句对当前状态进行分支，在每个分支内查询3种事件是否发生，如果发生，则执行相应的动作函数，再处理状态转移。

```
switch(State)                //根据当前状态决定程序分支
{
    case S0:                     //在 S0 状态
        if(Event_0)
        {                //如果查询到 Event0 事件,就执行 Action0 动作,并保持状态不变;
            Action_0();
        }
        else if(Event_1)
        {                //如果查询到 Event1 事件,就执行 Action1 动作,并将状态转移到 S1 态;
            Action_1();
            State = S1;
        }
        else if(Event_2)
        {                //如果查询到 Event2 事件,就执行 Action2 动作,并将状态转移到 S2 态;
            Action_2();
            State = S2;
        }
        break;
    case S1:                     //在 S1 状态
        if(Event_2)
        {                //如果查询到 Event2 事件,就执行 Action 2 动作,并将状态转移到 S2 态;
            Action_2();
            State = S2;
```

```
        }
    break;
case S2:                        //在 S2 状态
    if( Event _ 0)
        { //如果查询到 Event0 事件,就执行 a0 动作,并将状态转移到 S0 态;
        Action _ 0( );
        State = S0;
        }
}
```

（2）在事件中判断状态（事件触发）　另一种实现方法是在每个事件的中断（或查询到事件发生）函数内，判断当前状态，并根据当前状态执行不同的动作，再做相应的状态转移。

在 Event0 引发的中断内，或查询到 Event0 发生处，添加以下代码：

```
switch( State )
    {//发生 Event0 事件时,如果处于 S0 状态,就执行 Action0 动作,并将状态转移到 s0 态;
        case s0:Action _ 0( );State = S0;break;
        case s1:break;
        case s2:Action _ 0( );State = S0;break;
    }//发生 Event0 事件时,如果处于 S2 状态,就执行 Action0 动作,并将状态转移到 s0 态;
```

在 Event1 引发的中断内，或查询到 Event1 发生处，添加以下代码：

```
switch( State )
    {//发生 Event1 事件时,如果处于 S0 状态,就执行 Action1 动作,并将状态转移到 s1 态;
    case s0:Action _ 1( );State = S1;break;
    case s1:break;
    case s2:break;
    }
```

在 Event2 引发的中断内，或查询到 Event2 发生处，添加以下代码：

```
switch( State )
    {//发生 Event2 事件时,如果处于 S1 状态,就执行 Action2 动作,并将状态转移到 s2 态;
    case s0:break;
    case s1:Action _ 2( );State = S2;break;
    case s2:break;
    }
```

两种写法的功能是完全相同的。但从执行效果上来看，后者要明显优于前者：

首先，事件查询写法隐含了优先级排序，排在前面的事件判断将毫无疑问地优先于排在后面的事件被处理判断。这种 if/else if 写法上的限制将破坏事件间原有的关系。而事件触发写法不存在该问题，各个事件享有平等的响应权。

其次，由于处在每个状态时的事件数目不一致，而且事件发生的时间是随机的，无法预先确定，导致查询写法依靠轮询的方式来判断每个事件是否发生，结构上的缺陷使得大量时间被浪费在顺序查询上。而对于事件触发写法，在某个时间点，状态是唯一确定的，在事件里查找状态只要使用 switch 语句，就能一步定位到相应的状态，甚至响应延迟时间也可以预先准确估算。

总之，在为状态机模型编写代码时，应该尽量使用事件触发结构。前文中电子表的例子就采用了事件触发结构，在两个按钮中断内处理状态转移。

但事件查询法也有其优点：事件查询法无需中断资源，并且所有的代码集中在一起，便于阅读。在前后台程序结构中，可以在后台程序中顺序循环执行多个事件查询状态机。前文中双色报警灯的例子就使用了事件查询法，可以在不占用中断的情况下实现多路报警逻辑同时运行。

3.2.4　状态机建模应用实例

状态机的应用非常广泛，既可以在某些局部使用，也可以对整个软件进行建模。本节通过若干实际应用实例，让读者进一步掌握并熟悉状态机建模方法与应用。

例 3.2.3　在 MSP430 单片机上，P1.5、P1.6、P1.7 口各接有一个按键（S1、S2、S3），按下为低电平。编写一个键盘程序。要求能够识别长、短按键并返回不同键值。当按键时间小于 2s 时，认为是一次短按键，按键时间大于 2s 后返回一次长键（0xC0 + 键值），之后每隔 0.25s 返回一次连续长按键（0x80 + 键值）。且要求键盘程序不阻塞 CPU 运行。

这种键盘程序在按键较少的小型设备上是非常实用的。例如用加/减键来调整数值时，如果要使数值增加 100，需要按 100 次"加"键。这种操作是不方便的，所以通常用短按键加 1，长按"加"键不放 2s 之后，每次加 10，每秒加 4 次。只需数秒即可完成调整。考虑到长键会连续发生，所以将首次长按键与后续连续长键用不同键值区分。对于长按键只动作一次的操作，如进入菜单、切换屏幕等操作，用首次长键值作为动作判据，避免被连续操作多次（详见 4.3 节菜单设计）。

在例 3.1.5 中，给出了非阻塞性的键盘程序。其程序采用了 FIFO 作为缓冲区，在定时中断内对键盘 I/O 口进行采样（消除抖动）并判断按键，将键值存入键盘缓冲区内，主程序可以随时调用 GetKey 函数从缓冲区内读取一次键值。本例中也可以采用类似的方法，但要做一些改动：首先，不能用按键下降沿作为短键判据，否则每次长按键都会先触发一次短按键。应该用上升沿（按键释放）作为短按键的判据。其次，每个按键有 3 种返回值，用键值字节最高位来区分（见图 3.2.10）。例如对于 S1，0x01 表示短按，0xC1 表示首次长按，0x81 表示连续长按。

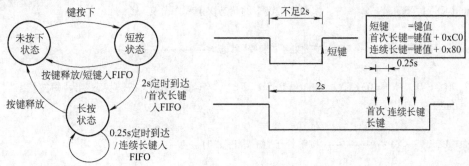

图 3.2.10　长短键的状态机模型与时序图

下一步为按键过程建立状态机模型。从任务要求中，得出按键共有 3 种状态：未按下、短按、长按。有 4 种事件：按下、释放、2s 定时到达、0.25s 定时到达。先用语言描述按键过程状态与事件之间的关系：

1）在按键"未按下状态"时，若键被按下，按键状态变为"短按状态"。

2）在按键处于"短按状态"时，若键被释放，认为是一次短按键，短键的键值压入键盘缓冲区，并回到"未按下状态"。

3）在按键处于"短按状态"时，若超过 2s，认为是一次长按键，"首次长键"的键值压入键盘缓冲区，并将按键状态变为"长按状态"。

4）在按键处于"长按状态"时，每当超过 0.25s，认为是一次"连续长键"，长键的键值压入键盘缓冲区，但状态不改变。

5）在键盘处于"长按状态"时，若键被释放，回到"未按下状态"。

根据语言描述可以画出图 3.2.10 的状态转移图。在状态转移图中需要两种定时(2s 和 0.25s)事件，可以在定时中断内用变量累加实现，无需专门占用两个定时器。整个状态机都可以放在定时中断内执行。先编写按键 S1(P1.5 口)的状态转移程序：

```
char KEY1 _ State = 0;              /* 按键 1 的状态变量 */
#define NOKEY        0              /* 未按下状态         */
#define PUSH _ KEY   1              /* 短按状态          */   /* 按键的 3 种状态 */
#define LONG _ PUSH  2              /* 长按状态          */
#define KEY1         0x01           /* 按键 1 的键值      */
#define FIRSTLONG    0xC0           /* 首次长按键标志     */
#define LONG         0x80           /* 连续长按键标志     */
#define KEY1 _ IN(P1IN&BIT5)        /* KEY1 所在 I/O 口的定义(P1.5) */
static unsigned int Key1TimerS,Key1TimerL;     /* 软件定时器变量 */
// =====================================================================
                         在 1/32s 定时中断内添加以下代码
// =====================================================================
if(KEY1 _ State == PUSH _ KEY)     Key1TimerS ++;      //2s 定时器,仅在短按期间计时
else                               Key1TimerS = 0;
if(KEY1 _ State == LONG _ PUSH)    Key1TimerL ++;      //0.25s 定时器,仅在长按期间计时
else                               Key1TimerL = 0;
switch(KEY1 _ State)               //根据按键 1 的状态决定程序分支
  {
    case NOKEY:   //--------------按键处于"未按"状态时----------------------
      {
        if(KEY1 _ IN == 0)KEY1 _ State = PUSH _ KEY; //若键被按下,按键状态变为"短按状态"。
        break;
      }
    case PUSH _ KEY: //------------按键处于"短按状态"时-----------------------
      {
```

```
    if(KEY1 _ IN! =0)                    //若键被释放,认为是一次短按键
      {
      Key _ InBuff( KEY1) ;              //短键的键值压入键盘缓冲区
      KEY1 _ State = NOKEY ;             //并回到"未按下状态"
      }
    else if( Key1TimerS >32 * 2)        //若按键时间超过 2s,认为是一次长按键,
      {
      Key _ InBuff( FIRSTLONG + KEY1) ; //"首次长键"的键值入 FIFO
      KEY1 _ State = LONG _ PUSH ;       //按键状态变为"长按状态"
      }
    break ;
  }
case LONG _ PUSH : //-----------按键处于"长按状态"时----------------------
  {
    if( KEY1 _ IN! =0)                   //若键被释放,回到未按键状态
      {
      KEY1 _ State = NOKEY ;
      }
    else if( Key1TimerL >32/4)          //若按键超过 0.25s,返回一次长按键
      {
      Key _ InBuff( LONG + KEY1) ;       //"连续长键"的键值入 FIFO
      Key1TimerL =0 ;                    //定时器清空,准备下一次 0.25s 计时
      }
    break ;
  }
}
```

　　类似的方法,可以编写按键 2 与按键 3 的程序。3 个按键之间互相独立,属于并发的状态机。在 1/32s 定时中断内顺序处理 3 个状态机即可实现 3 个按键的长短键功能。该程序在定时中断内执行,仍属于前台程序。由于前后台之间依靠键盘缓冲区作为隔离手段,采用这种新的键盘程序后,无需改动 GetKey( ) 函数(见例 3.1.5),也无需改变整个后台程序结构。

　　例 3.2.4　增量式旋转编码器(见图 3.2.12)是一种控制系统中常见的转角测量装置,常被安装在各种旋转轴末端,以测量轴转角。它输出如图 3.2.11 所示的两路相位差 90°的脉冲(以下简称 A 路、B 路)指示位置。旋转编码器每转过一定角度,就输出一个脉冲。当旋转编码器顺时针旋转时,A 路脉冲超前 B 路脉冲 90°;当旋转编码器逆时针旋转时,A 路脉冲滞

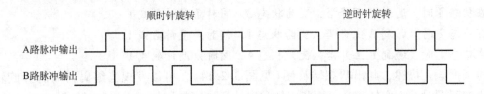

图 3.2.11　旋转编码器的输出时序图

后 B 路脉冲 90°。计算脉冲个数可以获知转角，根据相位差可以知道旋转方向，从而计算出旋转轴相对角度的变化。

旋转编码器内部一般由极细的光栅条纹与光电检测装置构成。通常将一圈内光栅条纹数目称为"线"来表示分辨率，例如"1000 线"的编码器，旋转一圈能输出 1000 个脉冲。受到光线衍射效应的影响，光栅条纹上限一般是每 2500 条左右。这限制了旋转编码器的分辨率，很难超过 2500 线。

为了提高编码器的分辨率，普遍采用电子 4 细分方法。两路脉冲相差 90°，一个周期内两路信号共会出现两次上升沿与两次下降沿，4 个沿均匀分布在一个周期内。取 4 个沿作为旋转检测判据，可以将分辨率提高 4 倍。在 2500 线的旋转编码器上，能够实现 1/10000 圈的角度检测分辨率。图 3.2.13 是对编码器输出波形进行细分的原理，编码器顺时针旋转，输出两个脉冲，再逆时针旋转，输出两个脉冲。4 细分后能检测出编码器顺时针旋转 8 步，再逆时针转 8 步。

图 3.2.12　旋转编码器

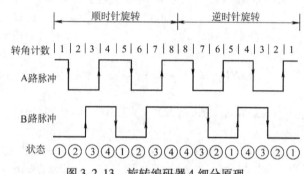

图 3.2.13　旋转编码器 4 细分原理

早期控制系统中，4 细分常用硬件电路来实现。为了节省成本与电路板面积，本例要求在 MSP430 单片机上用软件来实现旋转编码器 4 细分逻辑，并将转角值保存在全局变量内。

这是典型的时序逻辑问题，可以很方便地用状态机建模。先分析状态。一个脉冲周期内，脉冲 A 与脉冲 B 的电平共有 4 种组合："A = 1 B = 0"、"A = 0 B = 0"、"A = 0 B = 1"、"A = 1 B = 1"。将这 4 种组合分别称为状态 1、2、3、4（见图 3.2.16）。编码器旋转时，依次在这 4 种状态之间跳变。引发状态转移共有 4 种事件：A 下降沿、A 上升沿、B 下降沿、B 上升沿。根据时序图，先用语言描述状态变化规律：

在状态 1 时，遇到 A 下降沿，变为状态 2，同时角度计数加 1
在状态 2 时，遇到 B 上升沿，变为状态 3，同时角度计数加 1
在状态 3 时，遇到 A 上升沿，变为状态 4，同时角度计数加 1
在状态 4 时，遇到 B 下降沿，变为状态 1，同时角度计数加 1
在状态 4 时，遇到 A 下降沿，变为状态 3，同时角度计数减 1
在状态 3 时，遇到 B 下降沿，变为状态 2，同时角度计数减 1
在状态 2 时，遇到 A 上升沿，变为状态 1，同时角度计数减 1
在状态 1 时，遇到 B 上升沿，变为状态 4，同时角度计数减 1

再根据语言描述，画出状态转移图（见图 3.2.14），可以发现当编码器顺时针旋转时，状态也按照顺时针方向转移，每次状态转移时让角度变量增加。反之逆时针转移时，让转角变量递减。

MSP430 单片机的 I/O 口能设置为上升沿或下降沿中断，用两个 I/O 口(P1.4、P1.5)检测 A 脉冲，用两个 I/O 口(P1.6、P1.7)检测 B 脉冲。如图 3.2.15 所示。其中 P1.4 与 P1.6 设为下降沿中断、P1.5 与 P1.7 设为上升沿中断。首先初始化 4 个 I/O 口：

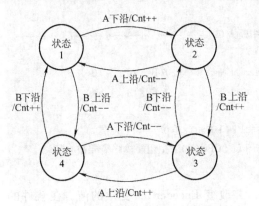

图 3.2.14　旋转编码器 4 细分的状态转移图

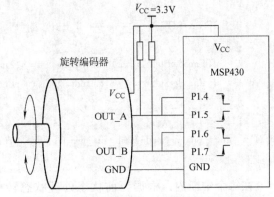

图 3.2.15　旋转编码器与 MSP430 单片机的连接

```
P1IES │= (BIT4 + BIT6);                    //P1.4、P1.6 设为下降沿中断
P1IES & =~ (BIT5 + BIT7);                  //P1.5、P1.7 设为上升沿中断
P1IE │= BIT4 + BIT5 + BIT6 + BIT7;         // 允许 P1.4567 中断
P1IFG = 0;                                 // 避免第一次误动作
_ EINT();                                  // 总中断允许
```

在 4 个中断内进行状态转移处理与计数即可实现 4 细分程序。利用中断触发也同时保证了检测的实时性：

```
int EncoderCnt = 0;                        //旋转角度计数值,全局变量,供其他程序访问
unsigned char EncoderStatus = 1;           //旋转时序状态变量

pragma vector = PORT1 _ VECTOR             //P1 口中断源
__ interrupt void P1 _ ISR(void)           //声明一个中断服务程序,名为 P1 _ ISR()
{
    _ BIC _ SR(SCG0);                      //如果从 LPM3 唤醒,恢复时钟准确性
    if(P1IFG & BIT4)//--------------A 下降中断(P1.4 中断入口)-----------------------
    {
        if(EncoderStatus == 1){EncoderStatus = 2;EncoderCnt ++ ;}    //A 下沿, 1->2
        if(EncoderStatus == 4){EncoderStatus = 3;EncoderCnt--;}      //A 下沿, 4->3
    }

    if(P1IFG & BIT5)//--------------A 上升中断(P1.5 中断入口)---------------------
    {
        if(EncoderStatus == 3){EncoderStatus = 4;EncoderCnt ++ ;}    //A 上沿, 3->4
        if(EncoderStatus == 2){EncoderStatus = 1;EncoderCnt--;}      //A 上沿, 2->1
    }

    if(P1IFG & BIT6)//--------------B 下降中断(P1.6 中断入口)-----------------------
```

```
    {
    if( EncoderStatus ==4){EncoderStatus = 1;EncoderCnt ++ ;}      //B 下沿，4->1
    if( EncoderStatus ==3){EncoderStatus = 2;EncoderCnt--;}        //B 下沿，3->2
    }
  if( P1IFG & BIT7) //--------------B 上升中断(P1.7 中断入口)--------------------------------
    {
      if( EncoderStatus ==2){EncoderStatus = 3;EncoderCnt ++ ;}    //B 上沿，2->3
      if( EncoderStatus ==1){EncoderStatus = 4;EncoderCnt--;}      //B 上沿，1->4
    }
  P1IFG = 0;                                          //清除 P1 口中断标志位
  __ low _ power _ mode _ off _ on _ exit( );         //退出唤醒 CPU(如果主程序休眠需要被唤醒)
}
```

在每个中断内，根据当前状态处理状态转移，并改变 EncoderCnt 变量的值。在软件的其他任何位置，只要访问 EncoderCnt 变量即可获知被测转轴的当前转角。

例 3.2.5 在 MSP430F425 单片机上，P1.3 接有一只红色 LED，P1.1 接有一只绿色 LED，均为高电平点亮。要求串口收到 "red" 字符串时，点亮红色 LED；收到 "green" 字符串时点亮绿色 LED。收到 "black" 字符串时关闭所有 LED。要求不阻塞 CPU，在串口中断内完成。且要求无论单词前后是否有其他字母，都要正确解析。

这个例子实际上是个简化了的通信字符串匹配析程序。在大部分的通信程序中都有类似的数据匹配帧解析过程，特别是用不等长的若干字符串表示命令的系统中（例如控制手机、Modem 等通信设备的 AT 指令集）。本例中，共有 3 个字符串匹配解析任务，分别是解析 "red"、"green"、"black" 3 个单词。只要字符流中含有 3 个单词中的任意一个，就要执行相应的功能。所以 3 个解析任务是并发执行的。

先分析字符最少的单词 "red"。在数据流中，只要依次出现 "r"、"e"、"d" 3 个字母，就要点亮红灯。在未收到匹配字符时，需要等待字符 "r"，在收到 "r" 之后需要等待字符 "e"、在收到 "e" 之后需要等待字符 "d"，收到字符 "d" 之后点亮红灯，然后重新等待字符 "r"。任一字符匹配错误，都重新开始等待字符 "r"。

该过程中，共有 3 个状态，还有 3 种有效事件（收到 3 种字符）。字符的接收事件驱使状态转移。用状态转移图机描述该模型，见图 3.2.16。

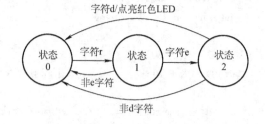

图 3.2.16 字符串 "red" 匹配过程的状态转移图

在状态 0 时，只有收到字符 'r'，才能使状态从 0 变为 1；在状态 1 下，只有收到字符 'e'，才能使状态从 1 变为 2；在状态 2 下，只有收到字符 'd'，才能点亮红灯，并将状态变回 0。任何一个错误字符将使状态直接回到 0，重新开始匹配。该状态转移图的代码：

```
switch( RedState)         //----------------------------在串口接收中断内添加该段代码---------------------------
    {                     //------------------------------------匹配搜索字符流"red"----------------------------------
       case 0:if ( U0RXBUF =='r')     RedState = 1;    //收到字符'r'才能使状态跳转至 1
```

```
            else                RedState = 0;     //其他任何字符让状态回到0
            break;
    case 1: if (U0RXBUF == 'e')  RedState = 2;     //收到字符'e'才能使状态跳转至2
            else                RedState = 0;     //其他任何字符让状态回到0
            break;
    case 2: if (U0RXBUF == 'd'){RedState = 0; RED_ON;}  //收到字符'd'才点亮 LED
            else                RedState = 0;     //其他任何字符让状态回到0
            break;
}
```

类似的,可以画出字符串"green"与字符串"black"匹配过程的状态转移图(见图3.2.17)。字符串"green"与字符串"black"都有5个字母,因此需要5个状态。

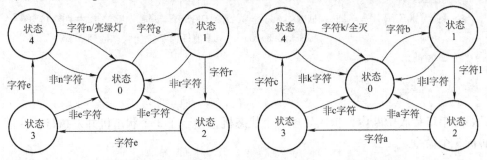

图 3.2.17　字符串"green"与字符串"black"的匹配过程

```
switch(GreenState) //---------------匹配搜索字符串"green"----------------------------------
{
    case 0:if (U0RXBUF == 'g')  GreenState = 1;   //收到字符'g'才能使状态跳转至1
           else                GreenState = 0;   //其他任何字符让状态回到0
           break;
    case 1:if (U0RXBUF == 'r')  GreenState = 2;   //收到字符'r'才能使状态跳转至2
           else                GreenState = 0;   //其他任何字符让状态回到0
           break;
    case 2:if (U0RXBUF == 'e')  GreenState = 3;   //收到字符'e'才能使状态跳转至3
           else                GreenState = 0;   //其他任何字符让状态回到0
           break;
    case 3:if (U0RXBUF == 'e')  GreenState = 4;   //收到字符'e'才能使状态跳转至4
           else                GreenState = 0;   //其他任何字符让状态回到0
           break;
    case 4:if (U0RXBUF == 'n')  {GreenState = 0;GREEN_ON;}   //收到字符'n'才点亮 LED
           else                GreenState = 0;   //其他任何字符让状态回到0
           break;
}

switch(BlackState) //---------------------------匹配搜索字符串"black"---------------------
{
```

```
        case 0:if ( U0RXBUF =='b')    BlackState = 1;    //收到字符'b'才能使状态跳转至 1
               else                   BlackState = 0;    //其他任何字符让状态回到 0
               break;
        case 1:if ( U0RXBUF =='l')    BlackState = 2;    //收到字符'l'才能使状态跳转至 1
               else                   BlackState = 0;    //其他任何字符让状态回到 0
               break;
        case 2:if ( U0RXBUF =='a')    BlackState = 3;    //收到字符'a'才能使状态跳转至 1
               else                   BlackState = 0;    //其他任何字符让状态回到 0
               break;
        case 3:if ( U0RXBUF =='c')    BlackState = 4;    //收到字符'c'才能使状态跳转至 1
               else                   BlackState = 0;    //其他任何字符让状态回到 0
               break;
        case 4:if ( U0RXBUF =='k')    {BlackState = 0;LED_OFF;}    //收到字符'k'才关闭 LED
               else                   BlackState = 0;    //其他任何字符让状态回到 0
               break;
        }
    }
```

只要在串口接收中断内,依次处理 3 个状态机,相当于 3 个状态机并发执行,从而实现同时解析 3 个命令。

3.3 事件触发程序结构

事件触发结构也称为并发多任务结构。是一种将全部程序都放在中断内执行的程序结构。主程序只有一条休眠语句。大部分时间 CPU 都处于休眠状态,这种结构是低功耗系统软件的首选结构。可以将事件触发程序理解为:在前后台结构中,不执行任何后台任务,只有前台程序,而且所有的处理与响应都必须在前台中断内完成。

事件触发结构的程序实际上是没有流程的,程序执行的顺序与事件的发生顺序有关。因此在描述与实现事件触发结构时,要大量使用状态机建模的手段。所以,也可以将事件触发程序结构理解为用状态机对整个软件进行建模。

3.3.1 事件触发结构

在 MSP430 单片机的软件设计时,事件触发结构是首选的低功耗结构。程序只有在有事件发生的时候才响应或处理,没有任何额外的 CPU 时间被浪费于等待、扫描、查询等过程。事件触发结构能够最大限度地发挥 MSP430 单片机的低功耗性能。

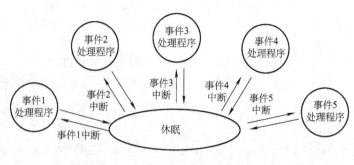

图 3.3.1　事件触发结构程序

典型的事件触发结构的程序见图 3.3.1。每个事件引发的中断都可以将休眠中的 CPU 唤醒，中断程序内对各个事件进行处理。每个中断内的处理程序不允许阻塞 CPU，并且要求尽快执行完毕，中断返回后，继续休眠。主程序内不执行任何处理任务，只有休眠。

```
void main()                    /* 事件触发结构程序的主程序 */
{
  Sys_Init();                  //系统初始化
  _EINT();                     //开中断
  while(1)
    {
      LPM3;                    //主程序永远休眠
    }
}
```

3.3.2 事件引擎

事件触发结构的程序中所有的处理程序都在中断内完成，最简单的方法就是在各个中断内直接写代码。对于简单的小程序，可以将代码写在中断内。但程序稍大后，特别是中断众多时，代码完全分散在各个中断服务程序内，程序将变得几乎没有可读性。其次，中断都是面向硬件的，例如 P1 口中断、定时器中断，并不能描述事件本身的特征(如"设置键"按下事件、0.25s 时间到达事件)，必须加注大量的注释才能表示各个中断的含义。第三，中断只能响应基本的事件，对于需要复杂的组合逻辑才能判定的事件(如串口接收缓冲区满事件)，无法直接用中断实现，需要在中断内进行必要的逻辑判断，甚至需要判断多个中断之间顺序或组合关系，这使得事件入口位置变得隐蔽，为日后维护带来困难。

为了解决这些问题，应该将事件触发结构程序分为两层如图 3.3.2 所示。底层叫做事件引擎层，它只负责发生各种事件时，将程序引导至上层相应的处理程序入口处。上层叫

事件 → 中断 → 事件引擎 → 事件处理程序

图 3.3.2 事件、中断与事件引擎

做应用层，只负责事件的处理，不关心事件是如何发生的。例如可以编写一个 Event.c 程序，将所有的处理程序都集中写在其中；在每个中断内调用 Event.C 内相应的处理函数。

事实上，在 PC Windows 的高级语言中，如 VC、VB 等，已经广泛使用了"消息队列机制"作为事件引擎，其实就是将事件排队，再依次分发给各个应用程序内的各个处理程序。当然，在 MSP430 单片机上无需、也无法使用如此复杂的消息队列机制，但可以借鉴其事件处理函数的命名方法。

最基本的事件处理函数命名方法采用"模块名_ On 事件名"的格式。例如下面是一些常见的事件处理函数名：

```
void   Button1_OnClick();           //按钮1事件处理程序
void   Key1_OnPush();               //按键1被按下事件处理程序
void   Key1_OnRelease();            //按键1被松开事件处理程序
void   UART_OnRxChar();             //串口收到一个新的字节事件处理程序
void   UART_OnRxError();            //串口收到一个错误字节事件处理程序
void   UART_OnTxFree();             //串口缓冲区发送完毕事件处理程序
```

```
void  UART_OnTxFull( );              //串口发送缓冲区已满事件处理程序
void  UART_OnTxChar( );              //串口发送一个字节完毕事件处理程序
void  Timer250ms_OnTime( );          //250ms 定时到达事件处理程序
void  Menu_OnTimeout( );             //菜单长时间无操作，超时处理程序
void  RTC_OnInterval( );             //实时钟走时定时到达程序
……
```

采用这种命名方法后，函数名称本身就具有说明功能，且符合英语语法，可读性大为增强。由于只有底层的事件驱动引擎才与硬件中断打交道，应用层的事件处理函数无需理会事件是如何发生的，所以事件引擎本身是一个很好的硬件隔离层。

在 MSP430 单片机中，几乎所有的内部资源都能引发中断，而且有大量的标志位用于指示设备的状态，因此 MSP430 单片机本身就具有很全面的硬件事件触发引擎！可见 MSP430 单片机在架构设计上已经为实现事件触发的低功耗程序结构而作了优化。对于某些无法引发硬件中断的事件，也可以通过定时查询来获取，但会增加额外的功耗。

例 3.3.1   在 MSP430 单片机系统中，为 P1.5、P1.6、P1.7 所在的 3 个按键编写事件驱动引擎，并为按键处理函数命名。

首先规划事件处理程序。只要规划好程序中所需的事件，并不用关心事件如何产生。对于 3 个按键来说，共有 3 种事件：键 1 被按下、键 2 被按下、键 3 被按下。为这 3 种事件写 3 个事件处理函数：

```
void Button1_OnClick( )              //按钮 1 事件处理程序
{
    //在这里写按键 1 的处理程序
}


void Button2_OnClick( )              //按钮 2 事件处理程序
{
    //在这里写按键 2 的处理程序
}


void Button3_OnClick( )              //按钮 3 事件处理程序
{
    //在这里写按键 3 的处理程序
}
```

这 3 个函数仅负责处理 3 个按键事件，并不关心按键事件是如何被检测到的。事件引擎层的程序才负责从中断中判断何种事件发生，做相应的预处理后再调用事件处理函数。例如按钮本身存在抖动，每次按键和松键都可能会导致多次按键所在的 I/O 口中断，在事件引擎层应该对其进行处理，保证每次有效按键才调用处理程序。

```
void Button_Detect( )        //----------按键事件引擎--------------------------------------------
{
    unsigned char PushKey;
```

```
    PushKey = P1IFG &(BIT5 + BIT6 + BIT7);      //读取 P1IFG 的 5、6、7 位(哪个键被按下)
    __delay_cycles(5000);                        //略延迟约 5ms 后再做判断(MCLK = 1MHz 时)
    if((P1IN & PushKey) == PushKey)              //如果按键变高了(松开),则判为毛刺
    {   //上句逻辑上需注意:按键低电平表示按下,而 P1IFG 高电平表示中断发生(键按下)
        P1IFG = 0; return;                       //认为按键无效,不作处理直接退出
    }
    if(PushKey & BIT5)                           //若 P1.5 所在按键被按下
    {
        Button1_OnClick();                       //执行按键 1 的处理函数
    }
    if(PushKey & BIT6)                           //若 P1.6 所在按键被按下
    {
        Button2_OnClick();                       //执行按键 2 的处理函数
    }
    if(PushKey & BIT7)                           //若 P1.7 所在按键被按下
    {
        Button3_OnClick();                       //执行按键 3 的处理函数
    }
}
```

最后才在 P1 口的中断内调用按键检测程序(按键事件引擎):

```
#pragma vector = PORT1_VECTOR
__interrupt void PORT1_ISR(void)                 //P1 口中断服务程序
{

    _BIC_SR(SCG0);                               //如果从 LPM3 唤醒,恢复时钟准确性
    Button_Detect();                             //按键事件引擎
    ...                                          //处理 P1 口中断的其他事件引擎
    P1IFG = 0;                                    //退出中断前清除 I/O 口中断标志
}
```

这段程序在 2.2 节 I/O 口中断一节中曾经出现。对于无法引发中断的 I/O 口键盘,也可以使用例 3.1.5 的定时中断内扫描的方法实现按键检测,编写另一种按键事件引擎:

```
char P_KEY1 = 255;                //存放 KEY1 前一次状态的变量
char N_KEY1 = 255;                //存放 KEY1 当前状态的变量
char P_KEY2 = 255;                //存放 KEY2 前一次状态的变量
char N_KEY2 = 255;                //存放 KEY2 当前状态的变量
char P_KEY3 = 255;                //存放 KEY3 前一次状态的变量
char N_KEY3 = 255;                //存放 KEY3 当前状态的变量
#define KEY1_IN(P1IN&BIT5)        //KEY1 输入 IO 的定义(P1.5)
#define KEY2_IN(P1IN&BIT6)        //KEY2 输入 IO 的定义(P1.6)
#define KEY3_IN(P1IN&BIT7)        //KEY3 输入 IO 的定义(P1.7)
```

```
void Button_Detect()            //----------按键事件引擎-----------------------------------
{
    P_KEY1 = N_KEY1;               //保存 KEY1 前一次的状态在 P_KEY1 变量内
    N_KEY1 = KEY1_IN;              //读取 KEY1 当前的状态 在 N_KEY1 变量内,下同
    P_KEY2 = N_KEY2;               //保存 KEY2 前一次的状态
    N_KEY2 = KEY2_IN;              //读取 KEY2 当前的状态
    P_KEY3 = N_KEY3;               //保存 KEY3 前一次的状态
    N_KEY3 = KEY3_IN;              //读取 KEY3 当前的状态
//如果前一次按键松开状态,本次按键状态为按下状态,则认为一次有效按键,调用相应的处理函数
    if((P_KEY1!=0)&&(N_KEY1==0)) Button1_OnClick();      //按键 1 处理
    if((P_KEY2!=0)&&(N_KEY2==0)) Button2_OnClick();      //按键 2 处理
    if((P_KEY3!=0)&&(N_KEY3==0)) Button3_OnClick();      //按键 3 处理
}
//------------------------------------------------BT 中断内调用按键事件引擎----------------
#pragma vector = BASICTIMER_VECTOR     //BasicTimer 定时器中断(1/32s)
__interrupt void BT_ISR(void)          //声明一个中断服务程序,名为 BT_ISR()
{
    Button_Detect();                   //按键事件引擎
    ...                                //其他事件引擎或处理程序
}
```

从而可以看到，即使更换了另一种完全不同的按键事件检测程序，但都能检测到按键事件并调用按键处理程序，在事件引擎层之上的软件不用做任何改动。这说明了事件引擎本身能够作为一种很好的硬件隔离层。在应用层只需关注处理各种事件以及状态转移，不必关心事件的检测方法。在引擎层也无需关心各个事件发生后需要如何处理。

例 3.3.2   在 MSP430 单片机系统中，为 0.5s 定时到达事件、2s 定时到达事件、1/32s 到达事件编写事件引擎，并这些定时事件的处理函数命名。

首先规划定时事件处理程序。为 3 种定时事件命名并编写处理程序：

```
void Timer500ms_OnTime()        //0.5s 定时到达事件处理程序
{
    //在这里写 0.5s 执行一次的处理程序
}
//-----------------------------------------------------------------------------------------
void Timer2s_OnTime()           //2s 定时到达事件处理程序
{
    //在这里写 2s 执行一次的处理程序
}
//-----------------------------------------------------------------------------------------
void Timer32_OnTime()           //1/32s 定时到达事件处理程序
{
```

```
        //在这里写1/32s执行一次的处理程序
    }
```

再编写事件触发引擎。0.5s、2s事件都是1/32s事件的整数倍,无需再专门占用两个定时器,可与1/32s定时公用同一个定时器,通过变量计数来实现复用。

```
    void Timer500ms_Engine( )      //------------------------- 0.5s定时事件引擎 -------------------------
    {
      static unsigned int Timer;
      Timer ++ ;     //计时累加变量,采用静态变量相当于全局变量,但仅在本函数内能访问
      if( Timer >=16) { Timer =0 ; Timer500ms_OnTime( ) ; }        //16次累加 =0.5s
    }

    void Timer2s_Engine( )        //-----------------------------2s定时事件引擎 -----------------------------
    {
      static unsigned int Timer;
      Timer ++ ;
      if( Timer >=64) { Timer =0 ; Timer2ms_OnTime( ) ; }        //16次累加 =2s
    }

//------------------------------------------BT中断内调用事件引擎------------------------------------------
    #pragma vector = BASICTIMER_VECTOR      //BasicTimer定时器中断(被设为1/32s)
    __ interrupt void BT_ISR( void)         //声明一个中断服务程序,名为BT_ISR( )
    {
      Timer32_OnTime( ) ;                   //1/32s定时到达
      Timer500ms_Engine( ) ;                //0.5s定时事件引擎
      Timer2s_Engine( ) ;                   //2s定时事件引擎
      ……                                   //其他定时事件引擎或定时处理程序
    }
```

例3.3.3 在MSP430单片机系统中,为串口接收编写事件引擎。要求能够响应下列事件:
串口收到一个字节;
串口收到一个数据帧(长度不固定,但不超过64B);
串口收到错误的数据;
串口收到数据帧首字节。
首先为4种事件处理函数命名,在此期间不用考虑事件如何发生。

```
    void UART_OnRxChar( )         //收到一个字节事件
    {
        //在这里写每次收到字节的处理程序
    }
    //-------------------------------------------------------------------------------------------------------
    void UART_OnRxFrame( )        //收到一个数据帧事件
```

```
{
    //在这里写每次收到数据帧的处理程序
}
//-------------------------------------------------------------------
void UART_OnRxError()                //收到错误数据处理事件
{
    //在这里写收到错误数据的处理程序
}
//-------------------------------------------------------------------
void UART_OnFirstChar()              //收到数据帧首字节事件
{
    //在这里写收到数据帧头的处理程序
}
```

然后再考虑如何依靠中断获知 4 种所需事件的发生。串口收到字节事件可以直接通过串口中断获得,在串口接收中断内,通过判断 RXWAKE 标志位可以获知帧头,通过判断 RX-ERR 标志位可以获知错误信息。最困难的是不定长度数据帧接收事件的捕捉,还需要其他复杂的逻辑配合。参考例 2.9.14 的方法,每次收到字节都对 TimerA 清零,一旦较长时间没有收到数据,则 TimerA 会溢出,在溢出中断内,认为一个数据帧一结束,调用处理函数。

```
#define FRAMEBUF_SIZE 64                        /* 最大帧长度       */
#define IDLELINE_TIME 204                       /* 线路空闲判据时间  */
unsigned char FrameBuff[FRAMEBUF_SIZE];         /* 接收帧缓冲区数组  */
unsigned int UART_RcvCnt = 0;                   /* 接收计数         */

#pragma vector = UART0RX_VECTOR
__ interrupt void UART0_RX(void)                //串口接收中断
{
    TAR = 0;                                    //清除帧空闲计时值
    TACTL | = MC_1;                             //以增计数方式开始计时

    UART_OnRxChar();                            //调用接收到一字节处理程序
    if(U0RCTL & RXWAKE) UART_OnFirstChar();     //判断并调用数据帧第一字节处理程序
    if(UxRCTL & RXERR) UART_OnRxError();        //判断并调用数据错误处理程序

    if(UART_RcvCnt < FRAMEBUF_SIZE)             //若缓冲区未满
    {
        FrameBuff[UART_RcvCnt] = U0RXBUF;       //接收一字节数据
        UART_RcvCnt ++;                         //指向下一字节
    }
    else IFG1 & = ~ URXIFG0;                     //接收区已满,不接收
} //读取 RXBUF 会自动清除串口中断标志,不读取时需要手动清除中断标志

#pragma vector = TIMERA1_VECTOR
```

```
__ interrupt void TA_ISR( void )              //定时器溢出中断
{ int i;
    if( TAIV == 10)                           //TA 溢出
    {
    TACTL & = ~ ( MC0 + MC1);                 //停止计数器
    //---------------------------------------------------------------
    //数据帧接收完毕,在这里写数据帧处理程序,注意缓冲区只用前 UART_RcvCnt 个数据
    UART_OnRxFrame( );                         //调用数据帧接收事件处理函数
    //---------------------------------------------------------------
    UART_RcvCnt = 0;                           //清除接收计数
    for( i = 0;i < FRAMEBUF_SIZE;i + + ) FrameBuff[ i ] = 0;  //清除接收缓冲区(可省略)
    }
}
```

3.3.3　中断优先级与中断嵌套

MSP430 单片机具有固定的中断优先级顺序,当高级中断和低级中断同时请求时,高级中断能够优先得到响应。但在进入任何中断入口后,单片机会自动清除总中断允许标志位 GIE。也就是说,MSP430 单片机的中断默认是不能互相打断的。即使高级中断也不能打断低级中断的执行,这就避免了中断未完成时进入另一中断的可能。如果 A 中断服务程序执行时 B 中断发生,B 中断的中断标志位置1,但不会立即中断,需自动等待 A 执行完成返回后(GIE 自动恢复),才进入 B 的中断服务程序(见图 3.3.3a)。当然,先发生的中断将会导致后发生的中断处理延迟。

如果 A 中断执行期间内,有多个中断发生,会在 A 中断执行完毕后,依照优先级由高至低的顺序依次执行各个待执行的中断服务程序(见图 3.3.3b)。可以认为 MSP430 单片机在硬件上拥有一个事件队列机制,能够将未执行的事件依次排队,再依照优先次序顺序执行各个事件的处理程序。这种机制保证了不会发生函数重入以及两个事件同时访问共享资源的情况出现。

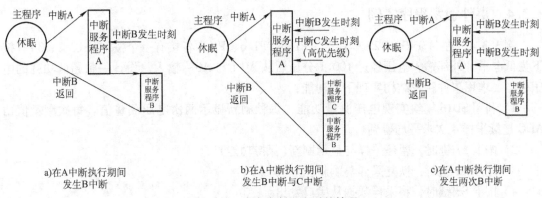

a)在A中断执行期间　　　　　b)在A中断执行期间　　　　　c)在A中断执行期间
　发生B中断　　　　　　　　　发生B中断与C中断　　　　　　　发生两次B中断

图 3.3.3　多个中断发生时的情况

MSP430 家族中不同型号的单片机所包含的内部资源种类与数目都各不相同,中断优先级的排列顺序也有可能不同。一般来说,复位永远是最高优先级,接下来是 NMI 中断,之

后的顺序随型号不同而异，但总体规律是越慢速的设备中断优先级越低。例如 F425 单片机中的中断优先级按照"复位 > NMI > SD16 > WDT > UART > TimerA > P1 > P2 > BasicTimer"的顺序排列。其他型号的 MSP430 单片机可以参照相应单片机的数据手册或者头文件。

MSP430 单片机的硬件事件队列机制依靠各个中断标志位实现，并不是真正的"队列"。因为每个中断只有 1 个标志位，每种中断只能记录 1 次未处理的事件。如果在 A 中断执行时，发生 2 次 B 中断，A 执行完毕后，只会执行 1 次 B 中断处理程序（见图 3.3.3c）。

为了避免这种情况发生，要求所有的中断都尽快执行完毕，以免造成后续的事件被丢失。但对于某些响应时间要求及其严格的事件，如定时采样、精确波形产生等场合，不允许有任何延迟，希望这些事件能打断其他中断的执行。这种情况可以在所有的中断入口处都加一句开中断语句，恢复总中断允许。以 BT 中断为例：

```
#pragma vector = BASICTIMER_VECTOR        //BasicTimer 定时器中断(1/2s)
__ interrupt void BT_ISR( void )          //中断声明
{
  _EINT( ) ;                              //允许该中断执行过程被其他中断打断
  …                                       //BasicTimer 中断服务程序
}
```

增加开中断语句后，该中断的执行过程能够被其他任何（包括优先级更低的）中断打断，见图 3.3.4。这种中断互相打断对方的行为被称为"中断嵌套"。

中断嵌套被允许后，所有中断能够能立即被执行，因此能够保证事件的严格实时性要求。事件触发结构的程序全部由中断构成，而且各个事件处理程序之间全部的参数都必须通过全局变量

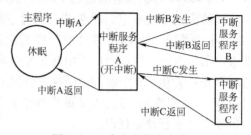

图 3.3.4   多个中断嵌套发生

来传递。所以一旦允许中断嵌套，就要特别注意因此造成的临界代码和函数重入问题。原则和方法同前后台程序。

3.3.4   事件触发程序实例

例 3.3.4   在 MSP430F425 单片上，P1.5、P1.6、P1.7 各接有一个按键（S1、S2、S3），按下为低电平。外部输入电压经过 100:1 分压后从 A0 + 与 A0 - 输入，设计一款超低功耗的电压表，要求用事件触发结构实现下列功能：

1）利用 SD16 模块实现电压测量功能，每秒刷新显示两次电压测量值。每次测量值由 ADC 连续采样 4 次求平均得到。

2）按下 S1 键时，暂停采样与显示刷新（保持功能）。

3）按下 S2 键时，恢复采样与刷新。

4）按下 S3 键时，将采样数据从串口发出。

首先规划程序结构：在该程序中，有 5 种中断，分别是 3 个按键的 I/O 中断、0.5s 刷新周期定时中断、ADC 采样完毕中断。如图 3.3.5 所示，每个中断很快执行完毕后系统立即返回休眠状态，具有极低的功耗。

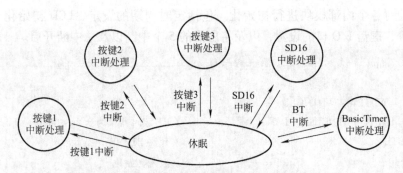

图 3.3.5 超低功耗电压表的程序结构

再看对时钟的需求：按键中断无需时钟，BasicTimer 作 0.5s 定时需要 ACLK 时钟，ADC 采样需要 SMCLK 时钟。因此 CPU 在大部分时候可以休眠于 LPM3 模式（只有 ACLK 活动），仅在采样期间才休眠于 LPM0 模式（仅关闭 MCLK，其余时钟保持活动）。

再对程序进行状态机建模：事件触发程序结构中要求每个处理程序必须尽快结束，不允许阻塞 CPU，且应尽量避免等待、延迟等环节，状态机模型是首选的描述方法。

分析所有的设计任务，系统总共可以分为 3 种状态：空闲状态、ADC 采样状态、暂停状态。共有 5 种事件（5 个中断）驱使系统在 3 种状态之间转移。用语言描述状态转移之间的关系：

1）空闲状态下，如果 0.5s 定时到达，则开启基准、ADC 时钟、开始 ADC 转换，系统变为"采样状态"。

2）在采样状态下，如果 ADC 采样完毕，则让采样次数计数值加 1。如果采样计数值达到 4 次，则关闭基准、停止 ADC 采样、关闭 ADC 时钟、计算并显示电压值。

3）在空闲状态下若按下 S1，则变为暂停状态。暂停状态下不响应定时事件。

4）在采样状态下若按下 S1，则变为暂停状态。同时将 ADC 相关设备关闭。

5）任何时候按下 S3 键，将最近一次的采样值从串口发出。

将这些描述用状态转移图描述，见图 3.3.6。

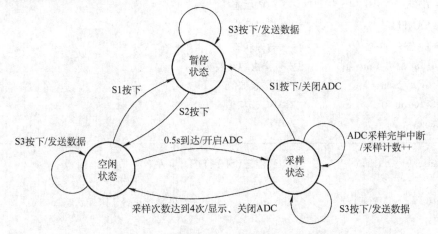

图 3.3.6 超低功耗电压表的状态转移图

在事件触发型程序中，主程序只有初始化与休眠，可以先写主程序。根据设计要求先在主程序开始处对各个内部模块进行初始化。包括定时周期的设定、LCD 初始化、串口模式与波特率设置、键盘 I/O 口的设置，以及将所需的 5 个中断以及总中断开启。

```
void main( void )      / * --------------- 主程序 ------------------------------------------------ * /
{
    WDTCTL = WDTPW + WDTHOLD;                    //停止看门狗
    BTCTL = BTDIV + BT_fCLK2_DIV64;             //BT 定时器设为 0.5s 中断
    IE2 |= BTIE;                                //允许 BT 中断
    LCD_Init( );                                //液晶初始化
    UART_Init(2400,'n',8,1);                    //串口初始化
    SD16CTL |= SD16SSEL_1 + SD16DIV_1;          //SD16 时钟 = SMCLK/2 = 500kHz
    SD16INCTL0 |= SD16INCH_0 + SD16GAIN_1;      //ADC0 从外部输入,放大 1 倍
    SD16CCTL0 |= SD16DF + SD16IE;               //数据格式为"有符号",开中断,连续采样
    P1DIR & = ~ (BIT5 + BIT6 + BIT7);           //P1.5、P1.6、P1.7 设为输入(可省略)
    P1IES |= BIT5 + BIT6 + BIT7;                //P1.5、P1.6、P1.7 设为下降沿中断
    P1IE |= BIT5 + BIT6 + BIT7;                 //允许 P1.5、P1.6、P1.7 中断
    _EINT( );                                   //总中断允许
    while(1)
    {
      LPM3;                                     //主程序永远休眠
                                                //可以不写 while 循环,因为程序已经停止
    }
}
```

下一步编写 5 种事件处理程序。根据图 3.3.4 的状态转移图，编写事件引发的状态转移与执行动作。在事件触发程序中，只能在每个事件中判断状态，根据系统的当前状态执行相应动作并作相应的状态转移。

```
unsigned char State = 0;          / * 系统状态变量      * /
#define IDLE       0              / * 空闲状态          * /
#define SAMPLE     1              / * 采样状态          * /
#define PAUSE      2              / * 暂停状态          * /
unsigned int ADC_Cnt = 0;         //采样次数计数变量
long int ADC_Sum = 0;             //采样累加值
int ADC_Result = 0;               //ADC 平均值
int Voltage;                      //电压
// ----------------------------------------------------------------------------------
void PauseKey_OnPush( )           / * 暂停键(S1 键)按下事件 * /
{
  if( State == SAMPLE)                          //如果系统正处于采样状态
  {
    SD16CTL & = ~ (SD16REFON + SD16VMIDON);    //关闭内部基准源
    SD16CCTL0 & = ~ SD16SC;                     //停止采样
    ADC_Sum = 0;
```

```
        ADC_Cnt = 0;                      //清空未完成的采样结果
    }
      State = PAUSE;                      //系统变为暂停状态
}
//-------------------------------------------------------------------------------
void ResumeKey_OnPush( )      /* 恢复键(S2 键)按下事件 */
{
    if(State == PAUSE)State = IDLE;    //如果系统处在暂停状态,则恢复为空闲状态
}
//-------------------------------------------------------------------------------
void SendKey_OnPush( )        /* 发送键(S3 键)按下事件 */
{
    UART_PutChar((unsigned int)Voltage/256);      //发送电压高字节
    UART_PutChar((unsigned int)Voltage%256);      //发送电压低字节
}
//-------------------------------------------------------------------------------
void Timer500ms_OnTime( )        /* 0.5s 定时到达事件 */
{
    if(State == IDLE)                            //如果系统处于空闲状态
    {
        SD16CTL |= (SD16REFON + SD16VMIDON);    //开启内部基准源,开启输出缓冲器
        SD16CCTL0 |= SD16SC;                    //发出开始采样指令
        State = SAMPLE;                          //系统状态变为采样状态
    }
}
//-------------------------------------------------------------------------------
void ADC0_OnConvEnd( )        /* ADC0 采样完毕事件 */
{
    ADC_Cnt ++ ;                      //计数
    ADC_Sum += (int)SD16MEM0;        //累加
    if(ADC_Cnt >= 4)                  //当累加次数达到4次
    {
        State = IDLE;                            //系统状态变为空闲状态
        SD16CTL & = ~ (SD16REFON + SD16VMIDON);  //关闭内部基准源
        SD16CCTL0 & = ~ SD16SC;                  //停止采样
        ADC_Cnt = 0;                              //清除累加次数
        ADC_Result = ADC_Sum/4;                  //计算4次平均采样值
        ADC_Sum = 0;                              //清除累加值
        Voltage = ((long)ADC_Result-ADC_0) * VCAL/((long)ADC_F-ADC_0); //计算电压
        LCD_DisplayDecimal(Voltage,2);          //显示电压值,带2位小数(例2.5.10)
        LCD_InsertChar(VV);                      //尾部添加单位:V
```

```
        }
    }
    //---------------------------------------------------------------------------------------
```

至此，虽然只编写了事件处理程序，还没有与硬件联系起来，但此时已经可以进行代码测试了。只要编写一个测试函数，依次顺序调用各种事件处理程序，就可以模拟相应的事件依次发生。这一阶段就可以将大部分错误排除，甚至可以对所有可能发生的事件组合进行穷举与组合，进行完整的测试。

最后编写事件引擎，用于检测并触发 5 种事件。事件引擎要根据硬件中断来调用各个事件处理函数，并处理和中断相关的标志位判断、标志位清除等处理。值得注意的是主程序一直处于 LPM3 休眠，仅保留了 ACLK，而 SD16 模块所需的 SMCLK 是被关闭的。为了让 SD16 模块工作过程有时钟，系统在 4 次采样过程中应该进入 LPM0 休眠，保持 SMCLK 活动。这也在事件引擎中处理，在 BT 定时中断退出前，用_ BIC_ SR_ IRQ 内部函数修改堆栈中的 SR 寄存器，清除 SCG0/1 标志位，中断退出后将是 LPM0 休眠而非 LMP3 休眠。在 4 次采样完毕后，用_ BIS_ SR_ IRQ 函数在退出中断时恢复 LPM3 休眠。

```
#pragma vector = SD16_VECTOR            //SD16 采样中断
__ interrupt void SD16ISR( void)         //中断声明
{
    _BIC_SR(SCG0);                       //清除 SR 寄存器的 SCG0 控制位,恢复时钟准确性
    switch(SD16IV)                       //判断中断源
    {
        case 2: break;                   //SD16MEM 超量程不作处理
        case 4: ADC0_OnConvEnd( );        //ADC0 每次采样结束的处理
                if( ADC_Cnt ==0) _BIS_SR_IRQ(LPM3_bits);  //4 次采完回到 LPM3 休眠模式
                break;
        case 6: break;                   //ADC1 采样结束不作处理
        case 8: break;                   //ADC2 采样结束不作处理
    }
}

#pragma vector  = BASICTIMER_VECTOR     //BasicTimer 定时器中断(1/2s)
__ interrupt void BT_ISR( void)          //中断声明
{
    _BIC_SR(SCG0);                       //清除 SR 寄存器的 SCG0 控制位,恢复时钟准确性
    Timer500ms_OnTime( );                //调用 500ms 定时到达事件处理程序
    _BIC_SR_IRQ(SCG0 + SCG1);           //退出中断时进入 LPM0,保持 SMCLK 活动,为 ADC 供时钟
}

#pragma vector  = PORT1_VECTOR          //P1 口中断源
__ interrupt void P1_ISR( void)          //声明一个中断服务程序,名为 P1_ISR( )
{
    if( P1IFG & BIT5) PauseKey_OnPush( );  //P1.5(S1)引发的中断
```

```
    if( P1IFG & BIT6) ResumeKey_OnPush( );          // P1.6(S1)引发的中断
    if( P1IFG & BIT7) SendKey_OnPush( );            // P1.7(S1)引发的中断
     P1IFG = 0;                                      // 清除 P1 所有中断标志位
}
```

通过这个程序我们看出,状态机建模是编写事件触发结构程序的重要软件建模手段,通过状态机建模可以在行为的层次描述和构架整个程序。在本例中,首先编写的是 main 函数,在编写 main 函数时并不关心整个软件的功能与实现,只关心各个模块的初始化与中断开启。第二步根据已经建立的状态机模型编写事件触发程序,按照状态转移图执行各种动作并处理状态转移。在这个过程中并不关心事件是如何发生的,只处理事件与状态、动作之间的关系。最后才编写事件触发引擎,在此阶段只需关心事件如何被检测到,而不必关心事件要如何处理。

这种设计方法被称为"至上而下"的设计方法。从顶层行为开始为软件建模,再从事件与行为关系的处理着手开始编程,最后再编写底层程序。事实上,只要画出状态转移图(对软件建模),就可以借助某些强大的数学仿真工具,甚至在无需硬件、无需编写单片机软件的情况下,实现对软件行为进行仿真。例如产生对一台咖啡机所有可能的操作序列组合,试验状态机模型是否完备,是否有可能存在操作漏洞。验证状态机模型正确无误、无操作漏洞后,再转换成软件代码,最终的产品必然是无误的。这种"至上而下"的设计方法不必等到产品测试阶段才暴露某些隐患,从而能够节省大量的时间与开发成本。

目前,许多专业的数学工具都对状态机模型提供仿真平台(如 MATLAB),也有一些专用的状态机建模与仿真软件(如 Visual State),甚至能为指定处理器自动生成代码,从而使单片机的图形化编程成为可能。

本 章 小 结

在实际的工程项目中,对于智能化的系统的功能要求一般都非常多,因此单片机软件编程的难点与核心是多任务的并发执行。本章介绍了实现多任务软件的两种常用结构:前后台程序结构和事件触发结构。

在大型软件中,还会用到基于实时操作系统(RTOS)的任务调度结构,但是对内存以及存储空间的开销非常大,在中低端的处理器中应用较少,有兴趣的读者可以参阅相关资料。这3种常用的程序结构各有优缺点,也各有其适用领域。事件触发结构适用于简单的超低功耗程序,前后台结构适合一般的中小型软件,是最灵活的结构。RTOS 适用于大型的、任务众多的软件系统。3种结构的对比见下表。

对 比 项 目	前后台程序结构	事件触发程序结构	基于 RTOS
实 时 性	较低	最高	较高
RAM 消耗	最少	中等	多
功 耗	较低(与结构有关)	极低	较高
编程难度	中等	较难	容易
维护难度	中等	较难	容易

（续）

对 比 项 目	前后台程序结构	事件触发程序结构	基于 RTOS
升级难度	较难	很难	容易
软件规模	中小型软件	小型软件	中大规模软件
开发周期	较长	较长	短

本章介绍的状态机建模是描述软件并发行为的一种有效手段。它不仅是事件触发结构程序的基础，也可以在前后台程序或基于 RTOS 程序的局部使用，对于复杂的并发事件处理非常有效。

习　题

1. 莫尔斯电码以"点（短鸣）"和"划（长鸣）"两种基本单位构成。并规定以每个点的鸣响时间作为1 个基本单位（假设 1/8s），一划占用 3 个时间单位，一个字母内相邻的点或划之间间隔两个时间单位。两个字母之间留出 7 个时间单位间隔。莫尔斯码见下表。

字母	莫尔斯码	字母	莫尔斯码	字母	莫尔斯码	字母	莫尔斯码
A	●—	H	●●●●	O	— — —	V	●●●—
B	—●●●	I	●●	P	●— —●	W	●— —
C	—●—●	J	●— — —	Q	— —●—	X	—●●—
D	—●●	K	—●—	R	●—●	Y	—●— —
E	●	L	●—●●	S	●●●	Z	— —●●
F	●●—●	M	— —	T	—		●表示短鸣（点）
G	— —●●	N	—●	U	●●—		—表示长鸣（划）

在 MSP430 单片机上实现"自动莫尔斯发报机"程序。要求从串口接收 ASCII 码字符（大写 A～Z），并将根据莫尔斯码表将其转换成蜂鸣器的鸣响（或 LED 亮灭）。先等待串口接收到一个字符，再进行一次转换和输出，之后等待下一字符（单任务）。

2. 在题 1 的基础上，要求串口接收数据与莫尔斯码发报两个任务同时进行。由于发报速度远慢于串口接收速度。要求用 FIFO 缓冲区暂存未发出的串口字符序列。实现从串口每次连续输入一个单词或一个完整的英文句子，发报机自动将字母逐个发出。发报过程中也可以随时追加待发送内容。用前后台程序结构实现，再尝试在 uC/OS-II 下实现。

3. 莫尔斯码中，只规定了长短时间的比例，并未规定单位时间。改变单位时间的长短将导致莫尔斯的码速不同。在上题基础上再增加第三个任务：通过按键随时调整电报速度。按 P1.6 键加快发报速度，按 P1.7 键减慢发报速度（两个按键均为低电平有效）。

4. 设计一种"SOS"求救信号自动搜索机。假设电报接收机已经将莫尔斯码接收并解调，转换成数字电平的脉冲信号，从 P1.5 口输入 MSP430 单片机。判定规则是：P1.5 口出现 0.25s 以下时间的低电平判为收到"点"，P1.5 口出现 0.25s 以上低电平判为收到"划"。P1.5 高电平时间不足 0.75s表示同一字符点、划间的间隔，高电平超过 0.75s 表示两个字符间的间隔。（信号可以通过按键模拟）。要求当莫尔斯码流中出现"SOS"字符串时，点亮 P2.0 口的 LED 发出警报。（提示：利用状态机设计字符匹配程序实现）

5. 以例 3.2.3 的键盘程序为基础，用状态机建模实现具有以下功能的键盘程序：

   a. 每一次按键(不足 2s)返回一次短按键(直接返回键值)

   b. 按键持续超过 2s 后，返回一次长按键(首次长键值 = 短键值 + 0xC0)

   c. 按键持续超过 3s 后，每 0.25s 返回一次长按键

   d. 按键持续超过 5s 后，每 0.125s 返回一次长按键(长按键值 = 短键值 + 0x80)

   e. 不阻塞 CPU

长短按键波形示意图见图 3.3.7。

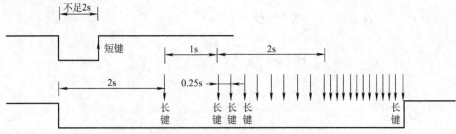

图 3.3.7　长短按键波形示意图

   6. 为某统计房间人员进出的装置编写程序。通过两对间距 5cm 的长距离透射式红外线传感器来实现人员进出的感应。原理见图 3.3.8。

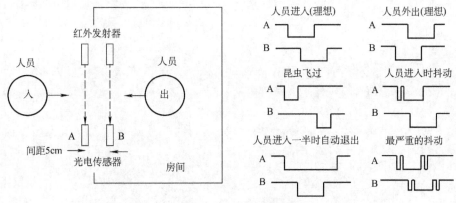

图 3.3.8　人员统计装置的原理与各种输出波形

   假设传感器在有光照时输出高电平。当人进入房间时，先切断 A 光线，再切断 B 光线，因此传感器 A 输出的低电平先于 B 出现。人员走出房间时，A、B 出现脉冲的顺序相反。假设传感器信号 A、B 送入 MSP430 单片机的 I/O 口(可以用按键模拟)。要求利用状态机对计数软件进行建模，实现人员统计功能。注意各种意外情况：

   a. 对于体长小于 5cm 的物体(例如昆虫飞过)不计数(A、B 没有同时为低)

   b. 人员进入时，在光线 A 处因为人体摇摆产生多次脉冲，要正确计数(只计一次)

   c. 人员进入时，在光线 B 处因为人体摇摆产生多次脉冲，要正确计数(只计一次)

   d. 人员进入过程中，已经切断 A 光线后，自动退回了，不计数

   e. 人员进入过程中，已经切断 B 光线后，自动退回了，不计数

   f. 人员进入过程中，已经切断 B 光线后并露出 A 光线时，自动退回了，不计数

   g. 人员外出过程也要求在上述情况下正确计数

   注意状态机模型的完备性，在各种意外组合出现的情况下，甚至人为故意制造错误的情况下，都保证人员计数正确。验证时可以通过两只按键模拟人员进出过程，尝试设计所有可能的错误情况的时序，来验证计数程序，保证计数程序没有漏洞。并且注意不能用延时来消除抖动，因为人员行走速度是不确定的。

（提示：参考例 3.2.4 旋转编码器的状态模型）

　　7. 招待客人的一般流程是："客人来了之后，先请他坐下茶。如果开水瓶里有开水，就取茶叶、洗杯子、泡茶、上茶；如果开水瓶里没有开水，就接一壶水，放到炉子上烧水，等水开的过程中取茶叶、洗杯子、和客人聊天，等到水开了泡茶、上茶"画出招待客人的流程图。

　　用"当…时，如果发生…事件，就做…"的语法改写上述描述语句，并用状态转移图对招待客人的过程进行状态机建模，画出招待客人的状态转移图。

第4章 人机交互

MSP430 单片机主要应用在手持式、便携式、以及工业产品，如医疗设备、测量装置、工业测控、智能仪表、测量与控制等。在这些应用中 MSP430 单片机一方面要和测控对象打交道，完成测量、控制、调节、报警、通信等功能。另一方面要将测量结果、控制效果等信息反馈给用户，而且用户要进行系统参数设置、校准等操作。这些与"人"打交道的过程被称为"人机交互"。

但是，这些产品中大多没有复杂的人机交互设备。一般只有 2～4 个按钮、段码 LCD 显示器、数码管显示等简单交互设备，甚至根本没有输入和显示装置。

本章将探讨如何在输入、输出设备资源极其有限的情况下，设计出操作简便、快捷、功能丰富的人机交互手段，并介绍几种常用的菜单形式与实现方法。掌握本章的内容，对于各种嵌入式产品的开发与设计都是有帮助的。

4.1 超级终端

先考虑最坏的情况：单片机系统中没有任何显示设备，也没有按键或其他输入设备，如何进行人机交互？这时只能借助于其他外部的交互设备。最常用的方法是通过 Windows 自带的"超级终端(Hyper Terminal)"软件来与单片机交互。

4.1.1 初识超级终端

C 语言中提供了"printf"、"scanf"等格式化输入、输出函数。功能分别是向标准终端设备上打印内容以及从标准终端设备上获取输入信息。有了这两个函数，就可以借助标准终端设备进行人机交互。单片机通过串口与计算机连接之后，可以利用"超级终端"软件将计算机的屏幕作为单片机的显示设备(输出终端)，将计算机键盘作为单片机的输入设备(输入终端)。在单片机上通过 C 语言编译器提供的 printf 和 scanf 函数与计算机实现人机交互。

从 Windows 的"开始->程序->附件->通信->超级终端"运行"超级终端"软件。对于 Vista 以后的操作系统，超级终端不再作为操作系统的附件之一，因为网络上有许多类似超级终端的免费软件可以下载。如图 4.1.1 所示，如果是第一次运行，会提示输入电话号码、长途区号、外线拨号等信息，这是为了早期 Modem 通过电话线连接的一些设置，可以不必理会，填 0 或任意数字。下一步新建一个对话，随意填对话名称。笔者建议用串口设置作为对话名，将对话保存后，今后需要什么样的串口设置，只需打开相应对话即可。

接下来选择串口序号并设置串口参数。根据通信需要来设置波特率、数据位、校验位、停止位，最后注意"流量控制"要设为"无"。各参数要与单片机的串口设置一致。串口配置完毕后，超级终端软件启动。界面见图 4.1.2。

超级终端的主窗体是显示区域，在单片机上调用 printf( )函数所打印的内容将显示于此，同时，计算机的键盘输入信息将会以标准 ASCII 码格式从串口发出。在单片机上可以用 get-

 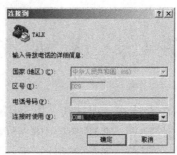 

a)新建对话　　　　　　　　　　b)选择通信端口　　　　　　　　c)配置通信端口

图 4.1.1　超级终端的启动与配置过程

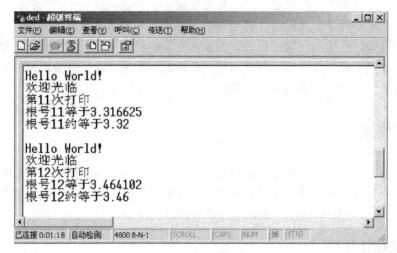

图 4.1.2　超级终端界面

char、scanf 等函数获取计算机键盘的输入数据，为基本的人机交互提供了手段。

4.1.2　printf 与 scanf 函数的原理

读者在初学 C 语言时都曾接触过 printf 函数与 scanf 函数。其中 printf 函数可以在计算机屏幕上格式化打印各种信息，通过 scanf 函数可以从计算机键盘上输入各种信息。这两个函数是 C 语言提供的库函数，并且 C 语言标准规定任何 C 语言编译器都要提供这两个函数。在使用 C 语言开发单片机软件时同样可以使用 printf 函数与 scanf 函数。单片机既没有屏幕也没有 26 个字母键盘，printf 函数打印到何处？scanf 函数的输入信息从何而来？

事实上，printf 函数只负责格式化输出字符，而并不管信息输出到何处。它依靠调用 putchar 函数来输出字符，由 putchar 函数决定字符输出到何种设备上。同样的，scanf 函数只负责格式化输入，而不管信息从何处得来。它依靠调用 getchar 函数来获取字符，由 getchar 函数决定字符从何设备上获取。

图 4.1.3 是在单片机上运行 printf 与 scanf 函数的过程，在单片机程序中调用 printf 函数时，printf 函数本身只负责将数据解析成 ASCII 码流，通过调用 putchar 函数将字符依次发出。如果在 putchar 函数内编写从串口发送一字节的程序，printf 函数的输出结果将从单片机串口发出。

如果单片机与计算机通过串口连接，并且在计算机上运行了超级终端程序，计算机将被模拟成标准终端设备，单片机执行 printf 函数的打印结果最终会显示在计算机的屏幕上。

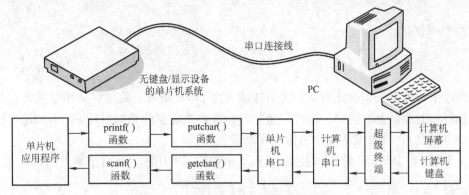

图 4.1.3　printf 与 scanf 函数的工作过程

同样的，在单片机程序中调用 scanf 函数时，该函数只负责对 ASCII 字符流的解析，每个字符都通过调用 getchar 函数获得。如果将 getchar 函数写成从串口等待一字节数据，scanf 函数将通过串口获取输入信息。与计算机串口相连后，通过计算机的超级终端软件，最终实现从计算机的键盘输入信息。

需要注意的是，超级终端默认不显示本地字符，也就是不回显键盘的输入字符，因此 getchar 函数要负责将收到的字符从串口原样发回至计算机，才能在计算机上看到键盘输入的字符。

4.1.3　printf 与 scanf 函数的应用

为了使用 printf 函数，首先需要先编写 putchar 函数。在串口收发程序所在的文件中编写 putchar 函数。该函数负责将字符从串口发出。注意回车符" \n"在 ASCII 码中是一字节数据 0x0A，但在标准终端协议中，"回车"仅让光标回到本行首位置，还需要"换行"（" \r"）动作才能将光标置于下一行，需要将" \n"扩展成" \r" + " \n"（0x0D、0x0A）两个字节依次发出。

```
/****************************************************************
* 名    称:putchar()
* 功    能:向标准终端设备发送一字节数据(1 个字符)
* 入口参数:ch:待发送的字符
* 出口参数:发出的字符
* 说    明:printf 函数会调用该函数作为底层输出。这里从串口输出字符到 PC 的超
          级终端软件上,printf 的结果将打印到超级终端上
****************************************************************/
int putchar( int ch)
{
    if ( ch =='\n')              // '\n'(回车)扩展成 '\n''\r'(回车 + 换行)
```

```
    {
        UART_PutChar(0x0d);                      // '\r'
    }
    UART_PutChar(ch);                            //从串口发出数据(见例2.9.4或例2.9.10)
    return(ch);                                  //将发送数据原样返回表示成功
}
```

主程序中，需要先初始化串口，之后才能调用 printf 函数，数据将从串口输出，最终打印在超级终端的屏幕上。当然，也可以接兼容标准终端协议的串口打印机(例如超市打印小票的微型打印机)，将数据从打印机输出到纸带上。

例 4.1.1   在 MSP430 单片机上演示 printf 函数的基本用法。运行结果见图 4.1.2。

```
#include "msp430x42x. h"                  / * 430 寄存器头文件 * /
#include "UART. h"                        / * 串口通信程序库头文件 * /
#include "stdio. h"                       / * 标准 IO 设备头文件(printf/scanf 函数所需) * /
#include "math. h"                        / * 数学函数库 * /
int  Count = 0;                           //打印次数
void  main(void)
{
    WDTCTL = WDTPW + WDTHOLD;              //停止看门狗
    FLL_CTL0 |= XCAP18PF;                 //配置晶振负载电容
    UART_Init(4800,'n',8,1);             //串口初始化,设置成 4800bit/s,无校验,8 位数据,1 位停止
    while(1)
    {
        __ delay _ cycles(1000000);                                       //延迟 1s
//---------------------------------------printf 基本功能演示范例---------------------------------------
        printf("\nHello World! \n");                       //打印到超级终端
        printf("欢迎光临\n");                               //中文也支持!
        Count ++;
        printf("第%d 次打印\n",Count);                      //能够支持格式化数据打印
        printf("根号%d 等于%f\n",Count,sqrt(Count));       //能够支持浮点数
        printf("根号%d 约等于%. 2f\n",Count,sqrt(Count));  //能够支持小数格式
    }
```

例 4.1.2   用超级终端调试 ADC。通过超级终端查看某定时采样程序的采样结果。

```
ADC16_VrefOn();                          //打开基准源
Analog_On();                             //打开外设电源 P2.2(如果有必要)
for(i = 0;i < 100;i ++);                //略延迟,等待稳定
ADC_Value = ADC16_Sample(2,1);          //ADC2 单次采样
ADC16_VrefOff();                         //关闭基准源
Analog_Off();                            //关闭外设电源 P2.2(如果有必要)
```

```
printf(" ADC2 的采样值 = % d ",ADC_Value);                              //打印 ADC 采样值
printf("对应电压 = %.4fV\n",(float)ADC_Value * 0.6/32768);    //打印实际电压值
```

运行结果见图 4.1.4。

图 4.1.4   ADC 测试程序的运行结果

类似的,在使用 scanf 函数之前,要针对字符输入来源自行编写 getchar 函数。为了和超级终端通信,需要获取串口的接收数据。最简单的 getchar 函数可以直接等待串口接收一个字节。

```
/**********************************************************************
*  名      称:getchar( )
*  功      能:从标准终端设备接收一字节数据(1 个字符)
*  入口参数:无
*  出口参数:收到的字符
*  说      明:scanf 函数会调用该函数作为底层输入。这里从 PC 键盘借助超级终端软
               件通过串口输入字符到单片机上。scanf 函数的输入即源自 PC 键盘
***********************************************************************/
int getchar(void)
{
    char ch;
    ch = UART_GetChar( );    //等待串口接收一字节数据(见例 2.9.4)
    putchar(ch);             //将收到的字节发回,PC 才能本地回显键盘输入字符
    return(ch);              //返回数据
}
```

但是,人的输入过程是会偶尔犯错误的。当不小心输入了错误的数据时,可能需要按"退格"键删除错误的数据。scanf 函数本身是不支持删除操作的,它只能顺序地解析 ASCII 码字符串,不能处理删除操作。为了实现退格键的功能,需要开辟一个缓冲区,先处理键盘输入与退格操作,等到输入完毕,按回车键时,再将整个缓冲区内的数据依次送回。

```
#define LINE_LENGTH 20                    /* 行缓冲区大小,决定每行最多输入的字符数 */
/* 标准终端设备中,特殊 ASCII 码定义,请勿修改 */
```

```
#define In_BACKSP   0x08               / * ASCII  <--(退格键) * /
#define In_DELETE   0x7F               / * ASCII < DEL > (DEL 键) * /
#define In_EOL  '\r'                   / * ASCII < CR > (回车键) * /
#define In_SKIP  '\3 '                 / * ASCII control-C * /
#define In_EOF  '\x1A '                / * ASCII control-Z * /
#define Out_DELETE  "\x8 \x8 "         / * VT100 backspace and clear * /
#define Out_SKIP  "^C\n"               / * ^C and new line * /
#define Out_EOF  "^Z "                 / * ^Z and return EOF * /
**********************************************************
* 名      称:put_message()
* 功      能:向标准终端设备发送一个字符串
* 入口参数: * s: 字符串(数组)头指针(数组名)
* 出口参数:无
*********************************************************/
static void put_message( char  * s)
{
  while ( * s)                //当前字符不为空(字符串以 0x00 结尾)
    putchar( * s ++ );        //输出一个字符,指针指向下一字符
}

/ ************************************************************
* 名      称:getchar()
* 功      能:从标准终端设备接收一字节数据(1 个字符)
* 入口参数:无
* 出口参数:收到的字符
* 说      明:本函数带有缓存,能够处理退格等删除操作。
************************************************************ /
int getchar( void)
{
  static char io_buffer[ LINE_LENGTH + 2 ];     / * Where to put chars * /
  static int ptr;                               / * Pointer in buffer * /
  char c;

  while(1)
  {
    if ( io_buffer[ ptr])              //如果缓冲区有字符
      return ( io_buffer[ ptr ++ ]);   //则逐个返回字符
    ptr = 0;                           //直到发送完毕为止,清空缓冲区指针
    while(1)                           //缓冲区没有字符,才会执行到这里,开始等待字符输入
    { c = UART_GetChar();              //等待串口接收一个字符(见例 2. 9. 4)
```

```
    if (c == In_EOF && ! ptr)                    //----EOF 键(Ctrl + Z)----
    {                                            //EOF 符只能在未输入其他字符时才有效
      put_message(Out_EOF);                      //让终端显示 EOF 符
      return EOF;                                //返回 EOF 符
    }
    if ((c == In_DELETE) || (c == In_BACKSP))    //----退格或 DEL 键----
    {
      if (ptr)
      {
        ptr--;                                   //从缓冲区删掉一个字符
        put_message(Out_DELETE);                 //让终端显示也删掉一个字符
      }
    }
    else if (c == In_SKIP)                        //-----取消键 Ctrl + C----
    {
      put_message(Out_SKIP);                      //让终端显示放弃本行跳到下一行
      ptr = LINE_LENGTH + 1;                      /* 这里永远是 0(结束符) */
      break;
    }
    else if (c == In_EOL)                         //--------遇到回车键------
    {
      putchar(io_buffer[ptr ++] = '\n');          //让终端显示换行
      io_buffer[ptr] = 0;                         //末尾增添字符串结束字符 NULL
      ptr = 0;                                    //指针清空
      break;                                      //跳出后开始返回数据
    }
    else if (ptr < LINE_LENGTH)                   //----正常 ASCII 码字符----
    {
      if (c >= '')                                //删除 0x20 以下的其他 ASCII 码
      {
        putchar(io_buffer[ptr ++] = c);           //存入缓冲区
      }
    }
    else                                          //--------冲区已满-------
    {
      putchar('\7');//向终端发送鸣响符 0x07,PC 会响一声,提示已满
    }
  }
}
```

编写了 putchar 函数与 getchar 函数后，就可以通过 printf 函数与 scanf 函数的组合进行简

单的人机对话。

例 4.1.3 设计一个肥胖率计算程序，要求输入身高和体重，计算出肥胖率，显示肥胖率结果(见图 4.1.5)，并根据肥胖程给用户不同程度的提示(要求利用超级终端输入和显示)。

```
long  High,Weight,BMI;                          //身高、体重、肥胖率参数
while(1)
  {
    printf("请输入身高(cm):");                    //提示输入身高
    scanf("%ld",&High);                          //等待键盘输入身高参数
    printf("请输入体重(kg):");                    //提示输入体重
    scanf("%ld",&Weight);                        //等待键盘输入体重参数
    BMI = Weight * 100000/(High * High);         //计算肥胖率 BMI = 体重 * 10000/身高平方
    printf("您的肥胖率 = %ld.%ld\n",BMI/10,BMI%10);        //显示肥胖率
    if(BMI<180)        printf("太瘦了,多吃点!! \n\n");      //根据肥胖率做相应提示
    else if(BMI<240)   printf("太帅了,请保持!! \n\n");
    else if(BMI<280)   printf("再瘦一点点就帅了,加油!! \n\n");
    else if(BMI<320)   printf("轻度肥胖,注意饮食!! \n\n");
    else if(BMI<360)   printf("中度肥胖,要减肥了!! \n\n");
    else               printf("重度肥胖,请上医院!! \n\n");
  }
```

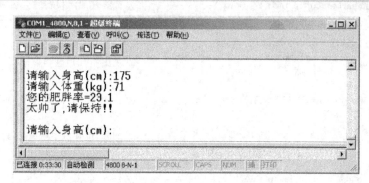

图 4.1.5　肥胖率计算程序运行结果

4.1.4　printf 与 scanf 函数的配置

利用超级终端进行人机交互的缺点之一是 printf 与 scanf 函数本身占用大量的代码空间。因为这两个函数要解析几乎所有的数据类型，将各种类型的数据与 ASCII 码互相转换，还要解析字符串、特殊功能符等，导致这两函数会占用数 KB 的程序空间。对于 ROM 容量 8KB 以下的低端 MSP430 单片机(MSP430Fxx3 以下)来说，程序存储空间甚至装不下这两个函数。实际中，常用的仅仅是少数几种数据格式，如果能让 printf 以及 scanf 函数不解析某些罕见的数据类型，就可以少占用程序空间。为此，在 IAR-EW430 开发环境中，允许设置 printf 与 scanf 的格式，对这两个函数进行"裁减"。

printf 与 scanf 函数都是编译器以库程序的形式提供的，首先要配置函数库。在工程管理器的工程名上右键打开 Option-> General Option-> Library Confrigation 页，弹出如图 4.1.6 所示的库文件配置菜单。其中 DLIB 是 EC++ 语言（嵌入式 C++）所用的库程序，CLIB 是传统 C 语言所用的程序库。本书中所有的范例都用 C 语言编写，在这里要选择 CLIB 库。

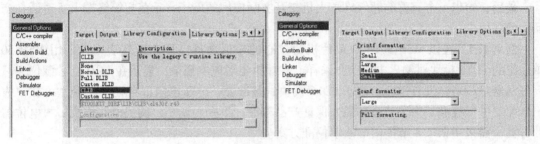

图 4.1.6　程序库配置以及格式配置

除了 printf 与 scanf 函数外，CLIB 库提供了上百种 C 语言标准函数（字符串处理、数学运算、输入输出等）。有兴趣的读者可以参考《IAR C Library Functions Reference Guide》。该文件位于 EW430 安装目录\430\doc\clib.pdf。

下一步对 printf 与 scanf 函数格式进行配置，在 Option-> General Options-> Library Options 页，选择 printf 函数与 scanf 函数的格式。有 3 种"尺寸"可以选择：

大尺寸（Large）：支持所有的数据格式解析。

中尺寸（Medium）：不支持浮点数。

中尺寸（Small）：不支持浮点数、不支持精度表达式（如%x.x）。

在大模式下，printf 函数约占用 4.8KB 程序空间、scanf 函数约占用 2.3KB 空间；中模式下 printf 函数占用 2.5KB、scanf 函数占用 1.6KB 空间；小模式下，printf 函数仅占用 1.6KB 程序空间。所以，为了节省存储空间，在不适用浮点数的场合，都应选择小尺寸模式。

4.1.5　超级终端的应用

只要单片机系统中含有串口，就能通过超级终端进行人机交互。这种方法无需占用单片机系统中的键盘与显示器资源，甚至在没有键盘与显示设备的系统中也能使用。缺点是需要一台 PC 才能与之交互，因此应用范围受到较大限制。一般都用在调试、校准、出厂设置等场合：

1）利用超级终端软件，能够在没有显示、键盘设备的单片机系统上方便地构造一种人机交互方法，且几乎无成本。

2）对于某些隐蔽的功能（如系统校准菜单），不向用户开放，由终端进行操作，供厂家维护使用。

3）系统运行过程中，从终端输出日志信息、系统状态、各种参数等数据。从而为检修提供便利。

4）软件设计过程中，用于调试软件。特别对于某些不允许暂停的程序（比如对机械系统的控制），开发环境提供的变量查看功能要求暂停程序才能查看，而利用终端可以在运行中察看变量、跟踪路径等。

5）为系统提供一个"后门"，在系统运行过程中，同时通过超级终端与系统进行交互，进行参数修改等。

4.1.6 超级终端人机交互应用实例

最后，给出一个完整的超级终端人机交互实际应用的例子，示范超级终端人机对话在产品中的应用。

例 4.1.4 在以 MSP430F425 单片机为核心的超低功耗电压测量仪表中，利用 MSP430 单片机的 SD16 模块对输入电压信号采样，并计算出对应电压值，显示在 LCD 上。该仪表只有显示器（LCD），没有键盘。由于 SD16 模块、基准源、分压电阻都存在系统误差，在仪表出厂前要进行校准。为了节省功耗并保证产品寿命，不采用调零、调满电路加机械式电位器的方案，而采用 2.7.4 节提出的数字校准方案。

在 2.7.4 节提出了一种简单的校准方法，通过宏定义改变 ADC 零点采样值、满点采样值以及量程数值，在电压计算程序中根据宏定义修正电压计算公式，达到校准目的。每次需要先运行 ADC 测试程序，再人工记录 ADC 零点、满点采样值，填入宏定义中。这种方法仅适用于样品的校准，如果大批量生产，效率将很低。因此，需要一种能自动完成校准过程的方法。另外，校准过程是一种专业性很强的操作，如果用户随意进入校准程序，将校准参数调乱，将可能导致仪器测量失效。所以校准程序仅供厂家在出厂前使用，不能让用户进入，需要将校准程序做成非常隐蔽的形式。

在这种情况下，利用超级终端完成校准是非常合适的方案。只有厂家将被校准仪表与 PC 连接，并通过特殊的操作才能进入校准程序。用户不可能发现进入校准菜单的方法。

自动校准程序的流程图见图 4.1.7。将运行超级终端程序的 PC 与被校准仪表连接后，再给仪表通电，校准程序开始处会等待 1s，如果 1s 内收到 ASCII 字符 'C'（计算机上按 C 键），则进入校准程序，否则进入正常的运行程序（类似于计算机启动时，迅速按 DEL 键进入 BIOS，否则正常启动）。对于一般用户来说，仅会发觉仪表通电后启动延迟了 1s，对操作与性能都不会有影响。如果利用开机画面掩盖这 1s 延迟，用户将根本无法察觉。

2.7.4 节已经详细说明了校准的原理：记录 0V 输入时 ADC 的采样值 ADC_0 以及满量程输入时 ADC 的采样值 ADC_F，并且要输入满量程的具体数值 V_CAL，根据这 3 个系数即可得到准确的电压计算公式，计算出待测电压。

校准菜单首先提示接入 0V 电压，等待回车键被按下，之后进行一次测量，将 ADC 采样值作为零点偏移量（ADC_0），之后用 scanf 函数输入满量程电压值（V_CAL）。最后提示输入满量程电压，等待回车键按下后再进行一次测量，将 ADC 采样值作为满度采样值（ADC_F）。为了将校准系数永久保存，3 个系数需要存入 Flash 内。以后每次开机都从 Flash 内读取 3 个系数。校准程序如下：

```
/*****************************************************************
* 名     称:Calibrate( )
* 功     能:利用超级终端校准 ADC
* 入口参数:无
* 说     明:在主程序初始化结束后、主循环开始之前调用本函数
```

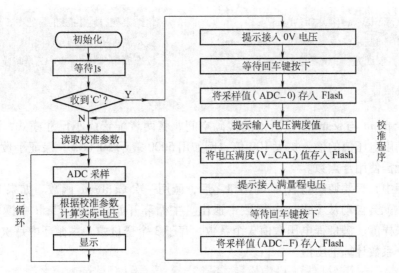

图 4.1.7 自动校准的过程

```
***************************************************************/
void  Calibrate( )
{
    char  Chr = 0;
    int  ADC_Temp;
    int  Volt_FS;
    printf("\f");                                      // 清屏(\f 是换页符,清除本屏内容)
    printf("1s 内按'C'键进入校准模式\n");               // 提示按'C'键进入校准模式
    __ delay_cycles(1000000);                          // 等待 1s
    Chr = U0RXBUF;                                     // 取出串口收到数据(未收到读回 0)
    if((Chr == 'C') || (Chr == 'c'))                  // 如果收字符为'C'或'c',才进入校准模式
    {                                                 // 否则直接退出,继续执行主程序
        printf("校准开始\n");                          // 提示校准开始
        printf("请输入 0V 电压,然后按回车键继续...\n");
        while(getchar( )! = '\n');                     // 等待回车键
        ADC_Temp = Voltage_Sample( );                 // 采样一次 ADC 读数,作为零点偏移量
        Flash_WriteWord(0, ADC_Temp);                 // 将结果保存在 InfoFlash 的 0、1 单元
        printf("零点采样值 = % d\n", ADC_Temp);        // 提示零点采样结果
        printf("校准输入满度校准电压(5000 = 50.00V):"); // 提示输入满度校准电压值
        scanf("% d", &Volt_FS);                        // 通过计算机键盘输入满度电压值
        Flash_WriteWord(2, Volt_FS);                   // 将结果保存在 InfoFlash 的 2、3 单元
        printf("请输入满度电压,然后按回车键继续...\n"); // 满度电压接入后按回车键继续
        while(getchar( ) ! = '\n');                    // 等回车键
        ADC_Temp = Voltage_Sample( );                 // 采样一次 ADC 读数,作为满度点采样值
```

```
        Flash_WriteWord(4,ADC_Temp);              // 将结果保存在 InfoFlash 的 4、5 单元
        printf("满度采样值 = % d\n",ADC_Temp);      // 提示满度采样结果
        printf("校准完毕! \n\7");                   // 校准完毕,鸣响一声(\7 是鸣响符)
    }
}
```

为了减少 printf 与 scanf 函数所占的代码空间,将两者配置成小尺寸模式,不能解析浮点数,因此满度电压值的输入扩大 100 倍,例如用 5000 表示 50.00V,保证小数点后两位有效数字,且无需使用浮点数。

在主程序中,只要初始化 ADC 与串口之后,调用一次 Calibrate 函数。如果 1s 内未接收到校准指令,就会自动从 Calibrate 函数中退出。主循环开始之前从 Flash 中读取零点偏移量、满量程采样值、满量程电压数值 3 个系数,存于 3 个变量中。主循环内每次采样电压值后根据这 3 个系数计算电压值。

```
void main(void)
{
    int ADC_0,ADC_F,V_CAL,Voltage,ADC_Result;
    WDTCTL = WDTPW + WDTHOLD;           //停止看门狗
    FLL_CTL0 | = XCAP18PF;              //配置晶振负载电容
    BT_Init(2);                        //BasicTimer 设为 1/2 周期
    LCD_Init();                        //初始化液晶显示
    UART_Init(4800,'n',8,1);           //串口初始化,设置成 4800bit/s,无校验,8 位数据,1 位停止
    ADC16_Init(2,0,'S',1);             //ADC2 设为外部输入,数据格式有符号,1 倍放大
    Calibrate();                       //校准
    ADC_0 = Flash_ReadWord(0);         //读取校准参数(零点)
    ADC_F = Flash_ReadWord(4);         //读取校准参数(满点)
    V_CAL = Flash_ReadWord(2);         //读取校准参数(满点电压值)

    while(1)
    {
        Cpu_SleepWaitBT();             //等待被 BT 中断唤醒,以下代码每隔 1/2s 执行一次
        ADC_Result = Voltage_Sample(); //采样一次
        Voltage = ((long)ADC_Result-ADC_0) * V_CAL/((long)ADC_F-ADC_0);   //计算电压
        LCD_DisplayDecimal(Voltage,2); //显示电压值,带 2 位小数(例 2.5.10)
        LCD_InsertChar;                //尾部添加单位:V
    }
}
```

该校准程序运行结果见图 4.1.8。

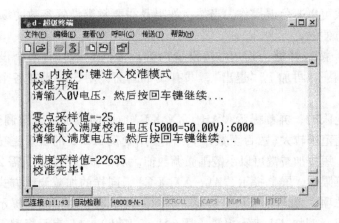

图 4.1.8 自动校准程的运行过程

4.2 菜单交互方式的设计

MSP430 单片机的超低功耗特性非常适合用于电池供电的设备。这类设备一般都是手持或便携式设备。这一类产品大多数都比较小巧，按键较少；且大部分低功耗产品都使用段码LCD 作为显示设备(利用 MSP430 单片机内置的段码 LCD 驱动器)，无法显示复杂内容。如何为这一类应用设计方便快捷的菜单与操作方式，是软件设计中的一个难点。本节专门讨论4 键以下按键以及段码 LCD 系统中菜单的设计问题。

4.2.1 4 键菜单的交互方式

先从按键最多的 4 键菜单开始。4 个按键的菜单比较灵活，形式有多种。最常用的是"增减式"菜单(见图 4.2.1)，以及"移位式"菜单(见图 4.2.2)。

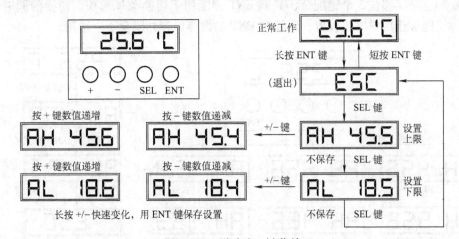

图 4.2.1 增减式 4 键菜单

以一台温度计为例，设置报警上限与报警下限的操作需要在菜单中进行。图 4.2.1 是一种最常见的增减式 4 键菜单。菜单中 4 个按键的功能分别为加(+)、减(−)、选择(SEL)、确认(ENT)。正常工作时屏幕显示温度值，当长按 ENT 键 2s 以上时，才进入菜单。用长按键进入菜单的方式可以避免误操作。当然，如果是需要频繁设置参数的场合，按 ENT 键立即进入菜单是更方便的。

进入菜单后，按选择键（SEL）切换设置内容。本例菜单共有两个设置项，"温度上限"与"温度下限"，再加上"退出"，共有 3 个画面，用 SEL 键在各个设置画面之间依次切换。

在设置温度上限时，屏幕提示"AH　XX. X℃"，此时按加、减键调整报警上限数值。一般设置项的数值范围较大（数百至数千），需要用到例 3.2.3 的长短键功能。长按加减键让数值快速变化，短按加减键可以小范围微调数值。从 0 调整到 999 只需 20s 左右。

在设置温度下限时，屏幕提示"AL　XX. X℃"，同样的加减调整方式。实际应用中如果有其他的菜单选项，继续按 SEL 键切换。不同的菜单选项用不同的提示符区分。一般用英文的单词首字母。例如 AH 表示报警上限（Alarm-High），AL 表示报警下限（Alarm-Low）。段码显示的位数一般较少，可显示的字符也不完整，需要合理选择简短的提示符，如果字母无法显示，可考虑更换其他含义接近的单词。

另一种方法是用数字区分菜单选项。例如 F1、F2、F3、…作为提示符。然后在说明书或设备后盖处注明各个提示符的含义。这种方法虽然不直观，但对于段码液晶来说是非常简单有效的菜单项目提示方法。如果显示屏较小，无法同时显示提示符与数值，可以先显示提示符，1s 后或按任意键后再设置数值。也可采用点亮不同 LED 等方法作为提示符。

每一项数值调整完毕后按 ENT 键才保存。这样做的目的是考虑到用户有可能不小心把数值调乱了，想放弃设置，恢复原设置。这时可以不按 ENT 键，按 SEL 键直接跳至下一选项，参数将不被保存。

"移位式"4 键菜单见图 4.2.2。4 个按键的功能分别是加（+）、减（−）、移位（<）、确认（ENT）。正常工作时屏幕显示温度值，长按 ENT 键 2s 以上时，才进入菜单。由于调整数值需要加、减、移位 3 个键配合，只剩 ENT 键能用于切换菜单选项。切换的同时就保存参数。为了能够让用户取消设置，用长按 ENT 键放弃保存并跳至下一选项。

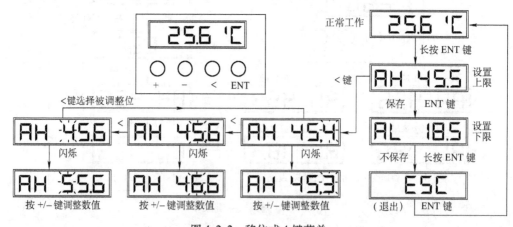

图 4.2.2　移位式 4 键菜单

在设置数值时，用移位键选择当前调整的数字位。被选中的数字会闪烁，用加减键调整该位数字。由于能够切换数字位，特别适用于参数数值位数较多、参数调节范围很大的场合。

无论何种操作形式，在未进入菜单之前，4个按键可以当作4个快捷键或4个功能键使用，用于某些需要频繁切换或操作的动作。

4.2.2　3键菜单的交互方式

3键菜单的操作与4键菜单类似。因少了一个按键，按键功能上有所调整。在"增减式"的菜单中，只有"加（＋）"、"减（－）"、"确认（ENT）"3个按键。数值调整操作与4键菜单相同，选择键与确认键合并。用短按确认键保存当前设置并跳至下一设置项，通过长按确认键放弃本次设置并跳至下一设置项。增减式3键菜单见4.2.3。

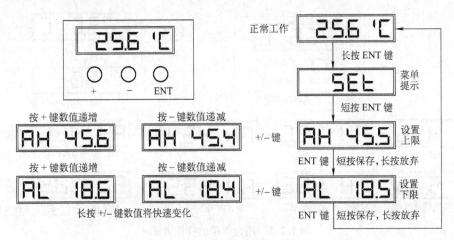

图4.2.3　增减式3键菜单

在3键移位式操作菜单中，确认键与移位键都是必不可少的，相比4键菜单只能删掉"减"键。每一位的数值只能增加，超过9后归零，不进位，其余操作相同（4键菜单中超过9可以进位，设置更方便）。移位式3键菜单见图4.2.4。

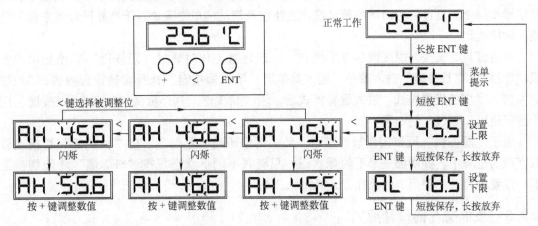

图4.2.4　移位式3键菜单

与4键菜单一样，在未进入菜单之前，3个按键都可以当作快捷键使用，用于某些需要频繁切换或操作的动作。

4.2.3 两键菜单的交互方式

3.2 节中出现的电子表的操作就是一种两键菜单。用"模式键"选择设置内容,按"调整键"改变当前被设置内容的数值。每次按"调整键"被调节数值加 1,超过最大值后归零。电子表中时分秒参数范围都较小(最多 0~59),两键调整也较为方便。

如图 4.2.5 所示,通用的两键菜单一般将两个按键称为"调整键(ADJ)"与"设置键(SET)"。其操作方式与电子表操作是类似的,不同之处在于对于数值较大的参数设置需要移位操作,通过长按"调整键"来切换当前被设置数字位,短按"调整键"改变该位数值大小。由于没有"减"操作,与 3 键菜单一样采用超过 9 归零的方式调整每位数值。

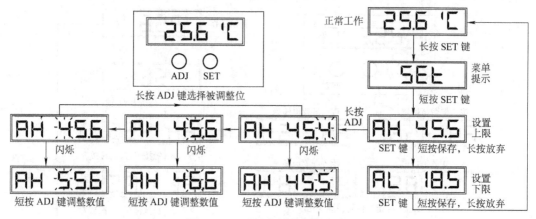

图 4.2.5 两键菜单的操作方式

在未进入菜单之前,两个按键可以作为两个快捷键使用。

4.2.4 单键菜单的交互方式

按键最少的情况是系统中只有一个按键。单按键的产品一般功能较简单、体积较小,但要求操作简便。设计一种简单的单键操作方法以及简洁的单键菜单对于产品设计者来说,是较大的挑战。

单按键只有长按、短按两种基本操作。一般正常工作时通过"短按键"切换显示内容或功能模式,"长按键"进入菜单。进入菜单后,用"短按键"选择切换设置内容,"长按键"进入对应的设置模式。进入设置模式后,用"长按键"选择被调整数字,"短按键"用于数字递增,超过 9 则归零。

由于"短按键"既要用作数值递增,又要用作切换设置内容,在"长按键"切换设置数字位的过程中,要增加一个不闪烁状态,只有在不闪烁状态短按"SET 键"才能切换至下一设置内容。单键菜单的操作方式见图 4.2.6。

4.2.5 菜单交互的设计原则

本节简单介绍了几种典型的通用菜单形式,作为一般的菜单框架,能够应付大多数简单的设计应用。在实际产品中,还有许多其他更合适菜单操作方式,应该根据实际情况来灵活选用。而且针对不同的显示设备、不同的输入设备,菜单形式也可能会有较大调整。例如在

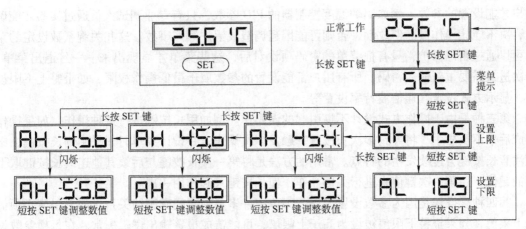

图 4.2.6 单键菜单的操作方式

点阵液晶上做菜单，就可以有相应文字、图形的提示内容；对于设置内容繁多的菜单，可以分为若干层子菜单；加减键可以被替换为旋转编码器，以模拟旋钮的操作感。也可以用电位器替代加减键，为调整过程带来实际的操作手感。

无论采用何种菜单形式，遵循下面几条人机交互设计规则都是有益的：

（1）操作的快捷性　一般来说，越频繁的操作应该按键次数越少。最常用的功能最好通过按键直接实现，而不要放在菜单中。例如在 4 键的温度计中，摄氏度华氏度切换、查看一天中最高温度与最低温度这 3 个操作是使用最频繁的，可以通过按"加"键查看最高温度、按"减"键查看最低温度、按"选择"键切换温度模式。在长按"确认"键进入菜单后，"加"、"减"、"选择" 3 个按键才变为菜单选择与调整功能。又如设置温度上下报警门限是不常用的功能，可以放在菜单中在菜单中。而且在菜单中更改越频繁的参数放置位置越靠前，使得操作所需的按键次数最少。

除了按键次数之外，完成操作所需的时间也是评价快捷性的重要指标。例如某参数的值可能在 0～99999 范围，用增减式菜单就不合适，因为从最大值调到最小值之间所需的时间太长。应该考虑使用移位式菜单，虽然按键次数增多，但调节所需时间大大缩短了。另外，还可以用"加、减"键同时按下作为清零、低于最小值变为最大值、高于最大值变为最小值等措施缩短数值调节所需时间。

（2）防止误操作　常见的误操作分为几种情况：一种是因为携带、运输过程中碰、磕、摔、挤而造成误按键。这在便携式设备中是最常见的。一般来说，关键的参数设置不能通过短按键来进行。例如"设置"键需要被连续长按 2s 以上才能进入菜单，即使偶尔误碰"设置"键，也不会进入菜单。某些执行后会导致不良后果的功能，尽量不要通过快捷键操作，即使必须用快捷键，也要长按生效。另一种有效方法是设置键盘锁，必须通过一个硬件开关，或者某种按键组合才能开启键盘，否则键盘无效。

第二种是因为用户将数值调乱，造成设备工作失常。大部分用户都不是专业人员，所有的专业性操作界面都不应该让普通用户进入。例如设备的校准、调试、影响性能的关键参数设置等。最简单的方法是按权限分为若干等级。最高权限的操作包括校准、关键参数设定等，一般不告知用户进入方法。只有厂家或校准机构人员通过某些特殊操作，如连接超级终端、开机前按住某几个键、几个键的特殊顺序或组合才能进入。中等权限的操作一般指专业用户才能设置的参数。例如锅炉温度控制器的 PID 参数,只有专业调试人员通过实验才能确定,决不能让操作员随便改动,否则可能因超调造成锅炉爆炸事故。这些关键系数设定的菜单可以通过密码保护,只有把菜单的密码项设对后,这些菜单才显现出来。一旦退出菜单,再次进入需要重新输入密码。所有用户都能设置的参数属于最低操作权限,如报警上下限设定、显示方式设定、通信波特率设置等。

第三种是由于操作方式设计不良引起的误操作。例如用长按键进行某种操作,如果操作完成后来不及松手,将导致多次长按键,触发多次操作。在设计菜单时如果用到长按键,必须注意长按键会连续发生的特点。常用的方法是将第一次长按键与后续其他连续长按键取不同的键值,用第一次键值来进行关键操作,使长按键只起作用一次。

第四种误操作是因为参数设置矛盾。菜单中许多参数之间有制约关系,如下限值必须低于上限值,如果报警下限值被设为高于上限值,可能造成报警输出逻辑失常。在每项参数设置完毕后,软件要对参数进行检查,避免设置冲突,或者对设置错误进行提示。

(3) 符合操作习惯 操作习惯的含义首先包括指同类产品的操作经验。比如一般仪表控制类产品都是按"设置"键进入菜单;手持仪表的"HOLD 键"都用于冻结数据;"MODE 键"(模式键)或"SEL 键"(选择键)一般用于切换显示内容或工作模式;"加键"在"减键"的右边或上方……。这些操作都已经成为约定俗成的操作方法,不要违背这些传统操作习惯,否则会引起用户的不适应甚至反感。

第二,操作方法要符合现场应用环境以及操作者。例如同类的电机调速产品,如果针对精密加工业或者实验室用的伺服电动机控制器,可以用按键在菜单内精确地设定速度值。如果针对需要依靠工人经验来调节转速的场合,如控制搅拌机的变频器,需要依靠工人经验调节速度,则电位器、旋转编码器等输入设备会比键盘更加合适。

第三,菜单中被设置内容的提示符要符合一般语言习惯。例如 H 表示高,L 表示低,A 表示报警、地址,P 表示程序、工程(值)、实际(值),C 表示电流,V 表示"值",F 表示滤波、快速,b 表示波特率、亮度,d 表示距离、数据,N 表示比例、数量,等等。

但在段码显示设备中,因为可以显示的内容少、字母不全等原因,有时很难选择合适的单词缩写作为提示符。如果实在难以表达,可以用简单的 F1、F2、…作为提示符,然后说明书或产品背面注明含义。在批量较大的产品中,也可以在 LCD 开模具时就做出各种图标或字母,作为提示符。或者在 LCD 上不同位置显示箭头,然后在外壳上相应位置处标明含义。

(4) 有效的提示 对智能化产品来说,用户的设置操作不应该是一个单向的输入过程,它应该能向应户提供一定的反馈信息。比如每次按键后蜂鸣器短促地鸣响一声作为按键音,操作感会大为增强。

声音还可以用于成功或失败的提示。对于每次成功的操作,可以用"滴…"长鸣一声或短鸣两声,每次失败、非法、无效的操作用"嘟…"长鸣一声或先短后长的"嘟嘟…"两声。一般"滴"声频率在 1000 ~ 3000Hz 范围,"嘟"声频率大约 200 ~ 600Hz。用 MSP430 单片机定时器的波形输出模式很容易产生这些频率的信号。

对于按键的命名,也要符合其含义。一般用中文或英文缩写。如果用图标或符号表示按键含义,一定要用具有通用意义的符号或图标,避免生僻、有歧义的符号。

4.3 菜单的软件实现方法

在根据用户的需求及操作习惯确定菜单交互方式后，下一步就是通过软件实现菜单。本节以3键增减式菜单前后台程序为例，介绍两种最常用的编程方法。

4.3.1 菜单的公共函数

菜单作为一种最基本的人机交互手段，至少包含键盘输入、显示输出以及参数的调节、存储等功能，这些函数将是菜单程序的基本组成部件，在菜单中会被频繁地调用。因此在编写菜单之前先要编写以下一些公共的函数。

（1）显示 在人机交互中，显示是必不可少的。一般来说，在菜单中会进行各种参数调整，并且要提示当前设置参数的意义。因此显示程序至少要包含整数、小数的显示函数、字符的显示函数，这些函数在2.5.5节都有范例。如果用点阵液晶、OLED屏等其他的显示设备，显示内容比段码式的显示设备更加丰富、直观，但菜单的软件结构及实现方法是类似的。

（2）键盘 在按键较少的场合，需要长短键复用来进行操作，会用到例3.2.3的长短键程序。在独占CPU式的菜单中，每次有按键才调整数值或保存数据，可以使用传统的阻塞式的键盘程序（见图3.1.4）。但为了在执行时间较长的主循环过程中使用快捷键，也为了与下一小节的状态机菜单兼容，仍建议使用带有缓冲区的非阻塞性键盘程序（例3.2.3的Key_ScanIO函数以及例3.1.5的Key_GetKey函数）。

使用非阻塞性的键盘程序时，每次调用GetKey函数不等待按键事件发生，直接从键盘缓冲区内读取数据，即使没有按键也会返回0（表示无按键）。为了实现低功耗，可以编写一个等待按键函数，在没有按键期间休眠，等待被键盘扫描定时中断唤醒。

```
/*******************************************************************
* 名      称:Key_WaitKey()
* 功      能:从键盘缓冲队列内读取一次键值
* 入口参数:无
* 出口参数:若有按键,返回键值,否则等待按键
* 说      明:该函数会阻塞CPU继续执行后面的程序,应用时需注意
*******************************************************************/
char Key_WaitKey()
{ char Key;
  while(1)
  {
    Key = Key_GetKey();      //从键盘缓冲队列读取一次键值
    if(Key ==0)   LPM3;      //如果没按键,则休眠,等待被定时中断唤醒继续读按键
    else   return(Key);      //如果有按键,则返回键值
  }
}
```

在菜单中,按键有明确的功能含义,在键盘程序的头文件中将键值宏定义为按键的功能,会增加菜单程序的可读性。例如:

```
#define   KEY_ADD        0x01    /* 键 1 */
#define   KEY_SUB        0x02    /* 键 2 */        /* 键值宏定义 */
#define   KEY_ENT        0x04    /* 键 3 */
#define   KEY_ADD_L      0x81
#define   KEY_SUB_L      0x82                       /* 长按键宏定义 */
#define   KEY_ENT_L      0x84
#define   KEY_ENT_FL     0xC4    /* 第一次长按 ENT 键宏定义 */
```

(3) 数值调整　在菜单中,按键操作的目的是为了改变参数的数值大小。在菜单中几乎每个设置项都会涉及到数值调整,可以专门编写一个函数来处理按键与数值的关系。只需将被调整参数的当前值、按键、参数最大值最小值、调整步长传入数值调整函数,由该函数来计算调整后的数值。

```
/*********************************************************************
* 名      称:Menu_SetValue( )
* 功      能:调整数值的大小
* 入口参数:Value:当前数值
            Key:按键
            MIN:被调整参数的最小值
            MAX:被调整参数的最大值
            Step:长按键的调整步长
* 出口参数:被调整后的参数值
* 说      明:参数超过最大值,会变为最小值。小于最小值会变为最大值
*********************************************************************/
int Menu_SetValue( int Value,char Key,int MIN,int MAX,int Step)
{  switch( Key)
   {
       case KEY_ADD:      Value ++ ;       break;       //加减按键的处理
       case KEY_SUB:      Value--;         break;
       case KEY_ADD_L:    Value + = Step;break;         //长按键的处理
       case KEY_SUB_L:    Value - = Step;break;
       default:                           break;
   }
   if ( Value > MAX)    Value = MIN;    //或 = MAX    //超限处理
   if ( Value < MIN)    Value = MAX;    //或 = MIN    //超限处理
   return( Value) ;
}
```

(4) 存储器　在菜单内设置的参数一般是需要永久保存的。即使某些 MSP430 单片机系统可以用电池供电数年之久,但仍不希望拆卸、更换电池时丢失用户设置的参数。所以菜单

中的参数一般要保存在 Flash 存储器中。全系列的 MSP430 单片机都提供了两段 InfoFlash，非常适合用于保存菜单内设置的参数。InfoFlash 的读写见例 2.6.13。

一般来说，可以将各种参数以全局变量的形式暂存，供程序使用。菜单内通过按键操作调整各参数的数值，当确认键按下后，更新全局变量并将参数保存至 Flash 存储器中。在程序初始化的时候，将参数读出至全局变量内，实现参数的掉电保存。

（5）参数读取　在断电后，菜单内所设的参数仍保存在 Flash 中，上电程序重新执行时，在程序初始化过程中要将各参数读出。虽然读取参数只执行一次，为了便于管理与升级（例如增加菜单项），这部分工作也应该编写一个函数来实现。

```
/*****************************************************************
 * 名    称:Menu_LoadSettings()
 * 功    能:从存储器中调出设置参数
 * 入口参数:无
 * 出口参数:无
 * 说    明:主循环开始之前执行
 *****************************************************************/
void  Menu_LoadSettings()
{
   Para1 = Flash_ReadWord(ADDR1);      //读取参数1
   Para2 = Flash_ReadWord(ADDR2);      //读取参数2
}
```

（6）参数初始化　Flash 存储器所有单元的初始值是 0xff，在第一次上电时，所有的参数都是 255（1 字节数据）或 65535（2 字节数据）。很可能不是有效的参数。在第一次通电后，需要人工进行设置操作，将各参数设为默认值。

对于设计阶段的样品来说，这一过程并不复杂，但是对于批量产品来说，这是一个非常繁琐的过程。试想出厂前要对 10000 台设备进行设置操作，每台要将 10 个参数设为默认值。这是个庞大的工作量。

通过编写一段程序来完成默认参数设置，可以解决这一问题。这段程序只有单片机系统第一次通电才运行。检测第一次通电的方法是将 Flash 中的某个单元作为标志，如果检查发现该单元不为 0，则认为是第一次通电，将所有的参数写为默认值，并将标志单元写为 0，于是这段代码只会被执行一次。

```
/*****************************************************************
 * 名    称:Menu_DefaultSettings()
 * 功    能:初始化各参数,写为默认值
 * 入口参数:无
 * 出口参数:无
 * 说    明:该函数内的参数初始化程序只会在第一次通电时执行
 *****************************************************************/
void  Menu_DefaultSettings()
```

```
    }

    if( Flash_ReadChar(0)! = 0x00)            //如果第 0 单元内容非 0
    {
        Flash_WriteWord(…);
        Flash_WriteWord(…);                    //向各参数所在单元写入默认值
        Flash_WriteWord(…);
        …
        Flash_WriteChar(0,0x00);               //第 0 单元写入 0(以后再也不运行)
    }
}
```

4.3.2　独占 CPU 的菜单实现方法

最简单的菜单实现方法是将每一条菜单设置项目作为一个死循环,在循环内不断根据按键调整数值。只有确认键按下后,才保存数据并跳出循环,进入下一循环(下一设置项目)。这种方法编程实现难度最小,但最大的缺点是菜单完全阻塞了 CPU 运行。进入菜单后,其他任务会停止执行。如果在菜单操作时停止其他任务不会造成不良后果,用独占 CPU 菜单是最简单的。

例 4.3.1　以 MSP430F425 单片机为处理器,编写环境温度报警器程序(见例 2.7.15)。每秒测量一次环境温度,当温度超过上限值时,点亮 P1.3 口的红色 LED;当温度低于下限时,点亮 P1.1 口控制的绿色 LED。在 P1.5、P1.6、P1.7 口有 3 只按键(按下低电平),编写 3 键增减式菜单程序,在菜单中设置报警上限值与下限值。

开始写菜单之前,先要规划 Flash 存储器的存储空间分配并编写公共的函数。本例中共有两个参数需设置:温度上限与下限。考虑到环境温度的范围可能覆盖从 -20~50℃,分辨率 0.1℃,上下限数值会在-200~500 之间,需要占用两个字节(int 型变量)数据才能存放。规划存储器的 2、3 单元用于存放温度上限;4、5 单元存放温度下限。存储器的 0 单元用于存放第一次上电标志。

由于菜单多处出现 Flash 的读写操作。为了维护方便,先将参数存放地址也写成宏定义形式,若需重新分配存储地址,只需改动一处。然后编写菜单公共函数:

```
#include "KEY. h"
#include "LCD_Display. h"
#include "Flash. h"
#define  ADDR_DEFAULT      0      /*第一次上电标志存储地址(InfoFlash 段地址偏移量)*/
#define  ADDR_AH           2      /*报警门限上限存储地址(InfoFlash 段地址偏移量)*/
#define  ADDR_AL           4      /*报警门限下限存储地址(InfoFlash 段地址偏移量)*/
int  Alarm_H;
int  Alarm_L;                     /*报警上下限全局变量*/
/*****************************************************************
* 名      称:Menu_SetValue( )
* 功      能:调整数值的大小
```

```
*  入口参数:Value:当前数值
              Key:按键
              MIN:被调整参数的最小值
              MAX:被调整参数的最大值
              Step:长按键的调整步长
*  出口参数:被调整后的参数值
*  说      明:参数超过最大值,会变为最小值。小于最小值会变为最大值
*************************************************************************/
int  Menu_SetValue( int Value,char Key,int MIN,int MAX,  int Step)
{  switch(Key)
    {
      case KEY_ADD:          Value ++;          break;              //加减按键的处理
      case KEY_SUB:          Value--;           break;
      case KEY_ADD_L:        Value + = Step;    break;              //长按键的处理
      case KEY_SUB_L:        Value- = Step;     break;
      default:                                  break;
    }
   if (Value > MAX)  Value = MIN;       //超量程处理
   if (Value < MIN)   Value = MAX;      //超量程处理
return(Value);
}
/************************************************************************

*  名      称:Menu_DefaultSettings( )
*  功      能:初始化各参数,写为默认值
*  入口参数:无
*  出口参数:无
*  说      明:该函数内的参数初始化程序只会在第一次通电时执行
*************************************************************************/
void  Menu_DefaultSettings( )
{
   if(Flash_ReadChar(ADDR_DEFAULT)! =0x00)         //如果第0单元内容非0(第一次上电)
    {
        Flash_WriteWord(ADDR_AH,400);              //默认上限40.0℃
        Flash_WriteWord(ADDR_AL,0);                //默认下限0℃
        Flash_WriteChar(ADDR_DEFAULT,0x00);        //第0单元写入0(以后再也不运行)
     }
}
/************************************************************************

*  名      称:Menu_LoadSettings( )
*  功      能:从存储器中调出设置参数
```

```
*  入口参数:无
*  出口参数:无
*  说     明:主循环开始之前执行
**************************************************************/
void Menu_DefaultSettings( )
{
    Alarm_H = Flash_ReadWord( ADDR_AH) ;        //读取温度上限
    Alarm_L = Flash_ReadWord( ADDR_AL) ;        //读取温度下限
}
```

下一步可以测试 Flash 存储器以及存储相关的代码是否正常。在主程序的初始化代码中增加菜单参数的初始化并读取函数:

```
void  main( void)
{
    ...                               //各模块、硬件的初始化程序
    Menu_DefaultSettings( );          //菜单默认参数
    Menu_LoadSettings( );             //读取设置参数
    while(1)                          //主循环
    {
        ...                           //主循环内代码
    }
}
```

运行后,查看 Alarm_ H 以及 Alarm_ L 变量的值,应该为 400 与 0(默认的初始值)。说明存储器以及存储器读写程序工作正常。

下一步可以编写菜单的主体。共有两个需要设置的参数,在独占 CPU 式的菜单中,可以将两个参数的设置程序写成死循环,循环内判断按键并调整参数数值。直到"ENT 键"按下才保存参数并跳出循环,进入下一菜单项的循环。为了增强菜单程序的结构性,将每个菜单项做成一个函数的形式,死循环位于函数内部,用 return 语句返回即可跳出循环(见图 4.3.1)。以设置上限的程序为例:

```
/***********************************************************
*  名     称:Menu_SettingAH( )
*  功     能:报警上限设置
*  入口参数:无
*  出口参数:无
*  说     明:该程序会阻塞 CPU 的执行
**************************************************************/
void  Menu_SettingAH( )
{
    int Temp;                         //临时变量
    char Key;                         //按键
```

```
    Temp = Alarm_H;                        //被调整的变量是 Alarm_H
    while(1)                               //每项菜单设置都是一个死循环
{
    LCD_DisplayDecimal(Temp,1);           //显示温度上限值,保留一位小数
    LCD_DisplayChar(AA,6);
    LCD_DisplayChar(HH,5);                //提示符"AH"
    Key = Key_WaitKey();                  //等待一次按键
    Temp = Menu_SetValue(Temp,Key,-200,500,10);  //根据按键调整参数数值
         //(值域 -20.0~50.0℃,短按步进0.1℃,长按步进1.0℃)
    if(Key = = KEY_ENT)                   //当 ENT 键按下时
    {
        Alarm_H = Temp;                   //更新报警上限全局变量
        Flash_WriteWord(ADDR_AH,Alarm_H); //报警上限值写入 Flash
        return;                           //退出本项菜单循环
    }
    if(Key = = KEY_ENT_FL) return;        //当 ENT 键长按时,不保存直接退出
         //注意这里长按键用"首次长键"每次按键只生效一次,避免退出下一菜单
}
}
```

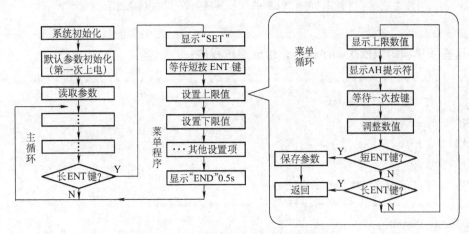

图 4.3.1 独占 CPU 的菜单流程图

同样可以写出下限设置程序：

```
/*************************************************************
 * 名     称: Menu _ SettingAL( )
 * 功     能:报警下限设置
 * 入口参数:无
 * 出口参数:无
 * 说     明:该程序会阻塞 CPU 的执行
 *************************************************************/
void  Menu _ SettingAL( )
```

```
{
    int  Temp;                          //临时变量
    char  Key;                          //按键
    Temp = Alarm _ L;                   //被调整的变量是 Alarm _ L
    while(1)                            //每项菜单设置都是一个死循环
    {
    LCD _ DisplayDecimal(Temp,1);      //显示温度下限值,保留一位小数
    LCD _ DisplayChar(AA,6);
    LCD _ DisplayChar(LL,5);           //提示符"AL"
    Key = Key _ WaitKey( );            //等待一次按键
    Temp = Menu _ SetValue(Temp,Key, - 200,500,10);   //根据按键调整参数数值
    if( Key = = KEY _ ENT)             //当 ENT 键按下时
    {
        Alarm _ L = Temp;              //更新报警下限全局变量
        Flash _ WriteWord( ADDR _ AL,Alarm _ L);       //报警下限值写入 Flash
        return;                        //退出本项菜单循环
    }
    if( Key == KEY _ ENT _ FL)   return;              //当 ENT 键长按时,不保存直接退出
    }          //注意这里长按键用"首次长键"每次按键只生效一次,避免退出下一菜单
}
```

将这些菜单项函数依次顺序执行，组成菜单程序：

```
/************************************************************
 * 名      称: Menu _ Process( )
 * 功      能:菜单程序
 * 入口参数:无
 * 出口参数:无
 * 说      明:该程序会阻塞 CPU 的执行
 ************************************************************/
void  Menu _ Process( )
{
    if( Key _ GetKey( )! = KEY _ ENT _ FL)  return;    //长按 ENT 键才能进入菜单
    LCD _ Clear( );
    LCD _ DisplayChar(SS,2);
    LCD _ DisplayChar(EE,1);                          //显示"SET",提示菜单开始
    LCD _ DisplayChar(tt,0);
    while(Key _ WaitKey( )! = KEY _ ENT);             //等待一次短按键
//------------------------------------------------------------
    Menu _ SettingAH( );                              //设置报警上限
    Menu _ SettingAL( );                              //设置报警下限
    ...                                               //其他菜单设置项,继续往后添加
```

```
//--------------------------------------------------------------------
LCD _ Clear( );
LCD _ DisplayChar(EE,2);
LCD _ DisplayChar(nn,1);                    //显示"End",提示菜单已结束
LCD _ DisplayChar(DD,0);
Cpu _ SleepDelay(8);                        //延迟,让"End"持续 0.5s
}
```

为了方便文件管理,将上述菜单相关的代码全部写在 Menu. c 内,最后在温度计的主循环内调用 Menu _ Process 函数,即可添加菜单程序。

```
void main(void)
{
  …                          //各模块、硬件的初始化程序
  Menu _ DefaultSettings( );  //菜单默认参数
  Menu _ LoadSettings( );     //读取设置参数
  while(1)                    //主循环
  {
    …//读取 ADC           //主循环内代码
    …//计算温度
    …//显示温度
    …//将温度值与 Alarm _ H 与 Alarm _ L 变量(门限值)比较,并点亮相应 LED
    Menu _ Process( );       //菜单处理
  }
}
```

至此,已经完整的写完了一个菜单程序。该范例中的菜单框架是具有普遍适用性的,适合各种小型产品的菜单编写。根据实际需要在 Menu _ Process 函数中可以任意添加菜单项。

4.3.3 基于状态机的菜单实现方法

独占 CPU 的菜单结构简单,但最大的缺点是一旦进入菜单程序,主循环内所有的其他任务都将停止执行。例如在上例温度报警器中,温度测量与报警功能在进入菜单后将被暂停。这在许多产品中是不允许的。特别是监控、报警、数据通信、自动控制等应用中,与控制过程或外部设备打交道的任务是绝对不允许暂停的,否则会导致错误甚至灾难性事故。

如果要求在菜单交互时,其他所有任务都不能被停止,菜单与其他任务就必须并发执行。最简单的方法是利用状态机对菜单进行建模,找出按键事件与菜单显示之间的状态转移关系。让 CPU 根据按键来处理菜单各画面之间的变化,而不等待按键,使得菜单程序不阻塞 CPU 的运行,其他任务就能继续执行。

例 4.3.2   上例中,要求在进行菜单设置时,温度测量与报警任务不停止。

首先对菜单进行状态机建模。上例的菜单中,共有 4 种画面,分别是进入菜单提示(屏幕显示 SET)、设置报警上限(屏幕显示 AH XX. X)、设置报警下限(屏幕显示 AL XX. X)、菜单完毕提示(屏幕显示 End)。整个程序中,菜单的 4 种画面个加上正常工作时温度显示画

面，共计 5 个状态。可以看做 3 个按键的事件，让系统在 5 种状态之间跳转。先用语言描述菜单状态的跳转关系：

在"显示温度"状态时，若长按"ENT 键"，则变为"菜单提示"状态；

在"菜单提示"状态时，若短按"ENT 键"，则变为"上限设置"状态；

在"上限设置"状态时，若按"＋/－键"，则改变上限数值，菜单状态不变；

在"上限设置"状态时，若短按"ENT 键"，则保存上限数值并变为"下限设置"状态；

在"上限设置"状态时，若长按"ENT 键"，变为"下限设置"状态但不保存数据；

在"下限设置"状态时，若按"＋/－键"，则改变下限数值，菜单状态不变；

在"下限设置"状态时，若短按"ENT 键"，则保存下限数值并变为"菜单完毕"状态；

在"下限设置"状态时，若长按"ENT 键"，变为"菜单完毕"状态但不保存数据；

在"菜单完毕"状态时，若超过 0.5s，变回"显示温度"状态。

根据文字描述画出菜单的状态转移图（见图 4.3.2）。

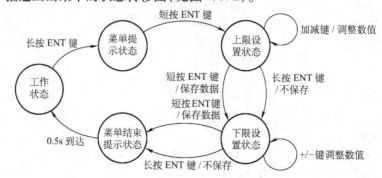

图 4.3.2　温度报警器菜单的状态转移图

最后根据状态转移图写出菜单处理程序。实现状态转移图可以用事件触发结构，也可以用事件查询结构。理论上事件触发结构是效率较高的，状态内查询事件的方法效率较低。但事件查询法更便于添加菜单项，因为每项菜单所有的操作都在同一个 case 语句之后，便于修改、增删与维护管理。

```
#define ADDR_DEFAULT    0    /* 第一次上电标志存储地址 */
#define ADDR_AH         2    /* 报警门限上限存储地址 */
#define ADDR_AL         4    /* 报警门限下限存储地址 */
int Alarm_H;
int Alarm_L;                 //报警上下限全局变量
int Menu_Temp;               //调整数据的临时变量(为了实现放弃保存功能)
char Menu_State = 0;         //菜单状态变量
#define MENU_QUIT       0    /* 未进入菜单状态(正常工作状态) */
#define MENU_SET        1    /* 菜单提示状态 */
#define MENU_AH         2    /* 上限设置状态 */
#define MENU_AL         3    /* 下限设置状态 */
#define MENU_END        4    /* 菜单结束状态 */
/******************************************************************
```

```
* 名     称:Menu _ Process( )
* 功     能:菜单程序
* 入口参数:无
* 出口参数:无
* 说     明:利用状态机实现的菜单,该程序不阻塞 CPU 的执行
*******************************************************************/
void Menu _ Process( )
{
char Key;
Key = Key _ GetKey( );     //从键盘缓冲区读取一次按键
static int Timer;          //0. 5s 定时用的变量
switch( Menu _ State)      //根据当前的菜单状态决定程序分支
{
   case  MENU _ QUIT:  //----------------正常工作状态时--------------------
            if( Key = = KEY _ ENT _ FL)  Menu _ State = MENU _ SET;  //长按 SET 键进入菜单
            break;
   case  MENU _ SET:   //------------------菜单提示状态时--------------------
            LCD _ Clear( );
            LCD _ DisplayChar( SS,2);
            LCD _ DisplayChar( EE,1);   // 屏幕显示"SET",提示菜单开始
            LCD _ DisplayChar( tt,0);
            if( Key = = KEY _ ENT)      // 短按 ENT 键进入上限设置状态
              {
                Menu _ State = MENU _ AH;
                Menu _ Temp = Alarm _ H;  // 读取上限门限数值
              }
            break;
   case  MENU _ AH:   //------------------上限设置状态时--------------------
            Menu _ Temp = Menu _ SetValue( Menu _ Temp,Key, - 200,500,10);
                                                   //根据按键调整参数数值
            LCD _ DisplayDecimal( Menu _ Temp,1);   //显示温度上限值,保留一位小数
            LCD _ DisplayChar( AA,6);
            LCD _ DisplayChar( HH,5);               //提示符"AH "
            if( Key = = KEY _ ENT)                  //上限设置时短按 ENT 键
              {
                Alarm _ H = Menu _ Temp;            //更新报警上限全局变量
                Flash _ WriteWord( ADDR _ AH,Alarm _ H);//报警上限值写入 Flash
                Menu _ State = MENU _ AL;           //变为下限设置状态
                Menu _ Temp = Alarm _ L;            //读取报警下限数值
              }
            if( Key = = KEY _ ENT _ FL)             //上限设置时长按 ENT 键
              {
```

```
                        Menu _ State = MENU _ AL;              //变为下限设置状态
                        Menu _ Temp = Alarm _ L;               //读取报警下限数值
                    }
                break;
        case  MENU _ AL:    //------------------下限设置状态时------------------
                        Menu _ Temp = Menu _ SetValue(Menu _ Temp,Key, - 200,500,10);
                                                              //根据按键调整参数数值
                        LCD _ DisplayDecimal(Menu _ Temp,1);   //显示温度下限值,保留一位小数
                        LCD _ DisplayChar(AA,6);
                        LCD _ DisplayChar(LL,5);               //提示符"AL"
                        if(Key = = KEY _ ENT)                  //下限设置时短按 ENT 键
                          {
                          Alarm _ L = Menu _ Temp;             //更新报警下限全局变量
                          Flash _ WriteWord(ADDR _ AL,Alarm _ L);  //报警下限值写入 Flash
                          Menu _ State = MENU _ END;           //变为菜单结束状态
                          }
                        if(Key = = KEY _ ENT _ FL) Menu _ State = MENU _ END;    //长按 ENT 键
                        break;
        case  MENU _ END:    //------------------菜单结束状态时------------------
                        LCD _ Clear( );
                        LCD _ DisplayChar(EE,2);
                        LCD _ DisplayChar(nn,1);     //显示"End",提示菜单结束
                        LCD _ DisplayChar(DD,0);
                        if( + + Timer > 8)     {Timer = 0; Menu _ State = MENU _ QUIT;}  //0.5s 后退出
                        break;
        }
    }
```

与独占 CPU 菜单类似,在主循环内,调用 Menu _ Process( )函数,即可处理菜单。但要注意状态机菜单对主循环周期有要求。独占式菜单程序在进入设置界面后,CPU 全部为菜单服务,不会错过任何一次按键。而在状态机菜单中,每调用 Menu _ Process( )函数一次,CPU 才能为菜单服务一次。所以,要特别注意主循环周期不能太长,否则按键可能丢失。

如果主循环周期较长,虽然键盘缓冲区可以暂存来不及处理的几次按键,但对于长按键(等效于每秒 4 次连续按键),仍会在数秒内填满键盘缓冲区,导致后续按键丢失。本例中温度采样与显示的周期是 1s,周期太长,不能在此处理菜单。合理的方法是让主程序每1/16s 处理一次菜单,每当累计满 16 次(1s)后再处理一次温度采集与显示。

```
void  main(void)
  {
  ...                          //各模块、硬件的初始化程序
  ...                          //BasicTimer 设为 1/16s 唤醒 CPU 一次
Menu _ DefaultSettings( );      //菜单默认参数
```

```
Menu _ LoadSettings( );                              //读取设置参数
while(1)                                             //主循环
{
  Cpu _ SleepWaitBT( );    //CPU 休眠,等待被 BasicTimer 唤醒以下代码每 1/16s 执行一次
  Timer ++ ;
  Menu _ Process( );                                 //菜单处理函数,每隔 1/16s 处理一次
  if( Timer > = 16)
  {  //--------------------以下代码每 1s 执行一次--------------------
     Timer = 0;
     … //读取 ADC                                    //测量、显示与报警
     … //计算温度
     … //将温度值与 Alarm _ H 与 Alarm _ L 变量(门限值)比较,并点亮相应 LED
     if( Menu _ State = = MENU _ QUIT)               //不处于菜单状态时,才显示温度
     {
          … //温度显示程序
     }
  }
}
}
```

利用状态机实现菜单后,即使在菜单内设置参数时,温度的测量与报警任务仍然在执行。而且菜单内设置参数在"ENT 键"按下后会立即生效,无需等待退出菜单。

4.3.4 菜单超时退出的实现

当用户进入菜单但长时间未操作时,应该自动退出菜单,并放弃未保存的参数。比如当用户在菜单设置到一半时因故暂时离开时,菜单程序应该自动退出以防止被其他人误操作。又如在用户不小心误入菜单,或者不知如何操作时,应该不保存数据并自动退回到正常工作状态。

在状态机菜单中,超时退出的实现十分简单。只要在任何一种菜单状态下,判断无按键超过一定时间(例如 10s),就将菜单状态切换回正常工作状态。在菜单处理函数中添加数行代码:

```
static  int  TimeOutTimer;             //无操作累计时间变量
if( Key! = 0)  TimeOutTimer = 0;       //任何按键都可以将无操作时间清零
if( Menu _ State! = MENU _ QUIT)       //在菜单中,对无操作时间计时
{
  TimeOutTimer ++ ;
  if( TimeOutTimer > 160)  Menu _ State = MENU _ QUIT;   //无操作超过 10s,退出菜单
}
else  TimeOutTimer = 0;
```

独占 CPU 式的菜单中,超时退出比较繁琐,从等待按键的程序开始要经过 3 层才能退回到主程序。实现原理是在 Key _ WaitKey( )函数内的等待循环内计数,当计数超过 10s,返

回一个特殊键值(例如 0xFF)。

```
/************************************************************
 * 名      称: Key _ WaitKey( )
 * 功      能:从键盘缓冲队列内读取一次键值
 * 入口参数:无
 * 出口参数:若有按键,返回键值,否则等待按键,长时间无操作超时返回 0xff
 * 说      明:该函数会阻塞 CPU 继续执行后面的程序,应用时需注意
 ************************************************************/
char Key _ WaitKey( )
{ char Key;
int Timer = 0;
while(1)
{
  Key = Key _ GetKey( );              //从键盘缓冲队列读取一次键值
  if( Key = = 0)   LPM3;              //如果没按键,则停止 CPU,等待被唤醒继续读按键
  else   return( Key);               //如果有按键,则返回键值
  if( + + Timer > 160)   return   (0xff);   //长时间无按键则返回 0xff
}
}
```

　　然后在每项菜单的循环中，判断若键值为 0xff，则置超时标志位后强行返回。最后在菜单处理程序中，一旦判断到超时标志位为 1，则强行返回。

本 章 小 结

　　针对超低功耗系统中人机交互资源较少的特点，本章介绍了若干种适合应用在不多于 4 个按键的小型产品中的交互方法。

　　其中利用超级终端交互所需资源最少，即使没有键盘与显示设备的单片机系统只需通过串口与 PC 相连，即可通过超级终端实现交互。利用超级终端交互时，PC 的键盘与显示器变成了单片机的输入输出设备。借助 printf 与 scanf 等函数可以实现简单的交互对话或菜单。也可以通过改写底层的两个字符输入输出函数 putchar 与 getchar，将显示内容打印到其他设备上，或从其他设备上输入字符。

　　在按键较少的系统中，菜单主要分为增减式菜单与移位式菜单两大类。其中增减式菜单需要借助长按键来快速调整数值；移位式菜单借助移位键来切换设置数字位，实现数值的设定。在操作上，增减式菜单按键次数较少，但调节所需时间较长，适合于 4 位数字以下的数值设定。在 4 位以上数值设定时，移位式菜单更合适。在设计菜单操作方式时，要注意操作的快捷性、防止误操作、符合操作人员的习惯，以及给用户必要的提示。

　　本章介绍了两种为菜单编写软件方法：一种是独占 CPU 的菜单形式，将每个菜单项写成一个死循环，循环内根据按键调整数值，只有确认键能够跳出循环，进入下一菜单项。另一种方法是利用状态机建模，处理按键事件与菜单状态之间的状态转移关系。前者实现简

单,编程与升级时增添菜单项都很方便,但进入菜单时会阻塞CPU,导致其他任务无法同时执行。后者建模、编程、以及升级维护都有一定难度,但可以写成非阻塞性的代码形式,让其他任务仍然正常运行。

对于增减式菜单,两种方法都能实现,本章给出了详细的例子。对于移位式菜单,状态机建模是最合适的方法。本章最后还给出了菜单超时退出的实现方法。菜单的种类以及实现方法是多样化的,本书仅给出了其中几种最常见的形式,读者在今后的开发过程中应该根据实际需要来设计最合适的菜单交互方式。

习　题

1. 设计一个电子表程序,从超级终端输出年、月、日、时、分、秒信息,每秒输出一次。

格式:YYYY 年 MM 月 DD 日 HH: MM: SS

2. 在习题1的基础上,电子表运行过程中按 PC 的'D'键设置日期,提示用户输入年月日信息,解析输入的字符串并更新年、月、日数值。按'T'键设置时间,提示用户输入时分秒信息,解析输入的字符串并将更新时、分、秒数值。

3. 用超级终端为例2.7.15的温度计程序增加校准菜单。要求连接超级终端,在开机1s内按PC键盘的'C'键进入校准模式,提示输入实际温度值。用户输入实际温度后,将 ADC 内部温度传感器所测温度与键盘输入的实际温度值相减,得到温度偏差量 T_ OFFSET,存于 Flash 内作为校准数值,以后正常工作时将测量值扣除偏差量作为显示温度。每个校准步骤要有必要的提示,如果偏差量大于5°C,给出额外的提示信息。

4. 用菜单输入身高(单位 cm,数值范围100~210)与体重(单位 kg,数值范围20~250),主程序内计算肥胖率,并显示肥胖率的计算结果,保留小数点后1位。(肥胖率=体重×10000/身高平方)。尝试用独占CPU机构以及状态机建模法分别实现该菜单功能。

5. 在实际应用中,为了防止门限附近报警频繁动作,门限比较需要加一定的迟滞回差。在例4.3.1的菜单增加一项"回差"设置,范围0~5.0°C,菜单提示符"HY"。主程序中,报警判别逻辑略作调整:

   a. 当实际温度大于报警上限值时,红灯亮;

   b. 当实际温度小于(报警上限-回差)时,红灯灭;

   c. 当实际温度小于报警下限值时,绿灯亮;

   d. 当实际温度大于(报警下限 + 回差)时,绿灯灭。

6. 在例4.3.2的状态机菜单中,增添回差设置菜单项。

第 5 章　超低功耗硬件电路设计

MSP430 单片机在硬件结构上具有实现超低功耗特性的先天优势，在软件上通过休眠模式减少 CPU 的运行时间，能够将运行功耗控制在微安级。然而对于一个完整的系统来说，总功耗不仅包括单片机的功耗，还包括外围电路的功耗。如果外围电路耗电较大，整个系统的超低功耗特性将完全丧失。因此对于超低功耗的单片机系统，还应该具有超低功耗的外围电路与之配套。

本章将介绍一些常用的超低功耗外围电路，以及超低功耗硬件设计方法，最后介绍几种功耗的测量方法。

5.1　超低功耗系统的电源

超低功耗系统一般都用在无法使用交流电供电的场合，如野外工作、便携式设备等，首先要解决电源独立问题。在这些设计中，电池是最常用的电源。本节介绍各种电源的特点以及超低功耗稳压电路、升压电路、电源开关等电路。

5.1.1　常用电池及特性

电池是便携式的超低功耗设备最常用的电源。常见的电池种类比较多，近年来随着材料科学的发展不断有新型的电池面世。虽然几乎所有电池都能用于超低功耗系统，但仍要根据不同的应用场合选用最合适的电池。

（1）电池的指标

1）标称电压　标称电压指的是单节新电池（电量充足时）的输出电压。

2）放电终止电压　随着电池的使用，其输出电压会逐渐下降，当电压下降到终止电压时，说明电池耗尽。放电终止电压与标称电压越接近，说明该电池放电越平稳。在设计系统时，要求在电池终止电压时让系统时仍能工作，以最大限度发挥电池全部寿命。如果系统中需要具有电池不足报警功能，一般将报警值取为略高于电池终止电压的值。

3）内阻　电池内作为电解质的电解液并非理想导体，存在一定的电阻称为电池的内阻。当负载电流较大时，内阻上的压降会造成输出电压跌落。并且内阻会随电池使用而逐渐增大。由于超低功耗系统耗电很小，电池内阻一般不起作用。只有在间歇式大电流工作的应用中（如每小时通过大功率无线电台发射一次数据），需要考虑电池内阻。

4）容量　一般用放电电流与放电时间的乘积作为电池容量单位。电池容量的单位一般是 mA·h（毫安小时）或 A·h（安时）。对于标称容量 1000mA·h 的理想电池，说明它在 1000mA 电流下能够使用 1h、100mA 下能够使用 10h，或 10mA 下使用 100h。实际的电池随着电流增大，容量会下降。将标称容量等值的电流称为 1h 放电率，简称 C。一般标称容量都是按照 $C/10$（10h 放电率）标称的。当放电电流大于 10h 放电率时，电池容量会有所下降；小于 $C/10$ 时，容量会有所上升。例如对于 1000mA·h 的实际电池，说明它在 100mA 能工作 10h。如果 200mA 使用，寿命会略小于 5h，如果 10mA 放电，寿命会略大于 100h。

5）自放电 随着储存时间，电解质与电极活性材料会逐渐失效，容量逐渐下降。这等效于电池自身的放电。电池储存年限可以间接反映自放电大小，例如某电池储存年限 5 年，说明它会在 5 年内因自放电导致容量下降至 80%。在超低功耗系统中，电池通常需要工作数年，因此电池的自放电对使用时间的影响非常明显，需要选择自放电小，或储存年限长的电池。

6）使用温度 电池内一般含有液体或凝胶状电解液，环境温度过低时会冻结造成失效；环境温度过高时会造成电解液失效或沸腾爆炸。相比各类电子元器件，电池的可工作温度范围要窄得多，并且过高或过低温度都会降低电池容量。

7）外形尺寸 同种类的电池，尺寸越大所盛放的电解质越多，容量越大。最常用的是圆形柱状电池，不同国家对其型号的标称形式不一致，见下表。此外，还有方形、纽扣状、片状等电池外形。

中国传统型号	直径/mm	高度/mm	日本型号	美国型号	IEC 型号 L 表示碱性
7 号电池	10.5	44.5	UM-4	AAA	R03/LR03
5 号电池	14.5	50.5	UM-3	AA	R6/LR6
2 号电池	26.2	50.5	UM-2	C	R14/LR14
1 号电池	34.2	61.5	UM-1	D	R20/LR20

（2）锌锰电池 锌锰电池（Zn-Mn Battery）又称"碳性电池"，它以锌皮为负极，碳棒与二氧化锰为正极，以淀粉包裹的糊状氯化锌为电解质。是生产历史最久、使用最广泛、价格最低的 1.5V 干电池（见图 5.1.1）。

锌锰电池的容量较小，仅数百毫安时。而且内阻大、活性剂作用迟缓，不适合大电流连续工作。一般自放电现象严重，长时间存放可能因锌筒破裂而漏液，可以临时用于低功耗系统中，不适合长期工作。

图 5.1.1 锌锰电池

（3）碱性电池 碱性电池（Alkaline Battery）的电极材料与锌锰电池类似，电解液变为氢氧化钾溶液，导电性能较糊状氯化锌提高很多。因此内阻低得多，放电性能更平稳。碱性电池与普通锌锰电池相比，最明显的区别是外壳为正极。这样能够提高二氧化锰的填充量，使正负极容量相匹配，并且采用粉状多孔锌电极代替片状电极，降低放电电流密度和解决锌片在碱液中易于钝化的缺点，带来容量的数倍提升，一节普通 5 号碱性电池容量能达到 2000mA·h 以上。

碱性电池与锌锰电池的终止放电电压都在 0.9～1.0V 左右，低于该电压继续使用可能会造成外壳材料过薄而漏液，损坏电子设备。碱性电池见图 5.1.2。

（4）纽扣电池 纽扣电池种类非常多（见图 5.1.3），对于 1.5V 系列的纽扣电池一般用字母表示材料种类，后面数字 1～13 表示尺寸。常用的有碳性电池（R）、碱性电池（AG 或

LR）以及氧化银电池（SR），例如 AG13 是 13 号碱性纽扣电池，SR10 表示 10 号氧化银纽扣电池。

其中碱性、碳性纽扣电池都是价格低廉的常用电池，碳性容量最小，碱性容量较大，特性与柱状碳性或碱性电池一致。最优秀的是氧化银电池，标称电压 1.55V，90% 的放电时间内电压均保证 1.45V 以上，容量也比碱性电池大，但是价格较贵。

纽扣电池中另一大类是"锂-二氧化锰"电池，简称锂锰电池（Li-Mn Battery）。标称电压 3.0V，单节即可为 3V 单片机系统供电，且容量较

图 5.1.2　碱性电池

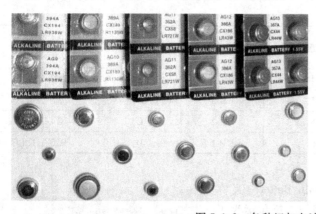

图 5.1.3　各种纽扣电池

大，因此在超低功耗系统中最常用。锂锰电池一般用 CR 前缀加尺寸表示型号。例如 CR2032 表示 $\phi20.0\text{mm} \times 3.2\text{mm}$ 的锂锰纽扣电池。

（5）锂电池　锂电池（Lithium Battery）是目前发展最快，应用最广的电池之一。因为重量轻、容量大、性能优异，在手机、MP3、数码相机以及其他便携产品中得以广泛应用。

锂电池的种类也较多（见图 5.1.4）。前面介绍过的锂-二氧化锰电池是不可充电的，除了纽扣式的锂锰电池之外，还有柱状的锂锰电池，大多用于照相机。锂锰电池标称电压 3V，不可充电，低温性能较好，能工作于 -20℃ 的低温环境。自放电小，适合超低功耗系统用。

锂离子电池（Li-Ion Battery）是一类可充电的锂电池，标称电压 4.2V，终止放电电压 3.7V。锂聚合物电池（Li-polymer Battery）是其升级版本，比锂离子电池更轻，能量密度更大。这两种电池都被广泛用于手机、数码产品中。这类电池电压较高，需要经过降压及稳压后才能提供给 MSP430 单片机使用。这两类可充电的锂电池性能优异，放电平稳，没有记忆效应，且电压与剩余容量基本线性关系，电能计量非常方便。根据放电曲线进行修正后，甚至可以对剩余工作时间进行准确的倒计时。自放电较小，一次充满后可以较长期储存（2 年以上），也适合超低功耗系统小电流长期工作。缺点是严禁过充、过放电，一旦充电超过 4.2V 或者放电低于 3.6V，都可能会永久性损坏锂电池或者造成容量下降。在电池组串联或并联使用时容易因为特性不一致而造成某些电池单体过充或过放而损坏。因此每块电池都要配保护板，对电池电压电流进行监控与保护，防止意外损坏，这导致电池的总成本较高。

锂锰电池　　　　　　　　锂聚合物电池　　　　　　　　锂离子电池

图 5.1.4　各种锂电池

锂-亚硫酰氯(Li-SOCl$_2$ Battery) 电池(见图 5.1.5) 是一种特种锂电池。标称电压 3.6V, 在常温中以等电流密度放电时, 放电曲线极为平坦。在 -40℃ 的低温下这类电池的电容量还可以维持在常温容量的 50% 左右。锂-亚硫酰氯电池还具有高温特性, 最高可在 120℃ 工作, 再加上其年自放电率约为 2% 左右, 所以贮存寿命可长达 10 年以上, 是一种适合恶劣环境下长期使用的电池。锂-亚硫酰氯电池分为高容量型与高功率型两种。高容量型特别适合小电流长期放电使用, 容量很大(5 号电池能达到 2700mA·h 左右), 缺点是内阻很大, 放电电流不宜超过 C/100。高功率型能够提供较大的放电电流, 但容量略低。

图 5.1.5　锂-亚硫酰氯电池

(6) 镍氢、镍镉电池　　镍镉电池(Ni-Cd Battery) (见图 5.1.6) 是最早使用的可充电电池之一, 标称电压 1.2V。内阻极低, 具有大电流放电能力。镍镉电池可充电循环 500 次左右。镍镉电池最大的缺点是具有记忆效应: 必须完全放电完毕才能开始充电, 完全充饱后才能使用, 否则容量会下降。其次镍镉电池所含的镉是有害重金属, 废弃电池对环境有污染, 因此正在逐步被淘汰。

镍氢电池(Ni-MH Battery) 是镍镉电池理想的替代品。它的标称电压 1.25V, 同等体积的容量比镍镉电池高 2~3 倍以左右, 记忆效应较小, 充放电循环寿命能达到 1000 次以上, 且镍氢电池比较环保。缺点是内阻比镍镉电池稍大, 大电流放电能力不及镍镉电池。

镍氢、镍镉电池存在自放电, 一般 1~2 年以内会自放电完, 还会影响寿命。一般要求

a) 镍镉电池   b) 镍氢电池

图 5.1.6　镍镉/镍氢电池

将电池放电至剩余 10% ~30% 左右再贮存，不适合充满后长期贮存或在超低功耗系统中长期小电流放电，否则电极会出现结晶使电池特性变差。也有某些系统将其作为备用电池，需要对电池进行不间断涓流充电（C/100 以下电流），以抵消自放电电流，从而保证电池长期容量充足，而且要每隔 5 年左右应该更换。

（7）铅酸电池（Pb-Acid Battery）　铅酸电池（见图 5.1.7）俗称"蓄电池"或"电瓶"，是历史上使用时间最长的可充电电池。它采用铅和二氧化铅作为电极，稀硫酸作为电解质，标称电压 2.0V。因稀硫酸内阻极低，铅酸电池具有极佳的大电流放电能力，被广泛用在汽车发动机起动、UPS、逆变器、直流电机等需要大电流的场合。

图 5.1.7　各种铅酸电池

铅酸电池缺点较多，首先液态硫酸容易泄漏且具有极强腐蚀性，使用过程不安全。充电过程中稀硫酸还会被电解生成氢气和氧气，遇到火花有爆炸危险，而且需要定期补充蒸馏水以维持硫酸浓度。其次铅是有害重金属且密度大，同等容量的铅酸电池比其他电池重得多。另外铅酸电池自放电现象严重，寿命短，不适合长期使用。铅酸电池寿命与放电程度也有关，最好随用随充。如果每次放电 30% 以内立即充电，寿命会明显增加。只有在长期小电流浮充状态下才能达到 3 ~5 年的最大寿命。

免维护铅酸电池（Sealed Pb-Acid Battery）将硫酸溶液凝聚在高分子纤维中，呈凝胶状，电解液不会泄漏也不容易被电解，无需定期补充蒸馏水。整个电池可以被密封起来，避免了硫酸的泄漏，因此也被称为"密封铅酸电池"。免维护电池寿命比普通铅酸电池长，无需保养与维护，但凝胶状硫酸的电阻较大，大电流放电能力变差。

5.1.2　超低功耗稳压电路

电池的电压会随着使用逐渐下降，直到电池的终止放电电压为止，宣告电池寿命终结。新电池与旧电池的电压差别可能达到 30% 甚至更多。对于采用电池供电的超低功耗系统来说，应该能够在电源电压大幅度降落的情况下正常工作。

MSP430 单片机本身能够在 1.8 ~ 3.6V 宽范围电压工作。用两节 1.5V 干电池或 1.2V 镍氢电池供电时，即使单节电池电压跌至 0.9V 仍能正常工作。但系统中的其他部件对电压要求较严，例如 ADC 需要 2.2V 以上电压才能工作、Flash 要 2.7V 以上才能工作、LCD 需要 3V 以上的电压才能清晰地显示字符。某些模块还可能对电压稳定度有特殊要求，比如在电压跌落时 LCD 会变得模糊。

如果电池电压跌落对系统会造成不良影响，就需要对供电进行稳压。在超低功耗系统中，对稳压电路有两个特殊要求：首先要求稳压器自身功耗（静耗）要在微安级，否则将导致整个系统的低功耗特性丧失。例如常用的 78XX 系列、LM317、LM1117 系列三端稳压器自身功耗 5 ~ 10mA 左右，不适用于超低功耗系统的稳压。

第二，必须是低压差稳压器。早期的稳压器如 78XX、LM317 系列需要至少 3V 以上的压差才能正常稳压，例如为了输出 3V 则至少要 6V 以上的输入电压，否则稳压器的输出电压将不足 3V，且会丧失稳压能力。电池供电系统中希望稳压器的压差越小越好，以提高电池的使用寿命。一般将压差 1V 以下的稳压器称为低压差稳压器（Low Dropout, LDO）。目前 LDO 一般能达到 100mV 或者更低的压差。

最常用的低功耗、低压差稳压集成电路有台湾合泰（HT）产的 HT7 系列（见图 5.1.8）、德州仪器（TI）的 TPS797 系列（见图 5.1.9）以及 Sipex 公司生产的 SP6200 系列稳压集成电路（见图 5.1.10）等。

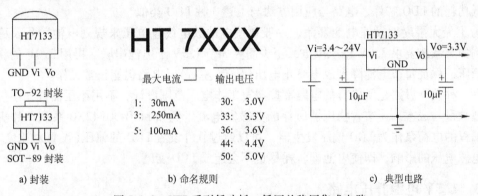

图 5.1.8　HT7 系列低功耗、低压差稳压集成电路

其中 HT7 系列是低价格的低功耗 LDO，最高输入电压能够到达 24V，自身功耗 5μA 以下，整个系列的输出电压从 3.0 ~ 5.0V，输出电流从 30 ~ 250mA 有多种选择。

TPS797 系列自身功耗仅 1.2μA，且带有电压充足（Power Good）指示管脚 PG，该管脚需要上拉电阻。输出高电平电压由上拉电阻所接电压决定。当输入电压正常时该管脚输出（被上拉至）高电平；当输入电压不足标称输出值的 90% 时该管脚会变低；可以将该管脚接到 MSP430 单片机的复位管脚上，作为上电复位用；也可以接至单片机某个 IO 口，由程序判断

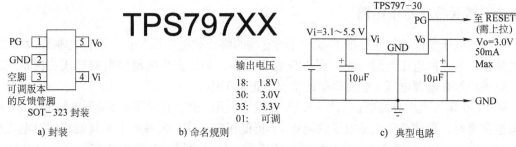

图 5.1.9 TPS797 系列低功耗、低压差稳压集成电路

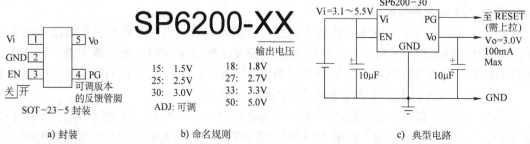

图 5.1.10 SP6200 系列低功耗、低压差稳压集成电路

电源是否欠电压。TPS797 系列的最大输入电压不能超过 5.5V。

SP6200 系列不仅带有 PG 指示，还有开关控制管脚 EN，用 EN 管脚的高低电平可以控制电源开关。缺点是工作时自身功耗略大(28μA)，但被 EN 管脚关断后功耗仅 1μA 以下，适合需要电源开关的应用。该系列的最大输入电压不能超过 6V。

除了这 3 种稳压芯片外，国半(NS)、凌特(Linear)、安森美(ON)等众多半导体厂商都有超低功耗的 LDO 芯片，电路与应用方法与上述 3 种 LDO 类似。

为了最大限度地发挥电池寿命，一般要按电池放电终止电压来规划电池数量及稳压电路。例如某系统要求 3.0V 稳压供电，至少需要 3 节 1.5V 干电池串联，再用 3.0V 的稳压器进行稳压，保证每节电池降到放电终止电压(1.0V 左右)时电路仍能正常工作。

另一种设计思路是所将有的电路都按照宽工作电压范围设计，不用稳压器件，不仅节省了电池数量与成本，还节省稳压器所耗的数微安电流。例如 MSP430F42X0 系列单片机内置了可编程的电荷泵作为 LCD 偏压发生器，可以通过软件设置 LCD 的偏压(设置对比度)，且不受电源电压的影响，即使电池即将耗尽也不会造成 LCD 变暗。

5.1.3 1.5V 电池升压电路

普通干电池或碱性电池的电压只有 1.5V，至少需要两节串联才能为 MSP430 单片机系统供电。为了减小产品的体积，某些应用中会要求只用一节电池供电，虽然 3V 锂锰纽扣电池可以应付大部分的超低功耗应用，但是电池的成本较高。最经济的方法是使用一节普通 1.5V 干电池，通过升压电路升至 3V 左右。目前有许多专用的 1.5V 升压集成电路(见图 5.1.11)，广泛用在 MP3、LED 手电等产品中，这一类芯片都采用电感储能的开关型升压电路，能够提供上百毫安的输出电流，但自身功耗很大(数毫安)，不适合用在长期工作的超低功耗系统中。

适用于超低功耗系统的升压电路不仅要自身功耗极低, 还要能够在电池放电至 1V 左右仍能正常工作。TI 公司为 MSP430 单片机专门提供了几款超低功耗的的单节电池升压器 (Single Cell Boost), 采用电荷泵 (Charge Pump) 结构, 只需 5 个外接电容作为升压储能器件, 能够在 $0.9 \sim 1.8V$ 输入电压范围内保证 3V 或 3.3V 稳压输出。

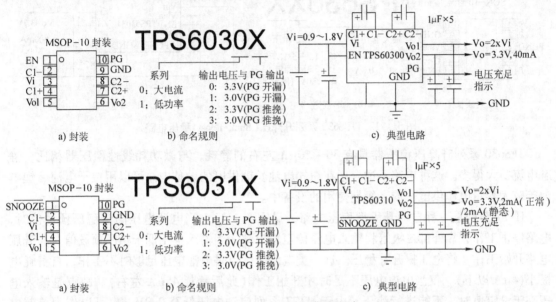

图 5.1.11 1.5V 升压集成电路

其中 TPS6030 系列能够提供 40mA 的稳压输出, 自身功耗 $65\mu A$ 左右。带有开关控制脚 EN, 当 EN 接低电平时输出被关闭, 功耗下降到 $1\mu A$ 以下。适合于需要较大电流, 且需要电源开关控制的场合。

TPS6031 系列的功耗更低。它没有开关控制, EN 管脚被 SNOOZE (间歇) 功能替代。当 SNOOZE 管脚接高电平时, 芯片工作于正常模式, 自身功耗 $50\mu A$ 左右, 输出能力可达 20mA。当 SNOOZE 管脚接低时, 芯片的静态功耗降至 $2\mu A$, 但输出能力也随之下降至 2mA, 输出稳压特性也变差 (误差由 4% 增大至 10%)。若间歇模式下输出电流超过 2mA, 会自动切换至正常模式。

5.1.4 自动升/降压电路

在超低功耗系统的电源设计中, 经常会遇到一个问题: 系统往往需要 2.7V 或 3V 以上的供电电压。虽然两节干电池串联的电压能达到 3V、3 节镍氢电池串联能达到 3.6V, 但考虑到电池寿命末期电压下降, 至少需再增加一节电池串联, 之后使用 5.1.2 节的降压式稳压电路, 才能将电池寿命完全利用, 这增加了体积和电池使用成本。如果有一种电路, 当电池电压足够时, 进行降压式稳压, 当电池电压不足时, 能自动切换至升压式稳压, 就能解决这一问题。这种电路被称为 "Buck/Boost" (降/升) 型稳压电路。

图 5.1.12 是 TI 公司的 TPS630 系列升降压稳压器电路, 当输入电压在 $1.8 \sim 5.5V$ 范围内, 都能稳定地输出 3.3V 电压。当电池电压高于 3.3V 时, TPS63031 工作在降压模式; 当

电池电压不足 3.3V 时，自动切换为升压模式，从而保证从新电池到电池耗尽为止的过程中，都能为系统提供稳定的电源电压。

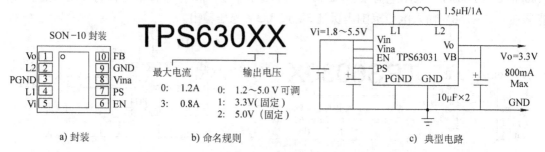

图 5.1.12　TPS630 系列升降压（Buck/Boost）稳压电路

TPS630 系列升降压稳压器具有 30～50μA 左右的静耗，与微功耗线性稳压器相比，静态电流要大得多。这种电路不适合用在纽扣电池长期供电的设备中。可以用在干电池、锂电池等较大容量电源供电，或者短期使用的设备中。

HT77 系列是一种自动升压型稳压电路，见图 5.1.13。当电源电压高于稳压预设值时，电路停止工作，靠外部二极管将输入电压传至输出端。当输入电压低于稳压预设值时，升压电路开始工作，将电压提升并稳压。这一类电路的优点是电池电压足够时不工作，自身耗电极小（4μA 以下），仅当电池电压不足时才开始工作（此后静耗 45μA 左右）。缺点是输入电压高于设定值时，不能进行稳压。由于 HT77 系列启动电压低至 0.9V，也可以作为单节电池升压电路使用，但功耗比电荷泵类芯片要大。

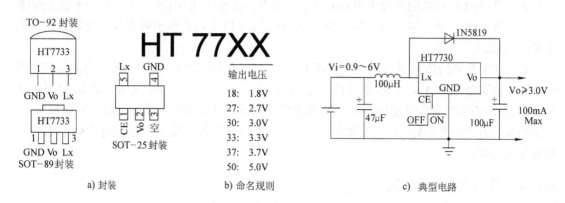

图 5.1.13　HT77 系列自动升压稳压电路

5.2　电源管理

"电源管理"（Power Management）是随着电子设备节能化而诞生的一个名词。电源管理是指如何将电源有效分配给系统的不同组件，通过降低组件闲置时的能耗，电源管理系统能够有效地延长电池寿命。目前电源管理的含义正在不断扩大：对电能资源的获取、变换、稳压、调整与分配等所有环节都被归纳进入电源管理的范畴。

目前几乎所有的电池供电的电子产品中几乎都要用到电源管理技术，例如 MP3、手机、笔记本等。另外出于节能的考虑，在台式 PC、DVD、路由器等大部分的数码产品中也用到电源管理。

在对功耗要求更加苛刻的 MSP430 单片机超低功耗系统，电源管理更是必不可少的。在 MSP430 单片机内部有一套完善的电源分配机制，能够控制各个内部模块是否开启，本节主要讨论外部设备的电源管理方法。

5.2.1 电源开关电路

在便携式设备中电源开关很可能是操作最频繁的按钮。传统机械式的电源开关体积庞大、触点寿命短。在小型的产品中，一般都用薄膜开关面板上的开关键来操作，通过半导体开关器件控制电源通断，而非机械式地切断电源。电子式电源开关(见图 5.2.1)在体积、寿命、可靠性、操作手感都优于机械触点式电源开关，而且可以通过软件控制电源，从而实现定时开机、长时间无操作自动关机、关机前保存数据等功能。

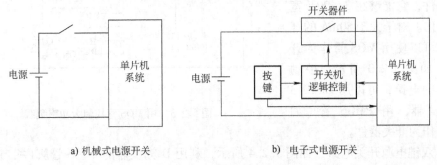

a) 机械式电源开关　　　　　b) 电子式电源开关

图 5.2.1　电子式电源开关

（1）单键电源开关电路　最简单的单键电源开关见图 5.2.2。这是一种纯硬件实现的电源开关电路。其中 74HC74 是双路 D 触发器，只用了其中一路。D 与 $\overline{Q}$ 非脚连接，构成二分频器。每次按电源开关，CK 端出现一次上升沿，Q 输出取反。实现按一次开机，再按一次关机的逻辑。开关上并联一个 $0.1\mu F$ 电容以消除抖动。为了防止电容放电的火花减少开关寿命，可以在开关上或电容上串联 100Ω 电阻。

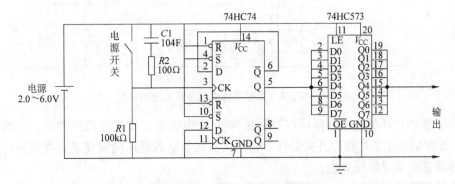

图 5.2.2　单键电源开关电路

D 触发器的的输出(Q 端)通过一片总线驱动器(如 74HC374/573/244/245/125 均可)增大驱动能力后作为电源输出，芯片内的 8 个驱动器可以并联，以增加驱动能力。当 Q 端高电平时，输出也为高电平，相当于电源开启，当 Q 端输出低电平时，输出也为低电平，相当于电源关闭。该电路能提供 60mA 左右的输出能力，如果被控系统的功耗小于 2mA，也可以省去驱动器，用 D 触发器的输出端直接驱动负载。

在低功耗电路中要特别注意 CMOS 芯片所有未用的输入管脚均不能悬空，应该连接到 VCC 或 GND，否则功耗会变大，并且有被感应电荷烧毁的可能。

74HC74 以及 74HC573 均能够在 2 ~ 6V 电压范围内工作，总功耗小于 $0.5\mu A$。CMOS 数字逻辑器件本身功耗极低，输出的高电平与 VCC 之间几乎没有电压差。用它作为超低功耗电源开关器件是一种常用的低成本设计方法。

74HC 系列的芯片大多数要求 4.5 ~ 5.5V 电源，仅有少部分能够 2 ~ 6V 宽压工作。对于高于 6V 的电源控制，可以使用 CD4000 系列的数字器件，它能够在 3 ~ 20V 宽压范围工作。对于大于 50mA 的开关控制，可以使用 MOS 管作为开关器件。如图 5.2.3 所示，控制 12V、1A 的电源，可以用 CD4013 作为触发器，用 PMOS 管（如 IRF9540）作为开关器件。

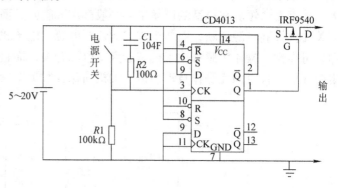

图 5.2.3 用 MOS 管控制大功率负载

（2）双键电源开关电路 如图 5.2.4 所示，利用 D 触发器的 R、S 管脚（相当于 RS 触发器），可以将开、关机功能分开至两个不同按键上。当 S1 按下时，Q 端输出变低，实现关机逻辑；当 S2 按下时，Q 端输出变高，实现开机逻辑。由于同一按键重复出现时只有第一次有效，无需去抖动电路。

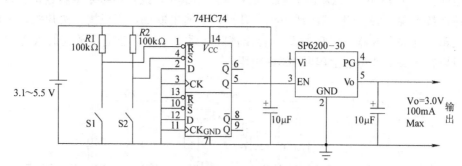

图 5.2.4 双键带稳压电源开关电路

D 触发器的 Q 端的输出同样可以控制缓冲器或 MOS 管，实现电源的控制。也可以利用带有 EN 管脚的稳压芯片作为开关器件，将开关控制与电源稳压同时完成，并且稳压集成电路一般都具备短路保护等功能。

对于无需稳压的应用，也可以用一片缓冲器实现双键电源开关以降低成本。如图 5.2.5 所示，缓冲器的输出端通过一只电阻接回至输入端。当 S1 被按下时，A 点呈高电平，输出变高，电源开启，这时 R1 相当于上拉电阻。当 S1 松开后，由 R1 上拉继续保持 A 点高电平，电源将一直保持开启。当 S2 按下时，A 点呈低电平，输出变低，电源关闭，此时 R1 相

当于下拉电阻。当 S2 松开后由 R1
继续保持 A 点低电平，电源持续保
持关闭状态。R2 的作用是为了防止
S1、S2 同时按下时将电源短路。

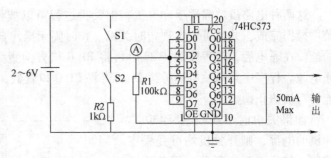

该电路同时还能起短路保护作
用。当电源输出端因某种意外过流
或短路而被拉低时，A 点也会呈现
低电平，将输出关闭，并将一直保
持关闭状态。直到重新按 S1 键开
机为止。

图 5.2.5 双键带短路保护的电源开关电路

（3）受程序控制的电源开关电路 上述几种电源开关都用纯硬件电路实现，与后端负
载无关。与传统的机械式开关类似，直接控制了负载的通断。但有时开机或关机指令要求由
设备自己发出（例如定时开机、关机），用上述电路是无法实现的。这要求单片机也能参与电
源的控制。

图 5.2.6 是一种可受程序控制的电源开关电路，当 S1 按下时，稳压器的 EN 管脚呈高
电平，单片机的电源被接通，程序开始运行。在程序的开始处，将 P1.0 置高。此后即使 S1
键松开，EN 端仍然由 P1.0 提供高电平，稳压器向单片机持续供电。在程序中，在需要关机
的时候（例如关机键按下、长时间无人操作）将 P1.0 置低，即可切断电源。断电后单片机系
统停止工作，P1.0 不再起作用，由 R1 将 EN 脚拉低，稳压器将保持在断电状态。对于无需
稳压的应用，也可以用缓冲器替代稳压器，同样可以实现电源控制（见图 5.2.7）。

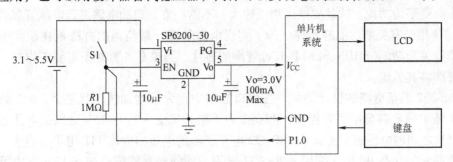

图 5.2.6 带稳压的程序可控电源开关电路

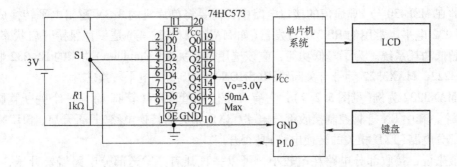

图 5.2.7 低成本的程序控制电源开关电路

这两种电路虽然需要手动开机，但关机过程可以被程序控制。关机指令可以通过键盘、菜单操作完成，并且可以实现定时关机、长时间无操作自动关机、在关机前进行数据保存等功能。在通电后，若程序等待 2s 后再将 P1.0 口方向置为输出，开机键需要长按 2s 才能接通电源。程序中判断关机键持续 2s 后再将 P1.0 口置低，关机键需要长按 2s 才能关闭电源，能够有效防止误操作。

如果关机时不切断 MSP430 单片机的电源，则开关机均可受程序控制。如图 5.2.8 所示，用单片机控制功耗较大的外设的电源。需要关机时，单片机将外设电源关闭，然后自己进入 LPM4 休眠模式，功耗仅 0.1μA，实现"软关机"。也可以让单片机休眠于 LPM3 模式，让定时器继续运行，运行实时钟程序(功耗仅 2μA)，以便实现定时开机。

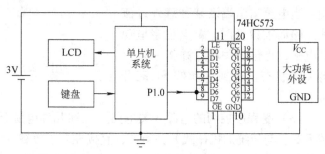

图 5.2.8　受程序控制的电源开关

5.2.2　外部电路的电源管理

在 MSP430 单片机内部，每个模块都可以单独被关闭。只有在该模块需要工作时才开启，以降低功耗。对于一个完整的单片机系统中，许多外部设备或外围电路本身的功耗较大，也可以通过类似的方法，在无需使用某些电路的时候将其电源关闭。或者通过间歇工作的方式来降低平均功耗。这就要求对功耗较大、不需一直开启的电路进行电源管理。

(1) 使用带有关断功能的器件　为了实现电源管理，最简单的方法是在硬件设计时尽量选用带有关断功能(SHDN、SLEEP、EN)管脚的芯片。当该芯片暂时不需要工作时，可以通过关断管脚将其关闭。

以 RS-232 通信电路的设计为例，在串口通信中，为了增加抗干扰能力，0/1 数据通常不用 TTL 或 CMOS 高低电平来传输。RS-232 电平格式规定 −3 ~ −15V 之间的电压表示逻辑 1，3 ~ 15V 之间的电压表示逻辑 0。RS-232 电平逻辑的电压幅度比 TTL 电平大得多，其抗干扰能力更好。例如在 PC 中，采用了 RS-232 电平，即使普通线缆也能在 15m 以内可靠传输数据。

因此在 MSP430 与 PC 通信的接口电路中，需要将单片机的 3.3V 逻辑电平转换成 PC 串口的 RS-232 电平。常用的 RS-232 收发器(如 MAX232/3232 等)是一直保持开启状态的，不能用于超低功耗系统。为了降低功耗，应该选用带有关断(Shutdown)功能的 RS-232 收发器，如 MAX3222、MAX3322 等带有关断管脚(SHDN)的 RS-232 电平转换芯片。

以 MAX3222 为例(见图 5.2.9)，它有一个使能管脚EN(管脚 1)与一个关断管脚SHDN(管脚18)。其中 EN 管脚控制接收部分电路(RXD 相关的转换电路)是否开启，SHDN管脚控制发送部分电路(TXD 相关的转换电路)是否开启。

一般来说，接收部分电路耗电较小，可以一直开启。发送部分电路需要升压，功耗较大，要降低功耗只能间歇工作。所以在电路中将EN管脚接地，SHDN管脚被单片机控制。平时将 SHDN 管脚置低，关闭发送部分，功耗降至 1μA 以下；当需要发送数据时，才将SHDN

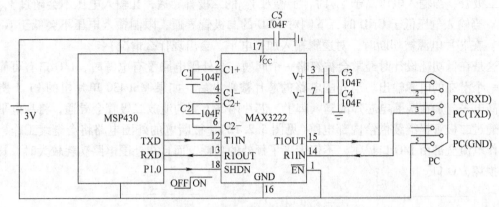

图 5.2.9　低功耗 RS-232 电平转换电路

管脚置高，唤醒发送电路并发送数据，待数据发完立即将 $\overline{\text{SHDN}}$ 管脚置低。接收部分是一直开启的，单片机一直能收到 PC 的数据，这种接法可用于"请求-应答"式的通信。

目前，大部分 3.3V 的低功耗芯片都具有关断功能，如低功耗信号调理器件、接口器件、电源管理器件等，选型的资料可以参见各半导体公司的网站。

（2）用电源开关电路进行电源管理　对于某些没有关断管脚的电路，比如模拟电路部分、传感器、分立器件搭建的电路等，需要自行设计电源管理电路。用晶体管、MOS 管以及 CMOS 驱动器都能实现廉价的电源开关，对局部的某些电路进行电源管理。

图 5.2.10 所示的晶体管开关是最廉价、简单、小体积的电源开关，但它具有约 0.3V 的饱和压降，会造成被控电路的电压略低于电源电压。改用图 5.2.8 的 CMOS 驱动器作为电源开关，则几乎没有电压降，但占用较大 PCB 面积，且比晶体管成本高。对于高电压、大电流的外部设备控制，可以采用图 5.2.11 的 PMOS 管作为开关器件。

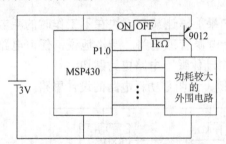

图 5.2.10　用晶体管作电源开关

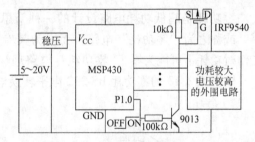

图 5.2.11　用 PMOS 管作电源开关

此外，可以用带有控制脚的稳压芯片对外围电路供电，再通过单片机对其进行控制。这种方法输出的电源最稳定，适用于外围电路对电压稳定度要求较高的场合。

（3）避免 I/O 口漏电流　在外围电路被断电后，理论上功耗将降至零。但是单片机有可能通过 I/O 口与外围电路连接，这些 I/O 口需要特别地处理，否则将导致潜在的漏电流。

以晶体管控制电源开关为例，见图 5.2.12。当 P1.0 输出低电平时，晶体管导通，外围电路得以通电正常工作，反之外围电路被断电。又假设 MSP430 单片机的 P1.1 管脚输出某种信号，参与了该电路的工作。P1.1 管脚将可能变为一个潜在的耗电源！

在几乎所有的芯片中，逻辑输入管脚都具有输入保护电路（泄放电路），在内部等效于两个二极管，当输入电压高于 V_{CC} 时，上侧对 V_{CC} 的二极管导通，让输入电压不会超过 V_{CC} + 0.7V。当输入电压低于 GND 时，下侧对 GND 的二极管导通，限制输入电压不会低于 GND- 0.7V。在芯片电源被切断时，对逻辑输入加高电平，会出现什么情况？

这是在低功耗设计时经常会被忽略一个问题：当外围电路没有电源时，I/O 口有可能会变成一个潜在的电源输出。当外围电路的芯片被断电后，如果 MSP430 单片机的 P1.1 脚仍输出高电平，加在被断电芯片的输入脚上，芯片内部上侧的泄放二极管会导通，将高电平的电能通过二极管提继续供给内部电路(见图 5.2.12)。被断电的外围电路将会继续工作，它的工作电流全部由 I/O 口提供。不仅带来了额外的功耗，而且在外围电路功耗较大时，长时间会损坏 I/O 口。

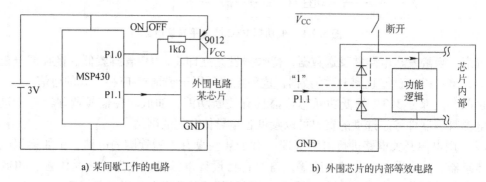

a) 某间歇工作的电路   b) 外围芯片的内部等效电路

图 5.2.12   I/O 口漏电流的产生

总之，在某外围模块断电后，一定要将所有的与该外围电路相连的 I/O 口设为输入状态，或者输出低电平，以避免漏电流的产生。

5.2.3   零功耗电路设计

零功耗是超低功耗电路设计的一种新思路。如果能够让某个模块在不工作时的耗电为零，或称之为"零功耗"电路，无需为其专门设计电源管理电路。严格地说，任何电路在工作时功耗不可能为零，"零功耗"电路理解为"自动休眠"电路更为贴切。

以图 5.2.13 的零功耗 RS-232 电平转换电路为例，说明零功耗电路的设计思路。

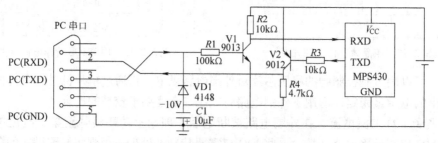

图 5.2.13   零功耗 RS-232 电平转换电路

当 PC 的 TXD 管脚(管脚 3)输出逻辑 1 的时候，电压为 -10V，V1 截止，单片机的 RXD 管脚被 $R2$ 上拉为高电平。实现了计算机发逻辑 1 时，单片机收到逻辑 1。

当 PC 的 TXD 管脚(管脚 3)输出逻辑 0 的时候，电压为 +10V，V1 饱和，单片机的 RXD 管脚被拉低为低电平。实现了计算机发逻辑 0 时，单片机收到逻辑 0。

TXD 发送空闲时为逻辑 1，而且即使数据连续发送，也至少有结束位是逻辑 1，这就保证了一字节时间间隔内，TXD 至少会有 −10V 电压出现。这个 −10V 电压通过 VD1 被 $C1$ 储存，供后续电路使用。

当单片机的 TXD 管脚输出逻辑 1 的时候，电压为 −3.3V，V2 截止，计算机的 RXD 管脚被 $R4$ 下拉为 −10V。实现了单片机发逻辑 1 时，计算机收到逻辑 1。

当单片机的 TXD 管脚输出逻辑 0 的时候，电压为 0V，V2 饱和，计算机的 RXD 管脚被 V2 上拉为 V_{CC}。而 V_{CC} 高于 3V，实现了单片机发逻辑 0 时，计算机收到逻辑 0。

该电路只有在通信双方有数据流交换时才会耗电，当计算机与单片机都不发送数据时，V1 与 V2 均截止，整个电路的功耗为 0。或者可以认为该电路会 "自动休眠"。

特别说明一点，该电路并非标准的 RS-232 转换电路，要求对方必须是标准 RS-232 接口，而且不具备标准 RS-232 收发器的抗干扰能力，仅适用于无干扰环境、短距离、低成本的通信场合。例如小型手持设备向 PC 临时上传数据用。高可靠场合仍要使用图 5.2.9 的 RS-232 电平转换电路。

5.3　超低功耗信号调理电路

MSP430 系列单片机的一大特色是高性能的模/数转换模块（ADC/DAC 等），这使得 MSP430 单片机在测量领域有着广泛的应用。在测量与检测领域中，需要广泛地与各种传感器、弱信号打交道。为了 ADC 能够最好地测量，需要将各种幅度范围的电信号放大、变换到最合适 ADC 采集的电压范围，或将非电压信号（如电阻变化、电流信号等）转换成电压信号。这一类电路被形象的称为 "信号调理电路"。

对于各种传感器，都有大量的信号调理电路可供参考。但是传统的信号调理电路只考虑信号变换、转换的精度，而不用考虑功耗问题。在超低功耗领域，不仅要考虑精度、稳定性等指标问题，还要尽可能地降低功耗。同时，超低功耗系统一般都采用电池供电，电压都很低（3V 左右），而且大部分情况下整个系统中没有负电源，这使得含有运放的电路在设计有一定的难度。信号调理电路种类繁多，本节仅从原理性及原则性的角度简述超低功耗信号调理电路的设计方法。

5.3.1　超低功耗运放选型

运算放大器（Operation Amplifier，OP）是模拟电路中进行信号放大、变换、运算的基本器件，也是决定性能与指标的关键器件。在超低功耗电路设计中，对运放在指标上有一些特殊要求。

（1）静态工作电流　运放的静态工作电流（Supply Current）指的是运放不接任何负载，且输入信号不变化（直流）时的耗电，可以理解为运放自身的耗电。在常用的运算放大器中，大部分的静态电流都在毫安级，在低功耗电路中不适用。低功耗调理电路需要使用功耗微安级的运算放大器，如 TLC27L2、TLV2252、LMV358、TLV2241 等。受到功耗限制，超低功耗调理电路设计时可选择的运放器件相对较少。

（2）工作电压　运放的电源电压指的是运放正电源管脚与负电源管脚之间的电压差。其中运放能够正常工作的电源电压范围称为工作电压（Supply Voltage）。不导致损坏的最高电源电压称为极限电源电压。

大部分普通运放为了通用性，都是按照宽工作电压设计的，大多数运放在 6～36V（或者 ±3～±18V）之间都能正常工作。但是在超低功耗系统中，一般都是 3V 左右的单电源供电，这种情况下大部分通用运放都无法正常工作。所以超低功耗设计中要选用低工作电压的运放。低电压运放的工作电压范围较窄，一般最高不超过 12V，但能保证在 3V 甚至 2V 供电情况下仍正常工作。

（3）摆幅　在超低功耗电路中，一般采用电池供电，电压较低，所以应尽量采用满摆幅（Output Swing）或轨对轨运放，以获得足够的输出幅度，并提高电池电压利用能力，延长电池寿命。在输入幅度较大的应用中，轨对轨运放是最好的选择。

（4）失调电压　一般来说，大部分运放的失调电压在数百 μV 至几 mV 的数量级。对于输入电压幅度越小、放大倍数越高以及精度要求越高的电路应用中，要求运放的失调电压（Offset Voltage）越小。对于失调 500μV 以下的运放称为精密运放，目前最精密的运放等够达到 0.5～1μV 的失调。

半导体工艺存在离散性和随机性，即使同一型号运放，同批次中任意两片的失调电压值都不一样，特别是不同批次的芯片失调数值可能差别更大。但每个芯片的失调电压值是一个固定偏差，可以通过校准消除。在纯模拟电路中，由调零电路进行失调补偿。在含有单片机的测量系统设计中，单片机能够进行数据的处理，对失调带来的误差可以采取数字运算的方法补偿（参考 2.7.4 节）。

（5）失调漂移　虽然失调造成的零点偏移可以通过调零电路或数字计算的方法补偿，但是如果失调电压值在使用过程中发生改变，仍会带来新的误差。失调的改变被称为失调漂移（Offset Drift）。造成失调漂移主要有两个因素：一是时间；二是温度变化。半导体器件随时间老化，会造成失调的改变，但一般影响很轻微，而且只在通电后数小时至数天的时间段内最明显，之后将有数年的稳定期。因此精密仪器一般在出厂前要通电老化 48h 以上再校准一次，每年还要年检一次。

在一般应用中，温度变化是失调漂移的主要考虑因素，由温度变化带来的失调变化被习惯地称为"温漂"。一般运放的温漂在几十 nV/℃ 至数 μV/℃ 之间。温漂越小的运放，能够在温度变化时保持越高的稳定度，或者在更宽的温度范围内保持稳定度。表 5.3.1 给出了一些常用的超低功耗运放的参数：

表 5.3.1　常用超低功耗运放参数

型号	运放数	每运放耗电 /μA	工作电压 /V	输入轨	输出轨	最大失调 电压/mV	温漂/ μV·℃^{-1}
TLC27L2	2	20	3～16	VEE-0.2V～VCC-1V	VEE～VCC-1	5	1.1
TLC27L4	4	20	3～16	VEE-0.2V～VCC-1V	VEE～VCC-1	5	1.1
TLV27L2	2	11	2.7～16	VEE-0.2V～VCC-1.2V	满幅	5	1.1
TLV27L4	4	11	2.7～16	VEE-0.2V～VCC-1.2V	满幅	5	1.1
TLC2252	2	35	4.4～18	VEE-0.2V～VCC-1V	满幅	0.85	0.5
TLC2254	4	35	4.4～18	VEE-0.2V～VCC-1V	满幅	0.85	0.5

(续)

型号	运放数	每运放耗电 /μA	工作电压 /V	输 入 轨	输出轨	最大失调 电压/mV	温漂/ μV·℃⁻¹
TLV2252	2	34	2.7~8	VEE-0.2V~VCC-1V	满幅	0.85	0.5
TLV2254	4	34	2.7~8	VEE-0.2V~VCC-1V	满幅	0.85	0.5
LMV358	2	105	2.7~5.5	VEE-0.2V~VCC-0.8V	满幅	7	5
LMV324	4	105	2.7~5.5	VEE-0.2V~VCC-0.8V	满幅	7	5
TLV2241	1	1	2.5~12	满幅	满幅	4.5	3
TLV2242	2	1	2.5~12	满幅	满幅	4.5	3
TLV2244	4	1	2.5~12	满幅	满幅	4.5	3
TLV2451	1	23	2.7~6	满幅	满幅	1.5	0.3
TLV2452	2	23	2.7~6	满幅	满幅	1.5	0.3
TLV2454	3	23	2.7~6	满幅	满幅	1.5	0.3
TLV2761	1	30	1.8~3.6	满幅	满幅	3.5	9
TLV2762	1	30	1.8~3.6	满幅	满幅	3.5	9

5.3.2 超低功耗的基本模拟电路单元

信号调理电路一般负责前端信号的放大、滤波、变换、电平抬升等处理，可以由一些简单的模拟电路单元构成。超低功耗系统低电压、单电源、低耗电的要求，在设计上有一些不同于普通的模拟电路设计的地方。

（1）低功耗同向放大器 同向放大器是最常用的电压放大电路。同向放大器最大的优点是输入阻抗很高，对高输出阻抗的电压型传感器（或前级电路）的信号进行放大时，不会因为输入阻抗的分压带来增益误差。

在低功耗应用中，除了要求运放自身的功耗要低之外，另一重要的耗电之处在于反馈电阻。例如在图 5.3.1 中，流经反馈电阻上的耗电达到 $100\mu A$，已经高于大部分低功耗运放的自身功耗。将 $R1$ 与 $R2$ 之和增加至 $1M\Omega$ 后，反馈电阻的功耗降至 $1\mu A$。

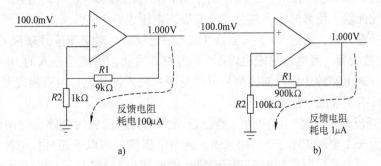

图 5.3.1 同向放大器的反馈电阻耗电

增大反馈电阻后，因为阻抗的升高，电路在实际环境中更容易受外界电磁干扰，对精度要求严格时需要增加屏蔽措施。另外受到电路板分布电容的影响，$R2$ 对地之间存在数 pF 分布电容。在图 5.3.1a 的电路中，由于反馈电阻较小，分布电容对电路基本不影响。但在图 5.3.1b 电路中反馈电阻很大，对数 pF 的电容的充电过程会导致运放的负输入端电压变化滞后于输出变化。这个附加的延迟（相位差）可能会将负反馈变成正反馈，从而导致电路振荡。解决的方法是在 $R1$ 上并联 10~20pF 的小电容，产生适当的超前补偿，抵消分布电容带来的滞后，消除振荡的可能。

单电源应用时，应该选用单电源运放，或者轨对轨运放。单电源供电时运放只能对正电压进行放大，而且即使单电源运放，仍然难以输出 50mV 以下的信号。因此对于接近 0V 以及可能放大负电压的场合，仍需要给运放提供负电源。但是电池供电的低功耗设备中，产生负电源较困难，另一种解决方法是将输入电平抬升，以一个高于 0V 的电压作为模拟电路的参考点，可以在不需要负电源的情况下也可对正负信号进行放大。

图 5.3.2 是一种典型的抬升参考地点电压的方法。将单片机的 Vref（1.2V）作为参考零点电压，放大器的输入以及输出都以 1.2V 为参考点，最后测量端（A + 与 A − 之间之差）得到了放大 10 倍后的正负信号，但运放输出的绝对电压一直高于 0V（1.0~1.4V）。因此该电路可以在单电源供电的情况下对交流输入进行放大。该方法的缺点是输入电压以 1.2V 为参考，因此被测电压必须与单片机系统是隔离的，不能共地。对于大部分采用电池供电的系统来说，自身电源是独立的，因此可以使用该电路。

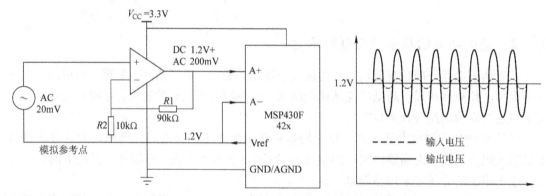

图 5.3.2　用单电源同向放大器放大正/负信号

图 5.3.3 另一种单电源同向交流放大电路。电容 $C1$ 将输入电压中的直流隔除，输入点（a 点）被 $R3$ 接到 Vref 上，抬升了 1.2V。对于 1.2V 直流分量来说，$C2$ 相当于断路，运放构成跟随器。因此无输入信号时输出端（b 点）的静态电压也是 1.2V。

当交流信号输入时，通过 $C1$ 使 a 点在 1.2V 附近波动，对交流信号来说 $C2$ 短路，运放构成 10 倍同向放大器。最终输出端也以 1.2V 为中心波动，幅度是输入的 10 倍，完成了交流信号的放大。该电路的优点是被测信号可以与单片机系统共地，但只能放大频率较高的纯交流（均值为 0，不含直流分量的）信号。

（2）低功耗反向放大器　反向放大器也是最常用的电压放大电路。同向放大器最大的优点增益可以大于 1 也可以小于 1，而且输入的负电压信号可以远超过负电源电压。缺点是输入阻抗很低，对高输出阻抗的电压型传感器（或前级电路）的信号进行放大时，会因为输入阻抗的分压带来增益误差。对于会发生变化的输入信号源，该增益误差是无法通过校准消除的。

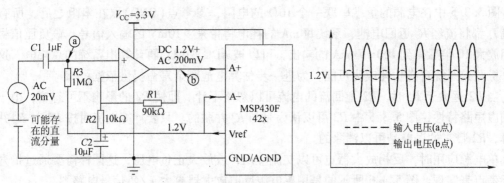

图 5.3.3 单电源同向交流放大器

在反向放大器中，反馈电阻同样会带来耗电。例如在图 5.3.4 中，$R1$ 取 $10\text{k}\Omega$ 时流经反馈电阻上的耗电达到 $100\mu\text{A}$，将 $R1$ 与 $R2$ 增加 100 倍后，反馈电阻上的耗电降至 $1\mu\text{A}$。

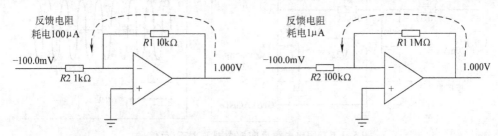

图 5.3.4 反向放大器的反馈电阻耗电

增大反向放大器的反馈电阻后，同样运放负端会变成敏感点，需要一定的屏蔽措施以避免干扰。反相放大器的优点之一在于运放两个输入端均一直保持 0V（虚地），因此电路板上运放负端对地的分布电容不会导致额外的充放电过程，没有滞后。所以在反馈电阻值很大的情况下，反向放大器的稳定性比同向放大器要高。

图 5.3.4 的电路在单电源供电时，应该选择输入轨（输入共模电压范围）能略低于 0V 的运放。而且只能对负电压信号进行放大，这在某些场合是非常有用的。

图 5.3.5 是用反相放大器测量系统总电流的一个原理图。

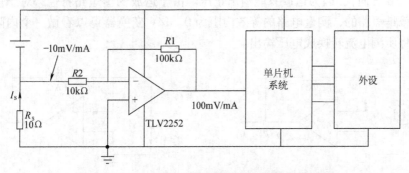

图 5.3.5 用反向放大器测量系统总电流的原理图

为了测量电源上的电流，最简单的方法是在电源回路中串联一个电阻，然后测量电阻两端的电压差。串电阻对电源是有额外损耗的，为了减小对电路影响，希望采样电阻 R_s 越小越好。但减小 R_s 会使得电阻两端获得的电压很小，需要进行放大后才能被 ADC 采样和测量。图 5.3.5 中在电源的负端串联一个 10Ω 的电阻，参考点（GND）取在串阻之后，所有的电流 I_s 都将流经 R_s 返回电池，系统每 mA 的耗电将带来 -10mV 的输入信号。该负压信号被反相放大 10 倍后得到 100mV/mA 的输出，可以被 ADC 采样，再计算出系统的总耗电。这使单片机监控系统自身功耗成为可能，为进一步估算电池剩余寿命提供依据。

当 $R2$ 远大于 R_s 时，$R2$ 上回流的电流可以忽略不计。即使 $R2$ 的影响不可忽略，由于运放的虚短路特性，图 5.3.5 中 $R2$ 可以认为是与 R_s 并联的。只要计算电流时按 $R2$ 与 R_s 并联计算，$R2$ 带来的误差是可以消除的。

单电源应用时，反相放大器也可以交流应用，或放大正负电压，这同样需要通过抬升模拟参考点来实现。图 5.3.6 所示的是用单电源反向放大器放大正/负信号电路图。

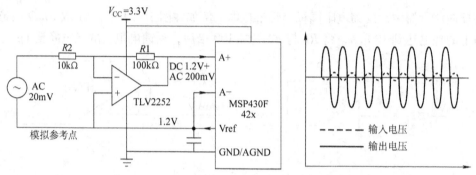

图 5.3.6 用单电源反向放大器放大正/负信号

（3）低功耗 I/V 变换器 I/V 变换器常用在电流测量电路中。虽然用电阻或电流表串在被测电路中可以获得电流值，但是毕竟串阻或者电流表内阻对被测电路是有影响的。某些电流的测量要求完全不影响被测电路，或者某些电流型传感器（如硅光电池、某些互感器等）必须在负载为 0（短路）时的电流才是正比于被测物理量。在这些应用中，I/V 变换电路是最理想的选择。

如图 5.3.7a 所示，I/V 变换器就是去掉了输入电阻的反相放大器。假设被测电流为 $-I_x$，则全部电流均流过 $R1$，因此输出电压为 $I_x R1$。在单电源应用时，被测电流只能为负值（见图 5.3.7b 方向），因为运放只能输出正压。由于运放的虚短路特性，对于被测的电流源来说，负载是短路的，测量电路的等效内阻为 0。I/V 变换器可以看做一个内阻为 0 的电流表，并且将所测电流转换成电压输出。

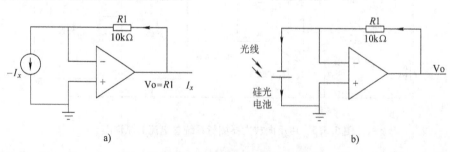

图 5.3.7 I/V 变换电路
a）I/V 变换器 b）I/V 变换器用于光强测量

图 5.3.7b 是利用 I/V 变换器测量光强的电路。硅光电池的短路电流正比于入射光强度，I/V 变换器恰好能使硅光电池两端电压相等，即短路。输出电压正比于光强。改变电路中 $R1$ 值即可该变灵敏度。当测量微光时，电流可能低至 nA 级，$R1$ 可能会达到数兆欧以上，此时必要的屏蔽措施是必须有的，而且必须使用低偏流的运放。

通过抬升参考点的方法，I/V 变换器也能在单电源工作时处理交流电流。图 5.3.8 是 I/V 变换器用于互感器电流测量电路的例子。图 5.3.8 中的电流型互感器可以看做一个 1：2000 的变压器，将被测的满量程 5A 的交流电流降至满量程 2.5mA。电流互感器在负载为 0 的时候线性最好，通过 I/V 变换器将互感器输出端虚短路，并且将电流波形转换成电压波形，经单片机高速采样后，可以计算交流电的幅度、频率、失真度、谐波等参数。

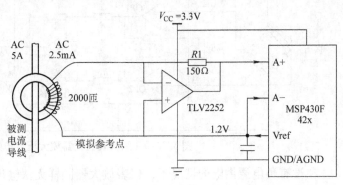

图 5.3.8　I/V 变换器用于互感器测量电路

（4）低功耗仪表放大器（差动放大器）　在微弱信号（毫伏级、亚毫伏级）放大时，或者在模拟信号长距离传输时，外界干扰是不可忽略的。差动放大器是一种具有干扰抑制能力的放大电路。它采用两套完全对称，但相位相反的放大电路对输入信号进行放大，最后通过相减运算去除干扰噪声，保留有用信号。差动放大器要求输入信号也是差分信号，且源阻抗相等，才能保证整个电路完全对称。

一般将对地的信号称为单端信号，将两路阻抗相等、相位相反的信号称为差分信号。图 5.3.9 是差分输入、单端输出的仪表放大器的内部结构电路图。从输入端送入的差分信号，经 OP1 与 OP2 差动放大，输出仍是差分信号。但大多数后续的处理电路都要求单端信号，因此将差分信号经过 OP3 相减变成单端信号后才能进行进一步处理。减法器 4 个电阻的匹配度将决定干扰信号相减是否彻底，一般要求误差十万分之五以下。

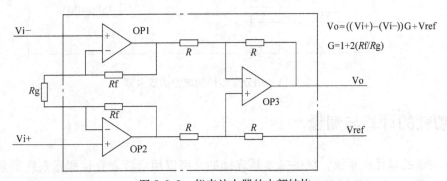

图 5.3.9　仪表放大器的内部结构

分立元件的电阻难以保证如此高的匹配度，集成电路厂商将图中虚线内的部分作为芯片产品出售，将 3 个运放以及电阻封装成一个芯片，并经过激光微调校准，保证电阻值严格匹配。这类芯片被称为称为仪表放大器（Instrument Amplifier，IA）。

在低功耗电路设计中，应该选用低电压、满摆幅、低功耗的差动放大器。例如图 5.3.10 中使用的 INA118，可以在最低至 2.7V 的电源电压下正常工作。

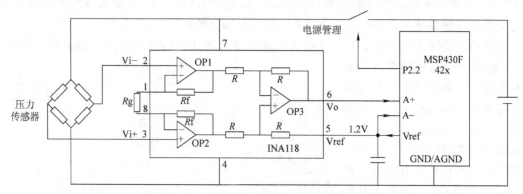

图 5.3.10　用仪表放大器放大压力传感器信号

在没有负电源供电的情况下，仪表放大器同样无法输出负电压，如果 Ref 管脚(管脚 5)接地，则该电路不能测量负压力。解决的方法同样是抬升电压参考点。INA118 的第 5 管脚是参考端，将其接至单片机输出的 1.2V 基准上，将输出电压抬升了 1.2V，使得负压力的测量成为可能。

实际上，对于带有 SD16 模块的单片机来说，ADC 本身就具有差分输入功能。可以省去 OP3 以及精确度要求高的匹配电阻，成本显著降低。图 5.3.11 所示为用分立运放构成的差动输入，差动输出的放大器，这种放大器的电阻无需精密匹配。

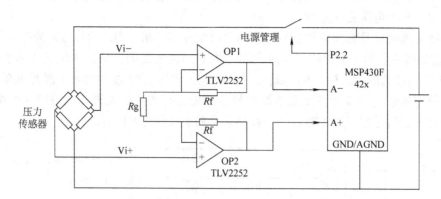

图 5.3.11　用分立运放构成差动放大器

5.4　功耗的计算与测量

对于传统的单片机系统，耗电基本是连续的，可以用电流表直接测量系统的总耗电电流。但是 MSP430 单片机独特的休眠-唤醒工作模式下，电流是呈周期性脉冲突变的，对这种系统的功耗(平均耗电电流)测量就变得有一定难度了。本节介绍几种实用的工程方法用于估算或测量 MSP430 单片机系统的功耗。

5.4.1　MSP430 单片机系统功耗的估算方法

大部分低功耗运行的 MSP430 单片机系统都是间歇工作的。如果这种间歇工作具有周期性，其功耗是可以大致计算出来的。

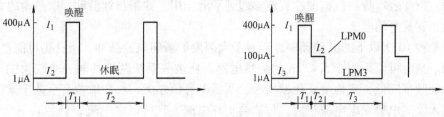

图 5.4.1　MSP430 单片机系统的工作电流示意图

如图 5.4.1 所示，左图是较简单的一种情况，单片机大部分时间处于 LPM3 休眠模式，功耗仅 1μA 左右(I_1)，周期性地被唤醒，以 1MHz 的主频进行处理、计算、显示等操作，功耗约 400μA(I_2)。平均电流为：

$$\bar{I} = \frac{I_1 T_1 + I_2 T_2}{T_1 + T_2} + I_s$$

式中，T_1 是唤醒运行时间；I_1 是唤醒运行时的电流；T_2 是休眠时间；I_2 是休眠时的电流；I_s 是系统中其他外设的固定功耗。

例 5.4.1　某 MSP430 单片机系统中每 1/32s 唤醒一次，全速运行 2ms，然后继续休眠，系统中 LCD 固定功耗 3.5μA，电源稳压器件固定功耗 2.4μA。计算一节 CR2032 纽扣电池能为该系统提供多长时间的电力供应？

解：
$$\bar{I} = \frac{400μA \times 2ms + 1μA \times 29.25ms}{31.25ms} + 3.5μA + 2.4μA = 32.4μA$$

查附录 A，CR2032 锂电池容量约 200mA·h，一节电池的运行时间为

$$T = 200mA \cdot h/32.4μA = 200000μA \cdot h/32.4μA = 6172h = 257 \text{ 天}$$

如果一个工作周期中，单片机有若干个不同的工作状态（见图 5.4.1 右图），也可以用类似的方法进行计算：

$$\bar{I} = \frac{\sum_{i=1}^{N} I_i \times T_i}{\sum_{i=1}^{N} T_i} + I_s$$

式中，I_i 是第 i 种状态下的功耗；T_i 是第 i 种状态的持续时间；I_s 是系统中其他外设的固定功耗。

5.4.2　功耗的测量方法

虽然功耗可以通过计算得出，但是很多的应用中单片机并不是呈固定周期唤醒的，或者唤醒状态的时间不确定，都给计算带来了困难。这时实测功耗是一种更简单可行的方法。

由于系统功耗的间歇性，用普通的万用表或电流表测量时误差很大，或者出现数字跳跃根本无法读数的情况，因而在测量时需要一定的平滑措施。

最简单的方法是使用指针式的微安表(不能用数字表),因为机械式的指针表自身的惯性对于脉动具有天然的平均作用,而且即使指针左右摆动,仍然能够大致读数,不会像数字表那样出现数字乱跳无法读数的情况。

如图 5.4.2a 所示,将电流表串在电源总回路上,即可测得平均电流。对于每秒 10 次以上的脉动。指针表本身的机械惯性就能够起到平滑作用。如果指针颤动,取颤动的大致平均位置读数,就是平均电流。

对于每秒 10 次以下的脉动频率,或对于大幅度的瞬间电流脉冲,指针仍可能摆幅很大,影响读数。这时可以采用图 5.4.2b 的测量电路。在被测系统两端并联一个较大的电容 C1。当电流脉动频率越低,或幅度变化越大时,所需电容值越大,一般取数百至数千微法。考虑到电源接入瞬间电容充电电流很大,可能会损坏电流表,所以在电流表处并联一个开关 S1。电路连接好后,先闭合 S1 后才接通电池,等 C1 充电完毕之后断开 S1,待电流读数稳定后即可从电流表读数。当电容足够大时,甚至能够用数字表得到精确而稳定的电流读数。注意大电容自身存在数百纳安至数微安的漏电,可以先测出电容的自身漏电值,再从最终测量值中扣除电容自身漏电值。

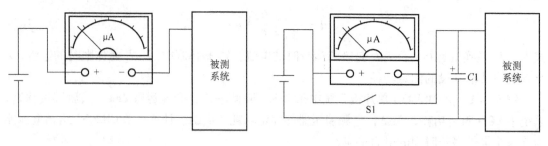

a) 基本接线图   b) 增加电流平滑措施

图 5.4.2 用指针式电流表测量平均功耗

以上两种方法直观简单,但缺点是电流表所反映的是被测时刻的电流。很多超低功耗系统在不同工作状态下电流不确定,往往需要测量连续工作数分钟至数小时时间段内的平均电流才能反映出实际耗电情况。第二是随着电池电压下降,系统的电流往往会发生变化,希望测量在整个电池寿命过程中的平均耗电。

图 5.4.3 所示的电路可以解决上述两个问题。其中 C1 是一只容量 $10000\mu F$ 以上的大电容,电容两端并联一台数字电压表(或万用表)作为电压监测用。先接通 S1,电池给 C1 充电,之后断开 S1,接通 S2,由电容向系统供电。随着系统不断消耗电容中储存的电能,电容两端电压会下降(见图 5.4.3)。

图 5.4.3 用电容和电压表测量平均功耗

用秒表测量电容放电时间，得出根据电容放电的平均速率，可以推算出平均电流。根据电容的定义有：

$$1F = 1A \times \frac{1s}{1V}$$

即以 1A 的电流对 1F 的电容进行充（放）电，电容两端的电压将以每秒钟 1V 的速率改变。对于一个容量固定的电容 C，由这个比例关系，可以根据电压变化量 ΔU 以及时间 t，计算出平均充（放）电电流。

$$I = \frac{C\Delta U}{t}$$

这需要一台电压表不断检测电容两端的电压。但电压表本身也是一个负载，会对电容进行放电。要尽量选择内阻大的电压表，如数字万用表（一般 $10M\Omega$ 内阻）。对于储能电容 $C1$，容量应尽可能大，以确保测量时间足够长。同时最好选择耐压较高的品种（例如 50V 或更高），因为耐压越高的电解电容漏电越小。一般用新电池的电压值作为放电初始值，以系统能工作的最低电压值作为放电终止值，记录两者之间的时间差，并推算放电速率。

测量前，先接通 S1，断开 S2，等电压表读数稳定后断开 S1，测量电压下降的速率，推算出电压表及电容自身漏电电流 I_0。然后接通 S1 与 S2，等电压表稳定后断开 S1，测量电压下降的速率，推算出总电流 I_s，系统的平均耗电电流为 $I_c = I_s - I_0$。

例 5.4.2　用一只 $10000\mu F$ 电容作为储能电容，测量某超低功耗单片机系统从电池电压 3.6V 下降到 2.7V 过程中的平均耗电电流。测试数据如下：

1）断开 S2，电容从 3.6V 下降到 2.7V 耗时 $t_1 = 2$ 小时 12 分 35 秒（7235s）
2）接通 S2，电容从 3.6V 下降到 2.7V 耗时 $t_2 = 9$ 分 22 秒（562s）

先计算测量系统自身耗电：

$$I_0 = \frac{C\Delta U}{t_1} = 10000\mu F \times \frac{0.9V}{7235s} = 1.24\mu A$$

再计算总耗电：

$$I_s = \frac{C\Delta U}{t_2} = 10000\mu F \times \frac{0.9V}{562s} = 16.01\mu A$$

两者相减，得到被测系统的耗电：

$$I_c = I_s - I_0 = 16.01\mu A - 1.24\mu A = 14.77\mu A$$

本 章 小 结

超低功耗系统设计中，对外围电路也提出了低功耗要求。要求电源、稳压器件、信号调理电路等单元都具有低功耗特性。本章对常用的电源特性、低功耗电源电路设计方法、低功耗信号调理电路设计方法以及功耗测量方法等方面进行了探讨。

首先，应该选择自放电小、储存期长的电池为超低功耗系统供电。为了延长电池寿命，还要考虑在电池电压降落后系统能否正常工作，必要的时候需要稳压。稳压器件也要选择自身功耗很低的品种。在 5.1.2 节给出了一些常用的超低功耗稳压芯片及其典型用法。

对于无法降低功耗的外围电路，可以考虑间歇供电的方法。如果外围芯片本身带有休眠控制管脚（关断管脚），可以加以利用。对于没有关断管脚的芯片或外围电路，可以通过晶体管、MOS 管、CMOS 门电路等电子开关控制其电源，但要特别注意在外围模块电源关闭时避免 I/O 口泄漏电流。另外"零功耗电路"设计也是低功耗设计中一种值得探讨的的新思路。

对于含有模拟电路的信号调理电路，设计难点在于低电压、单电源和超低功耗的要求。在运放的选择上应尽量选择超低功耗、低电压、满摆幅或轨对轨运放。而且要注意，在单电源应用中如果需要处理交流信号，则需将零参考点电压抬升来实现正负电压的处理。尽量选择阻值较大的反馈电阻、负载电阻也是降低功耗的重要手段。

针对超低功耗系统电流脉动的特点，本章在最后介绍了两种功耗的测量方法：一种是利用指针式电流表的惯性来测量电流；另一种是利用大电容储能作为电源，测量电压下降速率的方法推算电流。

习   题

1. 设计 3 种信号放大电路，满足下列关系，并且具有 50μA 以下的功耗。

  a. 输入电压 0 ~ 10mV，输出电压 0 ~ 500mV

  b. 输入电压 – 10 ~ 10mV，输出电压 – 500 ~ 500mV

  c. 将硅光电池输出的 0 ~ 100μA 电流转换成 0 ~ 500mV 电压

2. 某温度传感器（LM335）具有 10mV/K 的温度系数，即输出电压正比于绝对温度。将该传感器信号送入一种信号调理电路，信号输出满足下列关系：

  a. 在温度 0℃（273.15K）时，输出电压 100mV

  b. 在温度 100℃（373.15K）时，输出电压 500mV

  c. 在温度 0 ~ 100℃范围内，输出呈线性关系

请设计该信号调理电路（提示：先做减法，后做乘法）。

3. 在 25℃室温下，某二极管具有 580mV 的正向导通压降。已知二极管的正向导通压降具有 – 1.98mV/K 的负温度系数，设计一种利用该二极管作为温度传感器的电路，输出信号满足下列关系：

  a. 在温度 0℃（273.15K）时，输出电压 100mV

  b. 在温度 100℃（373.15K）时，输出电压 500mV

  c. 在温度 0 ~ 100℃范围内，输出呈线性关系

4. 法拉电容常作为备用电源使用。用一只 0.47F/5.5V 的法拉电容，在充满 5V 电压后，（通过稳压电路）给 MSP430 单片机系统供电，当电容两端电压降到 2.5V 时单片机停止工作。假设运行一个电子表程序，平均功耗 6μA，计算能工作多长时间。

附　　录

附录 A　常用锂锰纽扣电池参数表

型号	标称电压/V	标称容量/mA·h	标准电流/mA	连续电流（最大）/mA	脉冲电流（最大）/mA	最大尺寸/mm	重量/g
CR1216	3	25	0.1	0.2	5	φ12.5×1.6	0.7
CR1220	3	38	0.1	0.2	5	φ12.5×2.0	0.9
CR1225	3	50	0.1	0.2	5	φ12.5×2.5	1
CR1530	3	85	0.1	0.3	7	φ15.0×3.0	1.4
CR1616	3	50	0.1	0.3	8	φ16.0×1.6	1.2
CR1620	3	70	0.1	0.3	8	φ16.0×2.0	1.3
CR1632	3	120	0.1	0.3	8	φ16.0×3.2	2.3
CR2016	3	75	0.1	0.3	10	φ20.0×1.6	1.8
CR2025	3	150	0.2	0.5	15	φ20.0×2.5	2.5
CR2032	3	210	0.2	0.5	15	φ20.0×3.2	3.1
CR2320	3	130	0.2	0.5	15	φ23.0×2.0	3
CR2330	3	260	0.2	0.5	15	φ23.0×3.0	4
CR2430	3	270	0.2	1	15	φ24.5×3.0	4.2
CR2450	3	550	0.2	1	15	φ24.5×5.0	6.2
CR2477	3	950	0.2	1	15	φ24.5×7.7	10.2

附录 B 本书范例所使用的电路原理图（图 B.1）

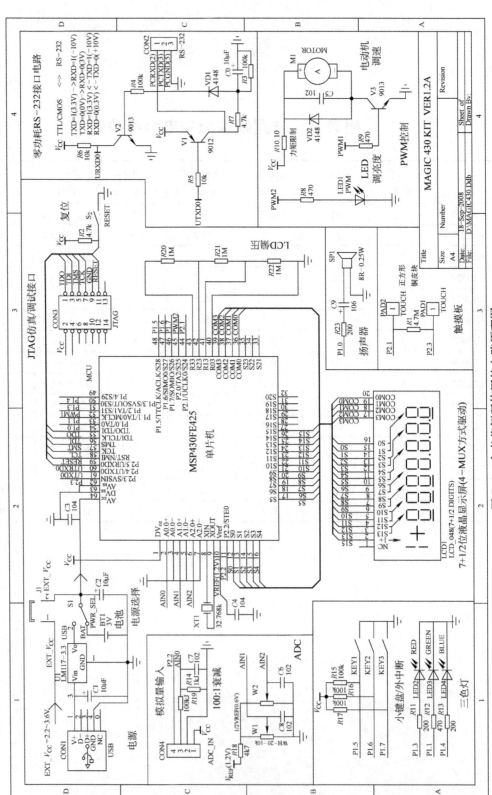

图 B.1 本书范例所使用的电路原理图

参 考 文 献

[1] 胡大可. MSP430 系列单片机 C 语言程序设计与开发[M]. 北京：北京航空航天大学出版社，2001.
[2] 胡大可. MSP430 系列超低功耗 16 位单片机原理与应用[M]. 北京：北京航空航天工业大学出版社，2001.
[3] 魏小龙. MSP430 系列单片机接口技术及系统设计实例[M]. 北京：北京航空航天大学出版社，2002.
[4] 杨泽民，等. 液晶显示器原理与应用[M]. 沈阳：东北大学出版社，2002.
[5] 周航慈. 单片机程序设计基础[M]. 北京：北京航空航天大学出版社，2003.
[6] 吴少军. 实用低功耗设计——原理、器件与应用[M]. 北京：人民邮电出版社，2003.
[7] 刘光斌，刘冬，姚志成. 单片机系统实用抗干扰技术[M]. 北京：人民邮电出版社，2003.
[8] 蒋力培. 单片机微机系统实用教程[M]. 北京：机械工业出版社，2004.
[9] 沈建华，杨艳琴. MSP430 系列 16 位单片机超低功耗单片机原理及应用[M]. 北京：清华大学出版社，2004.
[10] 徐爱均，彭秀华. Keil Cx51 V7.0 单片机高级语言编程与 uVision2 应用实践[M]. 北京：电子工业出版社，2005.
[11] 林凌. 新型单片机接口器件与技术[M]. 西安：西安电子科技大学出版社，2005.
[12] 李智奇. MSP430 系列超低功耗单片机原理与系统设计[M]. 西安：西安电子科技大学出版社，2008.